23/04/1992

EL DÍA DESPUÉS

Para una medio ambiente total 3
de un futuro Chico I.N.E.F.

Trestimo

(JORDI)

SANT JORDI 1992

La contaminación atmosférica

Derek Elsom

La contaminación atmosférica

CATEDRA
GEOGRAFIA MENOR

Título original de la obra: *Atmospheric pollution*

Traducción: Teodora Esteban Lobato

Josefa Valcárcel, 27. 28027-Madrid
Depósito legal: M. 33.736-1990
ISBN: 84-376-0943-7
Printed in Spain
Impreso en Lavel
Los Llanos. nave 6. Humanes (Madrid)

Para mi familia, especialmente Elizabeth, Sally y Clare.

Prólogo

La contaminación atmosférica es un problema general para todas las naciones del mundo. El rápido crecimiento urbano e industrial ha tenido como resultado la emisión a la atmósfera de enormes cantidades de productos residuales potencialmente nocivos. Las naciones se han resistido a admitir o, simplemente, han dejado de reconocer, el carácter limitado de las propiedades purificadoras de la atmósfera. La consecuencia ha sido que la contaminación del aire ha afectado a la salud y al bienestar de las personas, ha causado daños generalizados a la vegetación, las cosechas, la fauna, los objetos, los edificios y la atmósfera, y ha provocado la disminución de los escasos recursos naturales necesarios para el desarrollo económico a largo plazo.

La peor contaminación del aire ha tenido lugar dentro y alrededor de las zonas urbanas e industriales. La gravedad de la contaminación atmosférica para las comunidades urbanas, puesta de manifiesto especialmente por cortos episodios de contaminación o por escapes accidentales de grandes cantidades de algún contaminante, ha conducido a la puesta en práctica de medidas nacionales de control, que han sido generalmente dirigidas a atacar los problemas de contaminación local. Inicialmente, estas medidas nacionales concedieron poca o ninguna importancia al fenómeno de la contaminación importada o exportada. Inevitablemente, el traslado de contaminantes a larga distancia ha creado problemas de contaminación internacional y mundial, y han aparecido problemas tales como la lluvia ácida, agujeros en la capa de ozono y escapes accidentales de productos químicos tóxicos y radiación ionizante. Las zonas distantes de las fuentes de contaminación, si una vez se consideraron demasiado lejanas como para verse afectadas, ahora sufren la lluvia ácida que amenza con dañar de un modo irreversible los ecosistemas sensibles terrestres y acuáticos. Los problemas a escala global incluyen el aumento de concentración en la atmósfera de dióxido de carbono, quc puede ser la causa de un cambio en el clima mundial, y de corofluorocarbonos (CFC), que pueden hacer desaparecer el ozono de la atmósfera. Hoy en día las naciones están por fin empezando a admitir la gravedad de los problemas de la contaminación internacional y a emplearse en una acción reguladora efectiva.

El alcance del problema de la contaminación atmosférica y la naturaleza, fuentes y efectos de los contaminantes están incluidos en el capítulo 1. En los cinco capítulos siguientes se estudia una larga lista de contaminantes, poniendo especial atención en la evaluación de sus efectos sobre la salud de las comunidades, los animales, la vegetación, los objetos y la atmósfera (por ejemplo, la temperatura y el clima). El capítulo 7 expone las estrategias alternativas que pueden ser adoptadas para atajar el problema de la contaminación. El desarrollo y efectividad de las medidas nacionales de control de la contaminación se examinan en los capítulos 8 al 10, incluidas las de los Estados Unidos, Gran Bretaña (y la CEE), la URSS y la RP China. Las similitudes y las diferencias del problema de la contaminación y las medidas de control entre los estados socialistas y los capitalistas, y entre los países desarrollados y los subdesarrollados, están reflejadas en estos capítulos. Finalmente, el progreso hacia la colaboración internacional en problemas como la lluvia ácida, la disminución de la capa de ozono y aumento en la concentración de dióxido de carbono son examinados en el capítulo 11, además de valorarse las perspectivas para el futuro.

El libro está escrito para estudiantes no graduados que estudien el problema de la contaminación atmosférica dentro de asignaturas sobre medio ambiente, geografía, planificación ambiental, ingeniería ambiental, biología ambiental y ciencias sociales más amplias. La estructura del texto ha sido desarrollada a partir de la experiencia obtenida de un curso impartido sobre contaminación atmosférica como parte del Curso Monográfico de Grado de la Universidad Politécnica de Oxford. Este sistema permite a los estudiantes procedentes de una amplia gama de disciplinas seleccionar algunos cursos extracurriculares, lo que significa que el curso principal debe desarrollar un acercamiento al estudio de la materia, lo que es conveniente para estudiantes con distintos campos de estudio. En este contexto, estoy enormemente agradecido a los alumnos de Oxford, que inconscientemente, han tenido una importancia crucial en el desarrollo del presente texto.

Mi propio interés por la contaminación atmosférica fue estimulado, en primer lugar, mientras me licenciaba en Geografía y luego durante el curso MSc * sobre Meteorología y Climatología Aplicadas en la Universidad de Birmingham. A esto le siguió una investigación sobre el aire y la meteorología en la Universidad de Londres y en la Universidad de Manchester bajo la dirección del profesor Tony

---

* MSc (Master of Science): Titulación académica británica equivalente a licenciatura. (N. de T.).

Chandler. En aquel tiempo, el profesor Chandler estaba profundamente involucrado en estudios sobre contaminación atmosférica para la Real Comisión para la Contaminación Ambiental de Gran Bretaña y la Organización Meteorológica Mundial, y me considero muy afortunado por haber gozado del beneficio de su dirección.

La preparación y redacción de este texto han sido ayudadas por el estímulo proporcionado por mucha gente, incluido Ron Barnes, del Centro de Investigación ESSO; Alistair Keddie, antiguo jefe de la Sección de Contaminación Ambiental en el Laboratorio de Warren Spring, y mis colegas en el Departamento de Geografía de la Universidad Politécnica de Oxford, especialmente John Gold, Martin Haigh, Alan Jenkins, Heather Jones, Peter Keene, Anna Kilmartin, David Pepper y Stephen Ward. Una visita a la RP China en octubre de 1985, invitado por el profesor Qu Geping, director de su Agencia Nacional de Protección Ambiental, me proporcionó una ocasión muy valiosa para penetrar en los problemas de contaminación de este país y sus intentos de control de la misma. Extiendo mi agradecimiento a los numerosos individuos anónimos de muchas otras organizaciones, incluidos la Agencia de Protección Ambiental de EE.UU., el Distrito para la Gestión del Aire de la Costa Sur de EE.UU. y el Programa Ambiental de las Naciones Unidas, con base en Nairobi, que se han comportado tan amablemente ante mis constantes peticiones así como a la comprensión y ánimo mostrados por mi esposa, Elizabeth, y mis hijos, Sally y Clare, especialmente porque muchas tardes y fines de semana los pasé con este texto en lugar de con ellos.

D. Elsom.

PRIMERA PARTE

NATURALEZA, FUENTES Y EFECTOS DE LA CONTAMINACIÓN ATMOSFÉRICA

Capítulo Primero

El problema de la contaminación atmosférica

1.1. Definición de la contaminación atmosférica

Existen muchas opiniones sobre lo que constituye la contaminación de la atmósfera. Para algunos, la contaminación supone el aumento, o a veces la disminución, de ciertos componentes de la atmósfera, que no se habría producido sin la actividad humana. Dado que la atmósfera de nuestro planeta ha sufrido profundos cambios en su constitución a lo largo de su vida y que las erupciones volcánicas, incendios forestales y tormentas de arena provocan alteraciones locales y nacionales evidentes en los valores de los componentes atmosféricos, una definición de esta índole es de utilidad limitada. Hay otras definiciones de contaminación atmosférica más útiles, tales como «la presencia de sustancias en la atmósfera que resultan de la actividad del hombre o de procesos naturales y que producen efectos negativos en el hombre y en el medio ambiente» (Weber, 1982). Una versión extendida de esta definición será empleada en este texto —a saber, que la contaminación del aire se define como la «presencia en la atmósfera de sustancias o energía en tales cantidades y de tal duración que son capaces de causar daños a los hombres, a las plantas o a la vida animal, o de dañar los objetos y estructuras fabricadas por el hombre, o de provocar cambios de temperatura y clima, o dificultades para el cómodo disfrute de la vida, de los bienes o de otras actividades humanas».

1.2. Tipos de contaminación

Hasta bien entrado este siglo, la contaminación del aire para la mayoría de la gente fue sinónimo de partículas en suspensión (hollín, humo) y anhídrido sulfuroso. Éstos eran residuos producidos principalmente por equipos de calefacción doméstica, una amplia gama de plantas industriales y plantas de energía. A medida que avanzaba el siglo XX, la preocupación por la contaminación de la atmósfera ha alcanzado a un amplio número de contaminantes. El tremendo incremento del uso de productos derivados del petróleo, particularmente de los vehículos con motor de gasolina, introdujo varios contaminantes nuevos (Organización Mundial de la Salud, 1972). La emisión de los tubos de escape de óxidos de nitrógeno, monóxido de carbono, hidrocarburos y plomo, añaden gran cantidad de contaminación a las áreas urbanas. Las emisiones de óxidos de nitrógeno e hidrocarburos también producen los contaminantes secundarios de oxidantes fotoquímicos. La energía residual en forma de ruido y calor también contribuye a aumentar la lista de contaminantes locales. El desarrollo de nuevas industrias introdujo el problema de los productos químicos tóxicos, mientras la producción de energía nuclear y las pruebas con armas atómicas revelan a la radiación ionizante como contaminante.

Hasta los años 60, los contaminantes sólo eran contemplados como un problema en proximidad con fuentes de emisión individuales dentro o cerca de áreas urbanas. Posteriormente, los estudios demostraron que los contaminantes habían sido transportados a largas distancias y habían causado diversos efectos en el entorno de lugares muy distantes de la fuente de emisión. El transporte a larga distancia de compuestos de azufre y nitrógeno a través de las fronteras nacionales dio como resultado el incremento de la acidez en las precipitaciones (lluvia ácida) en lugares lejanos y creó un problema internacional de contaminación (fig. 1.1). El control y detección perfeccionados de las tendencias de los componentes atmosféricos, junto con la elaboración de modelos de los procesos de la atmósfera, han resaltado el hecho de que los problemas de la contaminación pueden llegar a tener un alcance global. Los contaminantes que más preocupan a escala general, local o regional, tales como el calor antropogénico y los productos químicos tóxicos, han sido considerados como los causantes de los problemas de contaminación global del futuro. El incremento de la concentración en la atmósfera de dióxido de carbono ha sido declarado al mismo tiempo como potencial causante de la alteración del clima de la Tierra y productos de importantes efectos en el mundo agrícola. La destrucción del ozono de la estratosfera, por causa de una serie de compuestos antropogénicos, es otro problema de contaminación global que apareció en los años 70.

FIGURA 1.1.—Los cuantiosos daños que sufren los bosques de Europa central, atribuidos a la lluvia ácida, han hecho necesaria una urgentísima colaboración internacional en la elaboración de medidas para el control de la contaminación. (*Fuente:* R. A. Barnes.)

1.3. La injusticia de la contaminación: la contaminación no soportada por los contaminadores

Tendríamos que recordar que, hasta cierto punto, la contaminación es económicamente beneficiosa para algunas personas. Cuando una fábrica envía sus residuos a la atmósfera, lo hace presumiblemente adoptando la manera más barata de deshacerse de estos materiales inservibles. El hecho de contaminar el aire, por lo tanto, mantiene el precio de estos productos más bajo de lo que lo estaría de otro modo. En consecuencia, los propietarios de fábricas venden más productos y sacan mayores beneficios, y los consumidores los compran a un precio más bajo del que tendrían que pagar si la contaminación de la atmósfera fuera evitada. Así, el problema de la contaminación existe por causa del deseo de la sociedad de consumir productos y por su afán de adquirirlos al menor precio a corto plazo, incluso si ello significa generar cantidades de materias residuales.

Aunque la contaminación atmosférica puede provocar efectos adversos en la población cercana (incluyendo a los trabajadores y a los dueños), que se beneficia de unos productos más baratos, también afecta a las personas (y al medio ambiente de las futuras generaciones), que pueden no beneficiarse de ningún modo de la fábrica contaminante. En esta situación, aquellos que hacen uso de la atmósfera como evacuatorio de basuras no están pagando por su uso, pero están pasando factura a toda la sociedad. Incluso puede ocurrir que aquellos que sufren las consecuencias de la contaminación (por ejemplo, los efectos de la lluvia ácida) ni siquiera residan en el mismo país que los que contaminan, mientras que otros contaminantes, como las sustancias químicas o los residuos radiactivos, harán sentir su efecto a los que aún no han nacido. Cuando los contaminadores son obligados a pagar para controlar la contaminación («Principio de Pagos del Contaminador»), los costos previamente soportados por los contaminadores son introducidos en el proceso de producción. Los gastos para el control de la contaminación son, pues, traspasados al consumidor con precios más altos en productos o servicios, transfiriendo efectivamente al consumidor los costes reales que fueron previamente soportados por la sociedad en forma de mala salud y deterioro de los bienes y del medio ambiente.

1.4. La necesidad de reducir la contaminación

El acto de contaminar la atmósfera puede ser económicamente beneficioso para algunos miembros de la sociedad, pero para la sociedad en general, especialmente a largo plazo, la contaminación es muy costosa. La enfermedad o la muerte prematura debida totalmente o en parte a la contaminación del aire supone una gran responsabilidad para la sociedad, por la forma de aumentar los costes de los tratamientos médicos y la pérdida de mano de obra. Además, la contaminación del aire afecta negativamente a los suelos, al agua, a las cosechas, vegetación, materiales hechos por el hombre, edificios, fauna, al clima y a los transportes, y reduce asimismo los valores económicos, el confort y el bienestar de las personas (Purdom, 1980).

Dado que la reducción de la contaminación es cara en sí misma, es necesario que la sociedad decida qué cantidad de sus limitados recursos podría asignar para controlarla. Obviamente, el primer paso sería reducir la contaminación hasta el punto de que su coste quedara compensado por los beneficios de tal reducción. Sin embargo, en la práctica, la valoración de costes y beneficios es muy difícil: hay que sopesar a corto y largo plazo los costes y beneficios dentro del área geográfica (nacional o global) en cuestión, y los efectos de los cambios tecnológicos y la fluctuación de los recursos, como también hay que tener en cuenta los juicios de valor sociales y políticos, que cambian con el tiempo. Finalmente, a causa de tales complejidades, el grado de control de la contaminación adoptado se convierte en una decisión política y social.

1.5. El movimiento ecologista en los países desarrollados

A finales de los 60, el deterioro medioambiental se planteó como un problema político más o menos simultáneamente en varios países industrializados (fig. 1.2). Antes de esto, la preocupación pública por la calidad medioambiental se había limitado generalmente al problema local. Esto cambió rápidamente en el sentido de que los ciudadanos tomaron conciencia de que los problemas del medio ambiente estaban haciéndose más numerosos y más serios: el Movimiento Ecologista estaba en marcha. Hacia finales de la década, las dimensiones nacionales e internacionales del problema de la contaminación fueron puestas de relieve por grupos de presión y medios de comunicación. Ayudados por estos últimos, los ciudadanos de los países desarrollados empezaron a pedir, cada vez con más insistencia, que el gobierno emprendiera alguna acción para detener el posterior deterioro del medio ambiente y para mejorar su calidad (Jacobson y Kay, 1983). Como consecuencia de ello, muchos países introdujeron una legislación sobre medio ambiente y crearon agencias de protección medioambiental; asimismo, organizaciones internacionales como la ONU, fijaron su atención en la protección medioambiental.

- ·-· Número de informes y artículos sobre contaminación ambiental en *The Times. (Fuente: The Times Index.)*
- —— Número de artículos sobre contaminación en ocho revistas de divulgación americanas. *(Fuente:* Bowman & Fuchs, 1981.)
- - - - Número (escala × 20) de artículos sobre contaminación ambiental en periódicos de Toronto. *(Fuente:* Dworkin & Pijawka, 1981.)

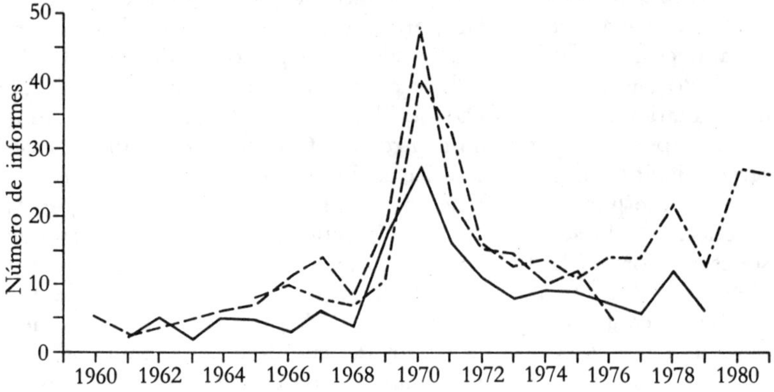

FIGURA 1.2.—La cobertura del problema de la contaminación por parte de los periódicos y las revistas subraya el aumento casi simultáneo de la preocupación internacional por la contaminación a finales de los años 60.

A principios de los 70, la preocupación pública y de los medios informativos por los problemas de la contaminación decreció en la mayoría de los países industrializados (fig. 1.2). Como los países industrializados pasaron de planificar a poner en práctica medidas de protección medioambiental, los costes de tal acción se hicieron patentes y se desarrolló un largo debate en el que se discutió hasta qué punto valía la pena costear estas medidas y quién debería costearlas. Además, los problemas medioambientales, que parecían fáciles de resolver en un principio, resultaron ser más difíciles cuando se empezaron a tomar las primeras medidas protectoras. En varios casos, estos complejos problemas adquirieron una mayor comprensión antes de que se pudiera planificar una acción efectiva. Además, el aumento de restricciones y precios, impuesto por los países miembros de la OPEP en 1973, provocó una crisis energética y, en consecuencia, la preocupación pública y gubernamental por los problemas energéticos superó a la inquietud por los problemas ecológicos. Muchos países desarrollados empezaron a enfrentarse en los 70 con dificultades económicas, y esto también redujo el entusiasmo por las actividades de protección medioambiental. No obstante, en la década de los 70, la preocupación pública y la concienciación política sobre las consecuencias de la contaminación quedaron en un punto más alto que a principios y mediados de la década anterior.

En los 80, el apoyo público a las medidas para mejorar el medio ambiente se mantuvo fuerte y en aumento, a pesar de un crecimiento económico más bajo y del desempleo. Este interés es el resultado de cierto número de factores, incluidos los ingresos más altos, una mayor concienciación sobre las necesidades ecológicas y el reconocimiento creciente de los beneficios que conllevan las medidas de protección medioambiental. La lluvia ácida, el plomo, las sustancias químicas tóxicas y la radiación ionizante son algunos de los principales contaminantes objeto de atención y preocupación cada vez mayores. Los accidentes ocasionados por radiación ionizante en la Isla de las Tres Millas, EE.UU., en 1979, y en Chernobil, URSS, en 1986, aumentaron notablemente el interés público por la contaminación atmosférica (fig. 1.3).

1.6. El control de la contaminación en los países subdesarrollados

Aun cuando la contaminación fue casi tan grave en algunas ciudades de países subdesarrollados que crecieron rápidamente —Ciudad de México, Sao Paulo, Lagos, El Cairo, Pekín y Bangkok— como en Los Ángeles, Londres o Tokio, en ningún lugar de los países subdesarrollados la contaminación llegó a ser una cuestión pública como lo fue en los países desarrollados. A finales de los 60, la política de los países subdesarrollados se centró en los problemas de índole económica y el público, en la escasa medida en que se vio implicado en hacer política, compartió este compromiso. Es cierto que algunas decisiones, como las destinadas a mejorar la calidad del agua potable y a proporcionar instalaciones sanitarias, formaban parte de la cuestión medioambiental, pero fueron contempladas más como un aspecto del desarrollo económico que como un esfuerzo para proteger el medio ambiente (Jacobson y Kay, 1983).

Cuando se planteó por primera vez la cuestión de la acción internacional para proteger el medio ambiente, muchos países subdesarrollados expresaron su preocupación por el hecho de que las medidas de protección medioambiental podrían reducir sus índices de crecimiento económico e industrial. Se observó que la industrialización había satisfecho muchas de las necesidades de los países desarrollados y estos países podrían permitirse ahora expresar su inquietud por la contaminación, mientras que los países subdesarrollados

FIGURA 1.3.—Central nuclear de Chernobyl: el escape accidental de radionucleidos en 1986 tuvo como resultado unos 30 muertos en las primeras semanas, pero puede causar decenas de miles de muertos en la URSS y Europa en las próximas décadas. (*Fuente:* Associated Press.)

no podrían permitírselo aún. Cuando se hubiera alcanzado un nivel de vida más alto, entonces, sostienen, sería el momento de ocuparse de los asuntos medioambientales. Un país que siguió esta línea de razonamiento fue Japón, que, en los 40 y 50, adoptó una política de crecimiento económico a toda costa, pero en los 70 consideró la contaminación como un crimen social.

La introducción de una legislación para la protección medioambiental en los países desarrollados a principios de los 70 supuso incluso ventajas económicas para algunos países subdesarrollados. Así, por ejemplo, muchas nuevas plantas industriales de sustancias químicas se establecieron en estos países porque su menor grado de preocupación en materia de medio ambiente significaba un menor gasto en equipamiento para el control de la contaminación y menos demoras para obtener autorizaciones para la construcción de dichas plantas. Sin embargo, la Conferencia de las Naciones Unidas de 1972 sobre el medio ambiente humano, en Estocolmo, y el consecuente Programa sobre Medio Ambiente de las Naciones Unidas (UNEP) ayudaron a muchos países subdesarrollados a empezar a reconocer la importancia para sus propios países de proteger su entorno, ya que el deterioro ambiental podría llevarlos a la pérdida de los recursos de los que dependerían los pueblos a largo plazo. Llegaron a darse cuenta de que la preocupación por la necesidad de proteger el entorno no bloquea el progreso de sus países hacia la industrialización, sino más bien, podría ser incorporada actualmente a los programas de desarrollo económico. Además, incidentes tales como la tragedia de Bhopal, India, en diciembre de 1984, en la que murieron 2.500 personas cuando hubo un escape accidental de isocianato de metilo en la planta química Union Carbide, han compensado considerablemente los argumentos económicos para reconocer la carencia de medidas anticontaminantes en tales plantas industriales.

Muchos problemas actuales de contaminación son una consecuencia del rápido incremento demográfico y del hacinamiento de esta población en grandes aglomeraciones urbanas, en las que se concentran industrias de residuos (el 40 % de la población del mundo vive en áreas urbanas). Esto supone que los países subdesarrollados se convertirán en los contaminadores más significativos en el futuro ya que su índice de crecimiento demográfico aumenta, mientras que el de los países desarrollados decrece. En 1975 sólo había una ciudad (Buenos Aires) en el mundo en vías de desarrollo con una población de más de 4 millones; en 1975 había 17 (en contraste con las 13 de los países desarrollados) y en 1980 el número había ascendido a 22 (comparado con 16). Hacia el año 2000, existirán probablemente 61 ciudades de unos 4 millones de habitantes en los países en vías de desarrollo, mientras que habría 25 en los países desarrollados, y se cree que la población urbana total en los países en vías de desarrollo se duplicará entre 1980 y el fin de siglo (Holdgate y otros, 1982b).

Desde los años 70, aunque el crecimiento económico e industrial sigue siendo prioritario en los países subdesarrollados, han emprendido una cierta revalorización de la necesidad de tomar medidas contra la contaminación. Con los países desarrollados, que por varias razones moderan su original entusiasmo por la protección del medio ambiente, los países del mundo han avanzado hacia un consenso sobre la protección medioambiental. Aunque el debate entre países desarrollados y subdesarrollados continúa reflejando los diferentes problemas y prioridades de cada lado, la distancia entre las dos partes ha disminuido considerablemente y se están haciendo progresos en el control de la contaminación en todo el mundo.

1.7. MÁS VALE PREVENIR QUE CURAR

Los logros económicos y tecnológicos durante la pasada generación han sido considerables: han traído inmensos y valiosos beneficios a la población de todo el mundo. Sin embargo, los beneficios han sido conseguidos muchas veces a costa del deterioro de la calidad medioambiental (Real Comisión para la Contaminación Ambiental de Gran Bretaña, 1971). La industrialización transforma los recursos naturales y, al hacerlo, produce materiales y energía residuales, que deben ser eliminadas (fig. 1.4). La actividad industrial es una necesidad, pero la sociedad necesita reconsiderar sus prioridades y poner mayor énfasis en conseguir avances tecnológicos que permitan ahorrar materiales, ya que esto supondría la reducción de residuos vertidos al medio ambiente. Los cambios tecnológicos pueden permitir el reciclaje de materiales ya usados, de tal forma que lo que eran residuos pueden convertirse en materiales útiles; de este modo ambas necesidades quedan cubiertas. Dada la progresiva desaparición de materias primas de alta calidad, es necesaria la puesta en práctica de medidas que conduzcan a la reparación, reciclaje y reutilización de los materiales que normalmente son desechados.

De cualquier manera la renovación tecnológica por sí sola no resolverá los problemas mundiales de contaminación: por ejemplo, un problema agudo de contaminación se puede resolver convirtiendo los contaminantes del aire en sólidos o sedimentos, pero esta solución provoca la contaminación del suelo o del agua y, a largo plazo, es posible que estos residuos terminen llegando de un modo u otro a la atmósfera. Esto pone en evidencia la necesidad de que los problemas

FIGURA 1.4.—Complejos industriales como esta concentración de plantas petroquímicas en Grangemouth, Escocia, envían a la atmósfera una amplia gama de productos residuales.

de la contaminación sean finalmente atajados de una manera global y preventiva. Un enfoque global de los problemas de la contaminación requiere que se adopte «la mejor opción medioambiental posible» para la eliminación de todos los residuos, de modo que se seleccione el método de eliminación más beneficioso para el medio ambiente, teniendo en cuenta las consideraciones técnicas y económicas. Aun así, a largo plazo, el único modo de reducir la contaminación es reducir la producción de residuos. Las medidas de gestión de la energía, el transporte, la industria, la agricultura y el uso de la tierra necesitan dar mucha mayor importancia a la prevención y anticipación de los problemas de la contaminación. Las medidas curativas para el control de la contaminación no pueden sustituir a las medidas preventivas (OCDE, 1980a).

1.8. Comprensión del problema de la contaminación atmosférica

Es necesaria una buena comprensión de las causas de la contaminación atmosférica y de la naturaleza y efectos de los contaminantes antes de poder emprender un control apropiado y eficaz de la contaminación; así, se ofrece en los capítulos 2-6 un panorama de los principales contaminantes atmosféricos o grupos de contaminantes.

1.9. Formulación de los niveles de protección humana y medioambiental contra la contaminación

Antes de que se puedan desarrollar medidas para un control eficaz de la contaminación, es preciso establecer claramente los objetivos de las medidas. La plena protección de la salud y el bienestar de las personas y el medio ambiente pueden ser la meta última, pero, a menos que los contaminantes sean completamente eliminados, la protección plena es inalcanzable. En consecuencia, la sociedad debe decidir cuál es el nivel aceptable de riesgo sobre la salud y el medio ambiente. Esta decisión está influenciada por factores sociales, económicos, tecnológicos y políticos, así como por nuestro grado de conocimiento de los contaminantes atmosféricos y de sus desagradables efectos. El conocimiento de la naturaleza, fuentes y efectos de los contaminantes es esencial si se quieren emplear medidas realistas y eficaces.

Los objetivos de las medidas locales, nacionales e internacionales son normalmente de dos tipos: a corto plazo y a largo plazo. Los fines a corto plazo se refieren al intento de reducir las concentraciones de contaminación (o su eliminación completa, salvo en el caso de algunos contaminantes tóxicos (venenosos) cuyo uso es imprescindible) a un nivel en el que los efectos adversos para la salud pública sean imperceptibles. Los fines a largo plazo intentan o bien incrementar el margen de seguridad, fijando un nivel de contaminación por debajo de los límites de peligro para la salud y la ulterior prohibición de sustancias no imprescindibles, o bien la disminución de los índices de contaminación para reducir o eliminar los efectos negativos sobre los receptores no humanos (medio ambiente), como daños en la vegetación, en los materiales y en los animales. Existen, en líneas generales, 5 tipos principales de daños causados por contaminantes del aire al medio ambiente:

1. Daños a la vegetación (incluidos los cultivos).
2. Daños a los animales, pájaros e insectos.
3. Daños a los materiales fabricados por el hombre (pinturas, caucho, nylon, metales).
4. Deterioro de objetos (ropa, edificios, etc.).
5. Cambios climáticos (nieblas, radiación solar reducida, pérdida de visibilidad, aumento de las temperaturas).

La confianza en los fines que pueden ser concretados a corto y largo plazo en términos cuantitativos depende de la extensión y calidad del estudio sobre los efectos nocivos de los contaminantes. Una correcta comprensión de los efectos de la contaminación sobre la salud humana depende de las evidencias obtenidas a partir de dos tipos de estudios: epidemiológicos y toxicológicos. Los primeros conciernen a los efectos observados en comunidades humanas bajo condiciones naturales (Goldsmith, 1986). Los estudios de laboratorio sobre personas y animales cuyo nivel, duración y condiciones de exposición son controlados por el investigador, están incluidos en la denominación de «toxicológicos» (OMS, 1972). Ambos tipos de investigación intentan determinar la naturaleza y gravedad de los efectos sobre la salud de la población.

Los efectos de los contaminantes sobre la salud abarcan un amplio espectro de las respuestas biológicas (fig. 1.5): los efectos más graves, tales como la muerte y la enfermedad crónica, se manifestarán en una parte relativamente pequeña de la población, mientras que la mayoría de los individuos de una comunidad expuesta responderán con alteraciones fisiológicas o con cargas de contaminación (contaminación acumulada en su cuerpo). Es importante establecer la «relación dosis-respuesta» en el caso de un contaminante o combinación

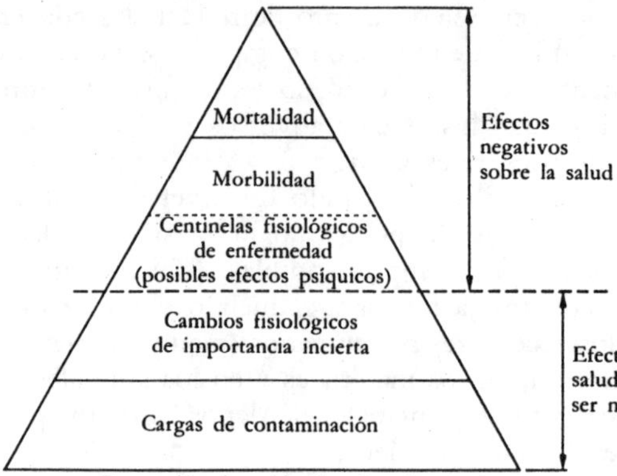

FIGURA 1.5.—Efectos de la contaminación del aire sobre la salud. *(Fuente:* Shy y Finklea, 1973.)

de contaminantes si apareciesen efectos suplementarios o sinérgicos. Para un contaminante en particular y un efecto específico sobre la salud, se puede reconocer un valor que corresponde a una concentración o dosis baja de contaminación cuyo efecto sobre la salud no es detectable (nivel T_1 en la figura 1.6). No obstante, nuevas evidencias o mediciones más sensibles pueden provocar el descenso a un nivel inferior (T_2). En los casos en que alguna exposición infinitesimal cause una reacción entre varios individuos de la población, se puede concluir que el valor del nivel es 0 (T_0).

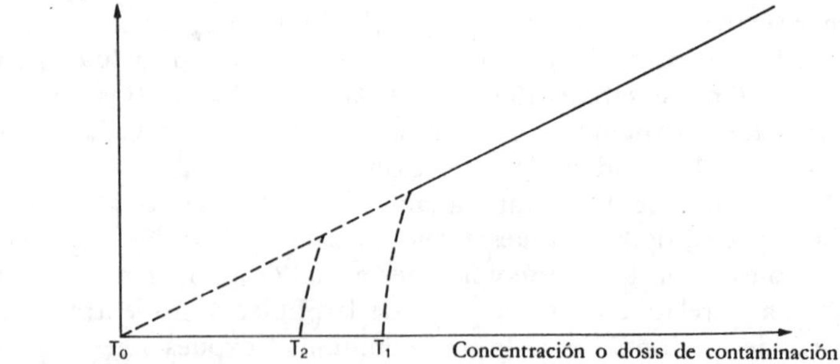

FIGURA 1.6.—Relación dosis-respuesta entre la contaminación y los efectos sanitarios.

Las evidencias epidemiológicas y toxicológicas son complementarias en tanto en cuanto ambos tipos de evidencias son convenientes para formarse un juicio válido sobre los efectos de los contaminantes en la salud y para establecer relaciones entre dosis y reacción. Aunque los estudios epidemiológicos son importantes por ser llevados a cabo en el escenario natural existen muchas complicaciones, algunas de las cuales sólo pueden ser eliminadas por experimentos de laboratorio bien controlados. Además, el testimonio epidemiológico puede ser demasiado limitado dentro de la gama de niveles de exposición estudiados como para poder establecer claramente en forma matemática las relaciones dosis-reacción. En tal situación, los estudios de laboratorio sobre animales pueden ser esenciales al mostrar la manera, por así decir, en que la frecuencia de cánceres observados se relaciona con una dosis de radiación ionizante o cualquier otro cancerígeno (sustancia que produce cáncer). Sin embargo, en los estudios epidemiológicos y toxicológicos surgen muchas complicaciones y ello debería tenerse en cuenta al evaluar la validez y aplicabilidad de los resultados de la investigación.

En los estudios epidemiológicos y toxicológicos, las respuestas sanitarias de la población sondeada dependen de la sensibilidad de los individuos que forman dicha comunidad. Hay ciertos factores que afectan a la sensibilidad de la población, como son la edad, el sexo, el estado general de salud y nutrición, la frecuencia de exposición, enfermedades previas, temperatura y humedad y el nivel de actividad durante la exposición. Así, por ejemplo, una mayor actividad conlleva un mayor índice de ventilación, aumentando la aspiración global y la penetración de ciertos contaminantes y, asimismo, haciendo que los efectos sean más intensos (Lawther y otros, 1975). En general, los más viejos, los muy jóvenes, los débiles de salud, los fumadores, los que tienen una ocupación que les obliga a estar permanentemente expuestos y aquellas personas que ya padecían bronquitis crónica, cardiopatía coronaria y asma son los más vulnerables a la exposición de los contaminantes. Dados los problemas que plantea la diversidad de la población en cuanto a importantes variables como fumar, la ocupación o la historia clínica previa, muchas investigaciones epidemiológicas se han centrado en el estudio de escolares a fin de minimizar las diferencias. No obstante, tales estudios se enfrentan con enormes problemas al entrar en contacto con variables como las condiciones del hogar, la clase social y la exposición a la contaminación interior (Pengelly y otros, 1984).

Los estudios epidemiológicos se centran en los efectos de la exposición exterior sobre la salud y suelen ignorar las exposiciones interiores. Habría que recordar aquí que la población urbana pasa proporcionalmente más tiempo dentro de edificios (y vehículos) que en el exterior. La exposición profesional interior puede, en el caso de muchos individuos, contribuir más a su acumulación de contaminación que los índices de contaminación exterior. En sus hogares, las personas pueden estar sometidas a una gran variedad de contaminantes como el monóxido de carbono, los óxidos de nitrógeno y las partículas en suspensión despedidas por el tabaco y por aparatos de cocina y calefacción mal ajustados, el formaldehído despedido por sistemas de aislamiento con espuma de urea-formaldehído y por plásticos, el radón desprendido de materiales de construcción que contienen radio, las fibras de amianto de los materiales de construcción, y clordano y pentaclorofenol (PCP o penta) o en casas construidas total o parcialmente con madera tratada (Walsh y otros, 1983). Los niños parecen ser especialmente susceptibles ante la contaminación interior, ya que varios investigadores han detectado índices altos de disfunciones respiratorias agudas entre los hijos de padres fumadores frente a los hijos de no fumadores (Binder y otros, 1976; Naumann, 1973). De modo similar, Melia y otros (1977) y Speizer y otros (1980) observaron el aumento de enfermedades respiratorias entre niños de un colegio en el que se usaba gas para cocinar, frente a niños en cuyas casas se usaba electricidad. Este «efecto cocina» fue causado probablemente por altos niveles internos de dióxido de nitrógeno producido por las cocinas de gas (Melia y otros, 1978). La contaminación interior aumentará probablemente a causa de nuestro creciente interés por la conservación de energía, por el control del aire y el uso de grandes cantidades de aire reciclado. Aunque los sistemas de reciclado pueden contener filtros para retener las partículas, la contaminación del gas no se elimina y, por lo tanto, es probable que se concentre. Lo ideal sería que los estudios de los efectos de la contaminación sobre la salud se basaran en las medidas anticontaminantes derivadas de sondeos personales. Sin embargo, esto sólo se está llevando a cabo en el caso de estudios específicos sobre enfermedades profesionales y, por lo tanto, no es adecuado para estudios epidemiológicos a gran escala sobre la población general.

Los análisis de las relaciones entre la salud de la comunidad y los índices de contaminación ambiental requieren que las concentraciones de contaminación constatadas por los investigadores sean representativas de la exposición a la que están sometidos los residentes. No obstante, la validez de esta suposición es cuestionada cuando se considera que la población es móvil y pasa distintos lapsos de tiempo en diferentes lugares, por eso su exposición no es siempre la misma. Incluso en el caso de residentes que viven y trabajan en la misma zona de la ciudad, es delicado decidir si un tipo de control determinado es el apropiado para proporcionar las mediciones de contaminación representativas de dicha zona de la ciudad. El área de aplicación de determinadas mediciones dependerá de la distribución de las fuentes de emisión, de la toxicidad del contaminante, de la topografía, las condiciones meteorológicas y sinópticas y muchos otros factores (Elsom, 1978a, 1979; Munn, 1981). Además, algunos observatorios pueden estar situados en los tejados de los edificios para protegerlos del vandalismo o por conveniencia, lo que significa que no pueden suministrar las mediciones representativas de la contaminación a la misma altura a la que el individuo respira.

Aunque se crea que los índices de contaminación medidos son representativos de la exposición de un invididuo o una comunidad, todavía subsiste el problema de decidir qué período de sondeo habría que utilizar en los análisis. El efecto de una breve exposición a una alta concentración (efecto agudo) a menudo no puede ser separado de una situación de exposición constante a un bajo nivel de contaminación (efecto crónico). Se pueden elegir diferentes períodos de tiempo para estudiar la consideración que se debe dar a las concentraciones de contaminación anuales, estacionales, diarias, por hora o en horas punta. Fortuitamente, en una amplia gama de períodos estudiados, contaminantes y lugares, las distribuciones de frecuencia siguen una distribución «log-normal» y esto explica por qué el método geométrico, equivalente a la medida en esta distribución, se contempla como más adecuado que el normalmente más visto e inadecuado método aritmético (Pollack, 1975).

Cuando se aplican los resultados de las relaciones dosis-respuesta derivados del estudio de una comunidad en relación con otra, hay que tener en cuenta no sólo que la sensibilidad de la población varía, sino también que los contaminantes varían. Así, por ejemplo, las partículas en suspensión de un área urbana proceden de fuentes y tipos de actividad diversos, de modo que la naturaleza concreta de estas partículas es única para cada ciudad e incluso para cada momento. En el caso de los estudios epidemiológicos, esta consideración se hace más importante cuando se observa que el método de medición de las partículas puede variar. Mientras en Europa las mediciones de partículas se basan en sus propiedades de suciedad, en EE.UU. y otros lugares, la técnica de control está basada en el peso. Aquél proporciona un índice de humo (o de hollín) en la atmósfera, asociado a la incompleta combustión de combustible, mientras la segunda medición es un concepto más amplio que incluye todas las partículas que, en virtud de su tamaño, permanecen en suspensión durante mucho tiempo. Incluso en un mismo país, se pueden emplear distintas formas de medición: por ejemplo, la mayor parte de los recientes estudios epidemiológicos relativos a los oxidantes fotoquímicos fueron emprendidos en la zona de Los Angeles con oxidantes que ya habían sido medidos por el método del yoduro de potasio sin neutralizar. Este método otorga valores al oxidante del 15 al 25 % mayores que los valores obtenidos con el sistema del yoduro de potasio neutralizado en un 10,2 %, empleado posteriormente en todo el mundo (OMS, 1979b).

Dada tal complejidad de factores y las limitaciones de los estudios, no es sorprendente que los efectos medioambientales y sanitarios de los contaminantes sean difíciles de cuantificar y que, por lo tanto, sean objeto de grandes controversias. No obstante, existe cierto consenso con respecto a algunos contaminantes en lo que concierne a los niveles generales en los que se detectan efectos nocivos específicos. Las importantes valoraciones independientes de las diversas investigaciones son proporcionadas por organizaciones internacionales a las que atañe el problema de la contaminación ambiental, como la OMS y la Comisión Internacional para la Protección Radiológica. En muchos países, los objetivos a corto y largo plazo publicados por dichas organizaciones son adoptados rápidamente como objetivos nacionales. En los restantes capítulos de la Primera Parte, que examinan los principales contaminantes atmosféricos a los que está expuesta la población en general, se indican las valoraciones independientes sobre los efectos sanitarios y ecológicos de los contaminantes tal como nos los proporcionan las organizaciones internacionales.

CAPÍTULO II

Contaminantes gaseosos y en partículas

2.1. PARTÍCULAS EN SUSPENSIÓN Y ANHÍDRIDO SULFUROSO

La expresión «partículas en suspensión» hace referencia a la amplia gama de sólidos o líquidos finamente divididos que se encuentran dispersos en el aire por procesos de combustión (generación de calor y energía), actividades industriales y fuentes naturales. Las partículas en suspensión miden entre 0,1 y 25 μm de diámetro [1]. Los componentes de las partículas en suspensión varían en el tiempo y en el espacio, aunque los componentes típicos en áreas urbanas son el carbono o hidrocarburos superiores formados por la combustión incompleta de combustibles de hidrocarburo. Más del 20 % de la cantidad total de partículas en suspensión puede estar compuesta de ácido sulfúrico y otros sulfatos (el 80 % de las partículas mide menos de 1 μm de diámetro).

El mayor problema al estudiar los efectos sobre la salud de las partículas en suspensión es que existen dos técnicas diferentes muy difundidas para el control de este contaminante. Mientras en Europa las mediciones de partículas se basan en sus propiedades de suciedad [2], en EE.UU. la técnica de estudio se basa en el peso [3].

[1] Un micrómetro (1 μm) equivale a 10^{-6}/metros. El término micra (μ) es el nombre no-SI dado al micrómetro.

[2] El método de sombra del humo o de reflectancia hace pasar el aire por un filtro de papel de modo que las partículas de humo suspendidas en el aire quedan retenidas en el papel formando una mancha. Se piensa que el «humo» contiene partículas de aproximadamente 10 μm de diámetro o menos. La densidad de la mancha depende en parte de la masa de partículas de humo recogidas y en parte de la naturaleza del humo. Por ejemplo, la negrura por unidad de masa de las partículas de gasoil es tres veces mayor que el humo de la combustión de carbón no bituminoso, y siete veces mayor que el producido por el escape de un motor de gasolina. La concentración de humo en la atmósfera puede calcularse haciendo pasar un volumen conocido de aire a través de un filtro de papel y midiendo la densidad de la mancha resultante con un reflectómetro fotoeléctrico. Normalmente, cada día se comprueban unos 2 m³ de aire. Se ha establecido una curva de calibrado para relacionar la densidad de la mancha del filtro con el peso de las partículas de humo depositadas en el filtro de papel en el estudio del «humo urbano estándar». Así, la concentración de humo por unidad de volumen de aire puede calcularse en función del «humo estándar» equivalente.

[3] La cantidad total de partículas en suspensión (TSP) son obtenidas por medio de un

La OMS (1976a) recomienda denominar al primer muestreo de partículas suspendidas como «humo» (o a veces «hollín») y al segundo como «total de partículas en suspensión» (TSP). Aunque se han llevado a cabo evaluaciones comparativas de ambos métodos en varios lugares, en general, no existe un factor de transformación aplicable (Ball y Hume, 1977; Commins y Waller, 1967; Lee y otros, 1972; Pashel y Egner, 1981). En general, el promedio anual de concentración de partículas suspendidas totales es aproximadamente 100 μm^3 más alto que el promedio de concentración de humo. Las concentraciones diarias individuales varían enormemente, de tal modo que, con niveles bajos de contaminación, la diferencia es grande, mientras que con altas concentraciones (del orden de 500 μm^3 o más), la diferencia es pequeña.

El anhídrido sulfuroso es un gas incoloro emitido por fuentes similares a las de las partículas en suspensión, especialmente por la combustión de carbón y de petróleo. Puede reaccionar catalítica o fotoquímicamente con otros contaminantes, formando anhídrido sulfúrico (convirtiéndose rápidamente, por hidratación, en ácido sulfúrico), ácido sulfúrico y sulfatos. El estudio de los compuestos de azufre suele limitarse al gas dominante, el anhídrido sulfuroso, usando el método acidimétrico, ampliamente utilizado en Europa, o el método West y Gaeke (o pararosanilina), ampliamente difundido en EE.UU. (OMS, 1976a).

La cantidad total de partículas en suspensión y el anhídrido sulfuroso son considerados a menudo como los contaminantes «tradicionales» de las áreas urbanas. Los mayores índices de estos contaminantes tuvieron lugar durante las neblinas sulfurosas a las que han estado sometidas las grandes ciudades industriales en el pasado. Aunque las peores nieblas ya han pasado, algunas ciudades experimentan nieblas menos intensas (fig. 2.1). El término «neblina» (smog) hace referencia a una síntesis de humo *(smoke)* y bruma *(fog)*. Las nieblas son causadas por grandes cantidades de contaminantes emitidos por la industria y por los usos domésticos (por ejemplo, estufas de carbón y hornos domésticos) durante períodos en los que las condiciones meteorológicas no ayudan a dispersar la contaminación. Cuando predomina la situación anticiclónica en invierno —caracterizado por vientos leves, temperaturas bajo cero y una profun-

recogedor de muestras de alto volumen. Este consiste en un motor y un fuelle envueltos en una protección. La superficie del filtro se dispone horizontalmente, boca arriba, y está recubiera por un tejadillo que la protege de la lluvia y la nieve; además, impide la recogida de más de 100 µm de partículas. Los filtros están hechos de fibra de vidrio o fibras orgánicas sintéticas. Las cantidades de aire van de 1,1 a 1,7 m^3 por minuto. La cantidad de partículas suspendidas se calcula dividiendo el peso neto de las partículas entre el volumen total de aire muestreado.

FIGURA 2.1.—Imagen de Londres a media tarde durante un caso de contaminación (niebla) el 30 de noviembre de 1982. Las concentraciones ambientales de humo y dióxido de azufre sólo fueron una parte de las registradas durante los períodos de smog en los años 50 y 60. *(Fuente:* London Scientific Services.)

didad de mezcla limitada debida a una fase atmosférica estable o invertida— aparecen pequeñas cantidades de contaminantes dispersos o diluidos y las concentraciones de contaminación pueden llegar a ser altas. Cuando un área urbana está dentro de una cuenca o de un valle, la intensa inversión de baja presión de los anticiclones invernales forma una «tapadera» y las montañas que rodean la ciudad forman los lados de una caja dentro de la cual se desprenden grandes cantidades de contaminantes. Con la humedad añadida a la atmósfera por los procesos de combustión, la existencia de grandes cantidades de núcleos condensados en forma de partículas suspendidas y las bajas temperaturas que incrementan la humedad relativa, se favorece la formación de nieblas. Las gotitas de niebla disuelven rápidamente el anhídrido sulfuroso para producir ácido sulfúrico que, por lo tanto, se suma a la potencial naturaleza nociva de la niebla. La niebla contaminada es menos fácil de evaporar por la radiación solar que la niebla «limpia»; así, la duración de la niebla o episodio de contaminación puede ser más prolongada. La niebla, con sus altas concentraciones de contaminación socialmente inaceptables, económicamente costosas, insanas e incluso peligrosas, puede permanecer varios días en la atmósfera hasta que el anticiclón se debilite o se vaya de la región (Brodine, 1971; Elsom, 1978a; 1979). Durante la niebla, se pueden tomar algunas medidas para reducir los riesgos sanitarios; por ejemplo, durante la niebla sulfurosa de enero de 1985 en la región del Ruhr de la RFA, cuando las concentraciones de dióxido de azufre alcanzaron los 800 $\mu g/m^3$, los colegios se cerraron, las autoridades hicieron un llamamiento para que los niños y las personas que padecían asma y dolencias cardíacas se quedaran en casa, se prohibió el uso de coches particulares y las plantas industriales y de energía fueron conminadas a reducir sus emisiones al 30 % o a cerrar.

Aunque las partículas en suspensión y las concentraciones de anhídrido sulfuroso dentro de cualquier zona de la ciudad conciernen sobre todo a las emisiones locales, los contaminantes pueden extenderse por toda la ciudad. En zonas urbanas, el centro de la ciudad suele ser unos grados más cálido que las afueras (efecto isla de calor) y esto puede conducir a la generación de una circulación de brisa cálida, análoga al efecto brisa de mar. Esta mesocirculación toma la forma de aire cálido que se levanta en el centro de la ciudad y va hacia las afueras, mientras el aire más frío es atraído hacia el centro de la ciudad desde las afueras y la periferia rural (fig. 2.2). El resultado es que los contaminantes se extienden por todo el área urbana (Elsom, 1978b; Landsberg, 1981; Padmanabhamurty y Hirt, 1974).

La velocidad de los vientos terrestres está en función de la

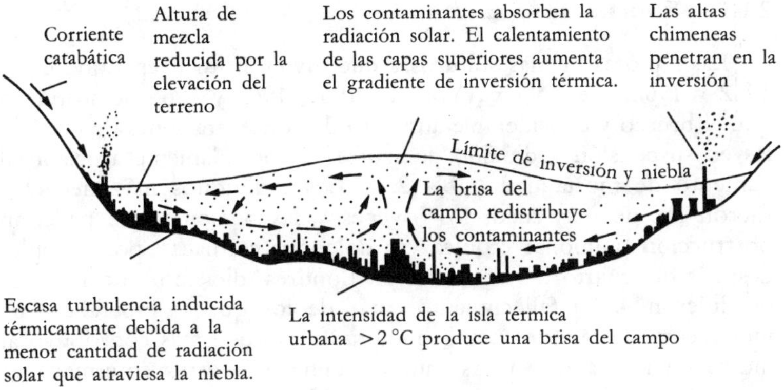

FIGURA 2.2.—Relación meteorología-contaminación durante una niebla en un valle. *(Fuente:* Modificada de Elsom, 1978b.)

intensidad de la «isla de calor» (isla térmica), la estabilidad atmosférica y la desigualdad de la superficie asociadas. Son más fuertes a través de la pendiente térmica excesiva característica de los límites urbanos (Chandler, 1965). La velocidad máxima llega a 2 ó 3 m/seg. (Chandler, 1961; Findlay y Hirt, 1969; Gold, 1956; Hogstrom, 1978). Padmanabhamurthy y Hirt (1974) emplearon la intensidad de la «isla térmica» como índice de la presencia y la fuerza de los vientos terrestres en Toronto para examinar el efecto de ésta sobre el traslado de la contaminación en la ciudad. No se observó ningún efecto hasta que la intensidad de la «isla térmica» llegó aproximadamente a 2° C, aparentemente el nivel necesario para formar una brisa. Al superar este nivel la intensidad de la «isla térmica», la concentración de contaminación en la ciudad aumentó. La brisa del campo, mientras proporciona cierto alivio a las afueras al brindarles aire rural más limpio, traslada la contaminación externa hacia el centro de la ciudad. Las brisas son característicamente intermitentes y tienen una periodicidad aproximada de 1,5 a 2 horas, porque el aire más fresco que llega al centro de la ciudad traído por la brisa reduce temporalmente la intensidad de la «isla térmica» (Chandler, 1961; Schreffler, 1979). Las brisas del campo pueden intensificarse con los vientos catabáticos de las montañas circundantes si el área urbana está ubicada en un valle o cuenca. Bajo condiciones anticiclónicas, la superficie terrestre y las capas más bajas del aire se enfrían rápidamente por la noche. Con el enfriamiento, el aire se vuelve más denso y el aire frío tenderá a fluir montaña abajo al modo de un viento catabático que lleva aire más limpio pero más frío a las afueras de la ciudad.

2.1.1. *Efectos sobre la salud*

Las famosas nieblas sulfurosas que tuvieron lugar en Londres en 1952 y 1962, y en Nueva York en 1953, 1963 y 1966 demostraron que el brusco y considerable aumento de concentraciones de partículas en suspensión y dióxido de azufre va rotundamente asociado al aumento de mortalidad (tabla 2.1). Los individuos más afectados fueron los de más edad, los jóvenes y las personas que padecían obstrucción pulmonar crónica y/o dolencias cardíacas: por ejemplo, después del cuarto día de niebla en Londres (diciembre de 1952) se produjeron 4.700 fallecimientos más de los que se esperaban. El incremento de muertes por bronquitis fue lo que más contribuyó al índice de mortandad y las muertes debidas a otras enfermedades relativas a deficiencias respiratorias también aumentaron. Creció el número de muertes por enfermedades del corazón, que podrían ser debidas al esfuerzo suplementario del corazón para contrarrestar el deterioro de las funciones respiratorias o a efectos directos (OMS, 1972). Las cotas máximas de contaminación diarias alcanzaron los 6.000 $\mu g/m^3$ de humo, junto con casi 4.000 $\mu g/m^3$ de anhídrido sulfuroso. Actualmente, con algunas excepciones, las áreas urbanas ya no experimentan tales índices diarios de concentración de partículas en suspensión o de anhídrido sulfuroso (tabla 2.2). Las medidas

TABLA 2.1.—Principales casos de contaminación del aire y número de muertes asociadas con ellos hasta 1966[a]

Fecha	Lugar	Núm. de muertes
Febrero de 1880	Londres, Inglaterra	1.000
Diciembre de 1930	Valle de Meuse, Bélgica	63
Octubre de 1948	Donora, EE.UU.	20
Diciembre de 1952	Londres, Inglaterra	4.700
Noviembre de 1953	Ciudad de Nueva York, EE.UU.	250
Enero de 1956	Londres, Inglaterra	480
Diciembre de 1957	Londres, Inglaterra	300-800
Nov.-Dic. de 1962	Ciudad de Nueva York, EE.UU.	46
Diciembre de 1962	Londres, Inglaterra	340-700
Diciembre de 1962	Osaka, Japón	60
Enero-Feb. de 1963	Ciudad de Nueva York, EE.UU.	200-405
Noviembre de 1966	Ciudad de Nueva York, EE.UU.	168

[a] Muchos contaminantes, no sólo las partículas en suspensión y el anhídrido sulfuroso, contribuyeron a causar el número adicional de muertes, como por ejemplo, el fluoruro de hidrógeno durante los episodios del Valle de Meuse y de Donora.

Fuente: Elsom, 1978b.

TABLA 2.2.—Comparación de las concentraciones diarias (μg/m^3) de humo, cantidad total de partículas en suspensión y anhídrido sulfuroso en zonas comerciales del centro-ciudad

Lugar	SO_2		Humo		Total de partículas en suspensión	
	a	b	a	b	a	b
Sydney, Australia	63	246			96	246
Río de Janeiro, Brasil	208	965	19	92		
Toronto, Canadá	32	236			73	168
Bogotá, Colombia	13	35	19	111		
Atenas, Grecia	39	165			254	438
Calcuta, India	58	105			392	751
Teherán, Irán	46	152	203	806		
Auckland, Nueva Zelanda	25	165	4	26		
Varsovia, Polonia	336	2.940	420	3.590		
Bucarest, Rumanía	9	100			163	625
Londres, Gran Bretaña	125	405	26	105		
Chicago, EE.UU.	41	136			87	214
Zagreb, Yugoslavia	112	488			171	452

a = media aritmética anual.
b = máxima diaria.
Fuente: OMS, 1980a.

contra la contaminación, junto con los cambios socioeconómicos, tecnológicos y energéticos han reducido drásticamente los niveles de estos contaminantes (fig. 2.3).

Los episodios agudos de contaminación del aire representan bruscas e inusuales exposiciones a altas concentraciones de contaminación y producen los efectos sanitarios más palpables. La exposición a largo plazo o crónica a niveles moderados de partículas en suspensión y anhídrido sulfuroso también parecen dañar la salud, pero la gravedad de estos daños todavía no está bien determinada. El agravamiento y/o aparición de bronquitis crónica, asma y enfisema pulmonar se han considerado productos de las partículas en suspensión y el anhídrido sulfuroso. Los estudios epidemiológicos a gran escala sobre su patología y mortandad se llevaron a cabo en Londres (Martín, 1964; Martín y Bradley, 1960) y en Nueva York (Schimmel, 1978; Schimmel y Murawski, 1976). La comparación de los resultados de éstos y otros estudios es complicada a causa de los diferentes métodos empleados para examinar las partículas en suspensión. Generalmente, estos estudios han revelado que los efectos adversos

FIGURA 2.3.—Tras el caso contaminante del Valle de Meuse, en 1930, que causó 63 muertes, se exigió a las plantas industriales que incorporaran altas chimeneas. *(Fuente:* R. A. Barnes.)

sobre la salud se asocian principalmente a las partículas en suspensión y sólo una pequeña parte al anhídrido sulfuroso. Mazumdar y otros (1982) volvieron a analizar los datos de Londres sobre contaminación y mortalidad durante los inviernos de 1958-59 hasta 1971-72 en un intento de diferenciar más claramente las distintas influencias del anhídrido sulfuroso y del humo. Concluyeron que la mortalidad por contaminación se debió casi enteramente al humo. Conclusiones similares fueron alcanzadas por Mazumdar y Sussman (1983) en un estudio en Pittsburgh durante el período de 1972 a 1977. La distinta patología de los contaminantes aún está por determinar. La necesidad de diferenciar los efectos de cada contaminante y, especialmente, de reexaminar los efectos del anhídrido sulfuroso sobre la salud, ha llevado a intensificar las investigaciones toxicológicas. Los estudios controlados en laboratorio sobre los efectos del anhídrido sulfuroso han demostrado que su carácter nocivo aumenta notablemente cuando los individuos hacen ejercicio, porque el cambio de la respiración por nariz a la respiración por boca aumenta la dosis de anhídrido sulfuroso inhalado que pasa al aparato respiratorio inferior (Anderson y otros, 1974; Lawther y otros, 1975). Los pacientes asmáticos y los que padecen fiebre del heno se han manifestado como los más sensibles al anhídrido sulfuroso, incluso en niveles comparables a las concentraciones normales del ambiente (Koenig y otros, 1979, 1980).

La OMS ha sintetizado numerosas investigaciones mundiales relativas a los efectos sobre la salud de las partículas en suspensión y el anhídrido sulfuroso a fin de proponer los límites por encima de los cuales podrían producirse efectos negativos entre poblaciones específicas durante exposiciones a corto y largo plazo (OMS, 1972, 1979a). La tabla 2.3 muestra que la OMS ha determinado en 250 $\mu g/m^3$ el límite para el humo y el anhídrido sulfuroso a partir del cual se podría esperar un empeoramiento de las condiciones de los pacientes expuestos a corto plazo. En el caso de exposiciones a largo plazo, afirman que 100 $\mu g/m^3$ es el nivel en el que los adultos y los niños podrían sufrir un aumento de síntomas de tipo respiratorio (tabla 2.4). La OMS no llegó a una conclusión firme con respecto a los efectos de las partículas en suspensión a causa del limitado número de estudios disponibles, pero se ha propuesto una cifra provisional de 150 $\mu m/m^3$ (media aritmética anual) para las exposiciones a largo plazo.

Para proteger la salud pública, se considera que sería razonable un factor de seguridad de dos puntos menos que las cifras presentadas en las tablas 2.3 y 2.4. Las pautas para una óptima calidad del aire a largo plazo están en la tabla 2.5. Los valores del total de partículas

Tabla 2.3.—Efectos previstos sobre la salud de los contaminantes del aire en determinados segmentos de la población: efectos de una exposición a corto plazo[a]

Efectos previstos	Concentración media en 24 h (μg/m³)	
	SO_2	Humo
Mortalidad adicional entre los más mayores o los enfermos crónicos	500	500
Empeoramiento de los pacientes con enfermedad respiratoria previa	250	250

[a] Concentraciones de dióxido de azufre y humo, tomadas por los métodos europeos acidimétrico y de reflectancia, respectivamente.

Fuente: OMS, 1979a.

en suspensión superan a los del humo porque aquél contiene partículas mucho más grandes que las admitidas por el aparato respiratorio (OMS, 1979a). La reunión de finas partículas respirables (0,1 a 2,5 μm) y de partículas gruesas irrespirables (que sobrepasan los 2,5 μm) dentro de la cantidad total de partículas en suspensión sugiere que sería aconsejable asignar una pauta distinta para las partículas finas en el futuro[4].

Una consideración adicional con respecto a las partículas finas en los estudios sanitarios es la importancia del tipo de partícula. Los sulfatos, del 5 al 20 % de la cantidad total de partículas en suspensión en áreas urbanas, pueden ser distinguidos y las pautas de protección de la salud pública para este contaminante probablemente se emitirán en el futuro. Los sulfatos pueden ser los responsables del

[4] Las partículas finas, de 0,1 a 2,5 μm, son generadas como productos de combustión directa y como gases que más tarde se transforman en partículas en la atmósfera. Las partículas gruesas son generadas por procesos mecánicos, incluidos el viento y la fricción ocasionados por los neumáticos en las carreteras; sus fuentes son principalmente la tierra y la arena de la superficie terrestre. Las partículas gruesas tienen un alto contenido en silicatos. Las partículas finas se consideran más peligrosas para la salud que las gruesas por las siguientes razones:

a) el depósito de partículas finas prefiere la periferia del pulmón (vías aéreas pequeñas más espacios de aire), que, por razones anatómicas, parece ser especialmente susceptible de lesiones;

b) la eliminación de las partículas de la periferia del pulmón es mucho más lenta que la de las regiones centrales (vías aéreas intermedias y grandes) o las regiones altas (vías de la cabeza y cuello). La eliminación más lenta implica una mayor exposición, mayor dosis y, por lo tanto, mayor riesgo;

c) la penetración de las partículas en los tejidos superficiales y su entrada en la circulación son probablemente mayores en la periferia del pulmón, también por razones anatómicas.

TABLA 2.4.—Efectos previstos de los contaminantes del aire sobre salud de determinados sectores de la población: efectos de exposiciones a largo plazo[a]

Efectos previstos	Concentración media anual (μg/m³)	
	SO_2	Humo
Aumento de los síntomas respiratorios entre un grupo general de población (adultos y niños) y aumento de frecuencia de enfermedades respiratorias entre los niños	100	100

[a] Concentraciones de anhídrido sulfuroso y humo tomadas por los métodos europeos acidimétrico y de reflectancia, respectivamente.

Fuente: OMS, 1979a.

aumento de los ataques de asma, del agravamiento de las enfermedades cardíacas y respiratorias, de la menor resistencia infantil ante las enfermedades respiratorias y de otras actuaciones relacionadas con la contaminación del aire. A modo de indicación de los efectos cuantificables de los sulfatos sobre la salud, Lave y Seskin (1979) afirman que una media anual de concentración de sulfatos de 100 μg/m³ incrementa el índice de mortalidad en un 5 %.

TABLA 2.5.—Líneas guía para los límites de exposición de cara a la protección de la salud pública

	Concentración (μg/m³)		
	Anhídrido sulfuroso[a]	Humo[a]	Total de partículas en suspensión[b]
Media de 24 h[c]	100-150	100-150	150-230
Media aritmética anual[d]	40-60	40-60	60-90

[a] Valores de anhídrido sulfuroso y humo tomados por los métodos acidimétrico y de reflectancia, respectivamente.

[b] Valores provisionales estimados para las partículas en suspensión tomados por el muestreador de alto volumen, de uso muy difundido en EE.UU.

[c] Niveles indicados para 24 h que no deberían ser sobrepasados durante más de 7 días al año (equivalentes al 98 % en una distribución de frecuencia logarítmica normal anual).

[d] Las medias anuales están expresadas aquí en términos de medias aritméticas: las medias geométricas correspondientes serían, en general, un poco más bajas.

Fuente: OMS, 1979a.

2.1.2. *Efectos sobre la vegetación*

La vegetación puede verse afectada negativamente por cantidades excesivas de partículas aéreas. Las partículas recubren las hojas y taponan los estomas, de ahí la menor absorción de dióxido de carbono atmosférico y la mayor intensidad de los rayos de sol que alcanzan el interior de la hoja, lo que causa la detención del crecimiento de algunas plantas. Hay partículas específicas, como los fluoruros, que causan otros perjuicios.

La lesión aguda producida en las plantas por anhídrido sulfuroso se manifiesta en forma de manchas blanquecinas en las plantas de hojas anchas o de vetas necróticas blanquecinas en los dos lados de la vena media de las hojas de venas paralelas. La lesión a largo plazo o crónica aparece en forma de decoloración de la clorofila, que produce una clorosis o pérdida de color (amarillento) de las hojas en muchas plantas. En otras plantas, la decoloración de la clorofila revela la presencia de pigmentos rojos, marrones o negros, que normalmente están ocultos. Cualquiera que sea el tipo de daño, el resultado es una reducción del crecimiento y de la cantidad de las plantas. Entre las plantas comunes, vulnerables al anhídrido sulfuroso, están la alfalfa, la cebada, el algodón, la lechuga, la mielga, el ruibarbo, las espinacas y los guisantes de olor. La contaminación por anhídrido sulfuroso no siempre causa daños a la vegetación porque, en áreas deficientes en sulfatos, la exposición a bajos niveles de anhídrido sulfuroso puede ser beneficiosa para las plantas al suministrarles el azufre que les hace falta. Sin embargo, el anhídrido sulfuroso puede, al mismo tiempo reducir el pH del suelo, por lo tanto, se necesitaría una mayor enmienda calina. Los efectos negativos del anhídrido sulfuroso también aparecen a consecuencia de la lluvia ácida (véase capítulo 4).

Una planta particularmente vulnerable a las concentraciones de anhídrido sulfuroso es el líquen, por lo que se emplea con frecuencia como bioindicador del nivel de anhídrido sulfuroso. Este dificulta la fotosíntesis en las células de las algas, destruyendo a veces su clorofila; los líquenes son especialmente vulnerables, quizá porque contienen relativamente poca clorofila. Ciertos experimentos relativos al anhídrido sulfuroso disuelto muestran que las diferentes especies se ven afectadas en distintos grados por el mismo nivel de contaminación (Hawksworth y Rose, 1976). Los niveles de anhídrido sulfuroso en la atmósfera pueden ser determinados delimitando la distribución, porcentaje y tamaño de distintas especies en determinados sustratos de una zona o estudiando la evolución de líquenes transplantados experimentalmente; también se puede determinar por las diferencias de conductividad eléctrica entre las plantas, ya que las plantas dañadas desarrollan membranas de células débiles y pierden los electrolitos necesarios. Se ha llevado a cabo el trazado de un extenso mapa de las especies de líquenes en Gran Bretaña (Gilbert, 1974; Hawksworth y Rose, 1970; Morgan-Huws y Haynes, 1973; O'Hare, 1973).

2.1.3. *Efectos sobre los materiales*

Las partículas que ensucian los tejidos, las superficies pintadas y los edificios hacen que aumenten los gastos de limpieza y reparación al acortarse la vida de los materiales y su buen estado. Las partículas pueden producir corrosión a causa de su corrosividad intrínseca o por el hecho de absorber sustancias químicas corrosivas, especialmente en una atmósfera húmeda. La suciedad de los edificios en ciudades grandes es una de las manifestaciones más obvias de la contaminación atmosférica. Las partículas despedidas por los escapes de vehículos diesel son especialmente responsables de la suciedad, ya que tienen una alta absorción óptica (negrura) y una naturaleza oleosa (Ball, 1984). Sawyer y Pitz (1983) consideraron que el aumento de suciedad que seguiría a la adopción de un 20 % de los vehículos con motor diesel de tasa impositiva baja en California llevaría a una pérdida anual de beneficios de 800 millones de dólares, y esto sólo en lo referente a gastos domésticos.

Mientras las partículas en suspensión ensucian o ennegrecen las superficies de los materiales, el anhídrido sulfuroso puede producir daños importantes a los mismos. La piedra caliza, la arenisca, los tejados de pizarra y la argamasa de edificios y monumentos pueden verse gravemente dañados. El carbonato de calcio de las piedras calizas y otros materiales de construcción se convierten fácilmente en sulfato de calcio soluble (yeso). El aumento de volumen que conlleva este cambio químico produce desconchamientos, ahuecamientos y desintegración de la superficie; el material que queda suelto es arrastrado por la lluvia. Los ejemplos más notables de esta erosión son los monumentos históricos de Grecia (por ejemplo, la Acrópolis) e Italia (por ejemplo, el Coliseo y el Arco de Tito en Roma). Estos han resistido a la influencia de la atmósfera durante centenares o incluso miles de años sin ningún cambio importante y, sin embargo, desde hace sólo unas pocas décadas, han sufrido daños muy graves.

Los tejidos, la piel, el papel, los contactos eléctricos, las vidrieras pintadas y las medievales también se han visto afectados negativamente por el anhídrido sulfuroso. Los tejidos artificiales como el nylon, son especialmente vulnerables al anhídrido sulfuroso o a los aerosoles de ácido sulfúrico. Además, la corrosión de ciertos metales, sobre todo el hierro, el acero, el cinc, el cobre y el níquel, se acelera con la presencia de anhídrido sulfuroso, que favorece la formación de ácido sulfúrico en la superficie del metal en ambientes húmedos. Los índices de corrosión de metales en áreas urbanas pueden ser mucho mayores que los experimentados en zonas rurales (tabla 2.6). El tiempo de vida de metales como el hierro galvanizado y el acero puede ser enormemente corto en áreas contaminadas, lo que supone la necesidad de costosas reparaciones o pintados frecuentes de estructuras importantes como las torres del tendido eléctrico y los puentes. Así, por ejemplo, una plancha de acero galvanizado con un baño de 25 μm de espesor puede tener que ser repintada a los tres años en una atmósfera industrial, mientras en una atmósfera rural, pueden pasar de 15 a 20 años antes de necesitar otra mano de pintura.

TABLA 2.6.—Índices de corrosión de metales en distintos ambientes

	Índice de corrosión diferencial en μm yr^{-1}				
Atmósfera	Acero al carbono	Zinc	Níquel	Cobre	Aluminio
Industrial	40-70	4-6	6	2-5	0,2-1
Urbana	20-30	1,7-3,7	1,8	1-2	0,1-0,2
Rural	10	1	0,25	1	0,1

Fuente: Comité de la Cámara de los Comunes para el Medio Ambiente de Gran Bretaña, 1984.

2.1.4. *Efectos atmósfericos*

Uno de los efectos más evidentes de la contaminación sobre la atmósfera es la disminución de visibilidad, debida a la absorción y dispersión provocadas por aerosoles sólidos y líquidos. La humedad relativa juega un importante papel, porque la condensación se produce sobre partículas higroscópicas con niveles de humedad en torno al 70 %: el efecto de las partículas en suspensión en solitario (neblina seca) se limita a niveles de humedad relativa inferiores al 70 %. Durante el invierno, bajo condiciones anticiclónicas, la enorme cantidad de núcleos higroscópicos en un área urbana favorece la condensación, que conlleva la formación de bruma y neblina. Las brumas (definidas como períodos en los que la visibilidad es menor de 1.000 m) se forman más rápidamente y persisten durante más tiempo en una atmósfera urbana contaminada. De todos modos, aunque las brumas son generalmente más frecuentes en áreas urbanas, las llamadas brumas densas, con una visibilidad menor de 400 metros, pueden ser menos frecuentes en el centro que en las afueras de la ciudad. Esto sucede porque las brumas con visibilidad menor de 400 metros tienden a tener mayor contenido de humedad que las brumas menos densas, por eso no se forman tan fácilmente en el centro de la ciudad, que es ligeramente más seco y más cálido (Chandler, 1976; Musk, 1982).

La presencia de enormes cantidades de partículas en suspensión, que actúan como núcleos de condensación y enfriamiento con el viento en fuentes industriales y áreas urbanas, ha sido considerada por algunos como causante del aumento de precipitaciones. Changnon (1968), por ejemplo, subrayó una importante correlación entre las precipitaciones anuales en La Porte, Indiana, que está a 48 km, en la misma dirección que el viento, del gran complejo de industria pesada que rodea Chicago, y el número anual de días de humo neblinoso en Chicago. La solidez de esta relación disminuyó después de mediados de los 60, quizá a causa de la disminución de las emisiones de posibles núcleos de condensación y enfriamiento procedentes de la industria (Changnon, 1980). Sin embargo, el resultado de estudios intensivos como el experimento METROMEX en San Luis sugiere que gran parte del aumento de los procesos de precipitación, que tienen lugar en áreas urbanas y en la dirección del viento, se deben más a procesos microfísicos (Changnon, 1970, 1978; Changnon y otros, 1977). Los estudios sobre Londres y sus alrededores también indican que los núcleos de contaminación juegan un papel insignificante en el incremento de la actividad tormentosa que se produce sobre el área metropolitana (Atkinson, 1968, 1969, 1970, 1971 y 1975).

El aumento de la formación de nubes y precipitaciones y en especial la formación de brumas ha supuesto para las áreas urbanas el recibir una cantidad considerablemente menor de luz solar que en el pasado. En Europa y Norteamérica, muchas áreas urbanas recibieron, durante los años 30 y 40, sólo el 50 % de su luz solar potencial en invierno (Chandler, 1965; Tout, 1979). En ciudades como Pittsburg y Londres, no fue raro tener que iluminar las calles durante todo el día en invierno. Las mayores pérdidas de radiación solar se observaron en los momentos en que el sol estaba bajo —es decir, por la mañana temprano y en las últimas horas de la tarde (Landsberg, 1981). Durante las últimas décadas se han llevado a cabo mejoras sustanciales en los niveles de luz solar en los centros de las principales ciudades grandes, gracias a la reducción de emisiones de partículas en suspensión obtenida mediante las medidas de control de la contaminación, unidas a los cambios sociales, económicos, tecnológicos y energéticos (fig. 2.4). Aunque la contaminación puede reducir la cantidad de luz solar o de radiación solar directa recibida en áreas urbanas, dicha reducción queda parcialmente compensada por el aumento de radiación difusa facilitada por la contaminación (Bridgman, 1981).

Mientras la visibilidad invernal en áreas urbanas ha mejorado en general, la visibilidad en verano ha empeorado. Cuando la humedad relativa está por debajo del 70 %, la atenuación de la luz en la atmósfera por causa de la dispersión se debe a partículas de un tamaño comparable a la longitud de onda de la luz incidente (proceso de dispersión Mie). Con una radiación solar visible de 0,4 a 0,8 μm, son los aerosoles sólidos y líquidos de 0,1 a 1,0 μm, los responsables de la disminución de la visibilidad. Las partículas de este tamaño están principalmente producidas por transformación química de gases. Los sulfatos y nitratos de amonio tienden a prevalecer en áreas urbanas, ya que el amonio es un producto común del ciclo del nitrógeno, mientras que los sulfatos y nitratos surgen de procesos de combustión. Los sulfatos tienden a ser más pequeños que los nitratos

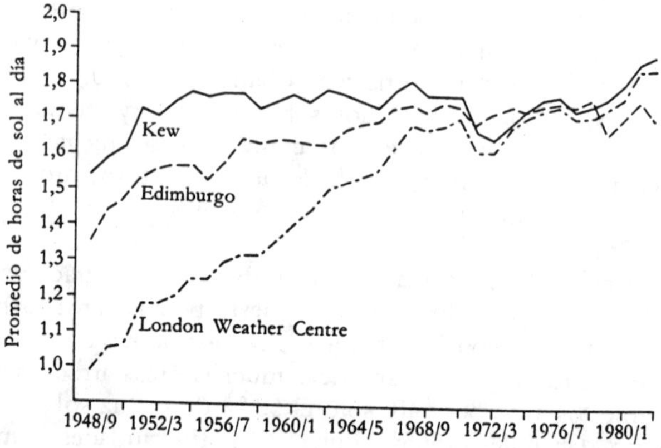

FIGURA 2.4.—Aumento del sol invernal (las cifras indicadas son medias variables de 10 años tomadas sobre el año anterior, entendiendo por invierno los meses de diciembre, enero y febrero) en el centro-ciudad de Londres y Edimburgo (las horas de sol invernal de la localidad de Kew son mostradas para facilitar la comparación con el London Weather Centre, que está en el centro de Londres). (*Fuente:* Departamento del Medio Ambiente de Gran Bretaña, 1984.)

y, por lo tanto, juegan un papel primordial en la reducción de la visibilidad en áreas urbanas. En cierto número de áreas urbanas se ha demostrado que cuando el sulfato amónico aumenta, la visibilidad disminuye (Eggleton, 1969).

En un estudio sobre la visibilidad en Londres y el Sur de Inglaterra, Lee (1983a, 1983b) mostró que el deterioro constante de la visibilidad en verano entre 1962 y 1972, especialmente en las categorías de largo alcance, estaba relacionado con el aumento observado de partículas finas, especialmente sulfatos (fig. 2.5). El aumento de las concentraciones de sulfatos parecía estar asociado principalmente a las masas de aire procedentes de la Europa continental (Barnes y Lee, 1978), aunque Ball y Bernard (1978a, 1978b) sostuvieron que las emisiones de Londres y alrededores también podían ser importantes. Después de 1973, hubo una mejora brusca de visibilidad que pareció debida a la disminución de los sulfatos, relacionada ésta con la disminución de consumo de petróleo por parte de las centrales de energía e industrias a raíz de la crisis petrolífera de 1973.

El transporte de sulfatos y nitratos a larga distancia provoca una neblina regional que reduce la visibilidad en áreas distantes de las fuentes emisoras de estos contaminantes secundarios. Cass (1979) señala que los sulfatos son los contribuyentes simples más importantes al deterioro de la visibilidad en el NE y SE de EE.UU. Los efectos de aerosoles secundarios (especialmente sulfatos) sobre la visibilidad, en el SO de los EE.UU. fueron claramente probados con el cierre durante nueve meses de las fundiciones de cobre en 1967-68. Las fundiciones de cobre produjeron más del 90 % de las emisiones de óxidos de azufre en el Sudoeste. El efecto del paro sobre la visibilidad se manifestó claramente en Tucson, donde el número de días de neblina era aproximadamente el 50 % antes de la huelga, pero se redujo a sólo el 20 % durante la misma, volviendo al 50 %

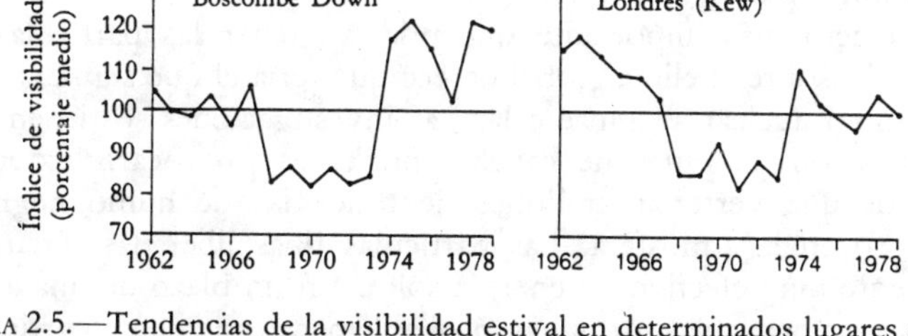

FIGURA 2.5.—Tendencias de la visibilidad estival en determinados lugares del sur de Inglaterra de 1962 a 1979. *(Fuente:* Lee, 1983b.)

inmediatamente después de la huelga y elevándose hasta el 80 % durante el año siguiente, cuando la producción de cobre aumentó notablemente (Trijonis, 1979).

El sulfato y otras partículas submicrométricas como los hidrocarburos están siendo transportadas cada vez en mayor cantidad y más lejos, a regiones del mundo antiguamente prístinas como el Ártico. Hace 30 años, hubo un pequeño indicio de existencia de aire contaminado en las regiones polares, pero hoy se observa comúnmente un ácido pardusco o neblina «Ártica» en altas latitudes, que restringe la visibilidad horizontal a una distancia de entre 3 y 8 km (Barrie, 1986; Kemf, 1984). Eurasia parece ser la principal fuente de contaminación (Barrie y otros, 1981; Ottar, 1981; Rahn, 1981; Shaw, 1982). Los científicos no sólo se interesan por los efectos sobre nuestro frágil ecosistema, sino que también están preocupados por los efectos climatológicos de la contaminación. La investigación preliminar señala que la neblina ártica absorbe cantidades importantes de energía solar durante los primeros meses de la primavera. Es posible que esta absorción causara un calentamiento de la atmósfera ártica baja, produciendo con ello cambios en el clima global.

No cabe duda de que los niveles globales de partículas en suspensión han aumentado desde finales de siglo, pero no está claro si esto llevará a un calentamiento o a un enfriamiento global. Las partículas que están sobre las áreas de albedo, como los océanos, pueden aumentar las regiones de albedo y, de ese modo, impedir que cierta parte de la energía solar sea absorbida por los océanos, causando así un enfriamiento de la superficie. Sin embargo, la mayoría de los aerosoles fabricados por el hombre se encuentran sobre la tierra, especialmente en y alrededor de los países más industrializados, donde son producidos, de tal modo que si fueran absorbidos en gran parte, podrían reducir el albedo de la región y conducir a un calentamiento de la superficie (fig. 2.6). Con tantas incertidumbres, no es raro que se tenga poca confianza en las estimaciones sobre el efecto climático global de las partículas en suspensión (Kellogg, 1978).

El efecto más importante que podrían tener las partículas en suspensión sobre el clima global parece que sería el que siguiera a un intercambio nuclear a gran escala. Las investigaciones sostienen que la detonación de miles de cabezas nucleares provocaría extensos incendios que verterían millones de toneladas de humo negro y fuliginoso en la atmósfera. Las partículas finas liberadas serían un absorbente muy efectivo de energía solar. En un plazo de una a dos semanas, las partículas formarían probablemente una densa cortina de humo que envolvería las latitudes medidas del hemisferio norte. Sólo

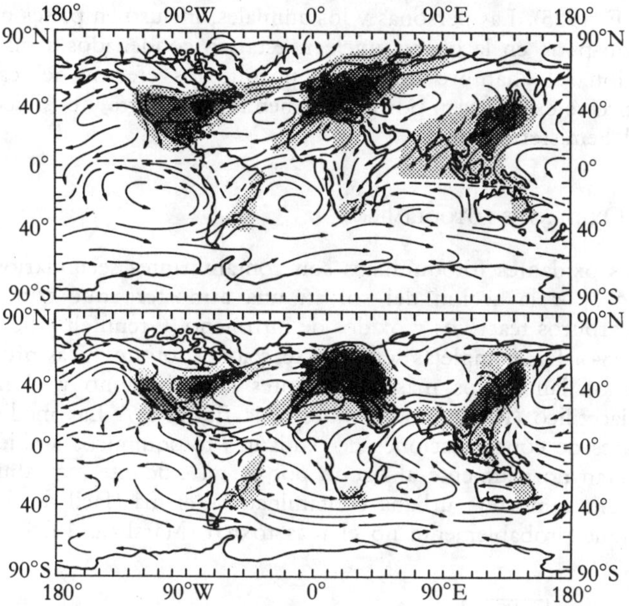

FIGURA 2.6.—Estimación de la distribución global de aerosoles antropogénicos, basada en la creencia de que el índice de producción es proporcional al Producto Nacional Bruto de cada país. El tiempo medio de permanencia es de cinco días y aparecen los vientos superficiales de *a*) enero, *b*) julio. (*Fuente:* Kellogg, 1978.)

del 3 al 5 % de la energía solar podría penetrar en esta capa de partículas durante varias semanas después de la guerra, provocando una oscuridad que únicamente dejaría paso, muy poco a poco, a unas condiciones de tenebroso crepúsculo (Crutzen y Birks, 1982). Reducciones tan bruscas y constantes de la energía solar sobre la superficie provocarían seguramente una disminución considerable de las temperaturas —incluso la congelación— en las masas continentales (Aleksandrov y Stenchikov, 1983; Covey y otros, 1984; Elsom, 1984c, 1985; Thompson y otros, 1984; Turco y otros, 1983). La disminución de la temperatura en los océanos sería posiblemente poco importante a causa de su gran capacidad de calentamiento y la rápida mezcla de aguas superficiales. Los océanos podrían garantizar que el período frío de después de la guerra sobre los continentes (el «invierno nuclear» u «otoño nuclear») durara sólo unos meses. No obstante, incluso unos pocos meses serían suficientes para causar daños generales y la destrucción de cultivos y otras plantas (Ehrlich y otros, 1983;

SCOPE, 1985). Las personas y los animales, incluso en países que no tomaran parte en la guerra nuclear, estarían condenados a morir de inanición (el «hambre nuclear»), porque los efectos del cambio climático se extenderían por todo el hemisferio Norte y posiblemente por el hemisferio Sur.

2.2. Oxidantes fotoquímicos

Los oxidantes fotoquímicos son contaminantes secundarios producidos por la acción del sol en una atmósfera que contuviera hidrocarburos reactivos y óxidos de nitrógeno (Grennfelt y Schjoldager, 1984). Las complejas series de reacciones fotoquímicas producen varios oxidantes, los más importantes son el ozono y el nitrato peroxiacetílico (PAN), como muestra la figura 2.7. Las mediciones regulares de concentraciones de oxidantes fotoquímicos ambientales se limitan normalmente al ozono por ser el oxidante más abundante en una atmósfera urbana contaminada y el más fácil de detectar —aunque probablemente no el más tóxico (Marshall, 1978).

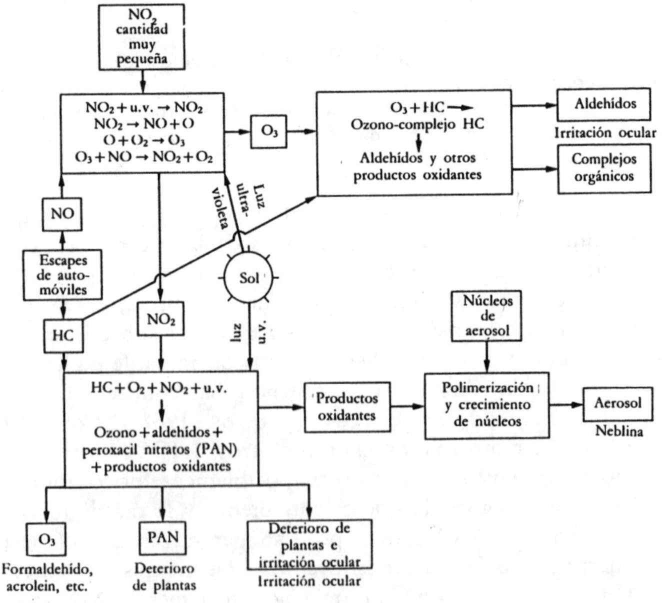

Figura 2.7.—Formación de niebla fotoquímica. (*Fuente:* Modificada de Faith y Atkisson, 1972.)

El ozono se puede formar naturalmente en la atmósfera, de tal modo que las concentraciones mensuales medias en el ambiente varían de 0,005 a 0,04 ppm (10-80 μg/m^3), dependiendo de la latitud y del mes del año. Los índices por hora se sitúan entre 0,005 y 0,05 ppm (10-100 μg/m^3). En contraste, los niveles de ozono en áreas urbanas pueden alcanzar en horas punta concentraciones de 0,15 a 0,40 ppm (300-800 μg/m^3), como se subraya en la tabla 2.7 y en la figura 2.8. En algunas grandes ciudades, las concentraciones máximas de oxidantes en una hora superan 0,1 ppm (200 μg/m^3), entre el 5 a 30 % de los días, mientras en el sur de California, los valores normales en horas punta superan los 0,10 ppm (200 μg/m^3) la mayoría de los días durante los meses de mayo a septiembre (OMS, 1979b). En 1985, se superaron los 0,10 ppm de ozono durante 107 días del año en Los Ángeles, 173 días en Pasadena y 166 en Azusa (US SCAQMD, 1986b).

Las masas de aire contaminado de áreas urbanas e industriales pueden afectar a las áreas suburbanas y rurales que se encuentren en la dirección del viento predominante a distancias considerables. En efecto, la producción de ozono sólo puede ser significativa en 10 km en la dirección del viento cuando procede de una fuente emisora, mientras que las concentraciones máximas de ozono pueden no ser alcanzadas hasta 60 km en la dirección del viento (White y otros,

TABLA 2.7.—Concentraciones máximas de ozono por hora observadas en determinadas ciudades en 1974[b]

Ciudad	Concentración en 1 hora[a]	
	μg/m^3	ppm
Riverside, EE.UU.	744	0,37
Los Ángeles, EE.UU.	548	0,27
Eindhoven, Holanda	420	0,21
Tokio, Japón	380	0,19
Osaka, Japón	320	0,16
Washington, D.C., EE.UU.	312	0,16
Londres, Gran Bretaña	294	0,15
Bonn, R.F.A.	290	0,15

[a] 0,1 ppm = 200 μg/m^3.

[b] En Europa, las concentraciones de PAN durante los meses de verano son, normalmente, de 1-2 ppb o menos, con episodios aislados de concentraciones máximas de 16-20 ppb, mientras que en Japón pueden alcanzar los 30 ppb. Por el contrario, la cuenca de Los Ángeles experimenta concentraciones máximas de 40-210 ppb y medias mensuales de 4-9 ppb (Temple y Taylor, 1983).

Fuente: OMS, 1979b.

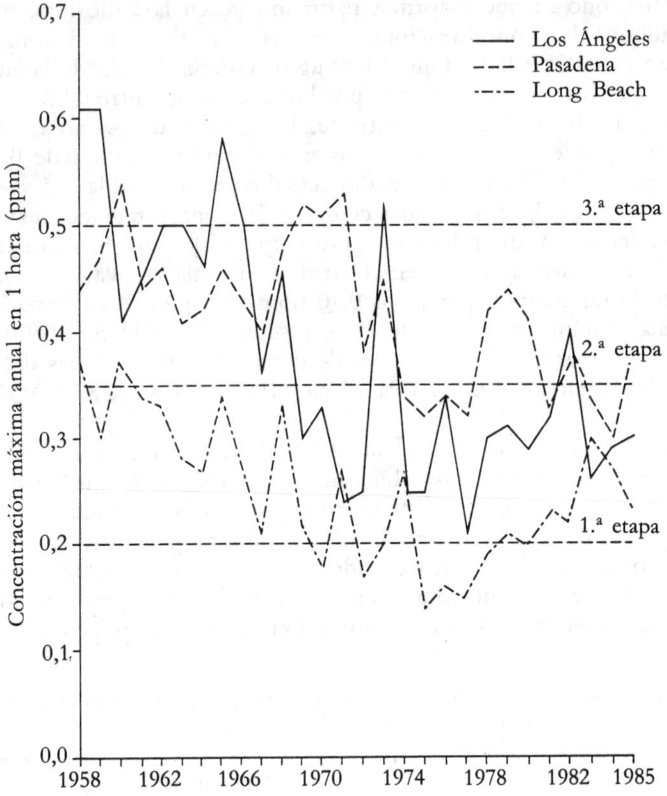

FIGURA 2.8.—Concentraciones máximas anuales de ozono en 1 hora en determinados lugares de la cuenca de Los Ángeles, entre 1958 y 1985. *(Fuente:* Recopilación de información proporcionada por el South Coast Air Quality Management District, en El Monte, California.)

1976). Esto es así por el tiempo que tarda en producirse el ozono, incluso cuando los llamados hidrocarburos «altamente reactivos» están presentes. Estos pueden necesitar aproximadamente una hora para degradar el hidrocarburo; los hidrocarburos menos reactivos pueden tardar más de tres horas; y los hidrocarburos llamados «no reactivos», varios días. El transporte a larga distancia del ozono y sus precursores está siendo cada vez más documentado en Europa y Norteamérica; por ejemplo, Cox y otros (1975) descubrieron que altas concentraciones de ozono en el sur de Irlanda y de Gran Bretaña en general provenían de fuentes europeas continentales que distaban de 100 a 700 km. En general, las concentraciones por hora de 0,06 ppm (120 μg/m³), observadas en zonas rurales, pueden estar relacionadas con el transporte de oxidantes producidos por el hombre desde fuentes lejanas (OMS, 1979b). Una característica de las exposiciones rurales es que, habiendo desaparecido los precursores, el ozono puede permanecer días y días hasta que entre en contacto con otros contaminantes que actúen como «barrenderos».

Los oxidantes fotoquímicos, que produjeron episodios de contaminación o nieblas con resultado de irritaciones oculares y nasales, fueron descubiertos por primera vez en Los Angeles, a principios de los años 40. Durante los 50, este tipo de contaminación se convirtió en un problema generalizado en California, pero hasta los 60 no se reconoció como un problema nacional, y sólo en los 70 se experimentaron momentos de contaminación fotoquímica en grandes ciudades de Europa, Australia y Japón.

El sur de California, especialmente Los Angeles, fue el primer lugar que sufrió la contaminación fotoquímica a causa del enorme aumento de emisión de hidrocarburos y óxidos de nitrógeno procedentes de automóviles desde los años 30, así como por las condiciones meteorológicas y dimensionales del Estado, que eran las ideales para la formación y concentración de contaminación fotoquímica. Durante la mayor parte de los meses veraniegos —de mayo a septiembre—, el sur de California está dominado por una fuerte y persistente inversión de bajo nivel, causada por un calentamiento compresivo del aire depositado, unido al anticiclón subtropical del Pacífico Norte (Keith, 1980). La altura de la inversión determina la profundidad de mezcla dentro de la cual se emiten los contaminantes y de la intensidad de la inversión depende que algún contaminante consiga escapar a través de la inversión (fig. 2.9). Cuando se prevén episodios de contaminación, la profundidad de mezcla se calcula a partir de un «tefigrama» (gráfico del perfil de la temperatura atmosférica), siguiendo la adiabática seca a través de la temperatura superficial máxima hasta el punto en que se cruza con la curva de temperatura del aire más alta.

Lin (1981) demostró que los episodios de contaminación fotoquímica en el sur de California comienzan típicamente en días cuya temperatura máxima de 600 a 1.500 (850 mb) aumenta varios grados y suelen terminar con la disminución similar de temperatura. Estos cambios de temperatura reflejan la intensidad variable del calentamiento compresivo por causa del aire depositado unido al anticiclón, así como por la intensidad de la luz o radiación solar. Debajo de la inversión, la capacidad de la atmósfera de dispersar los contaminantes horizontalmente está profundamente influenciada por la relación

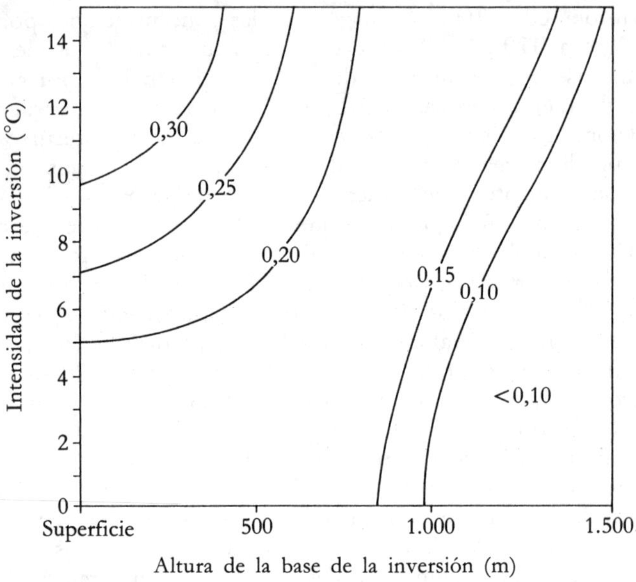

FIGURA 2.9.—Concentraciones diarias de ozono (en ppm) en función de la intensidad y altura de la inversión diaria en Azusa, verano de 1973. *(Fuente:* según Keith, 1980.)

entre la topografía y las brisas terrestres y marinas en el sur de California. Durante el día, el calentamiento solar del suelo, especialmente en los valles interiores y las laderas sur de las montañas que rodean la cuenca de Los Angeles, produce un fuerte contraste de temperatura con el océano, que está más frío, de ahí que se originen brisas marinas (Lin y Bland, 1980). En el tiempo que necesita el ozono para formarse con hidrocarburos y óxidos de nitrógeno, el aire es llevado al interior por brisas marinas, por eso también transportan la contaminación tierra adentro (fig. 8.16). Cuando las brisas marinas son fuertes y persistentes, las concentraciones más altas de ozono pueden encontrarse en el interior, si tienen lugar en las regiones que emiten los contaminantes precursores. Por la noche, una brisa terrestre invierte el curso de los contaminantes, pero las concentraciones de ozono son mucho más bajas, por lo que las reacciones fotoquímicas cesan tras el ocaso.

Durante los años 70, la contaminación fotoquímica en las principales ciudades del mundo, como Tokio, Sidney y Londres, emergió bruscamente como un grave problema. Al igual que las emisiones de hidrocarburos y óxidos de nitrógeno, especialmente procedentes de los escapes de los automóviles aumentaron, también lo hizo la probabilidad de que las nieblas fotoquímicas fueran experimentadas. Así, por ejemplo, en la zona de la bahía de Tokio aumentaron tres veces las emisiones de hidrocarburos entre 1960 y 1970, y los óxidos de nitrógeno crecieron seis veces más en el mismo plazo. Antes de 1970, Tokio experimentaba concentraciones de ozono que superaban las 0,15 ppm (300 $\mu g/m^3$) durante diez días al mes entre abril y octubre (Kagawa y Toyama, 1975). No toda la culpa de la repentina aparición de una grave contaminación fotoquímica en algunas ciudades puede atribuirse al rápido crecimiento de las emisiones locales. Ball y Bernard (1978a, 1978b) descubrieron que, durante el período de 1972-76, las fluctuaciones anuales de la frecuencia de los niveles altos de ozono alrededor de Londres estaban estrechamente relacionados con los cambios de frecuencia de los anticiclones sobre el NO de Europa, que dirigían el ozono desde Europa continental hasta el Sur de Gran Bretaña. Un calor excepcional y veranos soleados en 1975 y 1976, junto con estas condiciones dimensionales y meteorológicas, llevaron a Londres a sufrir concentraciones en horas punta superiores a 0,20 ppm (400 $\mu g/m^3$), el mismo nivel para una primera señal de alarma en Los Ángeles. Los casos de contaminación fotoquímica ahora son acontecimientos normales en Europa.

Actualmente, la contaminación fotoquímica es reconocida como un problema mundial, ya que no existe límite de latitud alta, como se había creído, para proporcionar la radiación ultravioleta necesaria a fin de iniciar las reacciones fotoquímicas. Así, por ejemplo, aunque la fotolisis máxima es menor en Oslo (60° N) que en Los Ángeles (34° N), ello está compensado por los largos días solares en latitudes altas durante el verano. Además, las áreas de alta latitud como Escandinavia son con frecuencia áreas receptoras de oxidantes y sus precursores, transportados desde largas distancias.

2.2.1. *Efectos sobre la salud*

El límite de olor (que es similar del cloro diluido) para el ozono es aproximadamente de 0,008-0,02 ppm (15-40 $\mu g/m^3$), considerado como concentración media en una hora. La irritación de los ojos se produce con 0,10-0,15 ppm (200-300 $\mu g/m^3$) aproximadamente, produciéndose una intensificación de dicha irritación cuando se superan estos niveles (OMS, 1979b). Sin embargo, otros oxidantes como el PAN, el nitrato de peroxibenzol (PBN) y la acroleína, suelen producir más irritación que el ozono. Hammer y otros (1974) intentaron fijar un límite para los efectos patológicos causados por oxidantes, realizando un sondeo entre estudiantes de enfermería en Los Angeles. Los niveles, determinados como concentraciones máximas en una hora, fueron: 0,05 ppm (100 $\mu g/m^3$) para provocar dolores de cabeza; 0,15 ppm (300 $\mu g/m^3$) para irritaciones oculares; 0,27 ppm (530 $\mu g/m^3$) para causar tos y 0,29 ppm (580 $\mu g/m^3$) para producir malestar en el pecho. Resultados similares, pero procedentes de estudios sobre niños, se obtuvieron en Tokio (Kagawa y Toyama, 1975; Mikami y Kudo, 1973).

Los efectos de una situación grave de contaminación fueron demostrados con claridad en la cuenca de Los Angeles en septiembre de 1979, cuando se registraron diez días consecutivos de concentraciones de ozono en horas punta que superaban los 0,35 ppm, alarma de segundo grado (Elsom, 1984a, 1984b). Una inspección sanitaria durante este período reveló que el 83 % de las personas examinadas presentaban malestar o preocupación por su salud. El 57 % de estas personas se quejaban de ardor o irritación en los ojos, mientras aproximadamente el 25 % presentaba jaquecas, irritación del aparato respiratorio, dolor de garganta o nariz taponada. Los hospitales registraron alzas de más de 50 % en el número de pacientes ingresados con enfermedades respiratorias crónicas, como enfisema o asma. Las competiciones de atletismo fueron suspendidas en las áreas afectadas de Los Angeles (McCafferty, 1981).

Los estudios epidemiológicos no han revelado aumentos de mortalidad a consecuencia del aumento de concentración de oxidantes. Sólo cuando coinciden altas temperaturas y altas concentraciones de oxidantes, crece diariamente la mortalidad de los ancianos, y se sabe que la temperatura alta por sí sola, únicamente puede causar la muerte por hipertermia. Con respecto a los efectos del ozono en las funciones respiratorias, muchos de los testimonios han sido proporcionados por experimentos controlados en laboratorio. Numerosos estudios con individuos varones sanos expuestos a concentraciones de ozono de 0,1 a 1,0 ppm (200 a 200 $\mu g/m^3$) mostraron que la mayor resistencia del tracto respiratorio y el menor funcionamiento en la ventilación coinciden, aunque había gran variación de respuesta individual. Los efectos con la dosis más baja se manifestaron cuando los individuos realizaron ejercicios ligeros intermitentes (Bates y otros, 1972; Delucia y Adams, 1977; Folinsbee y otros; 1975; Hackney y otros, 1975; Hazucha y otros, 1973; Kem y otros, 1975; Linn y otros, 1980; Nielding y otros, 1977; Ohmori, 1974).

Está claro que el ejercicio provoca la toxicidad del ozono al aumentar la «dosis efectiva» recibida (determinada por el producto de concentración de ozono, volumen de ventilación media y duración de la exposición). Adams y Schelegle (1983), por ejemplo, expusieron a diez corredores de fondo, sanos y bien entrenados, en seis ocasiones durante una hora a concentraciones de ozono de cero, 0,20 y 0,35 ppm, en un simulacro de entrenamiento (índice de ventilación media, $V_E = 52$ litros/min.) o competición ($V_E = 100$ litros/min.). A 0,20 ppm (400 $\mu g/m^3$), los atletas sufrieron deterioro de la función respiratoria y experimentaron síntomas que incluían falta de respiración, tos, exceso de esputos, picor de garganta, ronquera y náuseas. Las exposiciones a 0,35 ppm (700 $\mu g/m^3$) intensificaron estos efectos, dando como resultado un mayor deterioro de la función pulmonar y un malestar suficiente como para provocar el cese prematuro del ejercicio en cuatro de los diez individuos y para dejar constancia de que nueve de ellos no habían realizado su mejor marca en ese momento. Incluso a 0,20 ppm (400 $\mu g/m^3$), cuatro de los sujetos declararon que, dados los síntomas posteriores a la exposición, no habrían conseguido su mejor resultado. Folinsbee y otros (1978) mostraron que, mientras estando parados ($V_E = 6$ litros/min.) no se observaron efectos significativos del ozono en individuos sanos hasta alcanzar 0,30 ppm (600 $\mu g/m^3$), el límite para sujetos que hacían ejercicio con un gasto de energía medianamente serio ($V_E = 30$ litros/min.) se sitúa entre 0,10 ppm (200 $\mu g/m^3$) y 0,30 ppm (600 $\mu g/m^3$). A pleno rendimiento ($V_E = 50$ litros o más/min.), el límite para la aparición de efectos fue de 0,10 ppm (200 $\mu g/m^3$). Un factor desconcertante al comparar los resultados de los diferentes estudios es que los individuos pueden desarrollar una tolerancia a los oxidantes (Hackney y otros, 1977a). Así, por ejemplo, Kackney y otros (1977b) demostraron que las exposiciones controladas en laboratorio de 0,37 ppm (640 $\mu g/m^3$) de ozono durante ejercicios ligeros intermitentes produjeron una reacción clínica mayor en canadienses que en californianos del sur, que sólo reaccionaron mínimamente.

Se ha hablado poco de los efectos a largo plazo o crónicos de las altas concentraciones de ozono. Los estudios de toxicología animal han demostrado que las exposiciones continuadas a concentraciones de 0,20 ppm (400 $\mu g/m^3$) de ozono o menos pueden producir cambios funcionales, bioquímicos y estructurales en las vías respiratorias y espacios aéreos adyacentes de los pulmones de animales, cambios que son análogos a los provocados por enfermedad respiratoria obstructiva crónica juvenil y senil (Comisión Nacional de EE.UU. para la Calidad del Aire, 1981). Con niveles más altos de ozono, Last y otros (1979) demostraron que la fibrosis de los pulmones puede producirse cuando los individuos están continuamente expuestos a concentraciones de ozono de 0,50 ppm (1.000 $\mu g/m^3$) o más y que el límite previsto para la aparición de estos cambios está dentro de los niveles ambientales normales registrados en Los Ángeles. Efectos similares sobre personas no pueden ser deducidos ni rechazados basándonos en los estudios controlados de exposiciones cortas en hombres; parecen situarse más allá de los límites de detección que emplean técnicas epidemiológicas convencionales.

De los estudios controlados y de comunidades sobre la exposición humana, la OMS (1979b) concluyó que los primeros efectos negativos sobre personas aparecieron con concentraciones de ozono de 0,10 a 2,25 ppm (200-500 $\mu g/m^3$). Como resultado, la cantidad recomendada para exposiciones continuadas de cara a la protección de la salud pública debe ser un máximo de 0,06 ppm (120 $\mu g/m^3$) en una hora o de 0,03 ppm (60 $\mu g/m^3$) en 8 horas. Esto proporciona un factor de seguridad escaso o nulo de cara a las relativamente altas concentraciones naturales de ozono y a su traslado a grandes distancias. Sin embargo, la OMS instó a que se hicieran todos los esfuerzos posibles para adoptar medidas encaminadas a conseguir las directrices propuestas o, como mínimo, a no transguedirlas más de una vez al mes.

2.2.2. *Efectos sobre los materiales y la vegetación*

El ozono, oxidante mucho más enérgico que el oxígeno, causa el estallido de los cauchos sometidos a presión cuando las concentraciones de ozono por hora llegan a sólo 0,01-0,02 ppm (20-40 $\mu g/m^3$), aunque pueden encontrarse inhibidores del ozono en los productos de caucho, tales como los neumáticos de los vehículos y los aislamientos de goma. El ozono también ataca la celulosa de los tejidos, reduciendo la resistencia de los mismos; además, todos los oxidantes causan la destrucción de tejidos y colores. Los tejidos afectados son, por ejemplo, el algodón, el acetato, el nylon y el poliéster. También provoca la erosión de las fachadas pintadas debido a su ataque sobre el aglutinante de la pintura. Incluso en el interior de edificios como museos y galerías de arte, donde el nivel de ozono puede reducirse a la mitad del que se encuentra en el exterior, existe la preocupación de que los materiales orgánicos de las antigüedades puedan resultar dañados (Shaver y otros, 1983; Thompson, 1978).

Los oxidantes producen daños agudos y crónicos a las plantas, ocasionándoles manchas necróticas en las hojas, alteraciones del crecimiento, menos producción y disminución de la calidad de los productos vegetales. Los efectos típicos del ozono son el punteado o moteado (manchas marrones o motas que luego se vuelven blancas) en la parte superior de las hojas. Los pinos de Ponderosa parecen ser especialmente vulnerables (Miller y otros, 1969); en los bosques de Los Ángeles y San Bernardino, en el sur de California, amplias zonas de árboles están muriendo a causa de la exposición prolongada a oxidantes fotoquímicos. Los árboles son dañados por la alta concentración de ozono y se vuelven muy susceptibles a la epidemia fatal de escarabajos de la corteza del pino. En las laderas oeste de las montañas del sur de Sierra Nevada, donde los niveles de ozono son mucho más bajos, se han atribuido a la niebla daños generales que comprenden vetas cloróticas en las agujas y estadios más avanzados de enfermedad clorótica. Daños similares se han observado en otras regiones de EE.UU., en México y en Israel, mientras en muchos lugares de Europa, la muerte lenta de los bosques parece producirse de forma masiva. Los contaminantes del aire, incluido el ozono, se consideran los principales responsables del deterioro de los bosques europeos (Heinrichsen, 1986; Skarby y Sellden, 1984).

Se calcula que las pérdidas comerciales directas ocasionadas por los daños del ozono en EE.UU. pasan de varios miles de millones de dólares al año (Heck y otros, 1982, 1983). Este cálculo se basa en los datos de las cosechas proporcionados por la Red Nacional de Valoración de Pérdidas en Cosechas, que nació en 1982 y abarca todos los cultivos principales. Sólo en California, las pérdidas totales de cosechas se estiman en alrededor de los mil millones de dólares al año. Algunos de los cultivos especialmente vulnerables al ozono son las espinacas, los tomates, las judías pintas y el tabaco. El tipo de tabaco (Nicotina tabacum) Bell-W_3 se puede emplear como bioindicador del nivel de ozono a partir de 0,05 ppm (100$\mu g/m^3$), ya que éste es el nivel en el que se producen daños necróticos en las hojas de esta especie (fig. 2.10; Bell y Cox, 1975). En general, una concentración de ozono de 0,05 ppm en cuatro horas o de 0,03 ppm (60$\mu g/m^3$) en ocho horas parece ser el límite para el comienzo del deterioro de las plantas sensibles. Sin embargo, si existieran concentraciones bajas de anhídrido sulfuroso, el tiempo estimado para la aparición de efectos sería menor. Además, se ha observado que 0,01 ppm (20 $\mu g/m^3$) de PAN durante seis horas o 0,015 ppm (30 $\mu g/m^3$) de PAN durante cuatro horas provoca la cristalización, plateado o bronceado del envés de las hojas nuevas de las plantas sensibles (Temple y Taylor, 1983).

2.2.3. *Efectos atmosféricos*

Los contaminantes secundarios formados durante las reacciones químicas —que crean episodios de contaminación fotoquímica—

FIGURA 2.10.—Síntomas típicos del deterioro causado por el ozono a la planta de tabaco, Bel-W_3. *(Fuente:* M. R. Ashmore.)

provocan una notable reducción de la visibilidad; de ahí el uso del término «smog». La niebla varía de color según la naturaleza de los distintos componentes de la misma: es marronácea en Los Ángeles, mientras que las nieblas de Londres de 1976 eran de un tono verdoso. El ozono también interviene en la formación de neblinas regionales al fomentar la oxidación del anhídrido sulfuroso y producir partículas de sulfatos. El ozono en sí es virtualmente un gas incoloro (ligeramente azul).

Las crecientes emisiones antropogénicas de los precursores del ozono han llevado a que aumenten las concentraciones troposféricas del mismo en latitudes medias del hemisferio Norte (Angell y Korshover, 1980). Fishman y otros (1979) han calculado que la absorción de rayos infrarrojos por parte del ozono ha hecho aumentar la temperatura media del hemisferio Norte en 0,2° C. Si las concentraciones de ozono troposférico se duplicaran, se cree que la temperatura global de la superficie aumentaría de 0,7 a 0,9° C (Hov, 1984; Lal y otros, 1986).

2.3. Óxidos de nitrógeno

Los óxidos de nitrógeno (NO_x) se producen por procesos naturales, como la acción bacteriana del suelo, las erupciones volcánicas, los relámpagos y la actividad humana, durante procesos de combustión a temperaturas superiores a 1.000° C. El óxido nítrico (NO) y el dióxido de nitrógeno (NO_2) son los dos óxidos de nitrógeno más importantes para los estudios sobre contaminación, ya que otros óxidos de nitrógeno como el óxido nitroso (N_2O), el trióxido de di-nitrógeno (N_2O_3), el tetróxido de di-nitrógeno (N_2O_4), el pentóxido de di-nitrógeno (N_2O_5) y el ácido nítrico fumante (HNO_3), que pueden estar en el aire, no parecen tener una importancia biológica excesiva (Lee, 1980; OMS, 1977a). Las principales emisiones de óxidos de nitrógeno por actividades humanas provienen del uso de combustibles fósiles en fuentes estacionarias (calefacción, generación de energía) y en automóviles (motor de combustión interna). La relativa contribución de cada fuente varía de un país a otro según sus diferentes usos de los combustibles (Derwent y Stewart, 1973; OMS, 1977a).

2.3.1. *Efectos sobre la salud*

Mucha de la atención prestada a los óxidos de nitrógeno en áreas urbanas tiene que ver con su importante papel en la formación de contaminación fotoquímica. No obstante, los óxidos de nitrógeno pueden producir efectos nocivos en la salud por sí mismos, del mismo modo que cuando se unen a otros contaminantes. Las concentraciones medias anuales, determinadas como indicadores de los niveles de óxidos gaseosos de nitrógeno en áreas urbanas de todo el mundo, son normalmente de 20 a 90 $\mu g/m^3$ (0,01-0,05 ppm) con máximas de cinco y diez veces más en 24 horas que las medias anuales. Sin embargo, en ciertas áreas, como las cercanas a plantas industriales productoras de ácido nítrico o explosivos, o cercanas a centrales de energía, pueden existir niveles muy altos de dióxido de nitrógeno. Excepcionalmente, altas concentraciones de NO_2 pueden tener lugar también en el interior de fuentes como estufas de gas, calderas y cocinas, así como al fumar cigarrillos (véase capítulo 1, sección 1.9). Un ejemplo de un área con altos niveles de NO_2 debido a emisiones de una planta de TNT es el de Chattanooga, en Tennessee. De 1968 a 1973, se reveló un índice de enfermedades respiratorias sensiblemente más alto en familias residentes en esa zona que en las familias de áreas menos contaminadas de la comunidad (Shy y

Love, 1980). Del mismo modo que la media anual de concentración de dióxido de nitrógeno pasó de 190 μg/m³ en 1968 a 94 μg/m³ en 1972 y a 60 μg/m³ en 1973, el número adicional de enfermedades respiratorias en el área de alta contaminación se redujo del 18,8 % en 1968 al 10,3 % en 1973. La disminución de la concentración de dióxido de nitrógeno en 1973 fue el reflejo de una huelga laboral de dos meses en la planta de municiones y el exceso de enfermedades durante este período se redujo en un tercio en relación con 1972. Por lo tanto, se concluyó que el 90 % de las concentraciones de 600 a 900 μg/m³ en 24 horas de dióxido de nitrógeno va asociada al aumento de enfermedades.

Aparte de la creciente susceptibilidad a las infecciones respiratorias, el dióxido de nitrógeno puede conducir al aumento de la resistencia de las vías respiratorias y al aumento de la sensibilidad a los broncoconstrictores en individuos sensibles. Kerr y otros (1978) mostraron que 7 de cada 13 asmáticos, uno de cada 7 bronquíticos y 1 de cada 10 sujetos normales presentaban opresión torácica, quemazón en los ojos, dolor de cabeza o disnea con ejercicio a 940 μg/m³ (0,5 ppm): los síntomas parecían ser flojos y no iban acompañados de evidencias objetivas de disfunción respiratoria. Orehek y otros (1976), con un test administrando carbocol descubrieron que 13 de 20 asmáticos leves sufrieron una broncoconstricción mucho mayor con una exposición de 210 μg/m³ (0,11 ppm) de dióxido de nitrógeno en una hora que sin dióxido de carbono. Estos hallazgos sugieren que los asmáticos y otros subgrupos similares sensibles podrían estar en peligro de sufrir efectos negativos en su funcionamiento pulmonar ante niveles de dióxido de nitrógeno muy inferiores a los que previamente se consideraban inocuos en sujetos sanos (Nielding y Wagner, 1979; Orehek y otros, 1976). Sin embargo, un estudio similar de Hazucha y otros (1983) no llegó a justificar estos descubrimientos.

A partir del limitado número de estudios epidemiológicos, junto con los estudios de exposición profesional y los experimentos de laboratorio con personas y animales, la OMS (1977a) recomienda que el nivel máximo de exposición a dióxido de nitrógeno para la protección de la salud pública debería ser 190-320 μg/m³ (0,10-0,17 ppm) por hora, sin que esto se supere más de una vez al mes. Este estándar incorpora un factor mínimo de seguridad de 3 a 5, ya que se ha establecido una concentración de dióxido de nitrógeno de 940 μg/m³ (0,5 ppm) como estimación del nivel más bajo en el que podrían esperarse efectos perjudiciales como resultado de exposiciones a corto plazo.

2.3.2. *Efectos sobre la vegetación*

Los óxidos de nitrógeno se sitúan en segundo lugar, detrás de los compuestos de azufre, en la contribución a la lluvia ácida, que puede afectar a los ecosistemas terrestres y acuáticos. En el Nordeste de los EE.UU., por ejemplo, el 30 % de la acidez de las precipitaciones (menos de 5,6 de pH) se cree que está causado por los óxidos de nitrógeno, que producen ácido nítrico; el 65 %, al ácido sulfúrico y el 5 %, al ácido chorhídrico. Sin embargo, mientras la contribución de los sulfatos al problema de las precipitaciones ácidas se está nivelando, la de los nitratos está aumentando (Babich y otros, 1980). El tema de la lluvia ácida se explora más ampliamente en el capítulo 4. Además de los efectos indirectos de los óxidos de nitrógeno, a través de la lluvia ácida, sobre la vegetación, la exposición prolongada a concentraciones de dióxido de nitrógeno de 470-1.880 $\mu g/m^3$ (0,25-1,0 ppm) pueden anular el crecimiento de plantas como los tomates, las judías pintas y las naranjas navel (Wark y Warner, 1981).

2.3.3. *Efectos atmosféricos*

Los efectos atmosféricos significativos de los óxidos de nitrógeno incluyen la reducción de visibilidad y la capacidad de provocar un aumento de la temperatura superficial global. En la atmósfera, las emisiones de óxido nítrico son fácilmente convertibles en dióxido de nitrógeno y aerosoles de nitrato; ambos reducen la visibilidad. El dióxido de nitrógeno absorbe la luz visible (y de forma muy fuerte los rayos ultravioleta), y en una concentración de 470 $\mu g/m^3$ (0,25 ppm), producirá una notable disminución de la visibilidad. Generalmente, el dióxido de nitrógeno parece ser menos importante que los nitratos a la hora de causar reducción de visibilidad, mientras que normalmente los nitratos parecen ser menos importantes que los sulfatos, por ser sus emisiones más bajas y su tamaño, variable. Así, por ejemplo, aunque se creyó que los nitratos eran mayoría entre todas las partículas finas importantes (menos de 2,5 μm), en Denver y Los Angeles, los estudios sobre Detroit y Nueva York, mostraron que la mayoría de los nitratos se situaban entre las partículas gruesas (más de 2,5 μm). Aun así, el transporte a larga distancia de nitratos finos contribuye al aumento de neblinas regionales experimentado desde los 60 en áreas como el SO y NO de los EE.UU., así como en Europa.

Si se incrementa la concentración atmosférica global de óxido nitroso, esto puede llevar a un calentamiento de la superficie a causa del «efecto invernadero» —es decir, la capacidad del óxido nitroso de absorber los rayos infrarrojos. La concentración actual del óxido nitroso se conserva principalmente gracias a la descomposición biológica, a procesos de transformación que tienen lugar en el suelo y a procesos oceánicos denominados «desnitrificación» (Kellogg, 1978). Se ha sugerido que el aumento en el uso de fertilizantes de nitratos por parte de los hombres puede acelerar la producción biológica de óxido nitroso y elevar su concentración atmosférica (Crutzen, 1976; McElroy y otros, 1976). La intensidad del alza de los niveles de óxido nitroso aún no se conoce, ya que las estimaciones varían desde un aumento trivial hasta un factor dos en la primera parte del próximo siglo. El citado aumento podría producir una elevación de la temperatura superficial global entre 0,5° C (Yung y otros, 1976) y 0,7° C (Hov, 1984). Un aumento de concentración de óxido nitroso en la atmósfera puede también provocar una disminución de la concentración de ozono en la estratosfera, que puede a su vez afectar a la temperatura superficial. El efecto potencial de los óxidos de nitrógeno sobre el ozono de la estratosfera se estudia más detenidamente en el capítulo 6.

2.4. Monóxido de carbono

El monóxido de carbono es un gas incoloro e inodoro producido por la combustión incompleta de combustibles que contienen carbón y por algunos procesos industriales. Cada año, las actividades humanas pueden introducir unos 1.500 teragramos (1 $Tg = 10^{12}$ g) de monóxido de carbono en la atmósfera de la Tierra, al lado de los 1.00 Tg/año procedentes de fuentes naturales (Consejo Nacional de Investigación de los EE.UU., 1977a).

La principal fuente de emisión de monóxido de carbono respirable en el exterior son los escapes de los automóviles de gasolina; el motor diesel (ignición por comprensión), cuando está correctamente adaptado, emite poco monóxido de carbono. Localmente, pueden darse altas concentraciones de óxido de carbono cerca de plantas industriales como las estaciones de energía, refinerías de petróleo, fundiciones de hierro y fábricas de acero, así como en las cercanías de incineración de basura, ya en incineradores, ya al aire libre. Las concentraciones de óxido de carbono en áreas urbanas están estrechamente relacionadas con la densidad del tráfico y las condiciones atmosféricas. Los niveles de óxido de carbono muestran un estándar diurno determinado con puntos correspondientes a las horas de máximo tráfico matutinas y vespertinas. Los niveles de este contami-

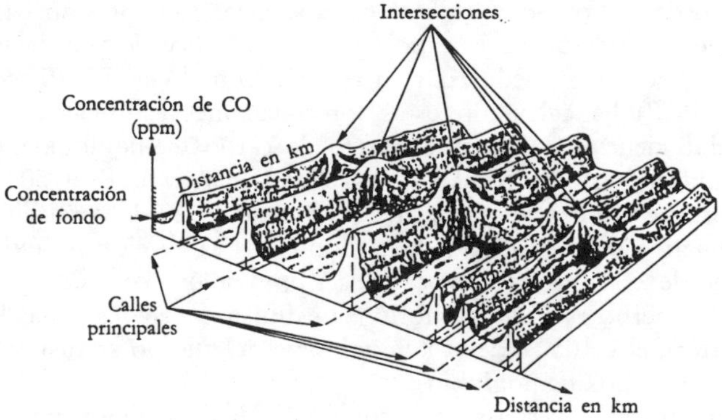

FIGURA 2.11.—Distribución espacial deducida de las concentraciones de monóxido de carbono en un área urbana. *(Fuente:* Ott, 1977.)

nante disminuyen muy rápidamente al distanciarse de las fuentes de emisión (fig. 2.11). Los datos de los EE.UU. y Japón muestran que la concentración media en 8 horas de óxido de carbono es generalmente menor de 20 $\mu g/m^3$ (17ppm), aunque se ha registrado ocasionalmente una concentración máxima en 8 horas de más de 60 $\mu g/m^3$ (53 ppm). Las concentraciones a corto plazo o incluso más altas se han observado en espacios limitados como túneles, garajes, naves de carga, pasos subterráneos, aparcamientos subterráneos y en carreteras estrechas congestionadas (Bodkin, 1974; OMS; 1979c; Wright y otros, 1975). Habría que señalar, sin embargo, que en los niveles encontrados normalmente, no se conocen efectos negativos del óxido de carbono sobre la vegetación y los materiales.

2.4.1. *Efectos sobre la salud*

El óxido de carbono es absorbido a través de los pulmones y reacciona con las hemoproteínas, especialmente con la hemoglobina de la sangre. Esto a su vez produce una reducción de la capacidad de la sangre para transportar oxígeno y también interfiere la salida del oxígeno, que es llevado a los tejidos. El óxido de carbono tiene una afinidad por la hemoglobina de 200 a 400 veces mayor que la del oxígeno, y la carboxihemoglobina (COHb) es, por lo tanto, un componente más estable que la oxihemoglobina. El óxido de carbono no es un veneno acumulativo, pero es expulsado o absorbido, dependiendo del nivel de óxido de carbono del ambiente, de la cantidad de carboxihomoglobina en la sangre, de la presión barométrica, de la duración de la exposición y del índice de ventilación de los pulmones (que puede estar en relación con el ejercicio físico). La OMS (1972) ha calculado estas interrelaciones asumiendo que el individuo tiene un contenido básico de carboxihemoglobina y está respirando el aire ambiental al nivel del mar, y que el 50 % del equilibrio se alcanza tras unas tres horas (tabla 2.8). Una relación útil aproximativa entre el óxido de carbono y la saturación de óxido de carbono de la sangre es que por cada 1 ppm de óxido de carbono con el que el cuerpo está en equilibrio (por difusión a través de las bolsas alveolares), el 0,165 % de la hemoglobina del cuerpo se fusionará en forma de carboxihemoglobina.

Con mucho, la causa más común de la alta concentración de carboxihemoglobina en las personas es el tabaco y la inhalación de sus productos por el fumador. Normalmente, los fumadores tienen un nivel medio de carboxihemoglobina del 5 %, comparado con el 1 % de los no fumadores. Sin embargo, los agentes de tráfico, los encargados de garajes, los taxistas y camioneros expuestos a los escapes de los vehículos experimentan aumentos del nivel de carboxihemoglobina por encima del 3 %. Ello es una prueba de que el nivel de carboxihemoglobina de entre 1 y 2 % afecta al comportamiento y puede agravar los síntomas en pacientes con enfermedades cardiovasculares; un nivel de entre el 2 y 5 % produce deterioro del estado de vigilia, de la distinción de intervalos de tiempo, de la agudeza visual, de la distinción de la luz y algunas otras funciones psicomotrices; mientras que un índice superior al 5 % va asociado a cambios funcionales cardíacos y pulmonares. Cuando los niveles suben por

TABLA 2.8.—Interrelaciones entre el nivel de monóxido de carbono en el aire, la cantidad de COHb en la sangre y la duración de la exposición

CO ambiental		Carboxihemoglobina %		
ppm	mg/m^3	Después de 1 hora	Después de 8 horas	En equilibrio
100	117	3,6	12,9	15
60	70	2,5	8,7	10
30	35	1,3	4,5	5
20	23	0,8	2,8	3,3
10	12	0,4	1,4	1,7

Fuente: OMS, 1972.

encima del 10 % aproximadamente, los efectos negativos son jaquecas, fatiga, somnolencia, reducción de la capacidad de trabajo, coma, fallo respiratorio y, al final, la muerte. Dados tales efectos, parece conveniente mantener el nivel de carboxihemoglobina en general por debajo del 2 % aun cuando se reconozca que con interferencia del óxido de carbono en el transporte de oxígeno a los tejidos cruciales como el cerebro, corazón y músculos, puede no existir un umbral para la aparición de efectos nocivos en la salud.

La OMS (1972) ha propuesto un índice a largo plazo de 10 $\mu g/m^3$ (9 ppm) para un período de 8 horas y 40 $\mu g/m^3$ (35 ppm) para un período medio de 1 hora. La media de 8 horas se emplea porque el nivel de carboxihemoglobina en el cuerpo humano tarda de 4 a 12 horas en alcanzar el equilibrio con la concentración ambiental de óxido de carbono. Una limitación al usar un estándar de calidad del aire para proteger la salud pública, incluso entre los no fumadores, es que las actividades personales como cocinar con gas, trabajar o viajar en automóviles, produce una exposición a óxido de carbono que sólo se refleja pobremente a través de las estaciones de control al aire libre (Wallace y Ziegenfus, 1985).

2.4.2. *Efectos atmosféricos*

Khalil y Rasmussen (1984) proporcionan mediciones de los últimos años en Oregón que indican que la concentración básica de óxido de carbono está aumentando en aproximadamente un 6 % al año. Las actividades humanas son probablemente la causa de una gran parte de dicho aumento. Sin embargo, la corta vida atmosférica del óxido de carbono, los relativamente pocos años de observación, los cambios en las fuentes y las fluctuaciones en la acumulación relacionadas con la variabilidad natural del clima pueden haber afectado a la tendencia observada. El aumento de óxido de carbono puede agotar los radicales hidroxílicos (OH) y, por lo tanto, hacer que disminuya la eliminación anual de los restos de docenas de gases naturales y antropogénicos. En consecuencia, Khalil y Rasmussen (1984) sugieren que el aumento de óxido de carbono puede indirectamente contribuir a un mayor calentamiento global. La alteración de la capa de ozono estratosférico también puede provocar el alargamiento de la vida de los gases devoradores de ozono.

2.5. Metales tóxicos: el plomo

Cinco metales encontrados en el aire, berilio, cadmio, plomo, mercurio y níquel, representan un riesgo potencial o real para la salud pública. A excepción del plomo, estos metales tóxicos crean inquietud entre las personas que viven cerca de sus fuentes específicas (plantas industriales, vertederos de basura) y entre la mano de obra de algunas industrias de refinado o producción de metales. Lo que hace excepcional al plomo, comparado con otros metales tóxicos, es que la humanidad usa enormes cantidades de este metal, que se encuentra muy difundido por todo el medio ambiente (Comisión Real de Gran Bretaña para la Contaminación del Medio Ambiente, 1983). Las principales emisiones de plomo medioambiental que interesan a la salud pública proceden de los usos industriales y tecnológicos del plomo. La causa principal de la dispersión e imposibilidad de recuperación del plomo es su utilización en la manufactura de aditivos de combustible alquil-plomo. Otras fuentes importantes del plomo ambiental están relacionadas con la manufactura de baterías, chapas, tuberías, revestimiento de cables, soldadura, balas y pintura.

Los compuestos alquílicos del plomo (*tetra*-plomo y *tetrametil*-plomo) han sido usados como aditivo antidetonante en la gasolina durante 50 años. Su uso aumentó firmemente en los años 70, tras lo cual, la introducción de regulaciones sobre la cantidad máxima permisible de plomo en la gasolina (especialmente en EE.UU.), junto con la crisis petrolífera y energética mundial, llevaron a la disminución del uso del plomo. Los compuestos de plomo se añaden al combustible para prevenir el «picado de bielas», el característico ruido que tiene lugar cuando hay ignición espontánea de la mezcla de gasolina y aire en el rincón más alejado de la bujía (punto muerto inferior). Para un diseño concreto de motor, la presencia o ausencia de picado viene determinada por la calidad de la combustión o «número de octano» (porcentaje de un tipo de hidrocarburo muy resistente al picado de la gasolina empleada): a octanaje más alto, más alta es la proporción de la compresión a la que el motor puede girar sin picado. La adición de compuestos orgánicos de plomo (alquilplomos) es un método más barato y más práctico de elevar el octanaje de la gasolina que el refinado intensivo. La presencia de plomo en el combustible tiene como efecto retrasar el estado anormal de oxidación en el que la mezcla explota en el punto muerto inferior y, por lo tanto, permite que los motores funcionen a la máxima compresión y con mayores rendimientos, antes de que se produzca picado. Si no se emplearan ni el tetraetil-plomo ni el *tetrametil*-plomo, la alternativa de la industria del motor sería aceptar el aumento de costes del refinado de la gasolina (aumentar la proporción de hidrocarburos resistentes al picado) o hacer uso de un octanaje reducido en los vehículos (motores como el diesel y de carga estratificada en los que no se produce el picado y por lo tanto, no necesitan combustible de alto octanaje).

Detrás de las acciones emprendidas por varios países para reducir o eliminar el plomo de la gasolina, se encuentran dos factores: la preocupación por los efectos directos del plomo en la salud y el control de otras emisiones gaseosas por medio de mecanismos catalíticos que no funcionan correctamente con la gasolina que contiene plomo. Los catalizadores se emplean normalmente en EE.UU., Japón y Canadá y se han propuesto en muchos otros países. Al seguir usando combustibles con aditivos de alquilplomo, un 70 % del plomo se introduce inmediatamente en la atmósfera y el resto queda atrapado en el aceite del cárter y en el escape del vehículo. Según estudios efectuados en la cuenca de Los Angeles, Huntzicker y otros (1975) estimaron que, del plomo lanzado a la atmósfera, el 40 % se convierte casi en lluvia radiactiva (sobre o cerca de las carreteras), el 8 % se deposita dentro del área metropolitana y el 24 % se dispersa y permanece en el ambiente durante una o dos semanas. La prueba de que el plomo se dispersa enormemente nos llega de estudios realizados en Groenlandia, donde los sedimentos de plomo en capas de hielo a finales de los años 60 alcanzaron concentraciones 400 veces más altas de lo normal (Murozumi y otros, 1969).

La concentración de plomo en el aire puede variar de 2 a 4 $\mu g/m^3$ en grandes ciudades con tráfico denso, hasta menos de 0,2 $\mu g/m^3$ en áreas suburbanas, y aun menos en zonas rurales. Las concentraciones son más altas a lo largo de las autopistas en horas punta, donde los niveles diarios pueden ser de 14 a 25 $\mu g/m^3$ (OMS, 1977b). Las concentraciones excesivas también se pueden encontrar en las cercanías de fuentes industriales como las fundiciones de plomo: por ejemplo, en El Paso (Texas), se registraron 80 $\mu g/m^3$ al lado de una gran fundición del mineral, aunque las concentraciones bajaban rápidamente al alejarse, llegando a 1 $\mu g/m^3$ a unos 5 km (OMS, 1977b). Muchas naciones han adoptado la cifra de 2 $\mu g/m^3$ de concentración media de plomo como límite para la exposición a largo plazo. Las personas están expuestas a distintos niveles de plomo ambiental según el lugar en que vivan y trabajen y según su medio de locomoción. Sin embargo, la inhalación directa del plomo ambiental no es más que una de las muchas vías por las que el plomo se introduce en el cuerpo humano (fig. 2.12). Además de la asimilación directa o indirecta del plomo ambiental, hay otros muchos modos de que aumenten los niveles de plomo en el cuerpo. En zonas donde el agua es blanda (baja en calcio y magnesio) y donde, al mismo tiempo, se usan cañerías de plomo y depósitos de agua revestidos de plomo, se produce un aumento de la acumulación de plomo en el cuerpo,

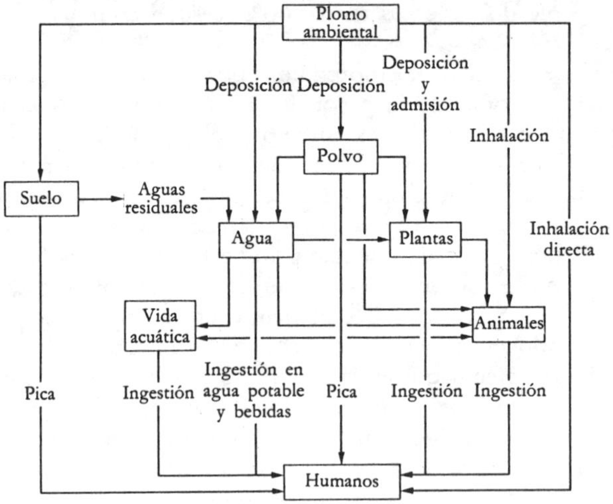

FIGURA 2.12.—Contribución del plomo aéreo a la cantidad total de plomo. *(Fuente:* OMS, 1977b.)

que se refleja en los elevados índices de plomo en la sangre. Dado que el plomo del agua, ingerido independientemente de la comida, se absorbe más fácilmente, puede proporcionar una contribución al nivel de plomo en la sangre relativamente mayor que el ingerido en alimentos. La concentración de plomo en la comida es muy variable, sobre todo si las comidas y bebidas están envasadas en latas soldadas con plomo o en cacharros de barro barnizados con plomo. En los bebés y niños pequeños, una fuente adicional de plomo puede provenir de los distintos objetos que lo contienen y que son chupados, mordidos o comidos por ellos, así como de llevarse la mano a la boca tras haber tocado polvo contaminado con plomo. La contaminación del plomo en forma de polvo puede proceder de los escapes de automóviles (Millar y Cooney, 1982), de la pintura compuesta con este material, o, en el caso de algunas zonas, de fundiciones de plomo. Los niños de ciudad parecen ser especialmente propensos a acumular altas concentraciones de plomo en la sangre como resultado de la ingestión de polvo altamente contaminado con dicho elemento, en zonas de tráfico congestionado (Wilson, 1983).

Los niveles de plomo en la sangre de la población urbana varían notablemente entre los distintos países. Las concentraciones medias de plomo en la sangre son de 6 μg/dl en Pekín y Tokio, de 10 a 20 μg/dl en Europa occidental y las grandes ciudades de la India, hasta llegar a 22 µg/dl en Ciudad de México (Real Comisión de Gran Bretaña para la Contaminación del Medio Ambiente, 1983). En algunos países, como los EE.UU., se han llevado a cabo sustanciales reducciones; allí, la media de concentración de plomo en la sangre pasó de 15,8 µg/dl en 1976 a 10,0 µg/dl en 1980, al reducirse la cantidad de plomo en la gasolina.

Los síntomas clínicos de envenenamiento por plomo están bastante bien establecidos. La anemia es una característica de los primeros efectos tóxicos sobre las personas, con una disminución leve de hemoglobina que tiene lugar aproximadamente a un nivel medio de 50 µg/dl en adultos y unos 40 µg/dl en ciertos grupos, sobre todo niños con ferropenia (Betts y otros, 1973; Peuschel y otros, 1972).

Las dificultades cerebrales empiezan a producirse en los niños a 50-60 µg/dl y en adultos a 60-70 µg/dl, mientras que la encefalopatía aguda o crónica y los problemas de riñón tienen lugar a niveles de 60-70 µg/dl en niños y de unos 80 µg/dl en adultos (OMS, 1977b).

Mientras los niveles altos de plomo en la sangre producen síntomas inconfundibles de envenenamiento, los efectos de niveles más bajos, especialmente en niños, son menos obvios y objeto de controversia. La actual preocupación con respecto a los niños consiste en que los niveles de plomo en la sangre, incluso de 10 µg/dl, pueden causar sútiles daños neurológicos en ciertos niños sensibles sin que aparezcan en ningún momento los síntomas clásicos de encefalopatía por plomo. Los padres, profesores y médicos pueden percibir ciertas alteraciones de su comportamiento como falta de atención, dificultades en el aprendizaje o trastornos emocionales, que impiden sus progresos escolares (Needleman y Shapiro, 1974). Aunque Burde y Choate (1972) y Peuschel y otros (1972) observaron disfunciones del sistema nervioso central (irritabilidad, torpeza, disfunción motora aguda, mala formación de conceptos, etc.) en grupos de niños cuyos niveles de plomo en la sangre estaban por encima de 40 µg/dl, un gran número de estudios posteriores han dado pruebas de comportamiento neuropsicológico alterado en niños con niveles de plomo mucho más bajos. Needleman y otros (1979) investigaron sobre dos pequeñas ciudades obreras cercanas a Boston, Massachusetts, y compararon los niveles de plomo en los dientes (éstos proporcionan un registro a largo plazo de la exposición al plomo, mientras que la sangre sólo indica exposiciones actuales o recientes) de 2.146 niños con la valoración de sus profesores sobre su comportamiento y sus características educacionales. Se hizo evidente una clara asociación entre los altos niveles de plomo y las valoraciones negativas (fig. 2.13). Lansdow y otros (1983) ratificaron los descubrimientos de Needleman en Inglaterra, en un grupo de escolares de Greewich. Además, los niños con niveles más altos de plomo tenían estadísticamente un importante déficit de CI de 7 puntos. Otras corroboraciones de estas conclusiones llegaron de investigaciones realizadas en Filadelfia por Marececk y otros (1983), en Nueva York, por David y otros (1983) y en Alemania, por Winneke (1983), aunque aún hay algunos investigadores reacios a aceptar estas teorías.

Las pruebas cada vez más claras de los efectos perjudiciales del plomo, particularmente para los niños, en niveles de concentración que se habían considerado «inofensivos», han llevado a varios países a la búsqueda de vías para reducir la cantidad de plomo en el medio ambiente, con el fin de elevar el margen de protección de la salud pública (Real Comisión de Gran Bretaña para la Contaminación del Medio Ambiente, 1983). Una de las fuentes de emisión de plomo más claras que se podría controlar es la gasolina con plomo, ya que el consumo de plomo aumentó progresivamente durante las pasadas décadas y porque los automóviles emiten el plomo muy cerca de la población. Es difícil saber si esta forma de atajar las concentraciones de plomo sería realmente eficaz para reducir las cantidades de plomo en el cuerpo humano; ello depende de la contribución de la gasolina con plomo a la cantidad total de plomo acumulado en el cuerpo.

Las proporciones relativas de las fuentes que contribuyen a la cantidad totalde plomo acumulada en el cuerpo de adultos y niños son variables y discutidas. La afirmación del Informe Kawther (Ministerio de Salud y Seguridad Social de Gran Bretaña, 1980) de que sólo el 10 % de la acumulación total de plomo en niños proviene en última instancia de los automóviles, ha sido recibida con gran escepticismo. Dos estudios han manifestado que esta cifra es una estimación demasiado baja. Un estudio italiano, el Experimento con Plomo Isotópico, llevado a cabo en Turín (norte de Italia), fue patrocinado por la Comisión de las Comunidades Europeas, (Joint Research Centre, 1982). En los alrededores de Turín, el plomo añadido a toda la gasolina distribuida entre 1975 y 1980 tuvo un índice isotópico diferente del que tenía el usado antes y después; el plomo procedía de la misma Broken Hill, en Australia. Este experimento permitió indagar los caminos que sigue el plomo de la gasolina en el ambiente y averiguar la contribución total del plomo de la gasolina a la carga acumulada en el cuerpo. El porcentaje medio de plomo isotópico registrado en los adultos de Turín fue del 24 %, mientras que los adultos que vivían a 25 km o más del centro de Turín sólo llegaban al 11 ó 12 %. Los cálculos sobre la acumulación especial de plomo en niños alcanzaron el 30 % después de 1979. Para calcular la verdadera cantidad de gasolina con plomo respecto a la cantidad total de plomo en el cuerpo, habría que tener en cuenta el

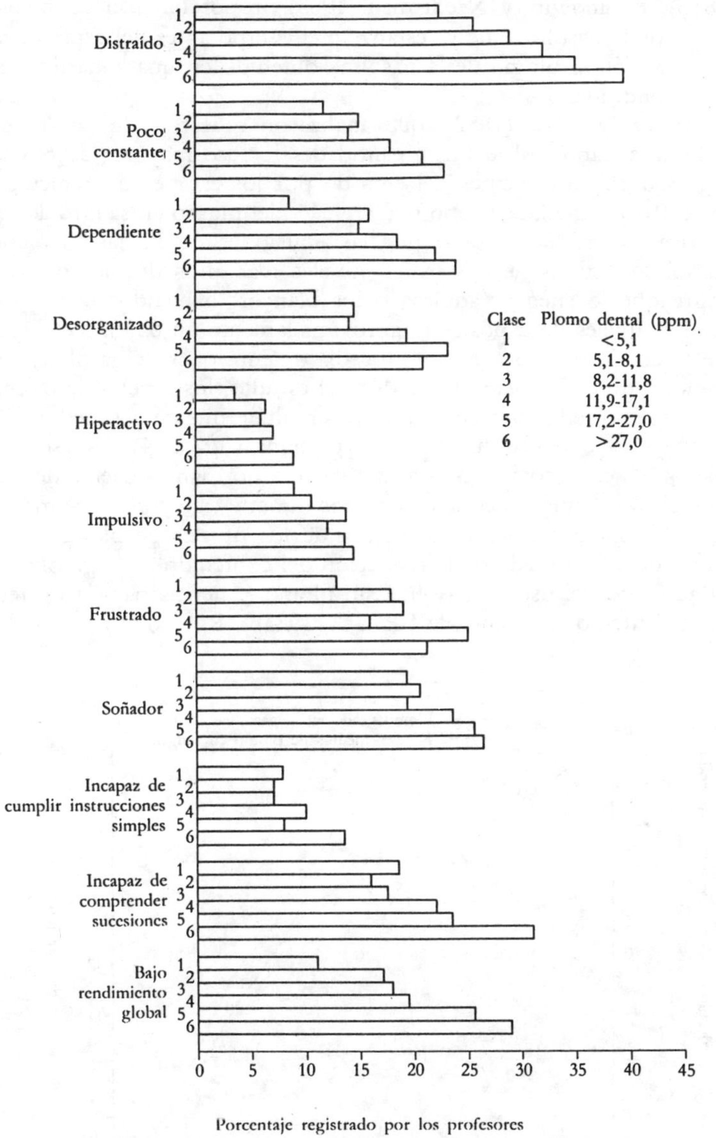

FIGURA 2.13.—Relación entre el plomo de la dentadura de niños en Boston, Massachusetts, y sus problemas de conducta y aprendizaje. *(Fuente:* Needleman y otros, 1979.)

1983b). Rabinowitz y Needleman (1983) proporcionaron un nuevo plomo de la gasolina que ya estaba en el cuerpo antes del experimento y también el plomo de la gasolina obtenido en una zona distinta de la sondeada.

Annest y otros (1982), que analizaron muestras de sangre de 9.933 americanos, observaron cantidades incluso mayores de plomo en la sangre, procedentes del emitido por los escapes de vehículos. Entre 1976 y 1980, se probó que el 46 % del plomo en sangre de los americanos estaba causado por las emisiones de la gasolina con plomo. Los niños negros tenían niveles más altos de plomo en la sangre que los negros adultos o los blancos, habiendo sufrido los mismos niveles de exposición; aproximadamente un 62 % del plomo que se encontró en su sangre procedía de emisiones de gasolina con plomo. Durante el tiempo que duró el estudio, los niveles de plomo en sangre se redujeron en un 37 %, simultáneamente a la reducción en un 56 % del introducido en la gasolina (fig. 2.14). La estrecha relación de esta asociación aumenta cuando nos damos cuenta de que la ingestión de plomo en los alimentos durante este período aumentó un 14 %. Evidentemente, la mejora de los niveles de plomo en la sangre fue el resultado de la reducción del contenido en la gasolina y del aumento del uso de gasolina sin plomo (Agencia para la Protección del Medio Ambiente de EE.UU., 1983b). Rabinowitz y Needle-

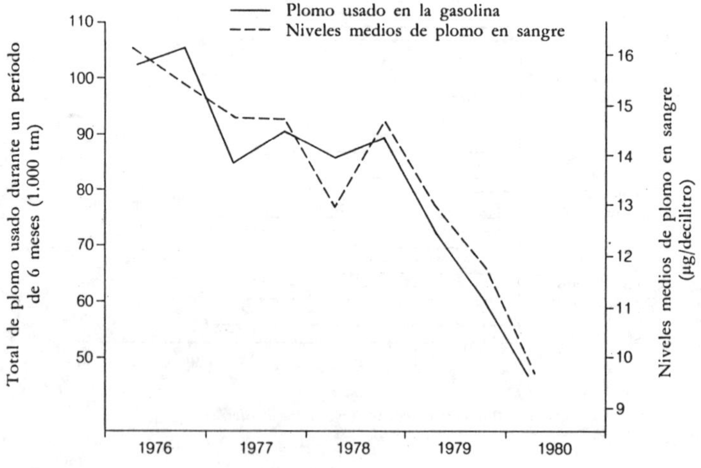

FIGURA 2.14.—Plomo usado en la producción de gasolina y niveles de plomo en sangre en los EE.UU., febrero de 1976-febrero de 1980. *(Fuente:* Wilson, 1983.)

man (1983) proporcionaron un nuevo argumento para interpretar la causa principal de la caída de los niveles de plomo en la sangre como consecuencia de su reducción en la gasolina. Descubrieron una correlación muy significativa entre el contenido en plomo de toda la gasolina vendida en Massachusetts entre abril de 1979 y abril de 1981, y la concentración de plomo en la sangre del cordón umbilical de los niños nacidos en el Hospital de Boston.

En conclusión, parece evidente que la gasolina con plomo contribuye en una significativa y considerable proporción a la acumulación de plomo en adultos y niños. No es nada sorprendente, pues, la presión ejercida por la opinión pública y los médicos sobre los gobiernos de muchos países para que se reduzca la cantidad de plomo añadido a la gasolina y para aumentar la producción de automóviles capaces de funcionar con gasolina sin plomo.

2.6. Sustancias químicas tóxicas

Hoy día existen entre 60.000 y 70.000 productos químicos sintéticos disponibles, y entre 200 y 1.000 nuevos productos químicos se introducen cada año (Shaikh y Nichols, 1984). Aunque los efectos agudos de estas sustancias ya se han reconocido, se dispone de poco o ningún conocimiento sobre sus efectos potenciales crónicos (a largo plazo) sobre las personas (por ejemplo, el cáncer originado por un producto químico puede tardar de 15 a 40 años en desarrollarse) o sobre el medio ambiente.

Las sustancias químicas tóxicas no sólo son enviadas a la atmósfera por fuentes industriales emisoras de grandes cantidades de una o dos sustancias químicas, sino también por instalaciones comerciales y residenciales, fuentes ambulantes, incineradores industriales, plantas de destrucción de basuras y de tratamiento de aguas residuales, que emiten numerosas sustancias tóxicas, a menudo desconocidas. El reconocimiento público de los potenciales efectos perjudiciales de las sustancias químicas tóxicas se ha visto impulsado por un número de incidentes ocurridos en plantas que fabrican disolventes, pesticidas, herbicidas y plásticos. Un incidente que atrajo la atención internacional fue el que tuvo lugar en Seveso, en el norte de Italia, donde el triclorofenol (TCP) era fabricado como herbicida. El 10 de julio de 1976, una explosión en la planta química de Seveso lanzó a la atmósfera varias sustancias químicas, entre ellas dioxina (2, 3, 7, 8 tetraclorodibenzoparadioxina o TCDD), considerada como probablemente cancerígena para las personas. La nube tóxica de dioxina, triclorofenol, etileno-glicol y sosa caústica se extendió con el viento por el área poblada circundante (fig. 2.15). En las dos semanas siguientes, murieron animales y plantas, y las personas fueron hospitalizadas con vómitos y lesiones en la piel. No hubo muertes directamente relacionadas con el desastre, pero, temiendo una posible relación entre la dioxina y las mutaciones genéticas, 90 mujeres decidieron abortar. Más de 700 personas que vivían muy cerca de la planta fueron evacuadas (zona A). Otras 5.000 personas de una zona menos contaminada (zona B) fueron autorizadas a permanecer en sus casas, pero se les prohibió trabajar en el jardín, criar animales o dejar jugar a sus niños en la calle (Fuller, 1977).

Pasaron casi dos semanas antes de que se evacuara la zona y de que se introdujeran medidas efectivas de protección en Seveso y sus alrededores, ya que las autoridades no eran conscientes de que la dioxina estaba presente. La información había sido transmitida a la compañía química, pero no se había comunicado a las autoridades pertinentes. Como resultado de la experiencia de Seveso, la CEE introdujo la «directiva de Seveso» en 1984. Ésta obliga a las compañías que fabrican o utilizan una amplia gama de sustancias químicas peligrosas a especificar los riesgos latentes en sus factorías y a comunicar a los trabajadores y residentes de la zona en qué consisten dichos riesgos. La directiva también enumera la cantidad de productos químicos peligrosos, como el cloro, el amoníaco y otros, que pueden ser almacenados sin peligro a 500 m uno de otro. También informa de las cantidades máximas permitidas de otras sustancias peligrosas; si una factoría almacena más de la cantidad permitida, sus

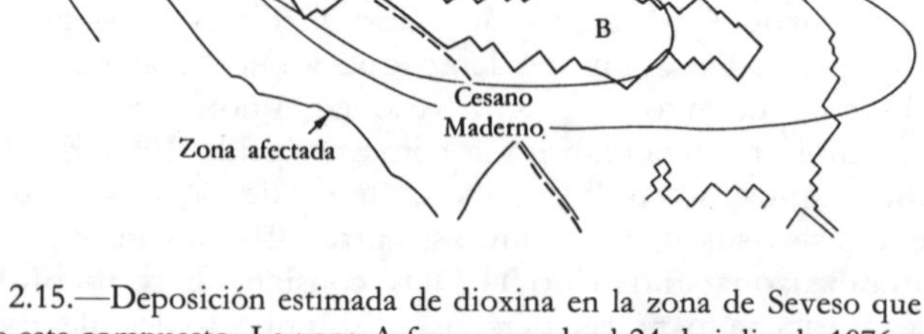

FIGURA 2.15.—Deposición estimada de dioxina en la zona de Seveso que recibió 2 kg de este compuesto. La zona A fue evacuada el 24 de julio de 1976, mientras que la zona B fue descontaminada posteriormente. *(Fuente:* Warner, 1979.)

dueños deben dar a las autoridades detalles precisos sobre la planta y sobre las medidas de seguridad que poseen.

En otros países, como los EE.UU., se están promulgando leyes similares de «derecho a saber» de las comunidades, junto con los requisitos para elaborar planes de emergencia y programas de respuesta. Sin embargo, es igualmente importante que tales leyes sean promulgadas en países en vías de desarrollo. Este punto fue dramáticamente ilustrado en Bhopal, India, en diciembre de 1984, cuando una fuga industrial de 40 toneladas de metil-isocianato (MIC) causó 3.300 muertes y 200.000 lesiones (principalmente problemas respiratorios y daños oculares). El MIC es una sustancia química intermedia usada en la fabricación de plásticos, tintes y pesticidas y se fabrica en sólo tres lugares del mundo. La planta de Bhopal, juzgada después del accidente con deficiencias en su diseño por el gobierno de la India, estaba rodeada de un extenso arrabal de 200.000 personas y esta comunidad local no estaba preparada en absoluto para un accidente. No había planes de emergencia ni equipamientos y los médicos sabían poco o nada sobre cómo tratar a las víctimas o qué efectos podría causar el gas a largo plazo. Los propietarios de la planta química, Union Carbide, pagó 470 millones de dólares en compensación a las víctimas y sus familias. Tal compensación económica no debe llegar a ser una alternativa aceptable para hacer efectivos los dispositivos de control de contaminación y los planes de emergencia en plantas que producen sustancias químicas altamente tóxicas.

Un grupo de sustancias muy usado en industrias desde los años 30, pero cuya naturaleza tóxica no fue completamente reconocida hasta los 60, fue el poli-cloro difenil (PCB). Los PCB se usan para pinturas epoxi, baños protectores para madera, metal y hormigón, y fotocopiadoras de papel sin carbono, pero su uso más difundido es probablemente para líquidos refrigerantes y aisladores en transformadores de alto voltaje. Cuando se queman materiales que contienen PCB, éste se evapora y origina un contaminante gaseoso que se dispersa por todo el ambiente y se acumula sobre todo en los organismos acuáticos. La combustión de PCB también puede liberar dioxina. Se han encontrado PCB en focas marrones más allá de las costas de Escocia, en camarones de Florida, en balacaos del mar Báltico y en mejillones de Holanda (Sandbag, 1982). En Gran Bretaña, se han encontrado niveles relativamente altos de PCB en aves que se alimentan de peces de agua dulce, en aves de rapiña terrestres y en determinadas especies marinas como el pingüino y la gaviota. Los PCB pueden haber sido los responsables de la desaparición masiva de aves en el Mar de Irlanda en 1969. Algunos trabajadores han declarado que las finas cáscaras de huevo producidas por algunas aves de rapiña en los últimos años son el resultado de la introducción de enzimas de hígado por parte de los PCB y/o insecticidas a base de cloro. Aquéllos alegan que esta introducción puede perturbar el equilibrio de esteroides que regulan el calcio y, así, esto puede acarrear la reducción de los elementos expulsados durante la formación de la cáscara del huevo. Reconociendo la amenaza para la fauna que suponían los PCB, la Organización para la Cooperación Económica y el Desarrollo (OCED) en los años 70, así como la Ley de Control de Sustancias Tóxicas de EE.UU. de 1976, intentaron limitar la producción y uso de PCB (Schweitzer, 1983).

El retraso con que se han reconocido los efectos de las sustancias tóxicas puede ilustrarse con el ejemplo del cloruro de vinilo. El cloruro de vinilo se usa para elaborar el cloruro de polivinilo, un plástico con muchos usos, como envoltorios de comida, cañerías y envases de bebidas. Se han encontrado cantidades muy pequeñas de cloruro de vinilo como contaminante del producto acabado y así pasan a través de él a la comida y a la bebida. El cloruro de vinilo en sí mismo se ha usado como propelente para sprays de cabello e insecticidas. Sólo después de que el uso del cloruro de vinilo se hiciera general, se descubrió que podría producir cáncer. Los trabajadores expuestos a altas concentraciones de cloruro de vinilo durante su fabricación experimentaron un aumento de incidencias de angiosarcoma, que es un tumor que aparece en los vasos sanguíneos del hígado (Creech y Johnson, 1974; Tabershaw y Goffrey, 1974). El angiosarcoma es un tipo inusual de cáncer, de tal modo que se habría podido detectar un peligro para la salud pública general si se hubiera producido por exposición a bajas concentraciones de cloruro de vinilo. Sin embargo, si se hubiera tratado de uno de los cánceres más comunes, como el de pulmón o el de estómago, el riesgo podría no haber sido detectado en muchos años (Real Comisión de Gran Bretaña para la Contaminación del Medio Ambiente, 1974). Este ejemplo subraya el hecho de que un examen inadecuado de una sustancia química puede tener como resultado que se generalice su uso mucho antes de que se identifique su naturaleza cancerígena.

Aunque muchas de las sustancias químicas tóxicas que preocupan actualmente son producto de la tecnología moderna, algunas sustancias han existido como contaminantes durante mucho más tiempo, aunque hayan sido identificadas recientemente. Uno de estos grupos es el de la materia orgánica policíclica (Bjorseth, 1983). Cuando un material que contiene carbono e hidrógeno se quema de forma incompleta, como en los fuegos domésticos o durante la combustión de basura, surgen los hidrocarburos orgánicos policíclicos (POM).

Los hidrocarburos aromáticos policíclicos (PAM), como el benzo(α)-pireno (BαP), son los compuestos orgánicos más significativos, ya que muchos de ellos son considerados carcinógenos para animales y personas (Nikolaou y otros, 1984). Ya en 1775, se confirmó una alta incidencia de cáncer de escroto entre deshollinadores, que se atribuyó a la exposición al hollín y que ahora se atribuye a los PAH que se encuentran en el hollín y en otros productos originados por combustión incompleta. Los investigadores defienden que el aumento de cáncer de pulmón observado entre la población urbana, comparado con el registrado en áreas rurales, es el resultado de las concentraciones más altas de PAH halladas en áreas urbanas (Walker, 1975). Afortunadamente, las concentraciones urbanas de PAH están disminuyendo. En los EE.UU., la media anual de BαP (empleado como indicador de PAH) pasó de 3 $\mu g/m^3$ en 1966 a menos de 1 $\mu g/m^3$ en 1975. Del mismo modo, en Londres, el BαP se redujo a la décima parte entre 1935 y 1965.

Tras haber asumido la proliferación en el pasado de sustancias químicas sin demasiado control, ahora la sociedad se enfrenta a las costosas y complejas tareas de identificación de aquéllas que son peligrosas y, después, a la decisión de qué hacer con ellas. Durante los últimos 10 años, los países más industrializados han aprobado leyes encaminadas a controlar la fabricación y el uso de sustancias químicas nuevas, es decir, aquellas sustancias que se han introducido en el mercado después de que las leyes entraran en vigor. Esto deja aún de 50.000 a 70.000 sustancias introducidas hace más de 50 años cuyos efectos crónicos se conocen poco o nada. La tarea de revisión de todas estas sustancias es muy laboriosa, pero necesaria. La colaboración internacional es esencial y, en este sentido, la ONU ha dado un gran paso al establecer el Registro Internacional de Sustancias Potencialmente Tóxicas en 1978. Este registro enumera los efectos ambientales y toxicológicos de las sustancias, así como las acciones reguladoras impuestas y el estatus legal de las mismas en varios países. Un registro así es vital para proporcionar la base de datos sobre la que poder elaborar un tratado sobre productos químicos tóxicos. Además, para que el control de las sustancias sea finalmente un éxito, las organizaciones industriales y comerciales, así como los consumidores, tienen que ser más sensibles ante los problemas sanitarios y ambientales, y reflejar esta sensibilidad en el desarrollo, fabricación, uso y manejo de sustancias químicas.

CAPÍTULO III

Olores, ruido y calor residual

3.1. OLORES

Aunque algunos olores (por ejemplo, el limón) se consideran agradables y limpios y tienen usos comerciales, generalmente los olores son elementos molestos e insanos que deben ser eliminados del aire. Esta definición está en la misma línea dada por la OMS cuando dice que la salud es «un estado de completo bienestar físico, mental y social, y no meramente la ausencia de enfermedades» (Engen, 1972). Los olores pueden afectar al bienestar de las personas, al provocar sensaciones desagradables, al desencadenar posiblemente reflejos perjudiciales y otras reacciones fisiológicas, y al modificar su función olfativa. Las reacciones desagradables son náuseas, vómitos y dolor de cabeza; deficiencias en la respiración y tos; reducción del disfrute del hogar y del medio ambiente exterior; trastornos, molestias, depresión y, a veces, disminución del ritmo cardíaco y constricción de los vasos sanguíneos de piel y músculos (US Board on Toxicology and Environmental Health Hazards, 1979, 1980).

Los olores pueden surgir de cualquier actividad industrial, los más frecuentes proceden del tratamiento de alimentos: tratamiento de pescado, envasado de carne y su presentación; cría de cerdos y aves de corral, así como de industrias químicas y petroleras; del tratamiento de aguas residuales y de la destrucción de basuras, de operaciones de pintado con sprays y de la fabricación de pinturas y plásticos. Aunque los olores pueden ser detectables, en algunas circunstancias, a varios kilómetros de su punto de procedencia, la contaminación por olor es esencialmente un problema local. No obstante, es un problema importante para 25 millones de residentes en EE.UU., que anhelan alguna forma de eliminarla (Copley International Corporation, 1970, 1971; Flesh y otros, 1974).

Los olores son normalmente una mezcla de gases compuestos que estimulan el sentido del olfato. Cualquier olor concreto, ya sea el fragante aroma de una perfumería o el fétido olor de las cloacas, puede ser desagradable cuando se tiene que vivir con él continuamente. Los olores más molestos causados por las actividades industriales parecen ser los que contienen compuestos de azufre y nitrógeno (Kelly, 1979). Las sustancias olorosas (osmorfóricas) que se han tenido en cuenta de cara al control de la contaminación por olor son el amoníaco (descrito como acre), el ácido sulfhídrido (huevos podridos), la trimetil-amina (a pescado, acre), los fenoles (medicinal), así como los mercaptanos y el dimetil-sulfuro. El ácido sulfhídrico agravó un accidente contaminante importante en Poza Rica, México, en 1950, cuando una planta de extracción de azufre a partir de gas natural liberó accidentalmente cierta cantidad de ácido sulfhídrico durante unos 26 minutos. El resultado fueron 22 muertos y 320 personas hospitalizadas con problemas respiratorios y del sistema nervioso central.

Las personas reaccionan de modo diferente ante los olores: la respuesta ante un olor puede variar según la edad del sujeto, su sexo, profesión, su actitud para con la contaminación del aire en general o hacia la fuente de la misma, y según diferentes experiencias anteriores con respecto a incidentes medioambientales. Otra complicación a la hora de tratar los problemas de olor está relacionada con el fenómeno conocido como cansancio olfativo. Al cabo de cierto tiempo, una persona puede llegar a acostumbrarse a casi cualquier olor y ser consciente de él sólo cuando se produce un cambio en su intensidad (Wark y Walner, 1981). La naturaleza subjetiva del olor contaminante ha acarreado el empleo de distintos procedimientos de medición. No obstante, las mediciones de olores se clasifican generalmente en dos categorías: la determinación de la concentración límite de sustancias olorosas y el establecimiento del tipo e intensidad de los olores atmosféricos.

La intensidad de un olor es una indicación numérica o verbal de la cantidad de olor: por ejemplo, se pidió a 300 residentes de la ciudad holandesa de Utrecht que clasificaran el aire en diferentes momentos del día como no molesto, ligeramente molesto, molesto, muy molesto o enormemente molesto. Otro tipo de método utiliza modelos de referencias que se han preparado a partir de una o varias sustancias olorosas, cuyo olor se parece al producido por la actividad industrial que está siendo investigada (por ejemplo, emisiones de disolventes). El número de modelos en las series puede variar de 4 a 12, dependiendo de la intensidad de olor que se espera encontrar y de la capacidad para distinguir los miembros próximos de las series. El modelo de intensidad más bajo debe estar justo por encima del límite en el que aparece el olor, mientras que el más alto debe estar por encima de la intensidad máxima que cabría esperar en el campo (Flesh y otros, 1974). Las opiniones sobre el olor son comparadas con los modelos referenciales y después aplicadas a un área afectada por el olor. Un ejemplo de este método fue empleado para determinar los tipos de intensidad de olores causados por una refinería de petróleo y por una planta de producción animal en Filadelfia (fig. 3.1 y 3.2).

Por otra parte, la intensidad de un olor puede evaluarse usando la Unidad de Olor. Consiste en un número adimensional mayor que 1, que es el número de diluciones en aire limpio que hacen falta para reducir una muestra del gas odorífero a un nivel en el que la mitad de las personas de un «Grupo de Olor» (normalmente entre 2 y 20 individuos, algunos de los cuales han recibido una formación) podría detectarlo y la otra mitad no. Es posible usar el método de dilución directamente en el campo empleando el odorímetro. Este instrumento permite variar la proporción entre aire contaminado y aire limpio (diluciones necesarias para llegar al límite) y tiene un número reduci-

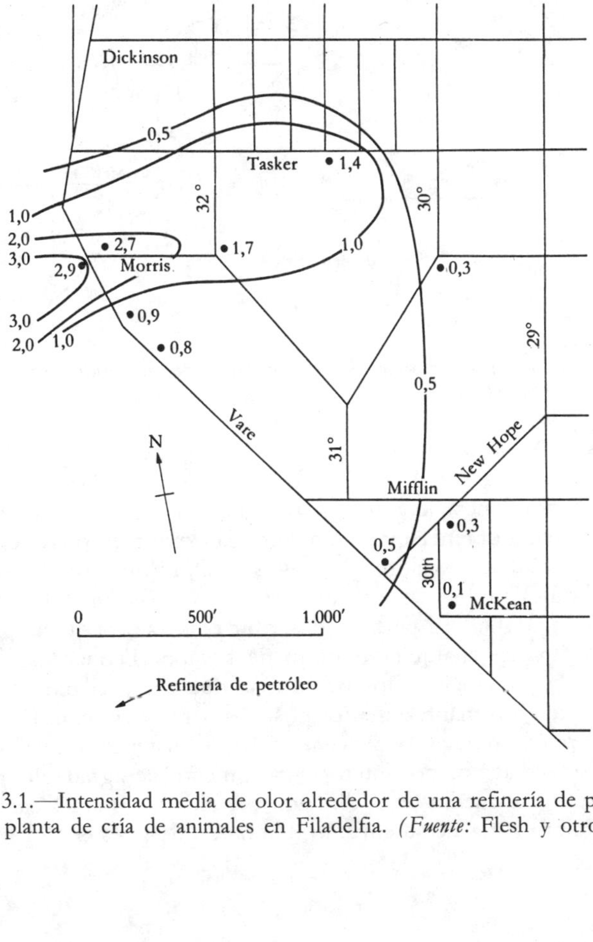

FIGURA 3.1.—Intensidad media de olor alrededor de una refinería de petróleo y de una planta de cría de animales en Filadelfia. *(Fuente:* Flesh y otros, 1974.)

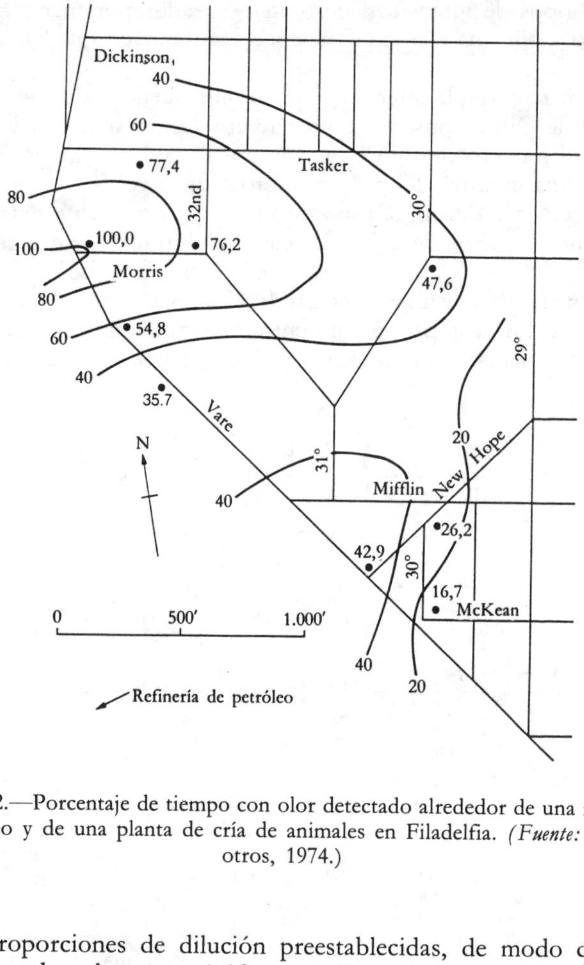

FIGURA 3.2.—Porcentaje de tiempo con olor detectado alrededor de una refinería de petróleo y de una planta de cría de animales en Filadelfia. *(Fuente:* Flesh y otros, 1974.)

do de proporciones de dilución preestablecidas, de modo que las lecturas pueden obtenerse rápidamente. El experimento con el odorímetro mostró que los olores de más de 7 D/T (diluciones necesarias para el límite) probablemente causarían molestias, mientras que los superiores a 31 D/T se podrían describir como un perjuicio grave si persisten durante cualquier período de tiempo (Leonardos, 1974).

Una vez reconocidos los problemas que causa el olor contaminante, existen dos planteamientos posibles para su control. En primer lugar, se puede reducir la concentración de sustancia odorífera para que el olor se haga menos intenso y, así, menos desagradable. Esto se lleva a cabo por medio de la dilución del olor en grandes cantidades de aire limpio antes de su emisión, liberando después el olor a través de chimeneas muy altas con el fin de permitir una mayor dispersión y dilución eliminando el olor antes de que sea liberado a la atmósfera por adsorción, absorción y oxidación, o convirtiendo por procesos químicos la sustancia odorífera en una menos odorífera. En segundo lugar, se puede transformar o disfrazar el olor de modo que éste, si es desagradable se oculte tras otros más agradables o aceptables, pero este método es discutible porque precisa de la adición de sustancias ajenas al aire (lo contrario de limpiar el aire) y porque su eficacia aún no ha sido demostrada convincentemente (US Board on Toxicology and Environmental Health Hazards, 1979, 1980; Kelly, 1979; Wark y Warner, 1981).

3.2. Ruido

En los países desarrollados, el ruido está convirtiéndose en el motivo de insatisfacción más irritante para las comunidades y para el medio ambiente local (Noble y Harnapp, 1981). El ruido puede afectar negativamente a la salud y al bienestar de individuos o comunidades. El ruido puede perturbar el trabajo de las personas, su descanso, su sueño y sus comunicaciones, puede dañar la audición y provocar reacciones psicológicas, fisiológicas y posiblemente patológicas (OMS, 1972, 1980b).

El sonido se transmite en forma de alteraciones de la presión del aire, que hacen vibrar el tímpano para provocar la sensación de oír. Un flujo de energía mecánico acompaña a una onda sonora y el nivel en que la energía sonora llega o pasa a través de un área unitaria perpendicular a la dirección de propagación se conoce como intensidad sonora (medida normalmente en vatios por metro cuadrado). Las intensidades sonoras de interés práctico abarcan un campo muy amplio y, por ello, se miden sobre una escala logarítmica. El nivel relativo de intensidad de un sonido con respecto a otro se define como 10 veces la razón de su intensidad. Los niveles definidos de este modo se expresan en decibelios (dB). Esto significa, por ejemplo, que si el ruido del tráfico registró 70 dB y normalmente se habla a 60 dB, el ruido del tráfico no es un 10 % más alto que la voz humana, sino 10 veces más alto. Así, un cambio relativamente pequeño en el nivel de dB puede significar un cambio tremendo en la intensidad del ruido (tabla 3.1).

En un contador de nivel de sonido, es la presión de las ondas sonoras la que se mide realmente, pero como existe una relación directa entre intensidad y presión, el contador da una lectura directa en decibelios. Se emplean varios filtros (A, B, C y D) para sopesar las mediciones de presión del sonido con el fin de proporcionar la

TABLA 3.1.—Nivel (en dB) de intensidad de sonido procedentes de determinadas fuentes

140	Reactor (a 25 m)	
130	Pistola remachadora	Zona nociva
120	Hélice de avión (a 50 m)	
110	Martillo neumático	
100	Tienda/fundición de metales	Zona de peligro
80-90	Camión pesado	
80	Calle concurrida	
60-70	Coche privado	
60	Conversación ordinaria (a 1 m)	
50	Conversación suave (a 1 m)	
40	Música suave	Zona segura
30	Susurros (a 1 m)	
20	Ciudad residencial tranquila	
10	Murmullo de hojas	

relación más estrecha entre las mediciones físicas y las valoraciones subjetivas de la intensidad de ruido (OMS, 1980b). El filtro A está tan generalizado que los niveles medidos por él, que deberían ser expresados como db(A), en las publicaciones aparecen simplemente como dB.

Los niveles de ruido se han incrementado sensiblemente en las décadas pasadas a medida que aumentaba la densidad demográfica, se introducían innovaciones tecnológicas y el tráfico rodado y aéreo crecía en tamaño y volumen (Milne, 1979). El tráfico rodado y aéreo tienden a ser las causas más graves de ruido contaminante al que las personas están expuestas y esto afecta a la mayoría de las zonas urbanas, como muestra la figura 3.3 respecto de una ciudad china.

El concepto de sonido continuo equivalente, Leq, se introdujo como medida común de ruido ambiental y como índice al que se pueden referir los criterios sanitarios. Este índice se define como el nivel teórico de sonido constante que podría, tras un cierto período de tiempo, producir la misma energía sonora que el sonido oscilante concreto. Para describir el ruido ambiental general de 24 horas, se puede usar el promedio de nivel sonoro día-noche (Ldn) para tomar nota de los períodos sensibles del día o la noche. En los EE.UU., la Agencia de Protección del Medio Ambiente declara que casi el 50 % de la población nacional está expuesto a un Ldn (derivado del aumento de niveles de sonido entre las 22 y las 7 horas en 10 dB) superior a 55 dB y el 10-15 %, a un Ldn de 70 dB o más. La Real Comisión británica sobre Contaminación del Medio Ambiente (1974) estimó que la mitad de la población británica podría estar sometida a

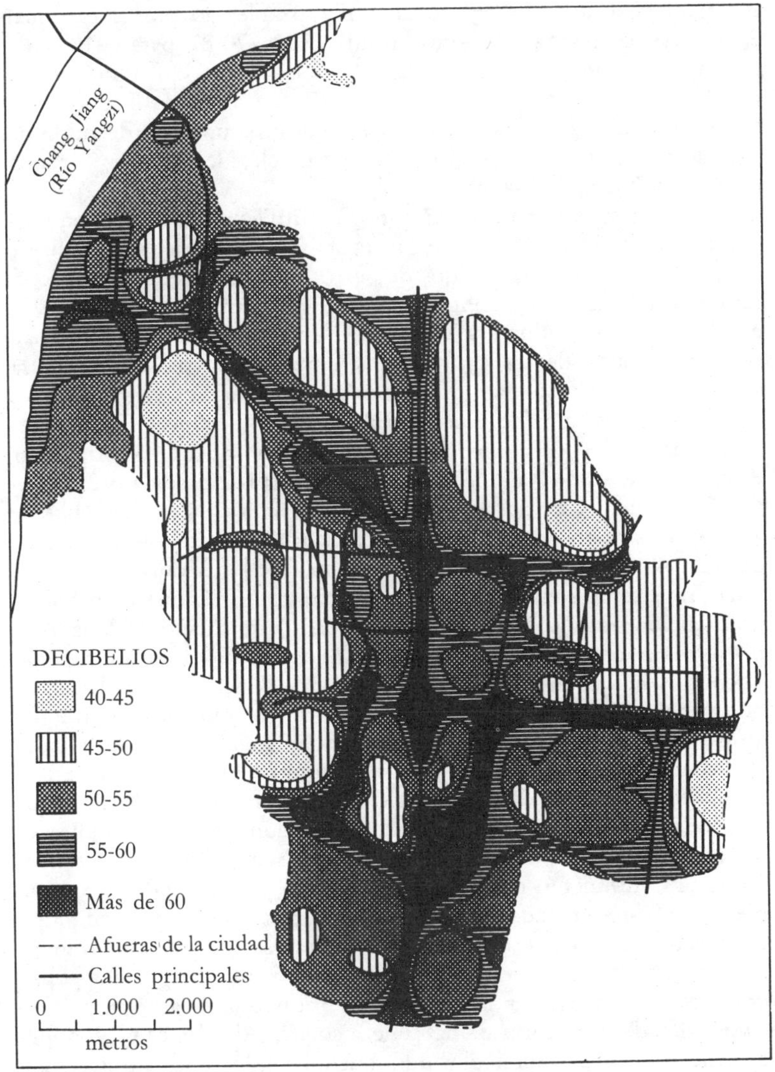

FIGURA 3.3.—La distribución espacial de los niveles de ruido ambiental durante el día en Nanjing, China, revela claramente que las zonas más ruidosas se sitúan a lo largo de las carreteras principales. *(Fuente:* Noble, 1980.)

un nivel de ruido por tráfico al límite establecido por el National Advisory Council para las zonas residenciales (70 dB para el 10 % de las 18 horas que van de las 6 a las 24 horas). De modo similar, se ha estimado que en los países de la OCDE, un 55 % de la población (unos 400 millones de personas) está expuesto a un nivel de ruido de más de 55 dB y el 15 % está expuesto a niveles de ruido por encima de 65 dB (OCDE, 1980b).

Las molestias por ruido en el hogar provienen de los ciclomotores, coches y camiones, aviones, instalaciones industriales próximas y obras en construcción, ladridos de perros, reventones de neumáticos, radios y televisores «vecinos» y gente que grita en la calle. Este exceso de ruido reduce la calidad del medio ambiente residencial, reduce el valor de las propiedades, impone mayores costes a la sociedad por la necesidad de insonorizar los edificios y, sobre todo, causa un estrés humano considerable (Briggs y France, 1982). Además, en niveles extremos, la fauna también puede experimentar estrés. Con el ruido, también aumenta el riesgo de pérdida permanente de la audición. El riesgo es insignificante con un Leq de menos de 70 dB durante un período de 24 horas, 75dB durante 8 horas, 78 dB durante 4 horas, 81 dB durante 2 horas u 84 dB durante 1 hora. Estos niveles de sonido indican que el riesgo de pérdida permanente de audición es más un riesgo profesional que medioambiental. El problema puede ser atajado replanificando o recolocando los equipamientos y maquinaria ruidosos, empleando silenciadores y aisladores de vibraciones, construyendo recintos de protección contra el ruido y empleando dispositivos de protección personal contra el mismo (Beranek, 1971; Mulholland y Attenborough, 1981).

La insatisfacción de la comunidad por el ruido tiene menos que ver con la amenaza del deterioro de su audición que con las molestias generales causadas por el ruido excesivo. Estas pueden ser definidas como un sentimiento de malestar producido por un ruido y generalmente están relacionadas con los efectos directos del mismo en varias actividades, como interferencias en la conversación, en la concentración mental, el sueño o el entretenimiento. Sin embargo, hay considerables diferencias en las reacciones individuales ante el mismo ruido, debidas a factores de naturaleza social, psicológica o económica. Llevado al extremo, el ruido puede conducir al estrés, como muestra la creciente incidencia de hipertensión, fatiga e irritabilidad, reflejadas en estudios realizados en comunidades de zonas ruidosas como las que rodean los aeropuertos.

En general, se puede concluir que, en áreas residenciales, donde la exposición diaria al ruido es inferior a 55 dB Leq, habrá pocas personas a quienes les moleste gravemente. Aunque éste sería el límite deseable de exposición a ruidos para las comunidades, puede ser difícil de llevar a cabo en muchas áreas urbanas. Incluso este nivel puede ser considerado demasiado alto por algunos residentes, especialmente porque niveles mucho más bajos prevalecen actualmente en muchas zonas suburbanas y rurales. Dada la diversidad de procedencias de los ruidos, el problema puede ser atajado controlando las emisiones (por ejemplo, bajando los límites permitidos de emisión de ruido por parte de los vehículos), aumentando la distancia entre las casas y las fuentes de ruido (con una cuidadosa planificación de la situación de los transportes, las industrias y los aeropuertos); con el uso de barreras protectoras o separaciones al lado de las carreteras; aislando las viviendas (por ejemplo, dando subvenciones para el aislamiento de casas cercanas a aeropuertos y autopistas; introduciendo zonas de supresión de ruidos y educando a la sociedad sobre los efectos perjudiciales del ruido excesivo, OMS, 1972, 1980b).

3.3. Calor residual

Cuando se usan combustibles, ya sea para calefacción doméstica, procesos industriales o generación de energía, el calor latente y patente que se genera va a parar a la atmósfera. El calor residual puede ser emitido directa o indirectamente a la atmósfera mediante los tanques de refrigeración, ríos, etc. Este calor residual actúa como un añadido a la cantidad de energía solar natural del sistema atmosférico de la Tierra y puede afectar al clima y a las temperaturas. Los efectos de este calentamiento artificial pueden manifestarse a escala local, regional y global.

3.3.1. *Efectos a escala local*

El calor residual emitido por instalaciones simples de energía intensiva como las centrales térmicas, fundiciones de acero y refinerías de petróleo pueden provocar efectos localizados como el aumento de formación de nieblas y de cúmulos (nubes), pero los efectos significativos sobre el clima y las temperaturas se observan cuando se agrupan muchas instalaciones emisoras de calor residual. El ejemplo mejor documentado es el de las áreas urbanas que producen un efecto «isla térmica» urbana. Las temperaturas urbanas suelen superar las de las zonas rurales colindantes en un promedio de 1 a 2° C, aunque bajo las condiciones anticiclónicas de la noche, la intensidad de la isla térmica puede alcanzar entre 5 y 10° C.

El excesivo calentamiento de las áreas urbanas no se deriva simplemente del calor residual procedente de los hogares, vehículos e industrias, sino también de las alteraciones humanas sobre la superficie terrestre. Al contrario que el suelo y las superficies vegetales de las zonas rurales, las calzadas, carreteras y edificios absorben fácilmente la radiación solar durante el día y, tras la puesta del sol, esta energía es enviada a la atmósfera exterior. Además, la escasa cobertura vegetal de las áreas urbanas lleva a una reducción de la cantidad de radiación solar utilizada en la evapotranspiración, aumentando, por lo tanto, la energía absorbida por la estructura urbana que, a su vez, calienta la atmósfera de la ciudad. La liberación de calor artificial puede tener más importancia que la absorción de radiación solar en algunas áreas urbanas, especialmente en invierno: por ejemplo, McGoldrick (1980) examinó el uso de energía en Londres y alrededores durante 1971 y descubrió que el promedio diario de calor artificial despedido en los arrabales exteriores era sólo de 0-5 $W.m^{-2}$. En varios kilómetros cuadrados del centro de la ciudad, se superaron los 100 $W.m^{-2}$, con un máximo de 234 $W.m^{-2}$ en su interior. Incluso cantidades mayores de energía se liberan en el Central Park de Nueva York (Manhattan) cuando la densidad del flujo de energía alcanza 630 $W.m^{-2}$ (Landsberg, 1981). Oke (1973) demostró la existencia de una relación entre el tamaño de la ciudad y su densidad de edificios, medido por el total bruto de población, y la intensidad del efecto isla térmica urbana. A medida que crecen las áreas urbanas, crece el efecto isla térmica: por ejemplo, las temperaturas diarias máxima y mínima en París aumentaron en 0,011° C y 0,019° C al año entre 1891 y 1968 respectivamente (Landsberg, 1981).

Las consecuencias de la isla térmica pueden ser beneficiosas o perjudiciales para los habitantes: por ejemplo, el calentamiento excesivo reduce la necesidad de calefacción en invierno, pero en muchas ciudades, este ahorro queda anulado por la cantidad de energía adicional que se necesita para el aire acondicionado en verano. Además, los equipos de aire acondicionado despiden calor al aire exterior, incrementando, pues, el calor de la atmósfera urbana. Durante los veranos calurosos, el estrés del calor provocado por el efecto isla térmica puede conducir al aumento de enfermedades cardiovasculares, especialmente en las personas más mayores (Beuchley y otros, 1972; Macfarlane, 1978; Tout, 1978).

El calentamiento excesivo de las áreas urbanas, junto con la creciente rugosidad de la superficie de las zonas edificables, conllevan un aumento de precipitaciones, especialmente tormentosas, en y alrededor de las áreas urbanas. Así, por ejemplo, los análisis sobre una densa red de observaciones meteorológicas en Saint Louis y alrededores permitió a Changnon (1978) concluir que en el área urbana de Saint Louis y una zona en forma de abanico que comprendía de 32 a 40 km hacia el Este de la ciudad, hubo «más tormentas de agua y de granizo, más relámpagos, períodos más largos de actividad tormentosa y granizo, vientos fuertes más frecuentes y más granizo perjudicial» que en las áreas circundantes. Diferentes fenómenos tormentosos, en el período estudiado de 1971 a 1975, aumentaron de 11 a 116 %, el granizo de 3 a 333 %, la lluvia fuerte de 35 a 97 % y los chaparrones de 91 a 100 %. El mayor porcentaje de cambios hallados en cuanto a tormentas, granizo y pluviosidad se observó en su intensidad (Changnon y otros, 1977). Changnon (1970), Huff y Changnon (1978), junto con Atkinson (1968, 1969, 1970, 1971, 1975), que estudiaron la zona de Londres y alrededores, concluyeron que el principal factor causante del aumento de precipitaciones tormentosas varía en una situación dada, pero que las causas más importantes de los cambios climatológicos son la isla térmica urbana, que favorece la convección, y los efectos mecánicos de la actividad urbana, que causan convergencia de fricción. Aunque Changnon (1978) fue incapaz de descubrir ninguna influencia urbana sobre los tornados de Saint Louis, los estudios de Fujita en Chicago (1973) y de Elsom y Meadem en Londres y alrededores (1982) sugieren que la isla térmica urbana y la creciente rugosidad de la superficie pueden provocar la disipación y supresión de algunos tornados. La influencia de los factores urbanos sobre los tornados parece estar restringida a las partes interiores de las áreas metropolitanas y, principalmente, a tornados débiles.

Los estudios de Changnon y otros (1977) sobre el impacto de la transformación urbana sobre el clima veraniego en Saint Louis y alrededores indican que los cambios resultantes producen más desventajas que ventajas para la comunidad. Aunque el aumento de precipitaciones implica un aumento de productividad en los cultivos, no compensa los daños producidos por las inundaciones, la erosión del suelo y la lluvia ácida, además de los causados por el granizo a la agricultura y a propiedades.

Considerando que la cantidad máxima de energía eléctrica generada en una central térmica simple es de unos 3.000 MW, se han hecho propuestas para construir «parques de energía» o «islas de energía» para generar de 10.000 a 50.000 MW en una superficie de 5 a 100 km^2 (Williams, 1978). Con un rendimiento del 33 %, estos parques podrían liberar 100.000 MW de calor residual dentro de un espacio reducido, con la posibilidad de causar importantes efectos en la atmósfera local. El índice de disipación de la energía residual en la atmósfera es similar al de la disipación de energía por fenómenos como las islas térmicas metropolitanas, tormentas, volcanes, incendios de bosques y de matorrales (Hanna y Gifford, 1975; Hosler y Landsberg, 1977). Se ha dicho que los parques de energía podrían causar profundos cúmulos (nubes) que formarían y harían aumentar la actividad tormentosa (Bhumralkar y Alich, 1976). La intensa convección sobre los parques de energía provocaría una notable afluencia de aire a la superficie y la resultante concentración de vorticidad podría conducir a un aumento de la actividad de torbellinos, con la posibilidad de causar daños a las instalaciones (fig. 3.4).

3.3.2. *Efectos a escala regional*

Cuando muchas ciudades se encuentran unas cerca de otras, como en el Este de los EE.UU., Europa y Japón, su energía residual colectiva puede afectar al clima a escala regional, pues la circulación atmosférica podría ser muy sensible a pequeñas perturbaciones en lugares concretos (Harrison y McGoldrick, 1981). Tal efecto puede ser análogo al de los Grandes Lagos en invierno, que añaden aproximadamente 10 TW (10^{13} W) de calor a la atmósfera desde un área que abarca 25 por 10 km; se cree que esta emisión intensifica los sistemas de baja presión y el clima asociado a ellos (Barrie y otros, 1976). Un caso similar sería también el de las áreas de calentamiento o enfriamiento anómalos de la superficie océanica, que se consideran influyentes en la circulación atmosférica (Perry y Walker, 1977). Así, por ejemplo, se ha demostrado que las anómalas temperaturas de la superficie del mar a la altura de Terranova influyen en la circulación atmosférica de Europa occidental al mes siguiente (Ratcliffe y Murray, 1970), del mismo modo que, en el Golfo de Vizcaya, un mar caliente en julio favorece un tiempo cálido al mes siguiente en Gran Bretaña (Ratcliffe, 1973). Los mecanismos por los que tales anomalías influyen en la circulación atmosférica son aparentemente cambios directos de los índices térmicos regionales, que influyen en la trayectoria tomada por las depresiones. Normalmente, los flujos de energía residual antropogénica a escala regional son mucho menores que los flujos de calor latentes, y cada vez más sensibles, que proceden de las anómalas temperaturas de la superficie del mar. Matthews y otros (1971), por ejemplo, calculan el calor residual en Europa occidental y el Este de EE.UU. (aproximadamente 10^{6} km^{2}) en 0,74 $W.m^{82}$ 1,11 $W.m^{82}$ respectivamente. Con temperaturas anormalmente cálidas en la superficie del mar que produzcan 40 $W.m^{82}$, aún queda espacio para un aumento considerable de calor regional antes de que puedan ocurrir efectos similares en la atmósfera.

3.3.3. *Efectos a escala global*

En el momento presente, la cantidad total de calor liberado por todas las actividades humanas es sólo el 0,01 % aproximadamente de

FIGURA 3.4.—Un gran número de centrales de energía, como ésta de carbón de 2.000 MW en Didcot, Inglaterra, pueden ser agrupadas para formar «parques de energía». El calor residual liberado podría producir importantes cambios en el clima local.

la energía solar absorbida por la superficie. El consumo total de energía continuará indudablemente aumentando y probablemente llegarán a distribuirse densidades más altas de flujo de energía, pero es poco probable que la liberación global de energía residual llegue a ser suficiente como para afectar al clima global hasta bien entrado el siglo XXI (Consejo Nacional de Investigación de EE.UU., 1977b).

Según Williams (1978), el consumo total de energía mundial en 1974 fue de 7,4 TW, de los cuales los Países desarrollados (con una población de 1.160 millones de habitantes) usaron 6,15 TW (5,33 Kw/cápita) y los Países en vías de desarrollo (con 2.760 millones de habitantes) usaron 1,25 TW (0,45 Kw/cápita). Esto equivale al 0,01 % de la entrada total de energía solar (Hosler y Landsberg, 1977). Si se acepta que los países subdesarrollados tendrán un índice de crecimiento más alto en el futuro, en el año 2.000 la necesidad total de energía será aproximadamente de 20 TW (Países desarrollados: 1.325 millones de habitantes; consumo de energía: 8 Kw/cápita; países en vías de desarrollo: 4.000 millones de habitantes; consumo de energía per cápita: 2 Kw). Para el año 2025, la necesidad mundial de energía puede alcanzar los 30 TW. Por el contrario, Lovins y Lovins (1982) predicen un uso global de energía en el 2030 de 22 TW, basándose en los bajos índices de crecimiento del uso de energía. Sin embargo, estos valores aún son pequeños, comparados con la entrada de energía solar en la atmósfera de la Tierra. Flohn (1977) cree que la liberación de energía humana puede alcanzar un mínimo de 100 TW antes de que se produzcan efectos significativos a escala global sobre el clima. Para alcanzar esta cifra, con una población mundial prevista digamos de 12.000 millones en el año 2075, se necesitaría una provisión media de energía de unos 8 TW/cápita. Esto significaría que los efectos sobre la Tierra de la liberación total de energía mundial no se harían patentes hasta el final del próximo siglo. Aun así, algunos investigadores advierten que, dada la alta tecnología existente, se podría abastecer a una población mundial de 20.000 millones de habitantes y que no es inconcebible que la energía/cápita consumida por esta sociedad «post-industrial» alcanzara los 40 Kw/cápita o cuatro veces lo consumido en EE.UU. en 1976 (Kellogg, 1978). Mientras tanto, independientemente de las probabilidades de una u otra predicción para realizarse, los efectos nocivos del calor residual son obvios a escala local y regional. Dichos efectos son lo bastante importantes como para exigir más investigaciones y la utilización de fuentes de energía y métodos de producción energética que minimicen la liberación de calor a la atmósfera (Revelle y Shapero, 1978).

CAPÍTULO IV

La lluvia ácida

4.1. DIMENSIONES DEL PROBLEMA DE LA LLUVIA ÁCIDA

La acidez de las precipitaciones viene determinada por la concentración de iones de hidrógeno (H^+) presentes y se expresa comúnmente en términos de valores pH, donde pH se define como el logaritmo negativo de la concentración de iones de hidrógeno. La escala pH se extiende de 0 a 14, siendo el valor 7 considerado como solución neutra. Los valores inferiores a 7 (agua destilada) indican soluciones ácidas (por ejemplo, el zumo de limón registra un pH de 2,2 y el vinagre, de 3); los valores superiores a 7 indican soluciones básicas (por ejemplo, el bicarbonato de sosa registra un pH de 8,2 y el amoniaco, de 12). Al ser una escala logarítmica, cada aumento de un número entero representa una acidez 10 veces mayor —así por ejemplo, las soluciones con un pH de 6,5 y 4 contienen 1,10 y 100 microequivalentes de acidez ($H+$) por litro respectivamente (abreviado, μeq/l), como se ilustra en la figura 4.1.

Se sabe que la precipitación «no contaminada» tiene un pH superior a 5,6 (ó 5,65). Esta ligera acidez está provocada por la presencia de dióxido de carbono en la atmófera, que forma ácido carbónico. Los constituyentes naturales como el amoniaco, las partículas del suelo, la espuma marina y las emisiones volcánicas de anhídrido sulfuroso y ácido sulfhídrico pueden aumentar o disminuir el pH de la precipitación a partir de 5,6. No es extraño que un pH de 4 a 5 aparezca en ciertos lugares muy distantes de la actividad humana (Hibbard, 1982). De modo similar, el pH puede ser superior a 6 en grandes extensiones de tierra seca, donde hay abundantes sustancias básicas. A pesar de esta complicada variabilidad en los niveles de pH, los investigadores han afirmado que las actividades humanas han causado un fuerte aumento de acidez en las precipitaciones locales, regionales y puede que incluso globales (Likens y otros, 1979). Grandes cantidades de óxido de azufre y nitrógeno han sido lanzadas a la atmósfera por la combustión de carburantes fósiles y procesos industriales; estos gases se han convertido en ácidos fuertes (sulfúrico y nítrico), que hacen que muchas zonas experimen-

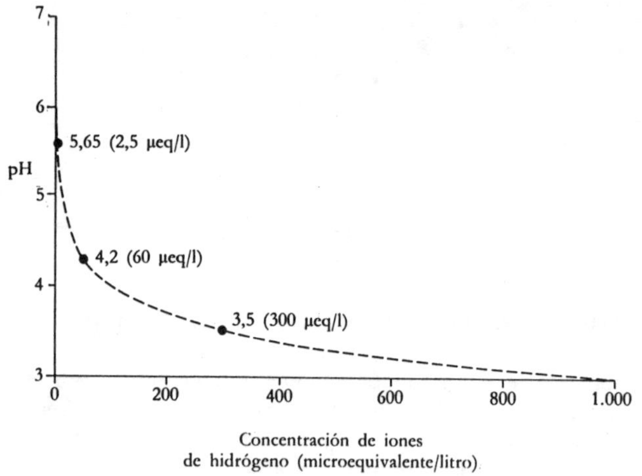

FIGURA 4.1.—Relación entre el pH y la concentración de iones de hidrógeno en soluciones acuosas.

ten precipitaciones de una acidez muy baja. La precipitación cuyo pH es inferior a 5,6 se denomina precipitación ácida o simplemente lluvia ácida. La precipitación que cayó antes de la revolución industrial y se conservó en los glaciares y en capas de hielo suele tener un pH de 5 y, a veces, 6. Actualmente, extensas áreas de Europa y del este de EE.UU. están experimentando un pH medio de menos de 4,5 e incluso de menos de 4. Esto representa una precipitación de 30 a 40 veces más ácida de lo que cabría esperar en una atmósfera no contaminada (fig. 4.2). Las borrascas individuales pueden ser 500 veces más ácidas de lo normal y, excepcionalmente, se han observado índices de pH bajos durante tempestades como, por ejemplo, la de Pitlochry, Escocia, cuando el 10 de abril de 1974, se registró un pH de 2,4 (Likens y otros, 1979).

Aunque obviamente la precipitación ácida se refiere al proceso de deposición húmeda de material ácido sobre la superficie terrestre, también incluye el proceso de deposición seca. En ausencia de precipitación, los contaminantes atmosféricos son eliminados de la atmósfera por asentamiento gravitatorio y por contacto directo con el suelo, la vegetación y los edificios. Los índices característicos de deposición seca de contaminantes son 0,1-1,0 cm/seg para el anhídrido sulfuroso, 0,1 cm/seg para los sulfatos, 0,2-0,5 cm/seg para el dióxido de nitrógeno y 1,0 cm/seg para los nitratos. La deposición seca puede suponer una contribución importante para el problema de la acidez. Las deposiciones seca y húmeda están implícitamente

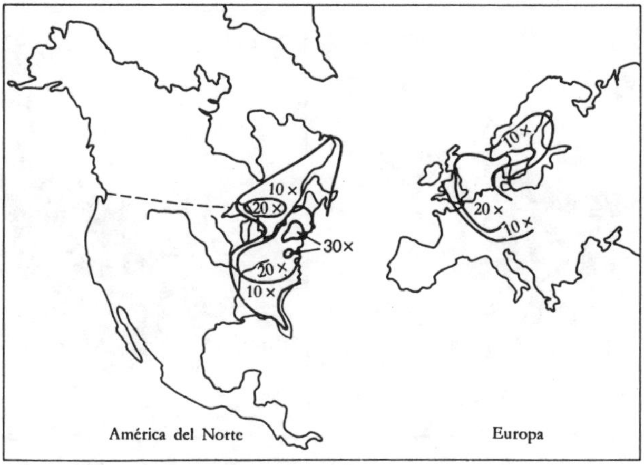

FIGURA 4.2.—Isolíneas generalizadas de los niveles de acidez para la precipitación relativas al límite más bajo esperado en una atmósfera no contaminada (2,5 μeq/l = pH 5,6). Las áreas más pequeñas que sufren precipitación ácida no están reflejadas. El límite exterior de estos mapas (× 1) es impreciso por la falta de datos; por lo tanto, no aparece reflejado. *(Fuente:* Likens y Butler, 1981.)

incluidas en la expresión lluvia ácida y, así, sería mejor denominarlas deposiciones ácidas.

La deposición ácida no es un problema nuevo: por ejemplo, la expresión lluvia ácida fue usada en primer lugar por R. A. Smith en 1872 para describir el aire contaminado de Manchester, Inglaterra, que deterioraba la vegetación, decoloraba los tejidos y corroía los metales. No obstante, la actual preocupación por la lluvia ácida nació cuando Oden (1968, 1971) analizó los datos recogidos en 160 lugares de la Red Química Europea del Aire durante el período de 1956 a 1966 (fig. 4.3). Él demostró que la precipitación se había hecho cada vez más ácida en algunas partes de Europa durante ese período. A finales de los años 50, los Países Bajos (Bélgica, Luxemburgo y Holanda) experimentaron precipitaciones con un pH ácido de 4-4,5. A mediados de los 60, no sólo fue esta zona la que experimentó un pH inferior a 4, sino que la zona que sufrió precipitaciones con un pH menor de 4,5 se extendió a Alemania Oriental y Occidental, norte de Francia, este de Inglaterra y sur de Escandinavia. Estos descubrimientos, a los que se dio gran importancia internacional en la Conferencia de la ONU sobre el Medio Ambiente Humano en Estocolmo en 1972 (Engstrom, 1972), estimuló posteriores investigaciones nacionales e internacionales sobre el problema de lluvia ácida,

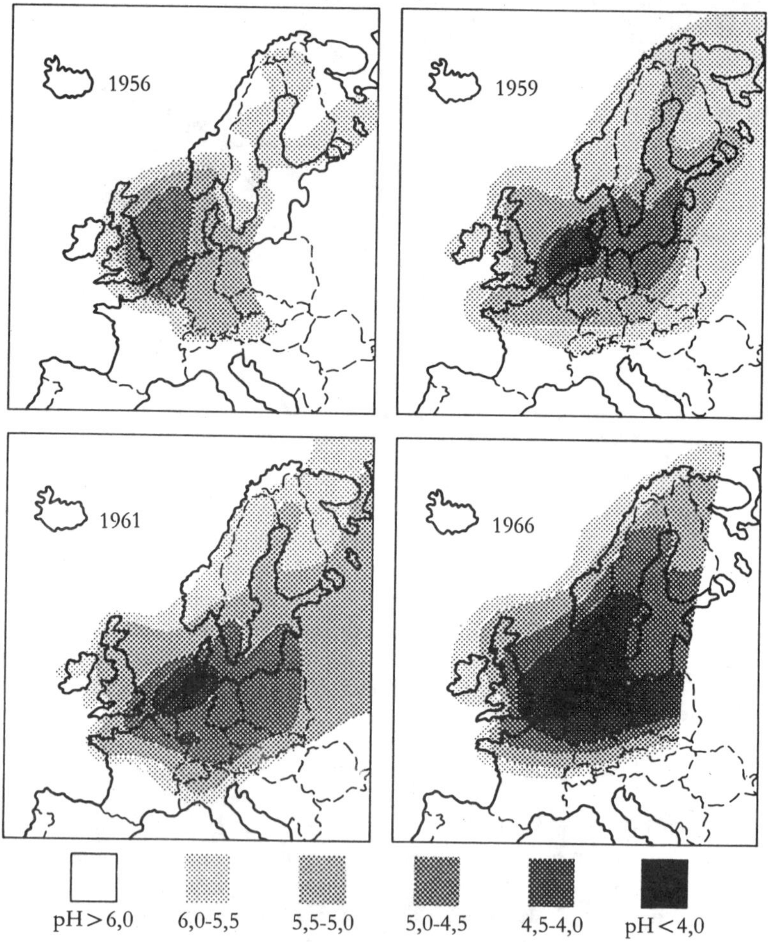

FIGURA 4.3.—Precipitación ácida en Europa. *(Fuente:* Odén, 1971.)

entre ellos el estudio de la OCDE y el proyecto SNSF de 8 años en Noruega (OCDE, 1977; Overrein y otros, 1980).

Tras el reconocimiento de la existencia de precipitaciones ácidas generalizadas en Europa, Likens y sus colaboradores resaltaron la probabilidad de que un problema similar existiera en EE.UU. y en sus zonas limítrofes con Canadá (Cogbill y Likens, 1974; Likens y Bormann, 1974; Likens y otros, 1972). Sus conclusiones se basaron principalmente en los registros de precipitación química tomados en el norte y centro de New Hampshire (the Hubbard Brook Experimental Forest Network) y Nueva York, así como en algunas observaciones dispersas de otros lugares. Desde estas fuentes de precisión y longitud de registro variables, Cogbill y Likens (1974) y Likens y otros (1979) produjeron isopletos de precipitación ácida durante períodos seleccionados que revelaron un aumento de acidez entre 1955-56 y 1975-77, y un ensachamiento del área afectada por la precipitación ácida en el este de EE.UU.

Aunque los isopletos que mostraban la propagación de la precipitación ácida en Europa y este de EE.UU. se han citado frecuentemente para subrayar la gravedad del problema, muchos investigadores han criticado su uso. Kallend y otros (1983) adujeron que los mapas basados en la Red Química Europea del Aire podían estar equivocados en varias consideraciones como, por ejemplo, al no mostrar adecuadamente el patrón de variaciones de tiempo a lo largo de los años o el alto grado de incertidumbre con respecto a los contornos individuales, o al asumir una homogeneidad geográfica que no está corroborada por cálculos detallados de datos tomados en lugares próximos. Cuando Kallend y otros (1983) analizaron individualmente los 120 lugares con datos de 5 años o más entre 1956 y 1976, sólo 29 mostraron una tendencia significativa al aumento de precipitación ácida media anual y 5 mostraron disminución. Los críticos de los datos usados para determinar las tendencias a la acidez en Norteamérica destacaron problemas similares. De los 10 lugares comunes aptos para una comparación entre 1955-56 y 1965-66, sólo 4 mostraron empeoramiento de la acidez, 2 mostraron mejora y los otros 4 permanecieron igual. Sólo 2 lugares comunes fueron apropiados para una comparación entre 1955-56 y 1975-73; 1 mostró un incremento del pH y el otro mostró una disminución. Si sólo se comparasen los lugares comunes, no sería justificable la afirmación de que la acidez crecerá y se generalizará con el tiempo (Record y otros, 1982). Stensland y Semonin (1982) afirman incluso que grandes sequías y tormentas de arena afectaron a gran parte de los EE.UU. en los años 50, aumentando los niveles de calcio y magnesio del suelo, y ésa sería en parte la causa de las diferencias de acidez de las precipitaciones entre los años 50 y 60.

La necesidad de precisión e información a largo plazo sobre la composición de las deposiciones atmosféricas húmeda y seca ha tenido como resultado el establecimiento, en Europa y EE.UU., de redes de muestreo dirigidas a la documentación sobre cualquier nuevo cambio en la distribución y composición de la precipitación ácida. La Red Canadiense para el Estudio de las Precipitaciones (CANSAP) se fundó en 1977, mientras el Programa Nacional Atmosférico de Deposiciones (NADP) de EE.UU. se instituyó un año más tarde (fig. 4.4) (Likens y Butler, 1981). Desde 1976, la Comisión Económica de la ONU para Europa asumió la responsabilidad del programa de control en Europa occidental y posteriormente lo extendió a Europa oriental. La red europea se llama EMEP o Programa Cooperativo para el Control y Valoración del traslado a gran distancia de contaminantes del aire en Europa.

Los registros a muy largo plazo de la acidificación de lagos pueden proporcionar una prueba bastante espectacular del reciente agravamiento del problema de la precipitación ácida. Renberg y Hellberg (1982), por ejemplo, analizaron reuniones diatómicas en el núcleo de sedimentos lacustres en el suroeste de Suecia y encontaron que, desde el deshielo de la zona hace unos 12.500 años, el pH de los lagos había disminuido de 7 a 6, debido a la oligotroficación y acidificación naturales a largo plazo. Sin embargo, durante las décadas pasadas se produjo una nueva y más marcada disminución del pH 6 hasta el actual 4,5 (fig. 4.5). Los análisis diatómicos de los núcleos de sedimentos lacustres a largo plazo de dos lagos del suroeste de Escocia también revelaron incrementos notables en la acidez, especialmente durante las últimas décadas (Flower y Battarbee, 1983).

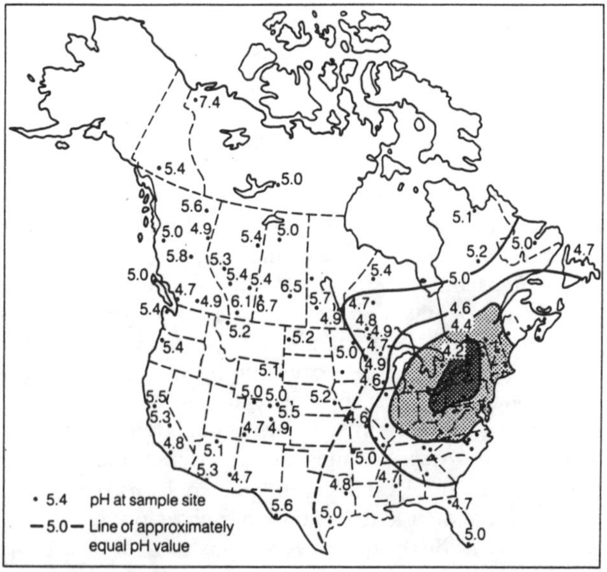

FIGURA 4.4.—Precipitación ácida (sólo deposición húmeda) en América del Norte, en 1982. *(Fuente:* Miller, 1984.)

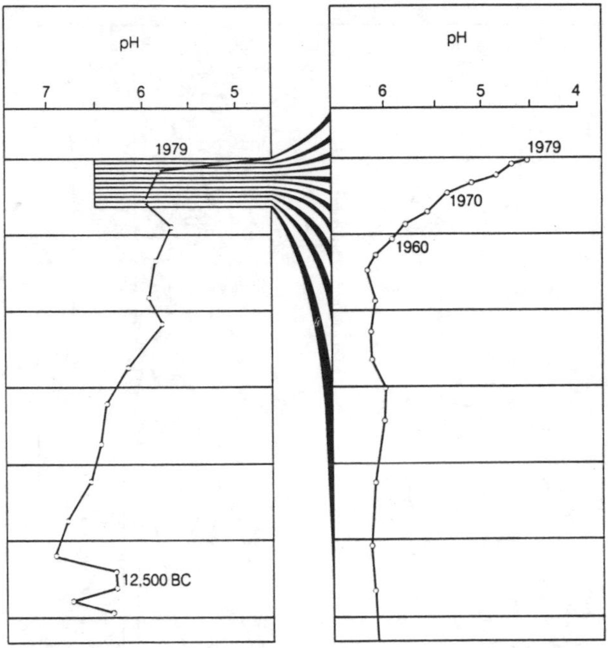

FIGURA 4.5.—pH del Lago Gårdsjön, en Suecia, desde el 12.500 a.C. hasta 1979 d.C. *(Fuente:* modificada de Renberg y Hellberg, 1982.)

Los principales precursores de la precipitación ácida son las emisiones antropogénicas y naturales de óxidos de azufre y nitrógeno, que luego son oxidados catalítica o fotoquímicamente, convirtiéndose en ácidos sulfúrico y nítrico, respectivamente, en la atmósfera (fig. 4.6). Los ácidos disueltos en agua aparecen principalmente en forma de iones (átomos cargados). Los aniones están cargados positivamente. Los iones que nos conciernen son los iones de sulfato (químicamente abreviado como $SO_4 =$ o SO_4^{-2}), iones de nitrato (NO_3^-) e hidrógeno (H^+). El ácido nitríco libera un ión de hidrógeno por molécula, en tanto que el ácido sulfúrico libera dos. Algunos de los ácidos son neutralizados por sustancias como el amoniaco (NH_3), derivado de procesos naturales y biológicos, después de lo cual se forman iones amonio (NH_4^+) (Galloway y otros, 1976). Los diversos iones se trasladan por la atmósfera a través de los dos procesos de deposición húmeda, la agregación y el derrubio. La agregación tiene lugar cuando el material se incorpora a las gotas de agua o cristales de la nube, que finalmente crecen hasta tener el tamaño suficiente

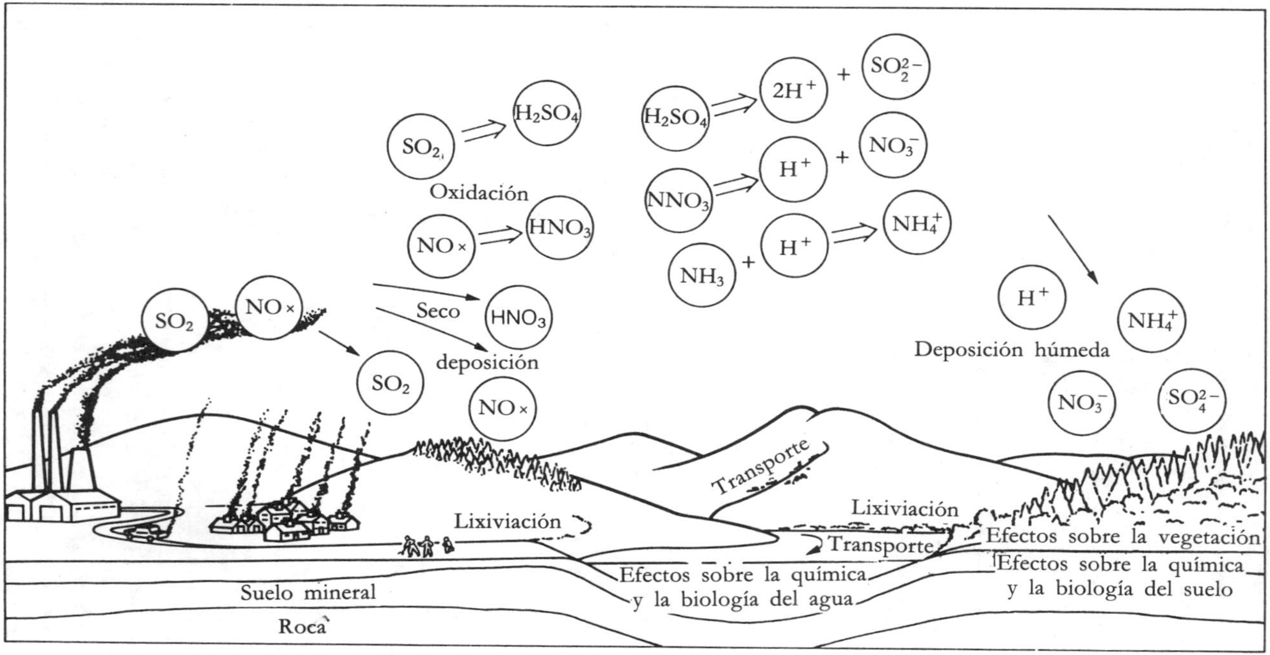

Figura 4.6.—Óxidos de azufre y de nitrógeno: transporte, transformaciones químicas, deposición y efectos medioambientales. (*Fuente:* Ministerio de Agricultura de Suecia, 1982.)

para vencer la gravedad y caer al suelo. El derrubio se produce cuando el material de debajo de la nube es barrido por la lluvia o la nieve en su caída.

La combustión de carburantes fósiles (carbón y petróleo) y los procesos industriales (principalmente la producción primaria de metal) son las fuentes que más contribuyen a la emisión de anhídrido sulfuroso. La emisión global de azufre antropogénico se estima aproximadamente en 75 a 100 millones de Tm/año (Ministerio de Agricultura de Suecia, 1982). Aunque las emisiones antropogénicas de anhídrido sulfuroso son responsables de sólo la mitad del total de las emisiones globales, tienden a estar muy concentradas. En zonas como Europa y el este de EE.UU., son responsables del 90 % de las emisiones totales de anhídrido sulfuroso. Las fuentes naturales de óxidos de azufre son la espuma de mar, que contiene sulfato de los océanos, los compuestos orgánicos de la descomposición bacteriana de la materia orgánica, la reducción de sulfato en aguas y suelos desprovistos de oxígeno, los volcanes y los incendios forestales (Record y otros, 1982). La emisión antropogénica global de óxidos de nitrógeno en 1978 se estimó en 75 millones de Tm (Svenson y Soderlund, 1975). La combustión de carburantes fósiles (carbón, petróleo y gas natural) y el transporte (carburantes de gasolina y diesel) contribuyen en gran manera a las emisiones antropogénicas de óxidos de nitrógeno. Las principales fuentes de óxidos de nitrógeno naturales parecen ser la descomposición química de nitratos y los relámpagos. Las proporciones estimadas de emisiones de óxido de nitrógeno naturales y antropogénicas son de 15:1 y 1:1 respectivamente, a causa de la variabilidad de los cálculos sobre las emisiones naturales.

La relativa importancia de los componentes ácidos en la precipitación varía en el espacio y en el tiempo, pero, en general, se aplican valores similares al este de EE.UU. y Europa. En el noreste de los EE.UU., las mediciones indican que las contribuciones a la acidez total son: 62 % de ácido sulfúrico, 32 % de ácido nítrico y 6 % de ácido clorhídrico (Record y otros, 1982). En Escandinavia, las cifras son: 70 % de ácido sulfúrico y 30 % de ácido nítrico (Ministerio de Agricultura de Suecia, 1982), que son similares a los valores de Escocia, con el 71 % de ácido sulfúrico y el 29 % de ácido nítrico (Fowler y otros, 1982). Sin embargo, en algunas regiones, como la costa oeste de EE.UU. y Japón, la contribución del ácido nítrico es de una importancia relativa mayor. Con las emisiones de óxidos de nitrógeno creciendo a un ritmo más rápido que las de dióxido de azufre, la importancia del ácido nítrico crecerá relativamente en lo que se refiere a su contribución a la precipitación ácida (Lewis y Grant, 1980). En efecto, esto se ha observado ya en Escandinavia y en Norteamérica: por ejemplo, Cogbill y Likens (1984) defienden que la contribución de los nitratos ha aumentado del 22 % a mediados de los 50 hasta el actual 30 %, aproximadamente.

Las zonas que tienen más fuentes de acidez están entre las que sufren mayor cantidad de precipitación ácida, pero sólo el transporte a largas distancias de óxidos de azufre y nitrógeno desde estas fuentes puede explicar la lluvia ácida en lugares distantes de las fuentes de contaminación. De un modo similar, en zonas donde las emisiones locales han disminuido, pero la acidez de las precipitaciones ha aumentado, se observa la intervención del transporte de los contaminantes a largas distancias. Aunque una parte sustancial de las emisiones de anhídrido sulfuroso se deposita cerca de sus fuentes, una proporción significativa se dispersa por lugares lejanos. Esta proporción de anhídrido sulfuroso que no se deposita *in situ* se difundirá por la atmósfera y, por oxidación, se transformará en sulfatos. Los índices de transformación del anhídrido sulfuroso en sulfato están entre 0,1 y 10 % por hora, dependiendo de la presencia o ausencia de otros contaminantes (hidrocarburos reactivos y oxidantes fotoquímicos) y de las condiciones atmosféricas (humedad relativa, temperatura, luz solar). Los sulfatos están menos sometidos a la deposición seca que el anhídrido sulfuroso y, en consecuencia, permanece en la atmósfera durante más días, viajando a km de distancia con condiciones meterológicas y sinópticas favorables. Finalmente, los sulfatos son depositados en húmedo por procesos de agregación y derrubio. Una situación similar acontece a las emisiones de óxido de nitrógeno, aunque los óxidos de nitrógeno gaseosos tienen un índice bajo de deposición seca, por eso permiten que cantidades mayores se conviertan en aerosoles de nitrato que, finalmente, son eliminados por agregación y el derrubio. Dado que las áreas montañosas favorecen y hacen aumentar las precipitaciones, son estas zonas las que purifican la atmósfera de sus contaminantes transportados a gran distancia y, así, experimentan un alto índice de precipitación ácida. Muchos investigadores señalan que algunas medidas para controlar la contaminación, como la construcción de altas chimeneas en las centrales de energía y en grandes industrias, con el fin de reducir la contaminación local, son las causantes del aumento del traslado de contaminantes a gran distancia y, asimismo, del agravamiento del problema de la lluvia ácida (fig. 4.7; Patrick y otros, 1981). Así, por ejemplo, la fundición de cobre y níquel de Sudbury, Ontario, que emite anualmente 1,35 millones de Tm de anhídrido sulfuroso (en 1973) o el 1-2 % de la emisión anual mundial de azufre antropogénico, tiene una chimenea de más de 400 m de altura (Barnes, 1979).

Aunque es obvio que las áreas montañosas con fuentes cercanas poco importantes de contaminación reciben su carga contaminante

FIGURA 4.7.—Las altas chimeneas industriales favorecen el traslado de sulfatos y nitratos a gran distancia, produciendo neblinas regionales y lluvia ácida.

de regiones o países que están a cientos o miles de km, es difícil determinar con precisión la procedencia de dicha contaminación. Así, por ejemplo, la existencia del problema de la lluvia ácida en Escandinavia apuntaba inicialmente a fuentes de Gran Bretaña como causa.

Que se acentuara el problema de la deposición ácida tras la década de los 50, coincidiendo con la introducción de las altas chimeneas en las centrales energéticas del Reino Unido, también parece ser una indicación de dónde está la causa. Sin embargo, a pesar de que Escandinavia está sin duda sometida a frecuentes corrientes de aire procedentes de Gran Bretaña, estas corrientes sólo están ligeramente contamindas en comparación con las corrientes de aire ocasionales que se originan en el centro y este de Europa (Checoslovaquia, Hungría, Polonia, RDA y RFA). Estas últimas circunstancias dieron origen a episodios serios de precipitación ácida (produciendo a veces nieve gris o negra como resultado de la presencia de ceniza de lignito), que son los mayores contribuyentes a la cantidad total anual de deposición húmeda, de sulfatos en Escandinavia (Smith y Hunt, 1978). Además, Kallend y otros (1983) revelan que de aquellas centrales de la Red Europea de Química del Aire que muestran una tendencia significativa al aumento de la media anual de precipitación ácida, ello se debió en primar lugar al creciente número de episodios intermitentes de acidez alta, más que a un incremento sustancial de precipitación ácida en general. Aunque tal prueba puede modificar la contribución relativa de cada país al problema de la lluvia ácida, la dimensión internacional de este problema de contaminación atmosférica sigue siendo la misma. Una resolución acertada para este problema requerirá una acción efectiva a escala internacional (véase capítulo 11).

El impacto de la precipitación ácida en los ecosistemas acuáticos y terrestres no depende simplemente del pH de la precipitación, sino también de la capacidad de los lagos y los suelos de neutralizar o amortiguar los índices de acidez en la precipitación. Esta posibilidad de inmovilizar el exceso de iones de hidrógeno introducidos en la precipitación está ampliamente determinada por la composición de la roca sobre la que se forman los lagos y los suelos, ya que la roca dura, impermeable, ígnea o metamórfica favorece un contenido bajo en calcio y magnesio, produciéndose así la situación más delicada. Esto explica por qué algunas partes de Escandinavia y este de Norteamérica se han destacado de modo notable al subrayar los efectos nocivos de la deposición ácida sobre los ecosistemas. Considerando la vulnerabilidad de los lagos y suelos en otras partes del mundo y la rápida industrialización prevista en las próximas décadas, países como Brasil, Nigeria, Sudáfrica, India, Malasia y China están entre las áreas que se exponen probablemente a un mayor riesgo por los efectos de la deposición ácida (Ministerio de Agricultura de Suecia, 1982). Harte (1983) ya ha reseñado un pH de 2,25 en una pequeña y remota ciudad del centro de China, uno de los mayores índices de precipitación ácida jamás registrados.

4.2. Efectos sobre los ecosistemas acuáticos

La mayor preocupación por el impacto de la lluvia ácida sobre los ecosistemas acuáticos se centra en los efectos sobre la población piscícola. Está generalmente aceptado que la creciente acidificación de los lagos, debida a la deposición ácida, ha causado la muerte de peces y el agotamiento de las reservas (fig. 4.8). Eindenber y otros (1982) reseñan la existencia de al menos 212 lagos sin peces en los Adirondacks, la pérdida de todos los peces en 140 lagos canadienses (y la amenaza de extinción en 48.000 lagos más), el deterioro de un 15 % de los lagos de Minnesota, la amenza de extinción de truchas en la mitad de los ríos trucheros del oeste de Virginia, la casi total desaparición de la capacidad de regulación de 3.000 lagos del este de EE.UU., la acidificación de más de 10.000 lagos de Suecia con un pH 6 o inferior (con 5.000 lagos cuyo pH es inferior a 5) y la reducción de la fauna de salmones y truchas en los principales ríos del sur de Noruega. Las distintas especies de peces toleran distintamente el pH bajo: entre los salmónidos, la trucha arco iris es la más vulnerable, seguida por el salmón; la trucha marrón y la trucha de arroyo son las menos vulnerables (tabla 4.1).

Los efectos negativos sobre los peces se han atribuido a disminuciones repentinas, a corto plazo o graduales, del pH. Los cambios de pH a corto plazo, que siguen las primeras lluvias fuertes del otoño, o

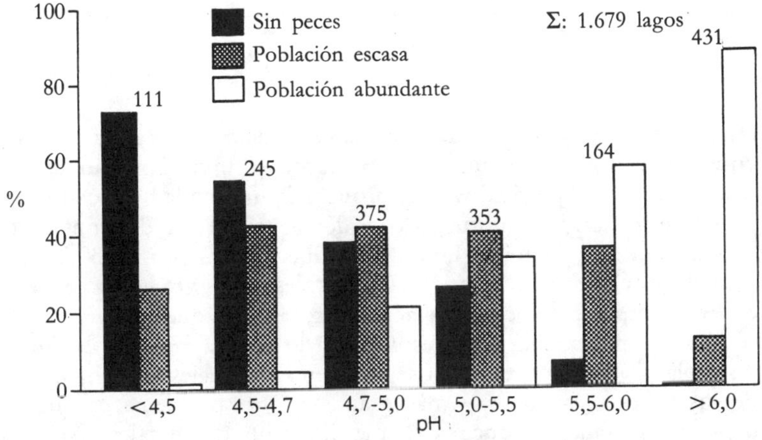

Figura 4.8.—Situación de la fauna piscícola en 1.679 lagos de las comarcas noruegas de Rogaland, Vest-Agder, Aust-Agder y Telemark, agrupados según el pH de sus aguas. *(Fuente:* Barnes, 1979.)

TABLA 4.1.—Sumario de los efectos sobre los peces por cambios de pH

pH	Efectos
11,5-11,0	Letal para todos los peces.
11,5-10,5	Letal para los salmónidos; letal para las carpas, las tencas, los peces de colores y los lucios si es prolongado.
10,5-10,0	Los gobios y salmónidos sobreviven si es un período corto, pero mueren si es prolongado.
10,0-9,5	Lentamente letal para los salmónidos.
9,5-9,0	Perjudicial para salmónidos y percas si persiste.
9,0-6,5	Perjudicial para la mayoría de los peces.
6,5-6,0	Sometidos a exposición continuada, notables reducciones de desove y crecimiento de las truchas de arroyo.
6,0-5,0	No se encuentra la trucha arco iris; aparecen poblaciones pequeñas de unas pocas especies piscícolas.
	Se podrían esperar disminuciones de la población de salmónidos.
	Pueden darse altas concentraciones de aluminio en el agua, causando el envenenamiento de los peces.
5,0-4,5	Nocivo para los huevos y alevines de salmónidos; perjudicial para la carpa común.
4,5-4,0	Perjudicial para los salmónidos, tencas, bremas, gobios, peces de colores, carpa común; la resistencia aumenta con la edad; los lucios pueden alimentarse, pero las pencas, bremas y gobios, no.
4,0-3,5	Letal para los salmónidos; los gobios, tencas, pencas y lucios sobreviven.
3,5-3,0	Tóxico para la mayoría de los peces; algunas plantas e invertebrados sobreviven.

Fuente: Schofield, 1976.

especialmente al principio de la primavera, cuando el deshielo libera componentes ácidos acumulados durante el invierno, dan como resultado el «choque ácido», que provoca la mortandad de los peces. El proyecto de SNSF noruego considera que el 80 % del contenido contaminante de la nieve invernal se libera en el primer 30 % del aguanieve (Overrein y otros, 1980). Los descensos graduales del pH, con el tiempo, provocan una acidez prolongada que obstaculiza la reproducción piscícola y el desove, con lo cual, a la larga, la fauna piscícola disminuye y también se reducen las especies más tolerantes de los peces más viejos y más grandes. Otro problema es que la deposición ácida conduce a la movilización de metales tóxicos, especialmente el aluminio, y éste puede ser otro factor que contribuya a la mortandad de los peces. El aluminio impide la posibilidad de que el pez incorpore, a través de sus branquias, la sal necesaria para mantener su equilibrio osmótico y, al coagular las capas mucosas de las branquias, le impide la posibilidad de respirar (Gorham, 1982).

No son sólo los peces los que han sufrido la acidificación de los lagos. El estudio de algunos lagos del sur de Escandinavia y este de Norteamérica han mostrado que allí donde desciende el pH, tiene lugar una reducción de fitoplancton y de la variedad de especies. Hendrey y otros (1976) han mostrado que allí donde el pH era inferior a 5, alrededor de 12 especies observadas se redujeron a 3 en algunos lagos muy acidificados. Por el contrario, donde el pH era superior a 6, existían entre 30 y 80 especies y el fitoplancton era entre 3 y 9 veces más abundante. Tal reducción en la diversificación lacustre reduce la variedad de alimento disponible por medio de los niveles tróficos. Particularmente notable es, en algunos lagos de Suecia con pH inferior a 6, la expansión del musgo Sphagnum, que recubre el fondo del lago, desplazando a otras plantas y, además, aumentando la acidez lacustre al remover los materiales básicos como el calcio de la solución y liberando hidrógeno (fig. 4.9). Las colonias de algas epifíticas y epilíticas también parecen extenderse en los lagos ácidos y corrientes de agua en Escandinavia.

4.3. Efectos sobre los ecosistemas terrestres

La deposición ácida puede causar daños a los ecosistemas terrestres aumentando la acidez del suelo, disminuyendo la cantidad de nutrientes, movilizando los metales tóxicos, eliminando importantes sustancias del suelo y cambiando su composición. Se ha expresado una gran inquietud por si la precipitación ácida causa una reducción de la productividad forestal. Grandes áreas de bosques, especialmente en altitudes superiores a 600 m, han sido dañadas recientemente en Europa y una gran cantidad de ellos (estimada en el 5 % en 1985) han sufrido graves daños o incluso han muerto (0,2 % en 1985). En la RFA, 4 de las especies nacionales de árboles más importantes, la pícea noruega, el abeto blanco, el pino albar y la haya han manifestado síntomas alarmantes de deterioro (tabla 4.2; Wetstone y Foster, 1983). Los distintos árboles están afectados en diversos grados. En la pícea, el crecimiento de la copa se retrasa produciendo el efecto «nido de cigüeña». Las puntas empiezan a amarillear normalmente por el lado superior de las ramas y después caen. El crecimiento parece detenerse y las ramas laterales mueren. En los árboles de hoja caduca se observan pérdida de color de las hojas, caída temprana de las mismas, muerte de las copas, deterioro de la corteza, así como falta de rejuvenecimiento natural.

FIGURA 4.9.—Miles de lagos de Escandinavia han sufrido la desaparición de su fauna piscícola. En los lagos se forma una extensa capa de musgo *Sphagnum* que recubre el fondo del lago y crea un suelo nuevo. *(Fuente:* R. A. Barnes.)

TABLA 4.2.—Porcentaje de la zona forestal afectada por contaminación ambiental en Alemania Occidental desde 1982

Alcance de los daños	1982	1983	1984	1985	1986
Daños leves (20 % de las puntas o pérdida de hojas)	6	24,7	32,9	32,7	34,8
Daños medios (20-60 % de las puntas o pérdida de hojas)	1,5	8,7	15,8	17,0	17,3
Daños graves/muerte (60 % de las puntas o pérdida de hojas)[b]	0,5	1,0	1,5	2,2	1,6
Total	8,0	34,4[a]	50,2	51,9	53,7

[a] Notable aumento sobre las cifras de 1982 gracias al establecimiento de un procedimiento de investigación más minucioso.

[b] Dado que normalmente los árboles son podados antes de morir para evitar que el ataque de los hongos y, en particular, del escarabajo de la corteza, destruya el valor comercial del bosque, esto hace que esta categoría esté infravalorada.

Fuente: información proporcionada por el Ministerio del Interior, Bonn.

En el este de Europa, los problemas forestales son aún más graves que en Europa central (Tomlinson y Silversides, 1982). Casi 700.000 Ha (o el 16 %) de bosques en Checoslovaquia han sufrido daños en extensas áreas; en el Parque Krokonese de la frontera checo-polaca, la precipitación presentó un pH medio de 3,8 (unas 60 veces más ácida que el promedio de la precipitación no contaminada), como en el Parque Krusne, en la frontera checo-germano-oriental. No es sorprendente que una situación similar se dé en Polonia. Los problemas en el este de Europa son especialmente graves a causa de las grandes emisiones de anhídrido sulfuroso, enormemente incontroladas por parte de las grandes industrias, y del alto contenido en azufre (3,5 a 14 %) del carbón moreno o lignito quemado, comparado con el carbón bituminoso (1 a 2 %).

En un estudio sobre un período de 15 años realizado en Alemania, Ulrich (1980, 1983), Pankrath (1983) y otros, mostraron que la lluvia ácida está lixiviando importantes nutrientes de las plantas como el calcio, el magnesio y el potasio de los suelos, haciéndolos inutilizables para los árboles. Además, la lluvia ácida movliliza el aluminio en los suelos forestales (procedente de componentes inofensivos del suelo como el silicato de aluminio), que disminuye la proporción entre el calcio y dicho elemento en las soluciones del suelo hasta el punto de que se deteriora el crecimiento de las raíces. Las finas raíces de los árboles son dañadas por la toxicidad del aluminio que, junto con la deficiencia de nutrientes, provoca una situación de muerte de las copas (las hojas o las agujas de la copa del árbol se ponen amarillas, luego marrones y, a veces, caen) y la muerte ocasional del árbol. Los brotes pueden no sobrevivir a causa del extenso deterioro de las raíces. Sin embargo, la hipótesis de Ulrich no explica por qué los árboles que crecen sobre una amplia gama de suelos, incluso calcáreos, están sufriendo aparentemente los efectos de la deposición ácida.

Puede existir una gran variedad de razones para que aumente el número de árboles que se deterioran o mueren en Europa. Existe común acuerdo sobre el hecho de que los recientes daños forestales pueden ser imputados a la contaminación atmosférica, aun cuando persiste la incertidumbre sobre qué contaminantes son los culpables, en qué lugares y qué mecanismos de respuesta contribuyen a desencadenar los daños, así como el modo de juzgar la contribución de los factores naturales de tensión (Heinrichsen, 1986). Varios investigadores apuntan a un potencial efecto fitotóxico sobre los árboles de altas concentraciones de anhídrido sulfuroso en torno a las zonas industriales; a la acidez más alta (por ejemplo pH de 3,5) de la precipitación oculta (niebla, bruma) procedente de nubes que envuelven bosques de gran altitud durante buena parte del año; a las crecientes concentraciones de oxidantes fotoquímicos (PAN, ozono) en Europa; al aumento de óxidos de nitrógeno e hidrocarburos procedentes de los automóviles y a los efectos sinérgicos entre muchas de estas formas de contaminación. Cualquiera que sea la razón, se reconoce que los árboles enfermos se vuelven vulnerables a nuevos daños por la sequía, los vientos (por medio de raíces debilitadas), la nieve (las quebradizas copas de los árboles se rompen bajo el peso de la nieve), los insectos (por ejemplo, el escarabajo de la corteza), el ataque de los hongos y de los virus.

Un deterioro forestal similar al observado en algunas partes de Europa se ha venido observando en áreas de Norteamérica sometidas a lluvia ácida como las cumbres montañosas del sur de los Apalaches, los Adirondacks, Vermont y New Hampshire, donde la muerte lenta de la pícea roja es evidente (Einbender y otros, 1982; Johnson y Siccama, 1983; Comisión Económica para Europa de la ONU, 1985). Explicar los grandes daños en los bosques de Europa se hace más difícil por la existencia de efectos limitados de la lluvia ácida en los extensos bosques del sur de Escandinavia. Sin embargo, la deposición ácida en Escandinavia es considerablemente menor que la observada en el centro y este de Europa, por lo que no cabría esperar el evidente deterioro de los árboles como el escaso follaje y las copas quebradizas. Además, unos efectos negativos tales como la lixiviación de nutrientes distintos del nitrógeno (calcio, magnesio, potasio y fósforo) podrían echar renuevos temporalmente, en bosques arraigados, por el aumento del efecto fertilizante de los nitratos. No obstante, este aspecto beneficioso de la lluvia ácida puede ser corto porque, a la larga, la productividad forestal puede ser limitada por la carencia de nutrientes distintos del nitrógeno. Para compensar la reducción de reservas minerales del suelo, el sistema radicular total de los árboles se contrae en ocasiones, haciéndolo susceptible a la sequía en verano y al viento fuerte en invierno. La sobrefertilización por nitrógeno hace a los árboles más agradables para los insectos. Gorham (1982) sugiere incluso que la acidez puede dificultar la capacidad de las bacterias y hongos de los árboles de reciclar el nitrógeno de las plantas descompuestas del suelo, robando a los árboles todo el nitrógeno que deposita la precipitación.

Además de los árboles, se ha centrado la atención en los efectos de la precipitación ácida en un amplio espectro de cultivos. Record y otros (1982) desarrollaron un estudio en América que examinaba 32 cultivos comerciales desarrollados bajo condiciones medioambientales controladas y expuestos a una lluvia ácida simulada (sulfúrica) de 3,5; 4 y 5,7 de pH. Los resultados preliminares indican que algunos cultivos sufrieron gran deterioro del follaje y reducción del rendimiento, pero otros sufrieron aparentemente pocos daños, incluso bajo esas severas condiciones de exposición. Una respuesta de similar variabilidad a diferentes índices de acidez fue reseñada por Hibbard (1982), cuando, de 27 cosechas estudiadas, 5 menguaron su rendimiento, 6 lo estimularon y 16 no sufrieron efectos observables.

4.4. Efectos sobre la salud humana

Los cationes de metal pesado como el cadmio, el níquel, el plomo, el manganeso y el mercurio, pueden estar unidos a las partículas coloidales del suelo. Excesivas cantidades de cationes de hidrógeno introducidos en el suelo pro precipitación ácida pueden cambiarse por esos cationes de metal pesado, introduciendo, así, los metales en el suelo y en las corrientes de agua (Babich y otros, 1980). Los componentes metálicos pueden contaminar a los peces comestibles y el agua potable y, así, pasar a las personas. En algunos lugares, la concentración de estos elementos en el agua potable supera el límite nacional admitido, mientras en algunos lagos, el alto contenido en metil-mercurio de los peces podría tener graves efectos. Las provisiones de agua se contaminan porque su acidez lixivia cada vez más cobre y plomo de los sistemas de almacenamiento del agua. Otra cuestión preocupante es que la deposición ácida puede acelerar la lixiviación, la movilización y acumulación de metales pesados tóxicos y otras sustancias químicas y nocivas en los pasados, presentes y futuros vertederos de residuos peligrosos (o de otros residuos sólidos) (Einbender y otros, 1982).

4.5. Efectos sobre los materiales y la visibilidad

La precipitación ácida puede acelerar la corrosión de metales y la erosión de las piedras (fig. 4.10). Sin embargo, dado que los compuestos de azufre son responsables de la mayor parte de estos efectos, es muy difícil distinguir entre los efectos de la contaminación local y los que proceden de fuentes lejanas (véase capítulo 2, sección 2.1).

El transporte de sulfatos a gran distancia puede provocar una reducción de la visibilidad en extensas áreas y en lugares distantes de las fuentes de contaminación. Las densas neblinas ácidas veraniegas se están experimentando ahora sobre extensas áreas rurales del sur de Gran Bretaña; aquéllas están estrechamente relacionadas con la advección de masas continentales de aire contaminado (Barnes y Lee, 1978; Lee, 1983a, 1983b). De un modo similar, las neblinas registradas por Hidy y otros (1978), observadas en imágenes de satélite por Lyons y Dooley (1978), recubrían vastas extensiones del norte de los EE.UU. y se asociaban a la advección de masas de aire contaminado procedentes del medio oeste. En invierno y a principios de la primavera, las masas de aires que penetran en las regiones polares están cargadas de sulfatos que, en ocasiones, son suficientes para reducir la visibilidad y provocar la «neblina ártica». Los orígenes de los sulfatos están en las lejanas regiones industriales de Europa, Norteamérica y Asia Oriental; es más, la mayoría de los investigadores señalan a Europa y al este de la URSS como los principales culpables (Barrie, 1982; Shaw, 1982). La frecuencia cada vez mayor de neblinas contaminantes en áreas rurales y desiertas no sólo provoca la insatisfacción y la incomodidad de muchos, sino que también puede afectar al clima de la Tierra (véase capítulo 2, sección 2.1).

FIGURA 4.10.—El plomo, se usó, durante siglos, para «ensamblar» los bloques de piedra de los edificios. La deposición ácida ha erosionado la piedra de la Catedral de San Pablo, en Londres, y ahora sobresale un centímetro de la piedra. (*Fuente:* London Scientific Services.)

Capítulo V

Radiación ionizante (radionucleidos)

5.1. Introducción

Los materiales radiactivos están presentes en el medio ambiente humano a consecuencia de los procesos naturales y de los progresos tecnológicos de la humanidad. Estos materiales producen «radiación ionizante» del tipo de los rayos X, los rayos gamma, las alfapartículas, betapartículas, electrones, protones, neutrones y rayos cósmicos, que ionizan los átomos de las sustancias en las que penetran. La radiación de los rayos ultravioleta, de la luz visible, de los rayos infrarrojos y de las ondas de radio no produce ionización. La ionización es el proceso por el cual una cantidad de energía que se mueve rápidamente es transferida a algunos de los átomos del material a través del que está pasando, convirtiéndolos en iones cargados eléctricamente. Aunque los cambios fisicoquímicos provocados por la ionización de los átomos de materia viva se produce en una fracción de segundo, los procesos por los cuales estos cambios provocan ocasionalmente transformaciones en la materia viva, como la muerte de células, tumores malignos (cáncer) y mutaciones genéticas, pueden llevar horas, meses o incluso décadas (Coggle, 1983).

Salvo algunas excepciones, los materiales radiactivos repartidos por el medio ambiente se ven envueltos en una compleja serie de procesos físicos, químicos y biológicos. Algunos de los procesos llevan a una dilución progresiva; otros, a una reconcentración física o biológica, seguida del traslado por distintas vías, a veces interdependientes, a las personas (ICRP-29, 1979). Algunas representaciones simplificadas de algunas de estas vías aparecen reflejadas en las figuras 5.1 y 5.2. El modelo se podría subdividir en varias secciones: por ejemplo, los radionucleidos son transmitidos por los animales a las personas al beber leche o al comer la carne del animal; mientras el consumo de leche es una vía rápida, el de la carne es más lento. La dosis de radiación recibida por las personas es la suma de la irradiación externa (procedente de la actividad depositada y de la actividad atmosférica) y de la irradiación interna (por inhalación o ingestión de

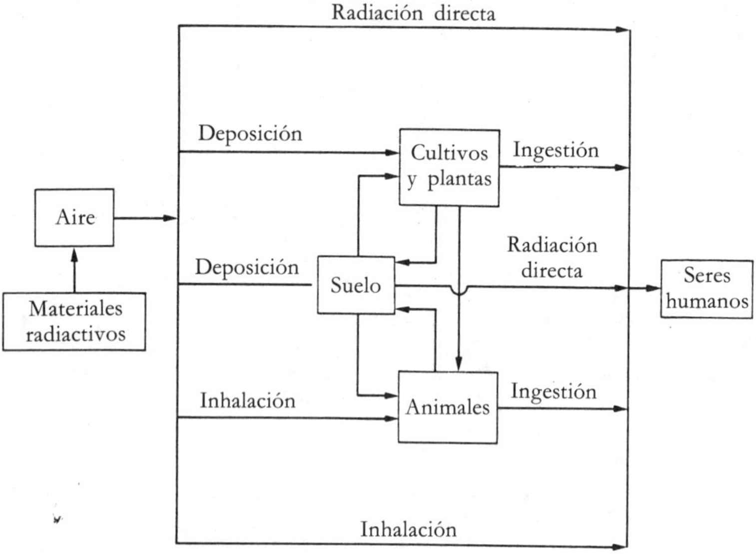

FIGURA 5.1.—Vías simplificadas entre los materiales radiactivos liberados en la atmósfera y la especie humana. *(Fuente:* ICRP-29, 1979.)

sustancias radiactivas). Las radiaciones ionizantes a las que están sometidas las personas son de varios tipos, y aunque actúan sobre la materia viva de forma similar, los diferentes tipos de radiación difieren en su eficacia para dañar un sistema biológico. Así, por ejemplo, 10 grays (Gy) de partículas alfa causarían el mismo daño en un tejido vivo que 200 Gy o 200 sievert (Sv) de rayos X, rayos gamma o electrones (la tabla 5.1 explica las unidades empleadas). Esto ocurre porque las partículas alfa son menos penetrantes que los rayos gamma. Se cree que el hecho de que la efectividad biológica relativa o factor calidad (Q) de las partículas alfa sea considerablemente más alto se debe a que la dosis es transmitida por vías cortas al tejido, en el cual la ionización es densa. La figura 5.3 proporciona detalles del factor calidad para algunos tipos de radiación. Si queremos obtener la dosis biológicamente efectiva para una mezcla de elementos radiactivos, la dosis equivalente (unidades = sievert) es la suma de dosis de cada tipo de radiación (en grays), multiplicada por el factor Q de cada tipo de radiación.

La contaminación radiactiva se traslada por la desintegración de un isótopo por medio de una serie de elementos gemelos hasta que se produce un elemento estable. La desintegración radiactiva, por la que un radionucleido pierde la mitad de su radiactividad, es una duración

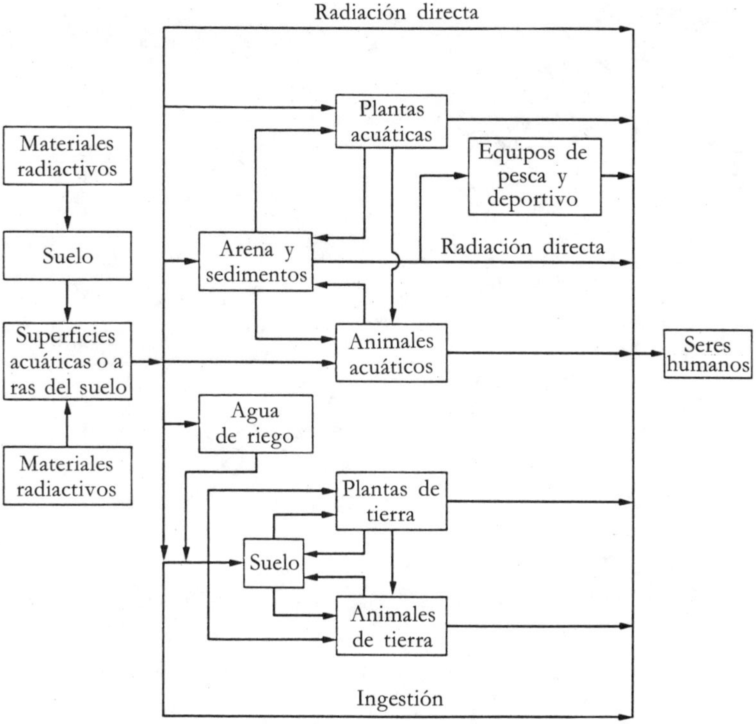

FIGURA 5.2.—Vías simplificadas entre los materiales radiactivos liberados en el suelo o en aguas superficiales (incluidos los océanos) y la especie humana. (*Fuente:* ICRP-29, 1979.)

TABLA 5.1.—Unidades pasadas y actuales empleadas en la medición de la radiación ionizante

Cantidad	Nuevo nombre y símbolo	En otras unidades SI	Unidad antigua especial y símbolo	Factor de conversión
Exposición		$C\ kg^{-1}$	Röntgen, o roentgen (R)	$1\ C\ kg^{-1} \sim 3876\ R$
Dosis absorbida	Gray (Gy)	$J\ kg^{-1}$	Rad (rad)	$1\ Gy = 100\ rad$
Dosis equivalente	Sievert (Sv)	$J\ kg^{-1}$	Rem (rem)	$1\ Sv = 100\ rem$
Actividad	Becquerel (Bq)	s^{-1}	Curie (Ci)	$1\ Bq \sim 3{,}7 \times 10^{-10} Ci$

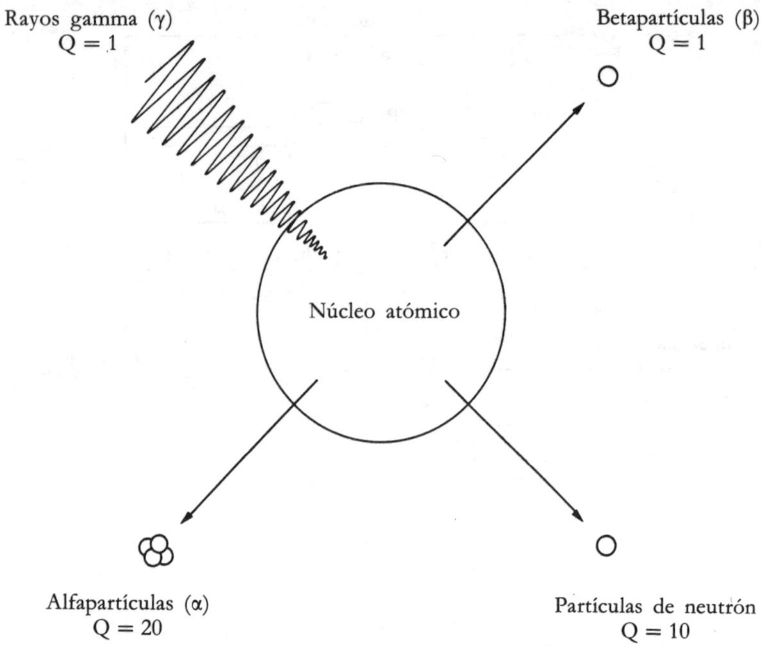

FIGURA 5.3.—Principales tipos de radiación ionizante y su factor de calidad (Q).

fijada de tiempo para cada elemento y es calificada como el «período» de una sustancia. De modo empírico, la radiactividad de un elemento suele haber desaparecido (alcanzando el 0,1 % de su valor original) tras un período de tiempo equivalente a 10 veces su «período» (Bach, 1972). Los períodos medios de vida de varios radionucleidos, así como los principales tipos de radiación que emiten, están enumerados en la tabla 5.2.

5.2. EFECTOS SOBRE LAS PERSONAS

Los testimonios de los efectos de la radiación ionizante proceden de varias fuentes. Los supervivientes de las bombas atómicas de Hiroshima y Nagasaki en 1945 nos proporcionan pruebas del efecto de la irradiación «cuerpo entero» sustancialmente uniforme sobre personas de todas las edades, por cuanto se refiere a una exposición aguda a grandes dosis de radiación (tabla 5.3) y a los efectos a largo plazo de niveles más bajos. Así, por ejemplo, se ha observado que los

TABLA 5.2.—Radionucleidos seleccionados: sus períodos y principales radiaciones emitidas

Radionucleido[a]	Período	Principales radiaciones		
		Alfa-partículas	Beta-partículas	Rayos gamma
Argón-41	1,8 horas		—	—
Bario-140	12,8 días		—	—
Cesio-134	2,1 años		—	—
Cesio-137	30,1 años		—	
Cesio-139	9,5 meses		—	—
Carbono-14	5,7 × 10³ años		—	
Cerio-141	33,0 días		—	—
Cerio-144	284,0 días		—	—
Yodo-129	1,6 × 10⁷ años		—	—
Yodo-131	8,1 días		—	—
Yodo-132	2,3 horas		—	—
Criptón-85	10,7 años		—	—
Molibdeno-99	1,1 días		—	—
Plutonio-237	46,0 días			—
Plutonio-238	87,8 años	—		
Plutonio-239	2,4 × 10⁴ años	—		
Plutonio-240	6,5 × 10³ años		—	
Polonio-210	138,0 días	—		
Potasio-40	1,3 × 10⁹ años		—	—
Radio-224	3,6 días	—		—
Radio-226	1,6 × 10³ años	—		—
Radio-228	5,8 años		—	
Radón-222	3,8 días	—		
Plutenio-103	39,5 días		—	—
Rutenio-106	1,0 años		—	
Estroncio-89	50,5 días		—	
Estroncio-90	28,5 años		—	
Telurio, 132	1,3 horas		—	—
Uranio-233	1,6 × 10⁵ años	—		
Uranio-234	2,5 × 10⁵ años	—		
Uranio-235	7,1 × 10⁸ años	—		—
Uranio-236	2,4 × 10⁷ años	—		
Uranio-238	4,5 × 10⁹ años	—		
Uranio-239	23,5 meses		—	—
Xenón-133	5,3 días		—	—
Xenón-135	9,2 horas		—	—

[a] Los isótopos se designan por medio de un número que representa el total de partículas (protones + neutrones) de su núcleo, por ejemplo, el uranio-235 tiene 92 protones y 143 neutrones, mientras que el uranio-138 tiene 92 protones y 146 neutrones.

TABLA 5.3.—Efectos de las exposiciones agudas a radiación sobre las personas

	Dosis recibida, SV (rem)[a]					
	>50 (>5.000)	50-10 (5.000-1.000)	10-6 (1.000-600)	6-2 (600-200)	2-1 (200-100)	<1 (<100)
Muerte a los	2 días	2 semanas	2 meses	2 meses	—	—
Causa de la muerte	Fallo respiratorio; edema cerebral	Pérdida de fluidos y sales esenciales	Hemorragia; infección	Hemorragia; infección	—	—
Incidencia de muertes	100-90 %	100-90 %	100-80 %	80-0 %	0 %	0 %
Principales órganos afectados	Sistema nervioso central	Aparato gastrointestinal	Tejido hematopoyético	Tejido hematopoyético	Tejido hematopoyético	Ninguna
Síntomas característicos	Vómitos; convulsiones; temblor; ataxia[b]; letargo	Vómitos; diarrea; fiebre	Leucopenia severa[c]; púrpura[d]; hemorragia; infección; caída de pelo	Leucopenia severa[c]; púrpura[d]; hemorragia; infección; caída de pelo	Leucopenia moderada[c]	Ninguno

[a] Equivalente en Gy(rad) de radiación gamma y beta.
[b] Imposibilidad de coordinar reflejos musculares.
[c] Descenso del número de leucocitos en la sangre.
[d] Lesiones en la piel.

Fuente: Eisenbud, 1973, modificada de Glasstone, S. y Dolan, P. J.: *The Effects of Nuclear Weapons*, 2.ª edición, Washington, D.C., Departamento de Defensa y Departamento de Energía de EE.UU., 1962.

niveles de radiación recibida están en estrecha correlación con los trastornos y enfermedades producidos por ella, como las anomalías en el desarrollo de las células, deterioro de los cromosomas, leucemia, cáncer de tiroides, pulmón y mamas, trastornos del crecimiento y del desarrollo e incremento de la mortalidad fetal, infantil y general (Bach, 1972). Las recientes investigaciones sugieren que los efectos de la radiación producidos en los japoneses pueden haber sido causados por sólo la mitad de la radiación que hasta ahora se creía (Hawkes y otros, 1986).

La prueba sobre el riesgo de un órgano, la glándula tiroides, también puede provenir de la presencia de cánceres en esta glándula en la población de dos islas del Pacífico que estuvieron expuestas a irradiación y a concentración de radioyodo en la glándula como resultado de una prueba armamentística en 1954. La exposición profesional a la radiación de los mineros de uranio y otros que se ocupan del ciclo del combustible nuclear, así como del personal médico de radioterapia, proporciona nuevas pruebas. El aumento de muertes entre los mineros de uranio por cáncer de pulmón a causa de la inhalación de gas radiactivo durante su jornada de trabajo se ha estudiado en cierto número de países. Por último, se puede estudiar a pacientes irradiados durante chequeos frecuentes o durante sesiones de radioterapia para curar su enfermedad. En el primer grupo, los pacientes que sufrieron chequeos durante su tratamiento contra la tuberculosis pulmonar, en algunos casos, recibieron una cantidad sustancial de radiación sobre el pecho y las pacientes hembras desarrollaron cánceres de mama en mayor cantidad de lo que cabía esperar (UNSCEAR, 1977, 1982).

A partir de estos exámenes amplios y variados, se ha descubierto que los efectos dañinos de las radiaciones ionizantes son somáticos (manifiestos en los propios individuos expuestos) y genéticos o hereditarios (que afectan a los descendientes). Los efectos pueden no ser aleatorios (la gravedad del efecto varía según la dosis y para los cuales, por lo tanto, puede darse un límite de dosis por debajo del cual no se observan efectos dañinos) y pueden serlo (la probabilidad de que aparezcan efectos, más que por su gravedad, es contemplada en su función de dosis, sin un límite). Los efectos hereditarios se consideran aleatorios.

Se ha hecho evidente que el más importante efecto somático tardío de las bajas dosis de radiación es la ocasional aparición de enfermedades malignas, como se ha mostrado a través del aumento de incidencia en la población expuesta. En general, parece que los relativamente altos índices de aparición de cáncer afectan al pecho en hembras y al tiroides, aunque la mortalidad por cáncer de tiroides es menor —es decir, alrededor de 3 % en 25 años. Los índices del cáncer de pulmón y la leucemia son algo más bajos y los de otros órganos de los que se pueden obtener cálculos aproximativos parecen ser más bajos aún (UNSCEAR, 1977). Normalmente existe un largo período latente entre la exposición radiactiva y la detección del tumor; esto es así porque el tumor precisa un tiempo para crecer lo suficiente y hacerse detectable; también puede ser debido en parte a una forma de período de producción antes de que la célula o células afectadas inicialmente empiecen a dividirse y formar un tumor, o antes de que el tumor adquiera características malignas de crecimiento y difusión. Los períodos de latencia medios para la detección de un tumor maligno tras exposición a radiación se estiman en unos 25 años, aunque, en el caso de la leucemia, es de 8 a 14 años.

Además de la aparición de cánceres, la radiación ionizante puede tener importantes efectos en el desarrollo del feto y en los factores genéticos y hereditarios. La irradiación de un embrión o feto puede causar defectos de distinta gravedad, desde la muerte aun dentro del útero (basándonos en experimentos con animales), deficiencias en el crecimiento, cambios estructurales (o malformaciones) o deficiencias funcionales. Así, por ejemplo, los niños japoneses que estuvieron expuestos en el útero tras las explosiones atómicas en Hiroshima y Nagasaki han manifestado un posible aumento de incidencia de retraso mental, asociado a microcefalia y clara evidencia de reducción de su talla. Se puede concluir que el embrión en desarrollo y el feto muestran una gran sensibilidad ante la inducción de malformaciones por radiación, especialmente durante la fase media de la organogénesis (UNSCEAR, 1977).

Es probable que los efectos genéticos de la radiación se deban predominantemente al daño producido en la estructura molecular del ADN. Cuando las células se exponen a la radiación ionizante, los cromosomas del núcleo de la célula pueden ser dañados al producirse mutaciones genéticas (dominantes y recesivos), acarreando alteraciones a las unidades elementales de la herencia que se localizan dentro de los cromosomas, o por aberraciones cromosómicas, que consisten en cambios en la estructura o número de cromosomas. Cuando se producen tales transformaciones en los gametos, pueden ser transmitidas a los descendientes de las personas irradiadas. UNSCEAR (1977) estima que entre un millón de niños nacidos vivos en la primera generación descendiente de la poblacion expuesta a 10 mGr (1 rad) una dosis baja de radiación, habría 63 malformaciones genéticas. Los daños genéticos totales expresados sobre todas las generaciones (o el valor en cada generación alcanzado después de exposiciones prolongadas) se estima en el 185/millón/10 mGy (por rad). Sin embargo, estas estimaciones no toman en completa cuenta la clase de sucesos mutacionales que producen deterioros menores y que, por su gran número, podrían imponer una carga genética total mayor sobre la población que las procedentes de un número menor de condiciones relativamente más graves.

Para limitar la frecuencia de los efectos aleatorios a bajo nivel y prevenir la aparición de efectos no-aleatorios, el límite de dosis anual recomendado por la Comisión Internacional sobre Protección Radiológica (ICRP) es de 50 mSv (5 rem). Esta recomendación proporciona un margen de seguridad para los efectos no aleatorios; se cree que 0,5 Sv (50 rem) por año bastaría para todos los tejidos excepto el cristalino (la irradiación provoca la opacificación del cristalino que podría interferir en la visión), para el cual se aplica un límite de 0,3 Sv (30 rem) al año (ICRP-26, 1977; Pentreach, 1980). Los factores de riesgo estimados para cánceres fatales producidos por radiación y deterioro hereditario grave se dan en la tabla 5.4. Los factores de riesgo son valores medios, aunque algunos dependen claramente de la edad o el sexo: por ejemplo, el riesgo de desarrollo de cáncer de pecho es $5{,}0 \times 10^{-3}$ Sv^{-1} en hembras y cero en varones. Están incluidos en esta tabla los «factores de valoración fraccionaria» que determinan la cantidad del riesgo fraccionario que cada tejido aporta

TABLA 5.4.—Factores de riesgo estimados por Sievert para los cánceres fatales por radiación y los daños hereditarios graves

Tejido/órgano	Factor de riesgo (Sv^{-1})	Factores de peso fraccionarios[c]
Testículos, ovarios (riesgo hereditario)[a]	4×10^{-3}	0,25
Serie roja de la médula ósea[b]	2×10^{-3}	0,12
Cortical del hueso	5×10^{-4}	0,03
Pulmón	2×10^{-3}	0,12
Tiroides	5×10^{-4}	0,03
Mama	$2{,}5 \times 10^{-3}$	0,15
Todos los demás tejidos	5×10^{-3}	0,30
Cuerpo entero	$1{,}65 \times 10^{-2}$	1,00

[a] El factor de riesgo hereditario se aplica a dos generaciones. Para todas las generaciones el factor de riesgo es $8 \times 10^{-3} Sv^{-1}$.

[b] Especificado porque es el tejido principal implicado en la radiación que produce leucemia.

[c] Hace referencia al riesgo fraccionario de cada tejido con respecto al riesgo global, cuando el cuerpo está uniformemente irradiado. La aplicación de factores de peso permiten hacer una estimación de la dosis de radiación efectiva y, así, del riesgo, a partir de la irradiación parcial del cuerpo (por ejemplo, cuando los radionucleidos entran en el cuerpo).

Fuente: ICRP-26, 1977.

al riesgo global y permite hacer una estimación de los riesgos de la radiación corporal parcial. Estos valores revelan que algunos tejidos son más susceptibles de deterioro que otros. Además de recomendar las dosis límite de radiación, el ICRP propugna que todas las exposiciones a radiación deberían mantenerse tan bajas como sea factible (ALARA), que factores económicos y sociales deberían tomarse en cuenta y que ninguna práctica que implique una posible radiación debería ser adoptada a no ser que su introducción produjera un beneficio neto positivo.

5.3. Fuentes principales y potenciales de radiación

5.3.1. *Fuentes naturales del medio ambiente*

La mayor fuente de radiación a la que están expuestas las personas es el componente natural medioambiental (tabla 5.5). La contribución del desarrollo tecnológico humano es relativamente pequeña

Tabla 5.5.—Consignaciones de la dosis global procedente de diversas fuentes de radiación

Fuente de exposición	Consignación de la dosis equivalente efectiva global[a] (días equivalentes a radiación natural)
Un año de exposición a fuentes naturales	365
Un año de vuelo comercial	0.1
Uso de la producción de un año de fertilizantes a base de fosfato según los índices actuales	0,3
Un año de producción global de energía eléctrica en centrales de carbón con la capacidad presente (1.000 GW(e))	0,07
Un año de producción de energía nuclear en 1981 (unos 90 GW(e)·a)	1
Un año de explosiones nucleares como las medidas en el periodo 1951-81	50
Uso de un año de radiación para diagnosis médica	70

[a] La consignación de la dosis global para cada tipo de fuente de radiación es expresada como la duración de la exposición de la población mundial a radiación natural que podría producir la misma consignación de dosis. La contribución ocupacional está incluida.

Fuente: adaptada de UNSCEAR, 1982.

actualmente, pero hay cierta preocupación porque la radiación procedente de fuentes humanas está aumentando continuamente y porque la humanidad tiene el potencial, por medio de las liberaciones accidentales de radiactividad de reactores nucleares y por explosiones nucleares, de crear aumentos sustanciales de radiactividad en los niveles locales, regionales y globales.

La exposición radiactiva a fuentes naturales es el resultado de la irradiación terrestre y cósmica y varía especialmente a causa de las diferencias de altitud y de distribución de radionucleidos en el medio ambiente terrestre. La exposición o radiación natural puede incrementarse con actividades humanas tales como los vuelos de naves a gran altura y espaciales; la construcción de edificios que emplean materiales de alto contenido en radio (piedra pómez, granito u hormigón ligero derivado de esquisto de alumbre); la irradiación resultante de la industria de fosfatos; del uso del agua procedente de pozos profundos perforados en aguas ricas en radón; de una variedad de productos de consumo que contienen radionucleidos (relojes radioluminiscentes, brújulas, detectores de humo, rótulos luminosos, dispositivos antiestáticos y aparatos de televisión en color); o la irradiación debida a la liberación de radionucleidos naturales procedentes de centrales energéticas de combustión de carbón. Tales centrales producen radionucleidos importantes (uranio y derivados, torio y derivados) procedentes del carbón de diversos orígenes y en la escoria y ceniza suspendida, que exponen a las personas a una radiación externa (de los materiales descargados sobre el suelo) y a radiación interna (de los materiales inhalados). La radiactividad procede de elementos radiactivos del carbón. Cuando el carbón arde, estos radioisótopos se concentran porque la materia orgánica del carbón muere. Se ha sugerido incluso que en los EE.UU. la exposición rutinaria de la población a los radionucleidos derivados de la combustión de carbón podrían ser significativa y posiblemente comparable con los efectos de las centrales nucleares (Wilson y otros, 1980).

5.3.2. *Fuentes procedentes del desarrollo tecnológico humano*

5.3.2.1. Fuentes radiológicas

Las principales fuentes de radiación ionizante procedentes del desarrollo tecnológico humano abarcan los usos médicos de la radiación, las explosiones nucleares y la generación de energía por fisión nuclear. La contribución humana más alta a la dosis colectiva global es provocada por los usos médicos de la radiación y, en particular, por la diagnosis con rayos X. Actualmente, el 5×10^5 Gy-hombre es producido por un pequeño número de países con instalaciones radiológicas avanzadas, mientras que el 2×10^4 Gy-hombre procede de la mayoría de la población mundial, que vive sin los beneficios de exámenes radiológicos frecuentes (Coggle, 1983). La diagnosis por medio de rayos X está creciendo entre un 5 y un 15 % al año en muchos países de tecnología avanzada, lo cual, junto con el rápido crecimiento que se espera en los países de vías de desarrollo, llevaría a un aumento sustancial de la dosis global en el futuro.

5.3.2.2. Pruebas con armamento nuclear

Las pruebas atmosféricas con armas nucleares producen una contaminación global. Los radioisótopos de «lluvia radiactiva» más importantes son aquéllos que proporcionan una dosis externa de rayos gamma y aquéllos que se depositan interiormente en el cuerpo, ya sea por absorción directa o a través de los alimentos. Tras una prueba nuclear, el tiempo de permanencia de los radionucleidos liberados depende de la altura a la que se eleva la nube radiactiva (que está relacionada con la amplitud de la explosión), su latitud de detonación (la altura de la tropopausa es más baja en las regiones polares que cerca del Ecuador), el tamaño de los aerosoles radiactivos y de si los radionucleidos están en forma de gas o de partículas. Las partículas grandes caerán dentro de unos pocos cientos de kilómetros alrededor del lugar de detonación (la lluvia radiactiva local), mientras que las partículas pequeñas y los radionucleidos gaseosos lanzados a la troposfera pueden ser transportados alrededor de la Tierra por el mismo hemisferio y entre hemisferios como, por ejemplo, la corriente del este de África, para ser depositada a cientos o incluso varios miles de kilómetros (la lluvia radiactiva troposférica). Las partículas y gases que son lanzados a la atmósfera estable pueden tardar meses o años (por ejemplo, el tiempo de permanencia del estroncio-90 es normalmente de 1 año) antes de que se conviertan en lluvia radiactiva estratosférica. Irónicamente, cuanto más tiempo se queden los radionucleidos en la estratosfera, más débil será la radiactividad al regresar a la Tierra.

Las pruebas atmosféricas de los EE.UU., la URSS y el Reino Unido se suspendieron tras la firma del Tratado Parcial de Prohibición de Pruebas de 1962, aunque otros países como Francia y China siguen llevando a cabo tales pruebas. La dosis total mundial de todas las explosiones nucleares realizadas antes de 1976 alcanza unos 1.000 μGy en las gónadas y unos 3.000 μGy en las células que revisten los huesos (UNSCEAR, 1977). En la zona de temperatura septentrional,

TABLA 5.6.—Centrales nucleares en funcionamiento y en construcción a finales de 1985

País	Reactores en funcionamiento		Reactores en construcción		Electricidad nuclear obtenida en 1985		Tiempo total de funcionamiento hasta finales de 1985	
	Núm. de unidades	Total de Mw(e)	Núm. de unidades	Total de Mw(e)	TW(w)·h	% del total	Años	Meses
Argentina	2	935	1	692	5,2	11,3*	14	7
Bélgica	8	5.486			32,4	59,8	64	1
Brasil	1	626	1	1.245	3,2	1,7*	3	9
Bulgaria	4	1.632	2	1.906	13,1	31,6	30	6
Canadá	16	9.776	6	4.789	57,1	12,7	151	7
Checoslovaquia	5	1.980	11	6.284	10,9	14,6	22	4
China			1	300				
Cuba			2	816				
EE.UU.	93	77.804	26	29.258	383,7	15,5	954	11
España	8	5.577	2	1.920	26,8	24,0	56	10
Filipinas			1	620				
Finlandia	4	2.310			18,0	38,2	27	4
Francia	43	37.533	20	25.017	213,1	64,8	338	5
Gran Bretaña	38	10.120	4	2.530	53,8	19,3	695	10
Hungría	2	825	2	820	6,1	23,6	4	5
India	6	1.140	4	880	4,0	12,2*	54	8
Irán			2	2.400				
Italia	3	1.273	3	1.999	6,7	3,8	69	10

País	Reactores en funcionamiento		Reactores en construcción		Electricidad nuclear obtenida en 1985		Tiempo total de funcionamiento hasta finales de 1985	
	Núm. de unidades	Total de Mw(e)	Núm. de unidades	Total de Mw(e)	TW(w)·h	% del total	Años	Meses
Japón	33	23.665	11	9.773	152,0	22,7	286	10
México			2	1.308				
Pakistán	1	125			0,2	0,9	14	3
Polonia			2	880				
R.D.A.	5	1.694	6	3.432	12,2*	12,0*	57	5
R.F.A.	19	16.413	6	6.585	119,8	31,2	215	4
R.P. de Corea	4	2.720	5	4.692	13,9	22,1*	15	5
Rumanía			3	1.980				
Suecia	12	9.455			55,9	42,3	99	2
Suiza	5	2.882			21,3	39,8	53	10
Suráfrica	2	1.840			5,3	4,2	2	3
Taiwán (China)	6	4.918			27,3*	53,1*	26	1
URSS	51	27.756	34	31.816	152,0	10,3*	531	7
Yugoslavia	1	632			3,9	5,1*	4	3
Total	374	249.625	157	141.942	1.401,6		3.825	3

* Estimaciones de la IAEA.
Fuente: Agencia Internacional de Energía Atómica, 1986.

los índices son un 50 % más altos que estas estimaciones, y en la zona meridional un 50 % más bajos. Las exposiciones externas causadas por el cesio-137 y los radionucleidos de emisiones gamma de corta vida suman unos 700 μGy de la dosis global para todos los tejidos. En las exposiciones internas predomina la contribución de los radionucleidos de larga vida de cesio-137 y estroncio-90 (en el esqueleto). Sus períodos, de unos 30 años, determinarán la cantidad de tiempo en que la dosis será expresada. El rutenio-106 y el cesio-144, de período más corto, son los que más afectan al pulmón. La irradiación a la que la población mundial estuvo sometida por las pruebas nucleares en los 50 y principios de los 60 se compuso de todo excepto de cesio-137 (externa e interna), hidrógeno-3, carbono-14, estroncio-90 y plutonio-238. El cesio-137 ataca principalmente a los tejidos del cuerpo, independientemente de la edad, mientras que el otro efecto importante del estroncio-90 en la médula de los huesos y en las células que los revisten depende enormemente de la edad. En comparación, las contribuciones de los otros radionucleidos a las dosis normales anuales son muy pequeñas. Obviamente, la irradiación de las pruebas atmosféricas pasadas es insignificante comparada con la que se derivaría de una guerra nuclear a gran escala (Ehrilch y otros, 1983; Turco y otros, 1983).

5.3.2.3. Energía nuclear

La generación de energía por fisión nuclear, que crea una intensa radiactividad, ha sido desarrollada y usada comercialmente durante 3 décadas para satisfacer parte de la demanda mundial de energía eléctrica. La mayoría de los reactores nucleares del mundo son llamados reactores térmicos y su combustible es uranio natural o enriquecido. El Reactor de Agua Sobrecomprimida (PWR) predomina en la mayoría de las industrias nacionales de energía nuclear con algunas notables excepciones, entre ellas Gran Bretaña (con algunos Reactores Avanzados Refrigerados por Gas o AGR, pero la mayoría son Reactores Refrigerados por Agua o GCR), Canadá (con el tipo CANDU de reactor que usa agua pesada como refrigerante) y la URSS (la mitad son Reactores de Grafito de Agua Ligera o LWGR). Más recientemente se han desarrollado en algunos países reactores de generación rápida, cuyo combustible es una mezcla de plutonio y uranio. Hacia finales de 1985, 374 reactores de energía nuclear estaban en funcionamiento en 26 países y generaban más del 18 % de la electricidad mundial (fig. 5.4; tabla 5.6). 157 reactores más se están construyendo en la actualidad.

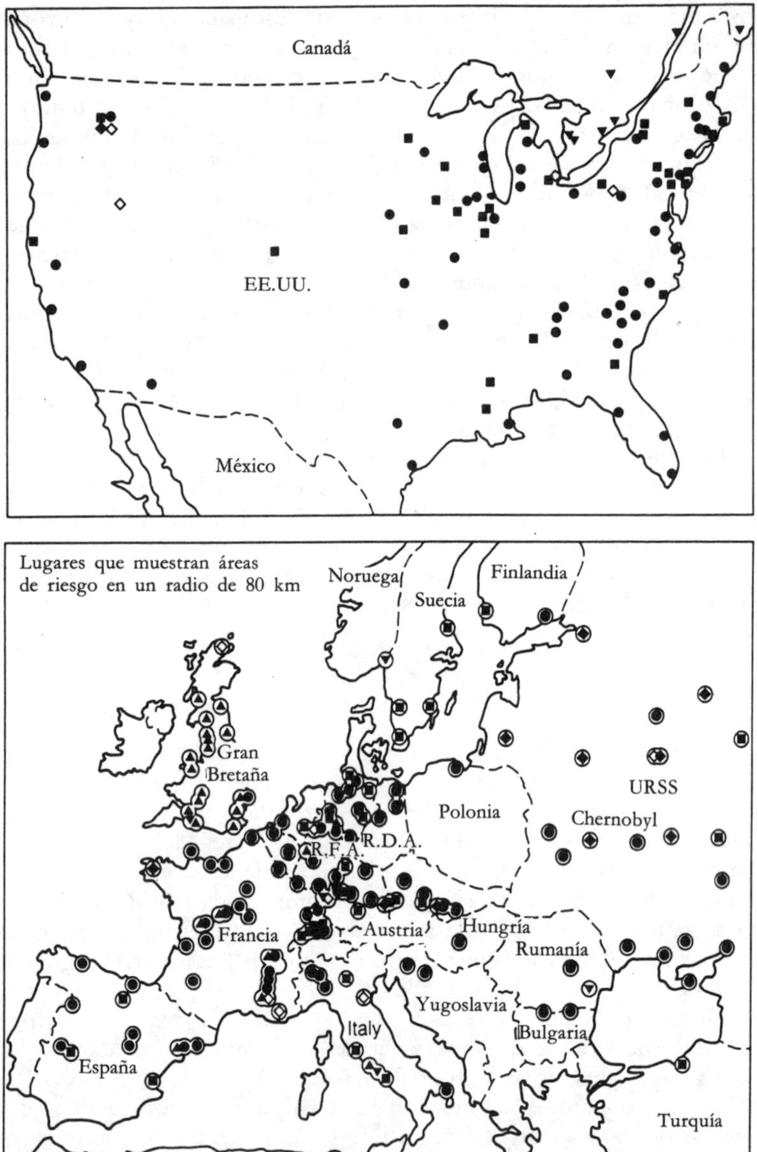

FIGURA 5.4.—Centrales nucleares de América del Norte y Europa. *(Fuente:* Hawkes y otros, 1986.)

En 1982, la Agencia Internacional de la Energía Atómica estimaba que la capacidad nuclear en aquel momento produciría entre 750 y 1.100 GW(e) al final del siglo. Tal estimación es sensiblemente más baja que el cálculo que hizo El-Hinnawi en 1980, cuando la capacidad de energía nuclear al final del siglo se estimaba entre 900 y 2.000 GW(e). Los planes para el futuro están sometidos a una gran incertidumbre a causa de los factores implicados en las previsiones energéticas y por la incertidumbre con respecto a la aceptación pública de los posibles riesgos asociados al creciente uso de la energía nuclear. Los recientes accidentes nucleares han provocado un notable retraso en la instalación de centrales nucleares. La tabla 5.6 revela que algunos países, con pocos recursos en cuanto a fuentes de energía convencionales, como Bélgica, Bulgaria, Finlandia, Francia, Suecia, Suiza y Taiwan dependen enormemente de la energía nuclear. La energía nuclear superó, en 1985, el 30 % de la energía total generada por estos países, pero puede alcanzar el 70 u 80 % en el año 2000 a menos que, como en Suecia, la producción de energía nuclear pierda partidarios.

La producción de energía comprende una serie de etapas que abarcan desde los procesos de extracción y trituración del uranio, su transformación y la fabricación de elementos combustibles (en la mayoría de los casos se incluye el enriquecimiento de los isótopos de Uranio-235 entre 0,7 % y 2,4 %), la utilización del mismo en los reactores nucleares y el almacenamiento del combustible gastado, hasta su reprocesamiento con vistas a reciclarlo, el transporte de

Tipos de reactores

GCR: Reactor refrigerado por gas.
Magnox: Reactor refrigerado por gas tipo Magnox.
AGR: Reactor avanzado refrigerado por gas.
HTGR: Reactor de alta temperatura refrigerado por gas.
FBR: Reactor de generación rápida.
LWGR: Reactor generador de agua ligera.
GCHWR: Reactor de agua pesada refrigerado por gas.
LWGR: Reactor de grafito refrigerado por agua ligera.
BWR: Reactor de agua hirviendo.
PWR: Reactor de agua sobrecomprimida.
PHW Candu: Candu de agua pesada sobrecomprimida.
BLW Candu: Candu de agua ligera hirviendo.
BHWR: Reactor de agua pesada hirviendo.
SGHWR: Reactor de agua pesada generador de vapor.
PHWR: Reactor de agua pesada de recipiente a presión.
LWCHWR: Reactor de agua pesada refrigerado por agua ligera.

Código para la figura 5.4

materiales entre distintas instalaciones y la eliminación de residuos radiactivos (fig. 5.5). Casi todo el material radiactivo relacionado con la industria nuclear está actualmente en los reactores y en el combustible usado o en fracciones bien envasadas separadas del combustible durante las operaciones de reprocesamiento. Sin embargo, en la mayoría de las etapas de estas operaciones, se producen escapes bien en forma gaseosa, bien por corrientes líquidas (UNSCEAR, 1977, 1982). La mayor parte de los radionucleidos liberados son asunto local o regional, porque su período de vida es corto comparado con el tiempo requerido para su dispersión a grandes distancias[1]. Sin embargo, algunos radionucleidos de vida más larga o que se dispersan más rápidamente pueden llegar a distribuirse por todo el globo. Aunque actualmente la generación de energía nuclear contribuye en

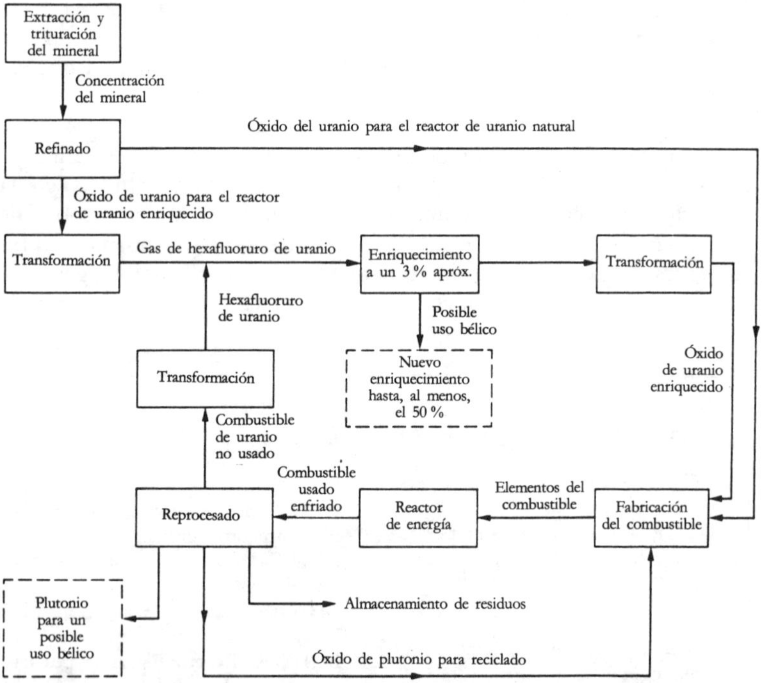

FIGURA 5.5.—Etapas de la producción de energía nuclear. *(Fuente:* Coggle, 1983.)

[1] Aunque la preocupación por la radiación ionizante se centra en los efectos sobre la salud, Boeck (1976) sugirió que los escapes rutinarios de cripton-85 de las centrales nucleares pueden llevar a un aumento de ionización de la atmósfera, que puede debilitar los procesos de formación de nubes y provocar una disminución en el índice de precipitaciones.

un 0,1 % a la dosis de radiación total, muchas personas han expresado su inquietud con respecto a los posibles efectos locales y regionales de escapes accidentales de material radiactivo.

5.3.2.4. Accidentes nucleares

Aunque los accidentes que ocasionan la liberación de material radiactivo pueden tener lugar en cualquier fase del ciclo nuclear, se ha dado mayor importancia a los accidentes dentro de los reactores. La razón no es que los accidentes dentro sean más probables, sino que las consecuencias potenciales para la población, en general, de algunos accidentes de reactor son mucho mayores que las de accidentes en otras fases del ciclo.

Se han hecho varios estudios en los que se calcula la probabilidad de accidentes de distinta gravedad y se estima el impacto medioambiental de los escapes radiactivos derivados de dichos accidentes hipotéticos. El tipo de accidente considerado concierne a los dispositivos de seguridad del reactor que controlan su refrigeración y funcionamiento. Si éstos fallan, la temperatura del núcleo del reactor se eleva, el combustible se derrite y puede superar la contención media del reactor. Este «derretimiento» tiene como consecuencia la liberación de grandes cantidades de material radiactivo. Debemos subrayar que, en un reactor término, el combustible se encuentra próximo a su estado más activo y no existe modo alguno de que el montaje nuclear pueda llegar a una situación hipercrítia y explote como un arma nuclear (Coggle, 1983). En contraste, el combustible de plutonio usado en reactores de generación rápida podría llegar a un estado supercrítico durante un derretimiento en el núcleo. En general, algunos estudios han sugerido que un gran escape accidental podría causar un gran número de desgracias inminentes y gran número de cánceres latentes, pero la probabilidad de un escape similar es baja. Sin embargo, actualmente es comúnmente aceptado que existe un alto grado de inseguridad sobre los resultados numéricos de los riesgos de accidentes como los que han salido a la luz recientemente.

Un ejemplo de accidente hipotético en una central nuclear nos lo proporciona la real Comisión sobre Contaminación Medioambiental de Gran Bretaña (1976). Se supone que el 10 % de los productos gaseosos y volátiles de la fisión son liberados por un reactor nuclear de 200 MW(e) como una nube de material radiactivo. El reactor está ubicado en un lugar semiurbano del Reino Unido. El principal peligro para la salud será el yodo-131 (período de 8 días), que irradiaría el tiroides, y el cesio-137 (período de 30 años), que provocaría una contaminación prolongada del campo y los edificios. Cuando el tiempo, especialmente la dirección y velocidad del viento, afectan notablemente al comportamiento de la nube radiactiva, el número de personas expuestas y los riesgos sólo pueden ser expresados en términos de probabilidad. La inhalación de yodo-131 podría provocar cáncer de tiroides en personas que se encontraran a 24 kilómetros de distancia y existe un 20 % de probabilidades de que, en un período de 10 a 20 años, entre 1.000 y 10.000 personas desarrollaran un cáncer de tiroides (menos del 10 % de éstos serían fatales). El resultado más probable es de 100 a 150 muertes por cáncer de pulmón en el mismo período. Estas cifras podrían ser 10 veces más altas o más bajas dependiendo de las circunstancias. El Yodo-131 depositado en el suelo podría desintegrarse en unas pocas semanas. Sin embargo, el cesio-137, de período largo, estaría presente en suelo y edificios durante muchas décadas. Los niveles de radiación obligarían a la evacuación durante semanas, meses o quizá más tiempo, incluso de personas que estuvieran a más de 50 km del reactor. Se han realizado estudios teóricos similares en otros países, como el del profesor Norman Rasmussen en los EE.UU., que concluía que el peor de los accidentes dentro de un reactor causaría 3.300 muertes, 45.000 enfermedades y 1.500 cánceres fatales, que aparecerían décadas más tarde (Hawkes y otros, 1986).

En la industria del combustible nuclear han tenido lugar graves accidentes, siendo los más notables el incendio de Windscale (redenominado Sellafield en 1981) en el noroeste de Inglaterra en 1957, el sobrecalentamiento y deterioro del núcleo y la contención en la PWR de la Isla de las Tres Millas, EE.UU., en 1979, y en Chernobyl, URSS, en abril de 1986. En Windscale, la elevación repentina de la temperatura y la ignición de las barras de combustible de uranio dentro de un reactor de grafito enfriado por aire (un tipo concebido únicamente para la producción de plutonio militar) provocó la liberación de radiación ionizante desde la chimenea del reactor. El radionucleido liberado más importante para la salud de la población fue el yodo-131 (un emisor de gamma que puede provocar cáncer de tiroides). La nube radiactiva pareció ser arrastrada sobre Inglaterra, Gales y algunas partes de Europa continental (Apsimon y otros, 1985; Chamberlain, 1959). El grupo de población con mayor riesgo fueron los niños que tomaban leche local. En un área de 520 km^2 se impusieron restricciones para la distribución de la leche que contuviera más de 3.700 Bq 1^{-1} (0,1 μCi/1) de yodo-131. La dosis máxima individual medida en las glándulas tiroides fue 160 mSv en un niño de la zona de Windscale. La restricción de leche fue levantada cuando los niveles de radiactividad cayeron hasta un nivel aceptable (el yodo-

131 tiene un período de vida de 8,1 días). Otros alimentos, como huevos, vegetales, carne y agua fueron examinados en las regiones más contaminadas, pero se decidió que no existía un peligro apreciable para la salud por parte de estos productos alimenticios, por lo tanto, no había necesidad de imponer prohibiciones sobre ellos. Se calculó que la dosis efectiva equivalente derivada del escape fue $1{,}2 \times 10^3$ persona/Sv.

Bastante más tarde, Crik y Lindsley (1982) estimaron que del accidente habrían resultado un total de veinte «efectos sobre la salud» (muertes por cáncer + efectos hereditarios en las dos primeras generaciones). Trece de estos efectos serían debidos al cáncer de tiroides, suponiendo un índice de fatalidad de un 5 % entre 250 cánceres de tiroides previstos. Sin embargo, Urquhart (1983) sostiene que dicha estimación ignora la contribución del polonio-210 (usado por los EE.UU. y Gran Bretaña como iniciador irreemplazable del comienzo de la cadena de reacción en el corazón de sus primeras bombas atómicas) a los efectos sobre la salud y que los cánceres mortales por radiación y los efectos hereditarios habrían sido considerablemente más altos. A este respecto, defiende que el aumento del número de mielomas en la zona durante los años 70 podría no haberse debido a la contaminación por yodo-131, sino que podría haber surgido al inhalar polonio-210, un emisor alfa.

El siguiente accidente grave conocido en un reactor nuclear ocurrió en la Isla de las Tres Millas, Harrisburg, Pennsylvania, el 28 de marzo de 1979. Uno de los dos reactores de agua sobrecomprimida sufrió inicialmente una pérdida de su provisión normal de agua, lo que provocó un tropiezo de la turbina y luego un tropiezo en el reactor; a consecuencia de ello, hubo grandes daños en algunas partes del núcleo del reactor. Se cree que la cadena de hechos que causó daños en el núcleo tuvo que ver con el mal funcionamiento del material, problemas relacionados con el diseño y también errores humanos; todos ellos contribuyeron en diversos grados al accidente (US NUREG-0600, 1979). Los principales materiales radiactivos liberados en el medio ambiente fueron xenon-133 (período de 5,3 días), xenon-135 (período de 9,2 horas) y rastros de yodo radiactivo, principalmente yodo-131. Algunos de los isótopos radiactivos de kripton, con períodos de unas pocas horas, pudieron también haber sido liberados (US NUREG-0558, 1979). Los radionucleidos en partículas como el estroncio 90, los isótopos de uranio y el plutonio no fueron detectados en el medio ambiente: o bien se habrían quedado en el combustible, o bien, si hubieran salido del combustible, habrían permanecido en el agua de enfriamiento.

La dosis colectiva para la población total (unos 2 millones) dentro de un radio de 80 kilómetros desde la planta de la Isla de las Tres Millas se ha estimado en 3.300 personas-rem (para el período del 28 de marzo al 7 de abril) con una dosis media individual de 1,5 mrem. Una primera estimación fija en aproximadamente dos el número adicional de efectos sobre la salud (cáncer y enfermedades genéticas) debido a la irradiación de esta población (US NUREG-0558, 1979). A pesar del aparente pequeño número de efectos sobre la salud, este accidente tuvo consecuencias de largo alcance: la credibilidad de los sistemas de seguridad de la industria de energía nuclear cayó estrepitosamente. La gente se dio cuenta de que, por muy sofisticada y avanzada que sea una tecnología, puede no existir otra tecnología a toda prueba contra los errores humanos —y tampoco, tenemos que añadir, contra intervenciones militares o terroristas. NUREG calculó en consecuencia que hay un 45 % de probabilidades de que ocurra un accidente similar al acontecido en la Isla de las Tres Millas en los próximos 20 años.

Si la confianza pública en el sistema de seguridad de la industria de energía nuclear se quebró tras el accidente de la Isla de las Tres Millas , el accidente de Chernobyl en la URSS hizo que los sistemas de seguridad de los reactores nucleares fuera completamente reexaminada. Después de sólo 4.000 reactores/año en el mundo, Chernobyl llegó a ser el peor accidente imaginable en un reactor nuclear, cuando las estimaciones previas concedían una probabilidad de accidentes de aproximadamente 1 entre 10.000 o incluso entre 1.000.000 por reactor/año. El accidente de Chernobyl liberó de 50 a 100 millones de curies de radiactividad, según el informe oficial soviético, o 287 millones de curies de radioisótopos con un período mayor de un día, según Hohenemser y otros (1986). Esto lo convierte en 100 veces peor que el accidente de Windscale y 1.000 veces peor que el de la Isla de las Tres Millas. El accidente en el moderador de grafito, con reactor de presión de agua refrigerada ligera, ocurrió en Chernobyl el 26 de abril de 1986 cuando una explosión produjo un incendio incontrolable que duró varios días y llevó a que grandes cantidades de radionucleidos fueran lanzados a la atmósfera. La estela de radionucleidos se extendió por Europa durante los 7 a 10 días siguientes, exponiendo a 400 millones de personas de 15 naciones a altos niveles de radiación ionizante. En áreas donde las precipitaciones fuertes barrieron los radionucleidos de la atmósfera, los niveles de radiación llegaron a ser varios cientos de veces más altos que los precedentes.

El accidente tuvo como resultado la muerte de 30 ciudadanos soviéticos por enfermedad radiactiva (la mayoría de las víctimas —principalmente trabajadores del reactor o bomberos— recibieron dosis en todo el cuerpo entre 600 y 1.600 rems). Otras 1.000 personas fueron tratadas por contaminación radiactiva, algunos de las cuales necesitaron transplantes de médula ósea para reponer su número de leucocitos. El número de víctimas cercanas al reactor fue menor de lo que habría cabido esperar, ya que la estela radiactiva se hizo especialmente flotante por el intenso fuego y así, como si se tratara de una gran chimenea industrial, se redujo la deposición local de radionucleidos, mientras que el transporte a larga distancia de los mismos aumentó. Dentro de un radio de 30 kilómetros alrededor de Chernobyl, 130.000 personas fueron evacuadas. La evacuación no fue inmediata porque las autoridades soviéticas no estaban dispuestas inicialmente a hacer pública la gravedad del accidente y porque pocos ciudadanos soviéticos tenían acceso a transportes privados. Estas personas ahora deben soportar una revisión médica anual durante el resto de sus vida, para valorar lo que la radiación puede haberles legado en términos de una herencia de cáncer o defectos de nacimiento.

Los cálculos sobre el número de cánceres como consecuencia de la exposición a los radionucleidos varía bastante, de acuerdo con las suposiciones hechas en el modelo empleado (Wilson, 1986). Los cálculos van de varios miles a decenas de miles de cánceres de tiroides aparecidos por exposición a yodo-131 y un número similar de otros cánceres por cesio-137. Sólo un pequeño porcentaje de tumores tiroideos sería fatal, en tanto que quizá la mitad de los cánceres por cesio lo sería. Hawkes y otros (1986) estiman que el número probable de muertes en la URSS estará entre 5.000 y 10.000. La estimación oficial soviética sobre las muertes previstas por cáncer en el oeste de la URSS después de Chernobyl se pone entre 4.000 y 5.000, debido a la exposición de yodo-131 y en 40.000 por exposición a cesio-137. Algunos investigadores, que señalan que ninguna dosis de radiación es tan pequeña que el cuerpo pueda perfectamente reparar todo los daños ocasionados por ella en el ADN y los cromosomas, afirman que un millón de personas del hemisferio norte pueden desarrollar un cáncer como resultado del accidente de Chernobyl y que la mitad de dichos cánceres sería fatal.

Existen muchos problemas en torno al cálculo del número de cánceres y muertes resultantes de este accidente. El nivel de deposición en el suelo de radionucleidos no se conoce con precisión y la existencia de manchas calientes locales de radiación, donde la precipitación fuerte barrió los radionucleidos de la atmósfera, puede no incorporarse rápidamente a algunos modelos. Algunas manchas calientes pueden estar muy localizadas: por ejemplo, en Konstanz, donde llovió el 30 de abril, el nivel de radiación del suelo fue 15 veces mayor que en la cercana Stuttgart, que no recibió lluvia. En muchos lugares de Europa, la precipitación de Chernobyl sobrepasó la cota más alta de las pruebas con armamento nuclear en 1963 (fig. 5.6; Thomas y Martin, 1986). Otros problemas relacionados con la cuantificación de los efectos sanitarios del escape radiactivo de Chernobyl son la dificultad de determinar todos los radionucleidos implicados y de conocer con exactitud todas las medidas de protección adoptadas por los gobiernos y los individuos para reducir la dosis de radiación recibida por las personas. Las medidas de protección incluían no salir de casa durante el paso de la nube radiactiva, la eliminación de las hojas exteriores y el lavado de las verduras, lavado y pelado de la fruta fresca, la prohibición por parte de los países de Europa occidental de importar alimentos frescos de Europa oriental dentro de un área de 1.000 km alrededor de Chernobyl, la restricción en el consumo de leche fresca y huevos de corral, el alejamiento del ganado ovino y bovino de los pastos abiertos o la prohibición de su venta, la ingestión de tabletas profilácticas de yoduro potásico para saturar el tiroides con yodo a fin de minimizar la cantidad de yodo radiactivo acumulado (esta medida se adoptó de forma más generalizada en Polonia), el consejo de no beber agua de lluvia fresca y la advertencia pública sobre una posible contaminación durante las actividades realizadas fuera de casa.

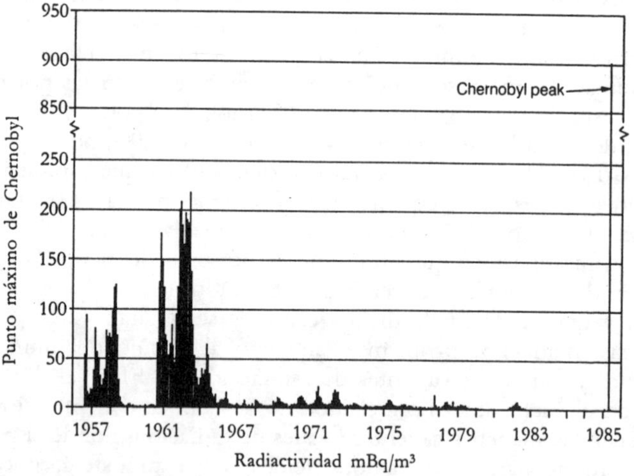

FIGURA 5.6.—Radiactividad de las muestras de polvo recogidas en Uccle, Bélgica, durante el período 1957-86. *(Fuente:* proporcionado por el Instituto Meteorológico Real, Bruselas, Bélgica.)

Como en el caso de la mayoría de los desastres por contaminación del aire, el accidente de Chernobyl sacó a la luz muchas deficiencias en el modo de reaccionar de las autoridades ante el accidente. El gobierno soviético no advirtió del accidente a los gobiernos europeos y cuando se ofreció la información, ésta era incompleta. Muchos gobiernos europeos, como Francia y Gran Bretaña, no dieron las respuestas adecuadas a las urgentes preguntas de la población ni introdujeron medidas de precaución con la rapidez necesaria. Las redes de observación de la radiación en muchos países europeos fueron inadecuadas para localizar rápidamente los puntos calientes de radiación, aunque, como percepción retrospectiva, un mapa de precipitaciones de Europa para ese período proporcionó una útil aproximación.

Tales críticas no sólo exigen una reacción más eficaz por parte de los gobiernos si se diera de nuevo la ocasión, sino que muestran la necesidad de asegurar que un accidente como el de Chernobyl no volverá a ocurrir. Algunos podrían alegar que mientras existan los reactores de enegía nuclear la repetición es inevitable. Por muy sofisticados que sean los diseños de seguridad incorporados a las plantas nucleares, éstas no pueden triunfar sobre la falibilidad humana. En los accidentes de la Isla de las Tres Millas y Chernobyl, los operarios interpretaron mal las condiciones del reactor y desconectaron los sistemas de emergencia en el peor momento.

Errores humanos similares salen a la luz en otros desastres de contaminación del aire, como es el caso de Seveso y Bhopal. Lo que la población y los gobiernos tienen que juzgar es la necesidad de la energía nuclear frente al riesgo de accidentes como el de Chernobyl. A la preocupación por otro accidente grave en un reactor, hay que añadir la preocupación por accidentes en otras fases del proceso nuclear, los riesgos a largo plazo relacionados con la eliminación segura de los residuos radiactivos siempre en aumento, y el desmantelamiento de las plantas de energía nuclear tras 30 años de funcionamiento (unas 100 al final de este siglo).

Tras el accidente de la Isla de las Tres Millas y especialmente después de Chernobyl, los gobiernos y la Agencia Internacional de la Energía Atómica han dado varias respuestas. Los accidentes en reactores tuvieron como consecuencia que las medidas de seguridad en las plantas de energía nuclear se hicieran inevitablemente más estrictas. Se recomendó la necesidad de una mayor colaboración internacional a fin de ser capaces de reaccionar ante los accidentes en reactores, dado que no respetan las fronteras internacionales. La Agencia Internacional de la Energía Atómica (IAEA), con sede en Viena y compuesta por 113 países miembros, asumió un papel más importante. La Agencia organizó dos acuerdos internacionales, preparados desde 1982, pero firmados en septiembre de 1986, como resultado del accidente de Chernobyl. El primer acuerdo se refería a la rápida notificación de accidentes nucleares (incluso en instalaciones militares). La necesidad para los países colindantes de recibir tal información de forma inmediata era obvia, dada la tendencia de los países a ubicar sus reactores nucleares cerca de sus fronteras. El segundo acuerdo concernía a la oferta de asistencia mutua en caso de producirse un accidente.

Aunque tales acciones fueran bienvenidas, para algunos gobiernos y muchas personas no eran satisfactorias ni la intensificación de las medidas de seguridad ni las palabras tranquilizadoras con respecto a la capacidad de hacer frente a un accidente similar. La angustia pública que siguió a los accidentes de la Isla de las Tres Millas y Chernobyl fue especialmente evidente durante las semanas que siguieron a estos accidentes; las manifestaciones se hicieron frecuentes en toda Europa. La presión pública, sustentada por los medios de comunicación, se convirtió en presión política en muchos países. Fue por ello por lo que Suecia decidió eliminar progresivamente sus doce centrales nucleares hacia el año 2010 (aunque suministra habitualmente más del 40 % de la electricidad del país), Austria decidió desmantelar su única central nuclear, las Filipinas detuvieron la construcción de su primer reactor y algunos países, como Australia y Dinamarca, se negaron a construir ninguna planta de energía nuclear. Otros países o bien redujeron su plan original de expansión de energía nuclear (aplazaron la continuación de este tipo de industria), o bien empezaron a considerar seriamente la eliminación progresiva de las plantas nucleares existentes. Sin embargo, en países como Francia, Japón, Taiwán y otros países en vías de desarrollo que carecen claramente de fuentes de energía disponibles, el desarrollo de la energía nuclear sigue siendo prioritario. En Polonia, donde las reservas de carbón son grandes, el gobierno considera que el desarrollo de la energía nuclear es necesario para satisfacer las necesidades energéticas del país. El compromiso de la URSS con la energía nuclear aún no ha disminuido. Parece que accidentes como el de la Isla de las Tres Millas y el de Chernobyl han iniciado un movimiento de alejamiento de la energía nuclear, pero algunos países siguen estando plenamente comprometidos con su desarrollo.

Capítulo VI

Contaminantes globales: dióxido de carbono y disminución del ozono

6.1. Compuestos que destruyen el ozono estratosférico

La «capa de ozono» de la atmósfera es una capa que tiene una concentración relativamente alta de ozono (O_3) y está situada en la estratosfera. La concentración máxima de ozono se encuentra a una altura de 16-18 kilómetros en latitudes polares y a 25 kilómetros aproximadamente sobre el Ecuador. Esta capa de ozono es importante para la población y para el medio ambiente por dos razones. La primera es que el ozono absorbe la radiación ultravioleta del sol en el UV-B o 280-320 nm de longitud de onda, calentando así la estratosfera y originando una pronunciada inversión de temperatura entre 15 y 50 km. Cuando la temperatura disminuye con la altura en la troposfera (alcanzando de +40° a +80° C en la tropopausa), el efecto de la estratosfera caliente es que actúa como una pared o tapa para el movimiento vertical en la troposfera —los procesos convectivos que producen nubes y precipitaciones están contenidos en ésta. Cualquier debilitación de la inversión estratosférica afectaría a los procesos convencidos y a la circulación atmosférica en general, y, por lo tanto, también a la temperatura y al clima. Una reducción del ozono también haría que llegaran al suelo más rayos ultravioleta y mayor radiación visible, conllevando esto un calentamiento de la atmósfera más baja y de la superficie de la Tierra. Al mismo tiempo, la menor absorción de rayos ultravioleta en la estratosfera reduciría su temperatura a unos 10° C. Esta situación tendería, a su vez, a fomentar el enfriamiento de la superficie, ya que se emitiría menos radiación térmica desde la estratosfera hacia el suelo. Estos efectos opuestos, uno de calentamiento y otro de enfriamiento se complicarían con un cambio de distribución de ozono en la estratosfera, de tal suerte que es difícil predecir su efecto neto. El Departamento del Medio Ambiente de Gran Bretaña (1979a) afirma que el efecto de la disminución del ozono sobre la temperatura de la Tierra sería apenas detectable, mientras que Reck (1976) afirma que la temperatura de la superficie cambiaría entre +0,6° C y 80,8° C, dependiendo del albedo subyacente y de la presencia o ausencia de nubes o de contaminación en partículas (calentamiento cuando están presentes neblinas de aerosol, enfriamiento cuando no lo están). La investigación tiende cada vez más a admitir que la disminución del ozono provocaría un calentamiento de la troposfera (Consejo Nacional de Investigación de EE.UU., 1982a).

La segunda razón por la que la capa de ozono es importante es que, mediante la absorción, controla la cantidad de rayos ultravioleta (UV-B) o la radiación solar ericémica que llega al suelo. Los rayos UV-B tienen efectos beneficiosos y perjudiciales para las plantas, los animales y las personas. Desde el punto de vista de las ventajas, todas las personas se benefician de la acción de los rayos UV-B al convertir los esteroides de la piel en vitamina D. Desde el punto de vista perjudicial, se sabe que afecta al crecimiento, a la composición y a la función (incluida la fotosíntesis) de una gran variedad de plantas, entre ellas muchos cultivos importantes como los granos de soja. Estudios experimentales con niveles UV-B, aumentados de 0 a 50 % sobre los niveles normales, han mostrado efectos negativos en huevos de peces, larvas y alevines, renacuajos, cangrejos, zooplancton y otros organismos acuáticos, así como en el fitoplancton y otras plantas de este ecosistema que son esenciales para la alimentación en el agua. En los estudios sobre animales, los rayos UV-B no sólo se han manifestado cancerígenos, sino también alteradores del sistema inmunológico; esto tiene como resultado el impedimento de reconocer un tumor de UV-B como un cuerpo extraño. Se sabe que los rayos UV-B producen en las personas envejecimiento de la piel y, a causa de la alta correlación existente entre los rayos de sol y el cáncer de piel, se acepta que la exposición de la piel a los rayos UV-B está directamente vinculada a éste (Eaglemann, 1981). La forma más grave de cáncer de piel es el melanoma maligno, que posee un índice de mortalidad del 30 % (Panofsky, 1978). El melanoma maligno de la piel es provocado por la proliferación cancerosa de melanocitos. Los melanocitos son las células que producen el pigmento oscuro, la melanina, que es la responsable de las principales diferencias de color entre las razas humanas. La melanina también es el pigmento que produce el bronceado protector tras la exposición a los rayos UV-B (Consejo Nacional de Investigación de EE.UU., 1984). Los cálculos de los efectos del porcentaje de cambios en la columna total de ozono sobre el porcentaje de cambios en la radiación UV-B, usando las propiedades de absorción y dispersión del ozono y otros constituyentes atmosféricos, han indicado una amplificación media o factor de magnificación de entre 1,5 y 3,0 —dependiendo de la latitud y de la estación del año. En otras palabras, una reducción del 5 % del ozono podría conducir, digamos, a un aumento de entre un 7,5 y un 15 % de radiación UV-B recibida en el suelo. Se ha estimado que tal efecto sería la causa de un aumento en la incidencia de cánceres de piel de las células basales y las células escamosas (melanoide) de decenas o incluso cientos de miles de casos al año en EE.UU. Los carcinomas de células basales y escamosas aparecen predominantemente en áreas expuestas de la cabeza y el cuello, mientras que en el Cáucaso, los melanomas malignos aparecen frecuentemente en la espalda y en las piernas en las mujeres y en la espalda solamente en los hombres. Dado que la frecuencia de cáncer de piel aumenta longitudinalmente en dirección al Ecuador, por la cada vez mayor exposición a rayos UV-B, esta mayor incidencia prevista de cáncer de piel equivaldría, en términos de exposición, a la de la población que viva en una latitud varios grados más cerca del Ecuador.

Dada la importancia de la capa de ozono estratosférico, se ha manifestado en los últimos años una gran preocupación por los efectos de la contaminación de la estratosfera. El ozono se produce en los niveles estratosféricos por fotodisociación del oxígeno molecular con longitudes de onda de radiación inferiores a 242 nm y es eliminado por la clásica reacción de $O + O_3$ en niveles que están por debajo de la estratosfera. Las actividades humanas están incrementando la concentración de sustancias como los óxidos de nitrógenos, óxidos de hidrógeno, cloro y bromo, hasta el punto de que, por ciclos catalíticos, estas sustancias pueden estar destruyendo el ozono más rápidamente de lo que tarda en producirse. La química estratosférica es muy compleja, comprende más de 150 reacciones químicas entre 50 clases de sustancias; así pues, no es en absoluto seguro que todas las amenazas potenciales para la capa de ozono estratosférico se conozcan aún. Posibles causas de la destrucción del ozono identificadas hasta la fecha serían diversos productos de combustión emitidos por los aviones supersónicos; el óxido nitroso emitido por fertilizantes químicos a base de nitrógeno; óxidos de nitrógeno producidos por pruebas con armamento nuclear y los clorofluorocarbonos usados en los aerosoles, sistemas de refrigeración y procesos industriales.

6.1.1. *Emisiones de aviones supersónicos*

La preocupación por la capa de ozono empezó a mostrarse cuando se proyectaron los grandes vuelos de aviones supersónicos estratosféricos (SST) como el Concorde anglo-francés, el TU-144 soviético y el Boeing 2707 americano (Sidebottom, 1979). Se afirmaba que los diversos productos de combustión como el hollín, los hidrocarburos, los óxidos de nitrógeno, las partículas de sulfato y el vapor de agua, introducidos directamente en la estratosfera, participarían, por su larga permanencia en el aire (meses, años, décadas), en las reacciones fotoquímicas que provocarían una reducción de la concentración de ozono. Al principio, la atención se centró en el vapor de agua (Harrison, 1970; Newell, 1970), pero poco después, los óxidos de nitrógeno se convirtieron en el foco de atención (Crutzen, 1972; Johnston, 1971). A partir de modelos unidimensionales relativamente simples, se calculó que 500 SST del tipo Concorde causarían aproximadamente un 3 % de reducción de ozono, mientras que un número similar de los previstos Boeing reducirían el ozono en un 15 % (Consejo Nacional de Investigación de EE.UU., 1975a). Esta significativa diferencia se debía a que, mientras el Concorde y el TU-144 volarían a una altura de 17 km, el Boeing 2707 lo haría a 20 km y, además, el Concorde y el TU-144 consumirían sólo un tercio del combustible del Boeing más rápido y más grande. Inyectada a 17 km, una cierta cantidad de óxido de nitrógeno tendría sólo la mitad del efecto sobre el ozono que el que tendría inyectada a 20 km de altura (fig. 6.1). Dadas estas conclusiones, los vuelos del Boeing 2707 se cancelaron y las grandes flotas de aviones supersónicos no se han materializado. Los cálculos sobre el efecto de los pocos Concorde que están actualmente en funcionamiento muestran que tienen un efecto insignificante sobre la capa de ozono.

Durante los años 70, los conocimientos sobre química estratosférica mejoraron considerablemente y a ello se deben algunos replanteamientos radicales sobre los efectos de los óxidos de nitrógeno sobre la capa de ozono, como afirmaban las declaraciones de la OMS referidas a los posibles efectos de las emisiones de los aviones. En 1975, se creía que un largo vuelo de un avión supersónico a una altura superior a 25 km tendría un «notable» efecto sobre la capa de ozono (OMS, 1976b). En 1978, esta afirmación fue rectificada, dejándolo en un efecto «insignificante» (Panofski, 1978). En 1982, se estimó que los aviones estratosféricos —supersónicos o subsónicos— tendrían un «efecto negativo» sobre el ozono, esto es, causarían una importante disminución de su capa (Hulm, 1982). Otro descubrimiento fue que los óxidos de nitrógeno emitidos por aviones que volaran en la troposfera superior trastocarían el equilibrio entre destrucción y producción de ozono por los radicales de vapor de agua, originando la producción de ozono en ese nivel de la atmósfera. Derwent (1982) defiende que las actuales operaciones de los aviones troposféricos pueden haber producido ya un incremento de la columna total de ozono de más del 1 %.

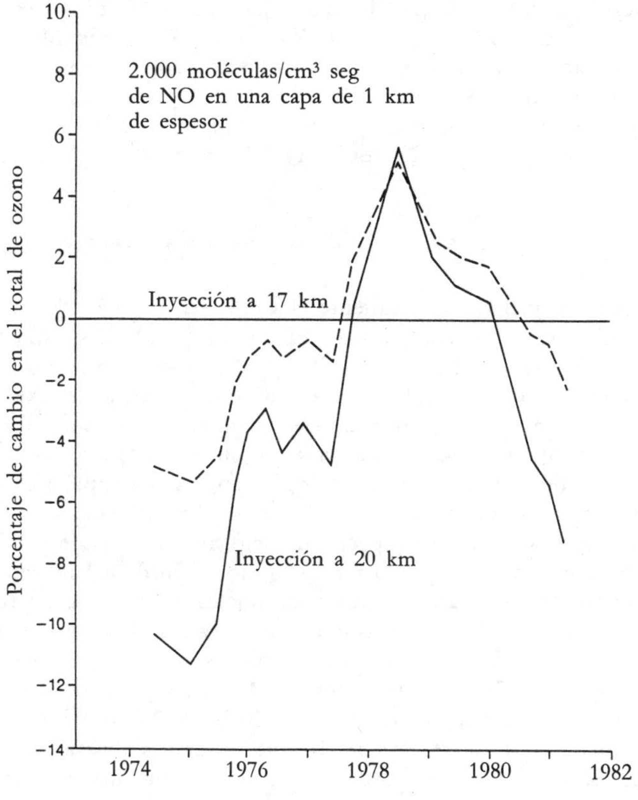

FIGURA 6.1.—Previsiones publicadas sobre los cambios en el ozono estratosférico debidos a la emisión de óxidos de nitrógeno por parte de aviones. *(Fuente:* Clark y otros, 1982.)

6.1.2. *Óxidos de nitrógeno derivados de actividades agrarias*

Durante mediados de los 70, se afirmó que el creciente uso de fertilizantes agrarios a base de nitrógeno y/o el nitrógeno que se fija en la vegetación podrían haber afectado su ciclo; ello daría como resultado un aumento de la cantidad de óxidos de nitrógeno liberados desde la superficie hacia la atmósfera. Así, aumentarían los óxidos de nitrógeno en la estratosfera, que, por reacciones químicas, destruirían el ozono. Sin embargo, en 1982, la OMS declaró que había pocas posibilidades de que se produjeran cambios importantes en la capa de ozono en este siglo como resultado del cambio de las prácticas agrarias, pero que el tema requería más estudios a causa de los posibles efectos a largo plazo (Hulm, 1982). Según McElroy y otros, durante el primer cuarto del próximo siglo, podría darse una reducción de ozono del orden del 20 % por el uso actual y venidero de fertilizantes. En contraste, Crutzen (1976), Lie y otros (1976) calculan sólo una reducción del 1 al 4 % para esta época.

6.1.3. *Óxidos de nitrógeno derivado de pruebas con armamento nuclear*

Cualquier proceso que caliente el aire a más de 2.300 K produciría importantes cantidades de óxido nítrico (NO). Las explosiones nucleares producen ondas expansivas que pueden inyectar óxido de nitrógeno en la estratosfera. En efecto, la presencia de óxidos de nitrógeno viene indicada por el color naranja del hongo atómico a gran altura, que es la consecuencia de algún óxido nítrico convertido en dióxido de nitrógeno. Cuanto más grande es la explosión (valor límite de aproximadamente 0,5 millones de Tm equivalentes a TNT) y cuanto más alta es con respecto al suelo, más óxidos de nitrógeno son introducidos en la estratosfera. Algunos científicos han estudiado los efectos de las pruebas con armas nucleares (que alcanzaron su cuota más alta en 1961-62) sobre la concentración de ozono estratosférico y llegaron a conclusiones opuestas. Goldsmith y otros (1973) calcularon que 1,3 a 1,7 millones de Tm de óxidos de nitrógeno inyectadas en la estratosfera, como resultado de 340 millones de Tm de explosiones nucleares en 1961 y 1962, eran equivalentes a los efectos de 600-1.000 Concordes a pleno rendimiento, y, por otra parte, que no hubo efectos significativos sobre la capa de ozono estratosférico durante o después de las pruebas. A su vez, Reiser (1981) estudió los datos sobre ozono de una red de estaciones de Dobson durante el período de 1958 a 1979 y, de acuerdo con algunos otros equipos de investigación, sugirió cautelosamente la existencia de una disminución del ozono del 2 al 4,5 %, debido a los efectos de pruebas nucleares a principios de los 60. Es posible que el aumento de óxidos de nitrógeno no sólo causara la destrucción del ozono a principios de los 60, sino que, además, aquéllos absorbieran la radiación entrante entre un 6 y un 8 % durante algunos meses (Kondratyev y Nikolsky, 1979). Las reivindicaciones hechas a principios de los 60 —desdeñosamente ignoradas en aquel momento— de que las pruebas con armas nucleares eran las responsables del anómalo clima y las temperaturas extremas durante ese período, aún tienen que ser probadas para considerarse válidas. La controversia puede continuar con respecto a si fueron o no las pruebas con armamento nuclear las causantes de la significativa disminución del ozono estratosférico a principios de los 60, pero generalmente, los investigadores están de acuerdo en que futuros intercambios nucleares a gran escala, con detonaciones de 5.000 a 10.000 millones de Tm, provocaría una destrucción sustancial del ozono estratosférico. Se calcula que, a raíz de una guerra nuclear de 10.000 millones de Tm, la columna de ozono se reduciría entre el 30 y el 70 % en el hemisferio norte y en más del 40 % en el hemisferio sur (Crutzen y Birks, 1982; Consejo Nacional de Investigación de EE.UU., 1975b; Whitten y otros, 1975). Una destrucción semejante del ozono estratosférico duraría varios años y los supervivientes iniciales de una guerra nuclear tendrían que enfrentarse a un aumento importantísimo de radiación UV-B biológicamente activa. Este aumento no sólo destruiría el sistema inmunológico de las personas y otros mamíferos, lo que conllevaría un mayor número de posibilidades de enfermar, sino que también haría aumentar la incidencia de cáncer de piel, deterioraría el sistema de visión de los mamíferos y alteraría los ecosistemas oceánicos y terrestres (Ehrlich y otros, 1983; Elsom, 1984c, 1985).

6.1.4. *Los clorofluorocarbonos*

El creciente uso doméstico e industrial de compuestos de cloro estable ha dado lugar a declaraciones en el sentido de que dichos compuestos pueden difundirse por la estratosfera, donde se disocian por la radiación solar para producir átomos de cloro que destruirían el ozono mediante una compleja cadena de reacciones químicas (Crutzen, 1974; Molina y Rowland, 1974). De entre estos compuestos, se ha prestado especial atención a los clorofluorocarbonos (CFC), especialmente al CFCl3 (Freón-11), usado principalmente como propelente en sprays de aerosol, y al CF_2Cl_2 (Freón-12), usado masivamente como agente de enfriamiento en refrigeradores y acondicionadores de aire. Los CFC desaparecen de la estratosfera muy lentamente, ya que su tiempo de permanencia es de 65 a 90 años (Brice y otros, 1982); así, prácticamente todos los CFC producidos en cualquier momento estarían aún presentes en la estratosfera. A causa de sus lentos índices de difusión dentro y a través de ésta y aunque cesaran todas las emisiones de CFC a la atmósfera, la concentración de CFC en la estratosfera seguiría creciendo durante varios años.

Las predicciones sobre la reducción del ozono causada por los CFC han pasado del 3 al 20 % (fig. 6.2), ya que el índice previsto de disminución ha ido bajando progresivamente desde 1979 (Hulm, 1982; Consejo Nacional de Investigación de EE.UU., 1982a, 1984).

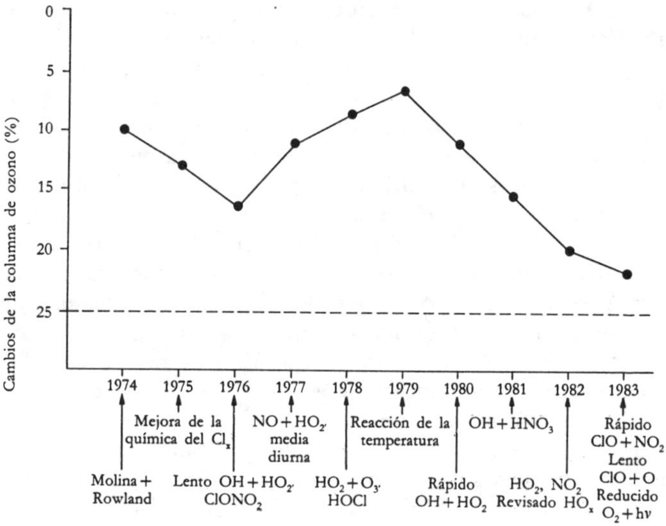

FIGURA 6.2.—Cambios en las reducciones constantes de la columna total de ozono por las continuas emisiones de CFC según los índices de 1975, previstos a partir de diferentes modelos. Los cambios en los modelos y técnicas de simulación están indicados en orden cronológico. (*Fuente:* Consejo Nacional de Investigación de EE.UU., 1984.)

Esto refleja nuestro mayor conocimiento de la química estratosférica, como, por ejemplo, el saber que los átomos de cloro son eliminados por los óxidos de nitrógeno más rápidamente de lo que se creía. Es difícil asegurar si efectivamente los CFC han destruido ya el ozono de forma importante. Los inquientantes efectos naturales como los relámpagos, las erupciones volcánicas, los rayos cósmicos, los casos de fotón solar, los cambios de circulación global y la variabilidad de la radiación solar, afectan todos ellos a los niveles de ozono estratosférico. El aumento de la concentración media de ozono con la latitud y la existencia de ciclos en los niveles de ozono por estaciones hacen difícil detectar cualquier tendencia de la concentración total de ozono. Durante los años 60, la concentración de ozono creció en general hasta un 10 % en algunos observatorios (Komhyr y otros, 1971) y se creyó que esto iba asociado a la variación de radiación solar durante un ciclo de 11 años (Keating, 1978). El análisis de los niveles de ozono en los 70, llevados a cabo por 36 espectrofotómetros Dobson en todo el mundo, no revelan ninguna tendencia al alza ni a la baja, ni a escala global ni regional (Reinsel, 1981; Reinsel y otros, 1981). No obstante, las mediciones hechas por satélites americanos indicaron una reciente reducción de aproximadamente el 0,35 % al año, que no puede ser explicada por las variaciones del ciclo solar. Además, la estratosfera antártica, que es más baja, ha demostrado una notable disminución de la concentración de ozono durante la primavera desde los pasados 70, lo cual podría significar que esta región es particularmente sensible a los efectos de la formación de compuestos que destruyen el ozono estratosférico. Los compuestos que contienen cloro son considerados, en general, como los responsables de la formación del «agujero de ozono» (Crutzen y Arnold, 1986).

Esta evidencia de que la gran disminución global del ozono sea reducida no significa necesariamente que la destrucción del ozono por parte de los CFC no esté teniendo lugar: puede suceder que la pequeña disminución actual esté compensada por efectos naturales o por los efectos de otros contaminantes. Así, por ejemplo, un aumento global de la concentración de dióxido de carbono, mediante el «efecto invernadero», puede calentar la atmósfera más baja, pero al mismo tiempo enfriar la estratosfera, alterando, por consiguiente, el equilibrio de la fotoquímica estratosférica en favor de la producción de ozono (Groves y Tuck, 1979). Se cree que el hecho de haberse duplicado la concentración global de dióxido de carbono ha incrementado la concentración de ozono entre el 3 y el 6 % (Maugh, 1984; Consejo Nacional de Investigación de EE.UU., 1984). Sin embargo, la presencia de los CFC, que tienen capas de absorción más fuertes en algunas partes del espectro infrarrojo, puede producir su propio «efecto invernadero» dentro de la estratosfera, compensando así el efecto del dióxido de carbono (Ramanathan, 1975). Otra posible forma de compensar las actuales reducciones del nivel de ozono (destrucción máxima prevista cerca de 40 km) ha sido la propuesta por Derwent (1982), quien sugiere que las operaciones aéreas en la troposfera superior han causado un aumento de la producción de ozono que puede haber equilibrado cualquier disminución provocada por los CFC de la columna total de ozono. Derwent predice que este efecto compensador durará hasta los 90, después de lo cual el efecto de los CFC predominará al menos en las latitudes medias del hemisferio Norte. Se prevé que el impacto de las operaciones aéreas sobre la columna de ozono será menor en el hemisferio Sur que en el hemisferio Norte.

Desde principios de los años 70, los CFC se han mostrado como los compuestos con más posibilidades de destruir de una forma importante el ozono estratosférico en un futuro próximo como ya está ocurriendo. Aunque las primeras estimaciones sobre la disminución del ozono se han reducido posteriormente, la preocupación internacional por la cuestión de la contaminación sigue siendo grande. Queda por ver si esta preocupación se puede convertir en una acción internacional eficaz; este punto se examinará en el capítulo 11.

6.2. El dióxido de carbono

El dióxido de carbono (CO_2) es un gas incoloro que surge naturalmente en la atmósfera, donde actúa como nutriente esencial de las plantas y como un importante factor determinante del equilibrio térmico de la atmósfera terrestre, acabando por controlar, pues, el clima y las temperaturas de la Tierra. A pesar de ser casi transparente para la entrada de rayos solares de onda corta, el dióxido de carbono absorbe la radiación terrestre saliente en longitudes de onda de 7 a 14 μm. A su vez, esto hace que la energía —que de otra manera escaparía al espacio exterior— quede atrapada dentro de la atmósfera, calentando la superficie y la atmósfera exterior. Igual que el cristal en un invernadero atrapa la luz del sol (aunque lo hace sobre todo por convección inhibidora y, así, detiene el aire cálido que sube y escapa), este proceso ha llegado a ser conocido como «efecto invernadero». Algunos otros gases como el metano, el amoníaco, los CFC y el óxido nitroso tienen propiedades térmicas similares al dióxido de carbono; todos ellos son denominados colectivamente «gases invernadero».

Se ha mostrado cierta preocupación porque las actividades humanas, al quemar combustibles fósiles a base de carbono y al cambiar las prácticas agrícolas, están incrementando la concentración atmosférica global de dióxido de carbono, de modo que ello provocaría un importante aumento de la temperatura del aire y cambios en otros parámetros climáticos. Muchos investigadores han pronosticado que la concentración de dióxido de carbono pasará del valor preindustrial de 260-300 ppm (prefiriéndose el valor más bajo en recientes investigaciones) a 600 ppm durante el próximo siglo. Esta duplicación de la concentración de dióxido de carbono se considera la causante del aumento de la temperatura media global del aire, de $3 \pm 1{,}5^{\circ}$ C (Agencia para la Protección del Medio Ambiente de EE.UU., 1983a; Consejo Nacional de Investigación de EE.UU., 1979, 1982b, 1983b). En ese caso, la Tierra estaría más caliente que en los pasados 125.000 años, la cota más alta del último período interglacial o incluso más caliente que en los últimos 2 millones de años. Sólo disponemos de mediciones precisas de la concentración global atmosférica del dióxido de carbono desde 1958, pero nos indican un notable aumento de la misma desde entonces. Entre 1958 y 1980 la concentración de dióxido de carbono en el Observatorio de Mauna Loa, Hawai, aumentó aproximadamente 23 ppm hasta alcanzar 338 ppm (fig. 6.3). Esto corresponde a 48 Gt de carbono añadido a la atmósfera durante este período, que alcanzó un total de 719 Gt (Clark y otros, 1982). La pronunciada variación estacional de concentración de 5-6 ppm, que aparece en la figura 6.3, refleja un exceso de fotosíntesis durante la respiración en primavera y verano, y lo contrario en otoño e invierno. Las variaciones de temperatura de la superficie del mar pueden tener una contribuación mínima, ya que el contenido en dióxido de carbono disuelto del océano depende de la temperatura (McDonald, 1982). El ciclo estacional alcanza 15 ppm en Point Barrow, Alaska, pero baja hasta 1,6 ppm en el Polo Sur. La concentración de dióxido de carbono en el Polo Sur va a la zaga de la de Mauna Loa por una pequeña cantidad de ppm en cualquier año observado, según la teoría de que la mayor parte del dióxido de carbono se introduce en el hemisferio Norte y se produce un desfase en la mezcla atmosférica entre hemisferios.

Para entender por qué la concentración de dióxido de carbono ha aumentado, hay que examinar primero las reservas globales de carbono y las fluctuaciones anuales (fig. 6.4). Éstas son relativamente grandes y, comparadas con otras reservas de carbono, la atmósfera es la que posee menores fluctuaciones. Variaciones ligeras en los índices

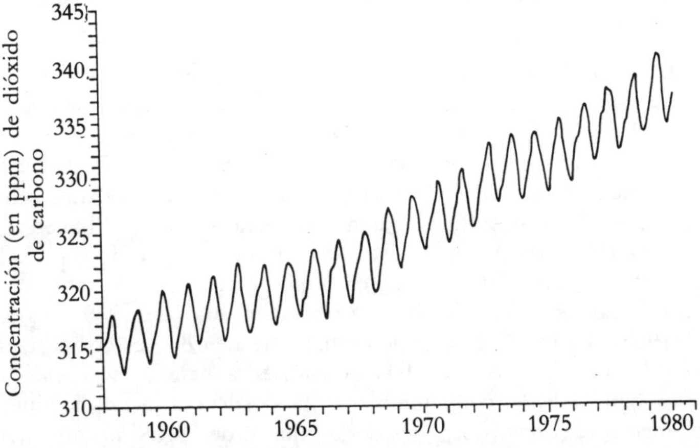

FIGURA 6.3.—Concentración de dióxido de carbono atmosférico desde 1958 medida en Mauna Loa, Hawai. Se cree que hacia 1990 la concentración alcanzará 352 ppm. *(Fuente:* Holdgate y otros, 1982a.)

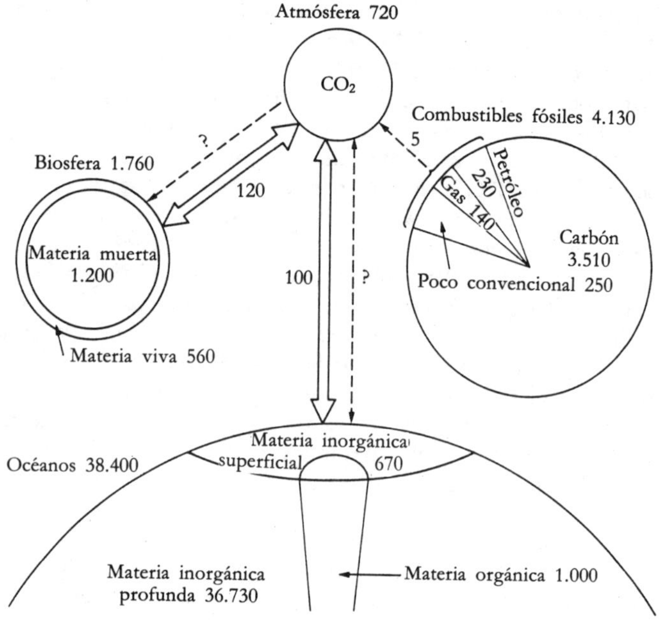

FIGURA 6.4.—Reservas globales de carbono y flujos anuales. El tamaño de los depósitos (círculos) y los flujos anuales (flechas) se expresan en giga-toneladas (10^{15} g) de carbono. Las flechas discontinuas rerpesentan los flujos adicionales causados por actividades humanas. *(Fuente:* Clark y otros, 1982.)

de intercambio entre depósitos pueden efectuar importantes cambios en la composición atmosférica. Los motivos principales por los que las actividades humanas afectan directamente al contenido en carbono de la atmósfera son la combustión de caburantes fósiles y las nuevas prácticas agrícolas. Las actividades humanas envían dióxido de carbono a la atmósfera al quemar madera, carbón, petróleo, gas natural y otros productos a base de carbono. Los índices globales anuales de emisión de dióxido de carbono por parte de los combustibles fósiles alcanzaron 5,3 Gt de carbono al año en 1980 (Clark y otros, 1982). La emisión total acumulada desde 1860 es aproximadamente 160 Gt de carbono. Las emisiones anuales de dióxido de carbono han variado considerablemente desde entonces, ya que el índice medio registrado después de la guerra, de aproximadamente el 4,5 %, se ha reducido en nuestros días a menos del 2,5 % al año, a causa de la crisis energética de 1973 y del interés puesto en el ahorro de energía (fig. 6.5). Los cálculos sobre futuros índices de crecimien-

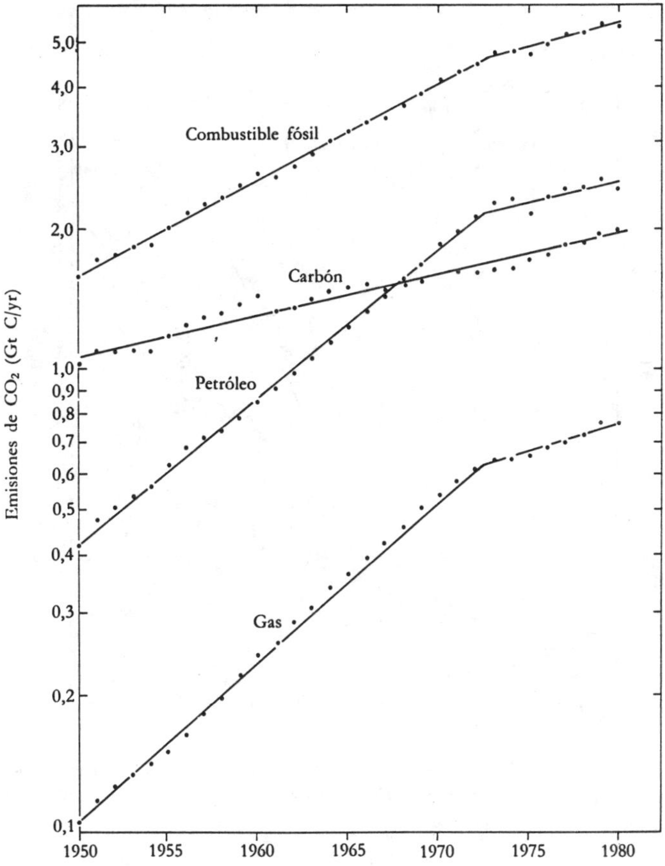

FIGURA 6.5.—Las emisiones globales anuales de dióxido de carbono procedentes de distintos combustibles fósiles durante el período 1959-80 reflejan los efectos de la crisis energética de 1973. *(Fuente:* Clark y otros, 1982.)

to son de una importancia vital para predecir la concentración de dióxido de carbono en la atmósfera en los próximos años. Sin embargo, los futuros índices de emisión son difíciles de predecir, ya que dependerán del índice demográfico y del crecimiento económico, junto con el mejor aprovechamiento de la energía y los cambios en las reservas energéticas (fig. 6.6).

Cada vez que las nuevas prácticas agrarias hagan que un ecosistema con alta densidad de carbono (por ejemplo, bosques) sea sustitui-

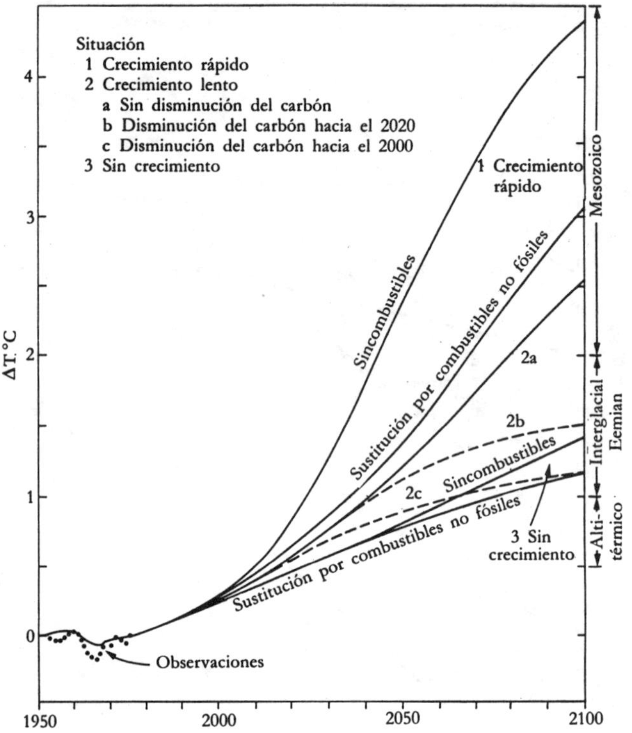

FIGURA 6.6.—Proyecciones del cambio global de temperatura ocasionado por distintas situaciones de crecimiento económico y de mezcla de combustibles. *(Fuente:* Hansen y otros, 1981.)

do por otro de baja densidad de carbono (por ejemplo, tierras de cultivo o pastos), se produce una emisión neta de dióxido de carbono a la atmósfera. La tala de árboles también puede contribuir a ello si su índice sobrepasa el de la repoblación forestal (por ejemplo, la deforestación en la cuenca amazónica). Los suelos alterados son una fuente adicional importante de carbono atmosférico. Algunos cambios en los usos agrícolas pueden producir un sumidero para el dióxido de carbono —por ejemplo, cuando las tierras de labranza son destinadas a la plantación de árboles o se llevan a cabo programas de reforestación. Además, aquellas plantas para las que el carbono es un nutriente restrictivo experimentarían un mayor crecimiento con el aumento de dióxido de carbono en la atmósfera (lo que se llama fertilización con carbono o efecto β), que a su vez aumentaría el sumidero de carbono biosférico. Los cálculos sobre el dióxido de carbono emitido desde la biosfera a la atmósfera en respuesta a los cambios de las prácticas agrícolas no son precisos y van de una fuente neta de 8 Gt de carbono al año hasta una absorción neta de 2 Gt al año (Organización Meteorológica Mundial, 1981). Se han revisado con frecuencia los primeros cálculos: por ejemplo, mientras en 1978 Woodwell calculaba 8 Gt de carbono al año, posteriormente se calcularon 2,6 Gt al año (Woodwell y otros, 1987). La contribución anual de carbono a la atmósfera por los nuevos usos agrícolas ha mostrado una gran variabilidad.

La explosión agrícola «pionera» en Norteamérica, Este de Europa, Australia, Nueva Zelanda y Suráfrica, en la segunda mitad del siglo XIX, se consideró causante de un importante aumento del dióxido de carbono en la atmósfera (Adams y otros, 1977; Wilson, 1978). Sin embargo, la cantidad de dióxido de carbono causada por los cambios en las prácticas agrarias en las dos o tres décadas pasadas se considera pequeña (Revelle, 1982). La emisión total acumulada de dióxido de carbono de esta fuente desde 1880 iguala probablemente a la contribución de los combustibles fósiles —es decir, 160 Gt. Durante el siglo pasado, parece que el dióxido de carbono causado por las nuevas prácticas agrarias fue mayor que el procedente de los combustibles fósiles hasta 1940, tras lo cual tuvo lugar un gran cambio. Las predicciones para el futuro indican que este equilibrio relativo se mantendrá. Además, el aumento de dióxido de carbono en la atmósfera puede favorecer el crecimiento de la producción fotosintética y, por lo tanto, la masa de la biosfera, de modo que puede tener lugar un flujo neto de carbono de la atmósfera a la biosfera.

Para calcular el futuro aumento de dióxido de carbono en la atmósfera, es preciso saber qué parte de las emisiones humanas futuras —por combustibles fósiles o cambios en las prácticas agrícolas— permanecerán en la atmósfera. Se ha creído durante mucho tiempo que los océanos absorbían la mitad del dióxido de carbono enviado a la atmósfera por las actividades humanas (cálculos basados en la medición de la concentración global atmosférica de dióxido de carbono y en las estimaciones de las emisiones globales procedentes de los combustibles fósiles). Sin embargo, teniendo en cuenta que la emisión de dióxido de carbono es el resultado de las nuevas prácticas agrícolas, puede ocurrir que las emisiones totales de dióxido de carbono derivadas de las actividades humanas que permanecen en la atmósfera, llamadas fracción aérea, estén más próximas a 0,4. Aunque se aceptaran emisiones más altas, la fracción aérea sería más baja, quizás de 0,2. En otras palabras, la preocupación de antaño por la gran cantidad de dióxido de carbono liberado a causa de los cambios en las prácticas agrarias se compensa con una fracción aérea más baja. Calculando una fracción aérea de 0,4 y considerando el actual índice de crecimiento energético del 2,5 % al año, Clark y otros (1982) estimaron que, hacia el año 2080, se alcanzaría una concentración de dióxido de carbono de 600 ppm. Esta conclusión coincide con la expresada por la Agencia para la Protección del Medio Ambiente (1983a) y por el Consejo Nacional de Investigación (1983b) de EE.UU., que defienden que se alcanzarán 600 ppm de dióxido de carbono entre 2060 y 2080.

Los océanos juegan un papel crucial con respecto a la emisión de este compuesto, ya que de momento sólo existe un conocimiento limitado de los procesos océanicos. La zona superior a los 70-100 m sobre el nivel del mar es calentada por el sol y agitada por el viento, de modo que el aire está bien mezclado y es un eficaz absorbente del dióxido de carbono atmosférico. Por debajo está una región inactiva denominada termoclina, estabilizada por una temperatura en aumento y una densidad en disminución hasta una profundidad de unos 1000 m. Más abajo hay una región océanica profunda fría mucho más amplia ($< 5^{\circ}$ C), aislada de las aguas superficiales por el termoclina (Baes y otros, 1977). La difusión descendente, la advección o convección de aguas que contienen dióxido de carbono de la capa mezclada en el agua más profunda, es un proceso relativamente más lento, que tarda 500 años o más (Revelle, 1982). Aunque los océanos tienen la capacidad de absorber todo el exceso de dióxido de carbono atmosférico, en la práctica, el lento trasvase entre la superficie y la profundidad océanica impide la realización de sus posibilidades como absorción de dióxido de carbono —al menos, en el plazo que nos concierne. Además, como las capas oceánicas superiores se saturan de dióxido de carbono, la parte de dióxido de carbono atmosférico que pueden absorber los océanos se reduciría, exacerbando así el problema del dióxido de carbono.

6.2.1. *Efectos sobre el clima*

Existe un gran número de modelos simples y complejos que tratan de cuantificar los efectos sobre el clima de una atmósfera con una concentración superior de dióxido de carbono. Las predicciones suelen referirse a la diferencia de temperatura del aire, medida global y anualmente, entre un mundo preindustrial con 300 ppm y un mundo futuro con 600 ppm de dióxido de carbono. La mayoría de los modelos predicen un calentamiento global de $3 \pm 1{,}5^{\circ}$ C. Unos pocos investigadores como Idso (1980, 1984) predicen cambios insignificantes en las temperaturas, pero sus modelos han sido criticados por omitir las realimentaciones positivas (Consejo Nacional de Investigación de EE.UU., 1982b).

Las realimentaciones positivas, como la fundición de hielo y nieve, que hacen disminuir el albedo, y la cada vez mayor evaporación, que hace que se produzca un mayor efecto invernadero del vapor de agua, conllevan la duplicación de la cantidad de dióxido de carbono y, en consecuencia, el aumento de las temperaturas en latitudes altas podría ser dos o tres veces mayor que el calentamiento experimentado en los trópicos, donde la elevada convección, que aleja del suelo una gran cantidad de calor, actúa en forma de realimentación negativa. El Consejo Nacional de Investigación de EE.UU. (1979) defiende que las latitudes inferiores sufrirán un aumento medio anual de temperatura de entre 1,5° y 3° C, mientras que las latitudes polares y subpolares sufrirán un calentamiento de 4 a 8° C. Parkinson y Kellogg (1979) citan aumentos de temperatura de hasta 10° C en las latitudes polares y de menos de 2° C en las latitudes bajas, debido al efecto de las realimentaciones.

El hecho de que el efecto invernadero del dióxido de carbono se manifieste con mayor intensidad en las altas latitudes demuestra que un calentamiento por dióxido de carbono sería detectado en primer lugar en esas zonas. Aun así, sólo cuando sea obvia una tendencia global al calentamiento se creará en el efecto invernadero del dióxido de carbono. Puesto que el clima de la tierra está regido por múltiples factores, es preciso diferenciar su importancia relativa con el fin de averiguar los efectos climáticos del aumento de dióxido de carbono. Tal necesidad es obvia si se tiene en cuenta que un calentamiento debido a su aumento podría verse contrarrestado con un enfriamiento causado por otros factores (Broecker, 1975). En los últimos años, se han hecho importantes avances en esta dirección: por ejemplo, Gilliland (1982) explicó el 87 % de la variación de las temperaturas en el hemisferio Norte entre 1881 y 1975 (para períodos superiores a tres años) por el dióxido de carbono, los volcanes y el ciclo solar de 76 años. Esta teoría confirma la importancia del dióxido de carbono para el clima, pero indica que la duplicación de la cantidad de dióxido de carbono produciría un aumento de la temperatura superficial del aire de 1,6 $\pm$ 0,3° C, lo que sitúa esta predicción del aumento de la temperatura entre las más bajas que se han hecho (Gilliland y Schneider, 1984). Usando un modelo distinto, Hansen y otros (1981) concluyeron que el efecto radiactivo debido al dióxido de carbono y a los volcanes fue el responsable del 75 % de la variación de la temperatura global durante el pasado siglo, mientras que una hipotética variación de la luminosidad solar hizo que la cifra llegara al 90 %. Hansen y otros (1981, 1983) creen que el calentamiento producido por el efecto invernadero del dióxido de carbono provendría del nivel de la variabilidad natural del clima hacia finales de siglo, y que existe una alta probabilidad de calentamiento en la década de los 80. En efecto, la disminución de temperatura, que se inició en los años 40 en el hemisferio Norte, se detuvo y se invirtió a mediados de los 70 (fig. 6.7). Sin embargo, otros factores climáticos, como las erupciones volcánicas, pueden aún contrarrestar y anular la tendencia al calentamiento derivada del dióxido de carbono, de modo que la indiscutible existencia de esta tendencia podría dejar de ser válida durante algún tiempo.

Los resultados de los cambios estacionales y regionales son de mayor importancia práctica que los cálculos sobre el aumento global de la temperatura media anual. Del mismo modo, aunque una Tierra más caliente suponga una mayor evaporación y más precipitaciones, es importante saber cómo se equilibran, en determinadas regiones o estaciones, estos dos componentes del ciclo hidrológico. Los modelos que predicen cambios regionales de temperatura y humedad con 600 ppm de dióxido de carbono en la atmósfera deben ser examinados cautelosamente. Esta es la razón de que se haya prestado especial atención a los argumentos que, basándose en datos climatológicos pasados, presentan una Tierra más caliente en el futuro. Wigley y otros (1980) nos ofrecen un panorama como el del hemisferio Norte, comparando los cinco años más cálidos con los cinco más fríos, en un período que va de 1925 a 1974. La diferencia media de temperatura entre los años calientes y los fríos fue de 1,6° C en latitudes altas y

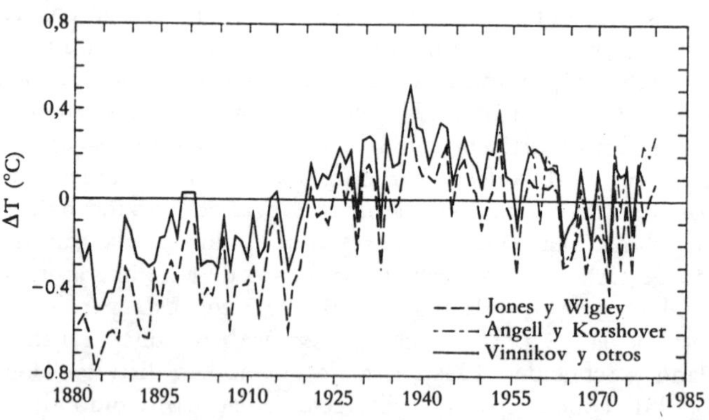

FIGURA 6.7.—Anomalías de la temperatura superficial anual en el hemisferio Norte entre 1881 y 1980, según varios investigadores. *(Fuente:* Clark y otros, 1982.)

de 0,6° C en el hemisferio Norte en su totalidad, es decir considerablemente menor que la diferencia de temperatura prevista por una duplicación de la cantidad de dióxido de carbono en la atmósfera. En su análisis, el calentamiento máximo tuvo lugar en invierno en latitudes y en el interior continental. Por el contrario, algunas zonas como Japón y gran parte de la India manifestaron diferencias negativas de temperatura (fig. 6.8a). Un examen de las diferencias de presión entre los años fríos y calientes mostró que los años cálidos experimentaron intensos vientos del Oeste en latitudes altas (50-70° N), mayor actividad ciclónica en las zonas ártica y subártica del hemisferio Norte y un desplazamiento hacia el Oeste de la zona de alta presión siberiana durante el invierno. Las precipitaciones sólo sufrieron un ligero aumento general (1 a 2 %) durante los años cálidos con respecto a los fríos. Hubo una disminución de las precipitaciones en gran parte de los EE.UU., en la mayor parte de Europa y Rusia y en Japón, mientras que en la India y en Oriente Medio, el aumento de precipitaciones indicó con claridad una circulación más intensa del monzón durante los años cálidos (fig. 6.8b).

Otra forma de presentar una Tierra más caliente, basándose en datos climatológicos pasados, fue reconstruir el clima del período altitérmico o hipsitérmico del Holoceno medio (hace 8.000-4.500 años), en el que la temperatura era 1,5 ó 2° C más alta que la actual en latitudes medias. Butzer (1980) resalta el hecho de que fue un período en el que predominó la sequía en zonas de producción de trigo y maíz de EE.UU. y la URSS, mientras que las precipitaciones aumentaron moderadamente en las zonas áridas tropicales y subtropicales. Kellogg y Schware (1981) extrajeron pautas de humedad en una Tierra más caliente, basándose no sólo en la reconstrucción del período altitérmico, sino también en una comparación de los recientes años calientes y fríos en el hemisferio Norte y en un modelo de experimento climático. Su análisis reflejaba más humedad en los continentes subtropicales, pero más sequía en el centro de los EE.UU. (fig. 6.9). Al contrario que Wigley y otros (1980) y Butzer (1980), Schaware (1981), así como Kellogg (1971, 1978), señalaron condiciones de más humedad en Europa y en el Sur de la URSS. Estas previsiones contradictorias ponen de manifiesto las limitaciones de las analogías y los modelos empleados actualmente.

Una de las principales preocupaciones que surgen de las predicciones sobre los climas regionales que podrían derivarse de un calentamiento de la Tierra por dióxido de carbono, es la relativa a una situación más cálida y más seca en el Cinturón de Maíz, especialmente desde que gran parte del mercado mundial de alimentos depende del grano producido en esta zona. Bach (1978, 1979) estudió

a

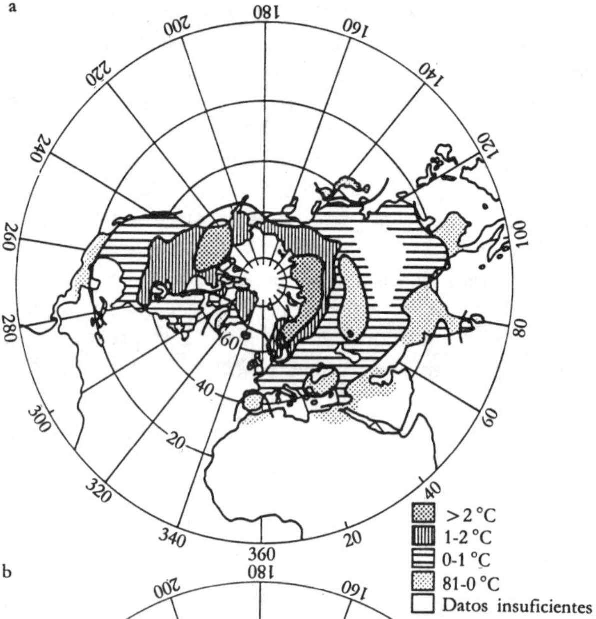

b

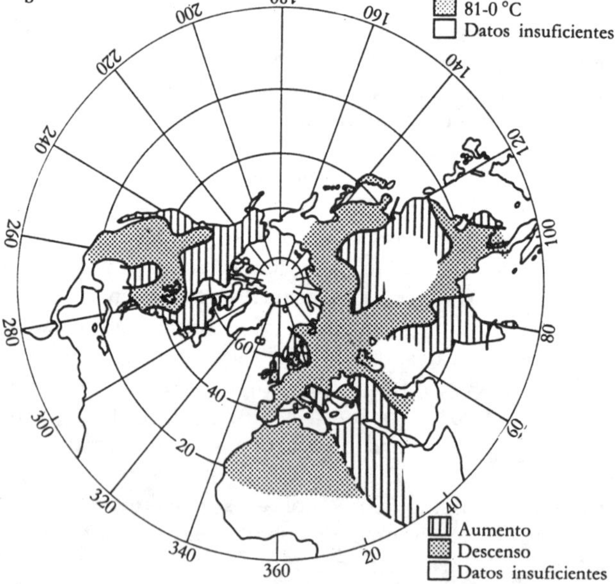

FIGURA 6.8a.—Cambios medios de la temperatura superficial anual de los años fríos a los cálidos.

FIGURA 6.8b.—Cambios medios de precipitaciones anuales de los años fríos a los cálidos. *(Fuente:* Wigley y otros, 1980.)

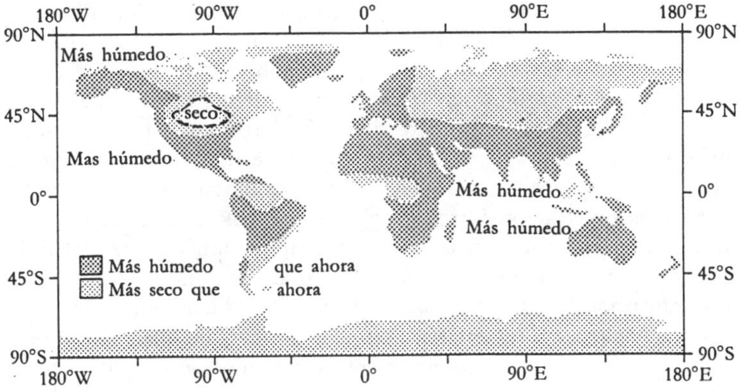

FIGURA 6.9.—Una situación climatológica en la que se dibujan las desviaciones de los actuales patrones de estación de crecimiento y humedad del suelo en una tierra más caliente. *(Fuente:* Kellogg y Schware, 1981.)

los datos climáticos en relación con el cultivo del maíz en los estados que componen el Cinturón de Maíz desde 1901 hasta 1972 y estimó que la producción de maíz en estos estados variaría en un 11 % por cada variación del 1 % en la temperatura media más alta que se produjera durante la estación de cultivo, y en un 15 % por cada cambio del 10 % en las precipitaciones. Bach concluyó que un clima más cálido y más seco haría disminuir la producción de maíz, y que un clima más frío y húmedo la aumentaría. Por lo que se refiere a las condiciones climatológicas óptimas, el Cinturón de Maíz sería empujado hacia el Norte, hacia los suelos ácidos de podzol, cuya filtración es mala y que necesitarían de grandes y costosas modificaciones. Cualquier reducción en la producción de grano de EE.UU. tendría graves consecuencias potenciales para el mercado mundial de cereales desde el punto de vista de la escasez de alimentos, sobre todo para los países del tercer mundo, que tienen un bajo poder adquisitivo.

No obstante, Rosenberg (1982) ha cuestionado la validez de las declaraciones relativas a los cultivos, que afirman que la variedad de cultivos y tecnología no cambian con el tiempo. Cita el ejemplo del trigo en inviernos especialmente rigurosos, que ya se ha extendido considerablemente hacia el Norte y Noroeste desde 1920; esto ha sido posible gracias a programas de producción de razas vegetales más resistentes al frío y gracias también a la introducción de nuevos avances tecnológicos y a tratamientos de las tierras de secano, como el barbecho estival y el pajote de rastrojos. Avanzando hacia el Norte desde Nebraska hasta Manitoba, durante el período comprendido entre 1920 y 1980, el trigo se adaptó, en inviernos extremadamente rigurosos, a una disminución del 20 % sobre las precipitaciones medias anuales, a una reducción de 4,2° C sobre la temperatura media y a una reducción en diez días de la estación en la que no se producen heladas. La actividad sureña del trigo de Tejas también supuso una diferencia climatológica notable: el 12 % menos sobre las precipitaciones medias anuales, 1,6° C menos de temperatura media y 10 días más de estación libre de heladas. No sólo plantea Rosenberg (1982) que las consecuencias de un cambio climático en EE.UU. serían nefastas para las cosechas, sino que también cuestiona si la evapotranspiración, que puede ser un parámetro más importante que las precipitaciones y la temperatura, cambiaría para mal. Rosenberg sugiere que la evapotranspiración puede mantenerse o incluso reducirse de forma provechosa en gran parte del cinturón de cereales, a pesar de los cambios de otros parámetros climáticos.

6.2.2. *Efectos directos sobre las cosechas*

Puede ser discutible si los cambios climáticos afectarían negativamente a las cosechas de la mayoría de las zonas de producción de cereales del mundo, pero hay un consenso cada vez mayor en cuanto a que el aumento de dióxido de carbono en la atmósfera haría aumentar directamente la producción. Los experimentos controlados en laboratorio sobre el crecimiento de plantas (como las prácticas de invernadero) han establecido sin duda alguna que muchas plantas, para las que el carbono es un nutriente restrictivo, responden al enriquecimiento con dióxido de carbono, en poco tiempo, con un crecimiento más rápido y mayor producción (Rosenberg, 1981). Lo que aún no está claro es hasta qué punto afectaría a las condiciones del campo y a la biosfera.

Con una plena intensidad luminosa exterior, la fotosíntesis neta de muchas plantas aumenta gracias al dióxido de carbono por encima de, al menos, 900 ppm (Cooper, 1982). La extensión y la naturaleza del efecto depende de la bioquímica vegetal, de la forma de crecimiento, de la edad de la planta y de las condiciones del suelo en cuanto a agua y nutrientes (fósforo y nitrógeno), entre otros factores. Las dos principales categorías de plantas designadas como C_3 y C_4 difieren en su forma bioquímica de fijar el dióxido de carbono durante la fotosíntesis y también en el grado en que se benefician del aumento de este compuesto. Con los niveles presentes de dióxido de carbono en la atmósfera, las plantas C_4 tienen índices notablemente más altos de fotosíntesis que las plantas C_3 a cualquier temperatura por encima de 15° C. Cuando la concentración de dióxido de carbono aumenta, las plantas C_3 se benefician más hasta llegar a 1.000 ppm; algunas actúan casi exactamente como las especies comparables de C_4. Las especies C_3 comprenden especies templadas como los cereales pequeños, legumbres, la mayor parte de los prados y la mayoría de las especies forestales, mientras que las especies C_4 son generalmente aquéllas que se adaptan a climas cálidos y comprenden las praderas tropicales, el maíz, el sorgo, la avena y la caña de azúcar.

La fertilización con dióxido de carbono también puede beneficiar a las plantas aumentando su rendimiento en el uso de agua. En algunas plantas, el dióxido de carbono produce el cierre parcial de estomas, a través de los cuales pasa el dióxido de carbono a la hoja para la fotosíntesis y por los cuales escapa simultáneamente el vapor de agua durante la evapotranspiración. Este cierre parcial dejaría pasar de todos modos la misma cantidad de dióxido de carbono, ya que su índice sería mayor en un ambiente en el que éste fuera más abundante, pero reduciría la pérdida de vapor de agua, ya que el índice de humedad estaría un poco alterado. El efecto neto es que algunas plantas serían más resistentes a la escasez de agua (y menos sensibles a la contaminación ambiental, ya que los estomas parcialmente cerrados impiden la entrada de los posibles contaminantes nocivos en las hojas). Sionit y otros (1981) descubrieron que la fertilización con dióxido de carbono compensaba completamente la falta de agua cuando el trigo había crecido en un laboratorio en el que ésta no fuera suficiente para su máximo desarrollo. Mientras los períodos de escasez de agua debilitaron la producción de trigo con niveles normales de dióxido de carbono, la cosecha con 1.000 ppm fue la misma que las que no carecían de agua, y permanecieron en buen estado en condiciones de humedad que habían hecho marchitarse a sus semejantes.

Kimball (1982) revisó 437 experimentos publicados en este siglo, que trataban de la producción de cultivos agrícolas expuestos a diversas cantidades de dióxido de carbono, y concluyó que una duplicación del dióxido de carbono atmosférico aumentaría la productividad global en un 33 % sin usar otros fertilizantes ni más agua. Otros investigadores expresan un optimismo más comedido al indicar que el efecto de la fertilización con dióxido de carbono puede ser contrarrestado por el cambio de clima en algunas regiones. Revelle y Shapero (1978), por ejemplo, señalan que si la nubosidad media aumenta, la cantidad de radiación solar que llegue al suelo será menor y que la energía disponible para la fotosíntesis de las plantas disminuirá. No obstante, seguirá discutiéndose si los cambios climáticos, atribuibles al aumento directo de la fotosíntesis por una mayor presencia de dióxido de carbono, disminuirán los beneficios de la producción agrícola (Waggoner, 1984).

A pesar de la indiscutida tendencia global al calentamiento debida al efecto invernadero del dióxido de carbono y aunque las ventajas o desventajas de la mayor concentración de este compuesto, junto con los cambios climáticos previstos, aún están por debatir, un gran número de autoridades exigen que se tomen medidas internacionales sobre la emisión de dióxido de carbono. Evidentemente, el aumento de dióxido de carbono en la atmósfera y sus posibles efectos sobre el clima y las cosechas es un problema común, y si se ha de llevar a cabo una acción eficaz para frenar cualquier efecto no deseado, tendría que existir una cooperación internacional en la adopción de una estrategia de control de la contaminación (Hare, 1982). Será cuestión de hacer un examen serio sobre la posibilidad de abordar con éxito un control de la contaminación racional desde el punto de vista internacional (véase capítulo 11).

Habiendo revisado la naturaleza, fuentes y efectos de la contaminación atmosférica en los capítulos precedentes, pasaremos a examinar con detalle en la Parte II los diversos planteamientos nacionales e internacionales para el control de la contaminación atmósferica.

SEGUNDA PARTE

PROPUESTAS NACIONALES E INTERNACIONALES PARA EL CONTROL DE LA CONTAMINACIÓN ATMOSFÉRICA

Capítulo VII

Estrategias para el control de la contaminación del aire

7.1. Introducción

Una estrategia de control de la contaminación del aire se refiere al plan general adoptado por un país o, en ocasiones, por un grupo de países (como por ejemplo, la Comunidad Europea) para abordar los problemas de contaminación y para asegurar que las concentraciones de contaminación son reducidas o son mantenidas por debajo de un nivel específico o general que se considera aceptable. Estas estrategias pueden ser a corto o a largo plazo. Pueden ser diferentes de un país a otro, así como puede variar el nivel de contaminación que se considera aceptable, pero existen unos elementos comunes que permiten distinguir cuatro tipos de estrategias: 1) gestión de la calidad del aire, 2) estándares de emisión, 3) económicas, 4) coste-beneficio. Aunque las cuatro estrategias pueden separarse para discutir sus principales características, en la práctica los países frecuentemente adoptan una combinación de dos o más tipos. Esto se ilustra en posteriores capítulos que examinan una selección de propuestas nacionales para el control de la contaminación del aire con detalle.

7.2. Estrategia de Gestión de la Calidad del Aire

La estrategia de Gestión de la Calidad del Aire, en ocasiones conocida como estrategia de la gestión de recursos de aire, supone la designación del nivel de contaminación considerado como aceptable en los términos de un conjunto de estándares de calidad de ambiente (al aire libre), controlando luego las emisiones de contaminantes para asegurarse de que esos límites legales no sean excedidos (Weber, 1982). De Nevers y otros autores (1977) definen la gestión de la calidad del aire como la «regulación de la cantidad, localización y tiempo de emisiones de contaminantes en alcanzar un conjunto claramente definido de estándares u objetivos de calidad del aire» (fig. 7.1). Obviamente una propuesta que implica la regulación de las emisiones de millones de fuentes estáticas y móviles que tienen características, situaciones y modelos de uso variables no es sencillo y la estrategia produce un complicado paquete de normativa de control. Es, sin embargo, una estrategia empleada por muchos países: fue empleada por vez primera por la Unión Soviética en 1951, si bien es con los EE.UU. con los que esta propuesta se asocia más comúnmente y el país que ha aportado conocimientos sobre sus ventajas y sus inconvenientes. Esta estrategia consta de varios pasos que pueden discutirse provechosamente siguiendo una tipología de cinco apartados.

En primer lugar, los estándares u objetivos de calidad del aire ambiente tienen que ser especificados. Estos estándares pueden variar de un país a otro e incluso pueden ser cambiados en algún momento en un mismo país. Los estándares pueden ser aplicados en un ámbito nacional, regional o según las condiciones locales de uso de la tierra, topografía, meteorología, etc. Los estándares se basan, por regla general, en detalladas investigaciones científicas en los efectos de

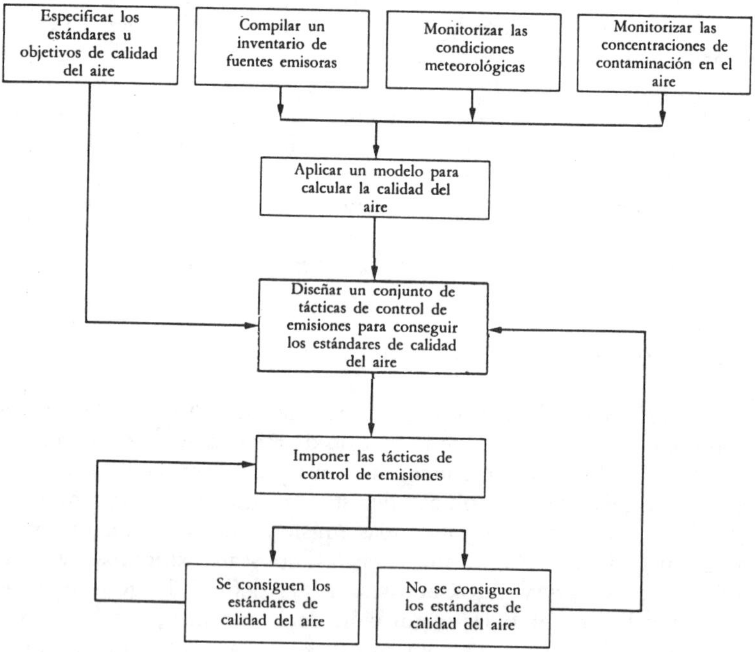

FIGURA 7.1.—Etapas de la estrategia de gestión de la calidad del aire.

distintos niveles de contaminantes aislados (o de combinaciones de contaminantes) sobre la salud pública, animales, vegetación, materiales, etc. Los estándares implican también, consideraciones de índole económica, social, técnica y política. Dado el número de consideraciones a realizar, no es sorprendente que sean corregidos de vez en cuando: por ejemplo, los estándares pueden hacerse más rigurosos si nuevas investigaciones científicas descubren un umbral de efectos más bajo del que se creía. Los estándares pueden ser relajados si, por ejemplo, el coste de controlar las emisiones de contaminantes a fin de conseguir los estándares se considera económicamente inaceptable para una nación.

En segundo lugar, para saber si las concentraciones reales de contaminación cumplen los estándares, es necesario un sistema de control de contaminación del aire. Esto requiere la adecuada cantidad y distribución de los aparatos de control de precisión y el equipo humano especializado capaz de mantener y utilizar dichos aparatos. Es vital disponer de un conocimiento preciso de la calidad del aire existente ya que, en la práctica, surgirán problemas. Así, por ejemplo, a pesar de que los EE.UU. cuentan con una impresionante red de control de calidad del aire que incluye más de 9.400 estaciones, se han presentado algunas dudas con respecto a la efectividad de este sistema. La General Accounting Office (Oficina de Supervisión General) en 1979, realizó muestreo de 243 estaciones de control que reveló el hecho de que un 81 % adolecía de uno o más problemas que podían afectar adversamente a la precisión y fiabilidad de los datos sobre la calidad del aire.

En tercer lugar, con el fin de controlar las emisiones de contaminantes en una zona para conseguir los estándares de calidad del aire, es necesario disponer de un inventario de las emisiones que se producen en las diversas fuentes. Idealmente, los índices de emisión de contaminantes y los parámetros sobre humos deberían conocerse para cada hora del día y para cada día del año en cada tipo de fuente emisora de contaminación. En la práctica, tan sólo es posible obtener unas cifras aproximadas, excepto en el caso de aquellas fuentes que constituyen un significativo aporte individual al total de emisiones en una zona y que, por tanto, se encuentran sometidas a un control más preciso. En el caso de un número elevado de pequeñas fuentes de emisión, los inventarios de fuentes emisoras tienen que recurrir con frecuencia al tratamiento colectivo de las mismas como fuentes emisoras de zona.

En cuarto lugar, es necesario un modelo matemático que permita calcular los niveles de contaminación del aire a partir de un inventario de emisiones de una zona sometida a unas condiciones meteorológicas cambiantes y predecir los niveles de contaminación del aire que producirán tras los cambios propuestos en las emisiones de una zona. Un modelo de este tipo es de importancia capital para la gestión de la calidad del aire en relación con el hecho de que las regulaciones alternativas de las emisiones puedan ser analizadas con el fin de comprobar si cumplen o no, los estándares de calidad del aire. La precisión de los modelos varía considerablemente debido a la capacidad con la que los distintos modelos pueden manejar la información sobre emisiones y a la complejidad de las relaciones físico-químicas y la dispersión atmosférica. La National Commission on Air Quality (1981), (Comisión Nacional para el Medio Ambiente), de los EE.UU. descubrió que esos modelos pueden predecir a la alta o a la baja a partir de unas concentraciones reales, por un factor de dos.

Los simples modelos «proporcional» o «reductor» adoptan linearidad en la relación entre los índices de emisión y las concentraciones de contaminación resultantes; por ejemplo, una región con unos niveles de anhídrido sulfuroso dobles del valor señalado en el estándar de calidad del aire alcanzará el estándar si el total de emisiones de anhídrido sulfuroso en dicha región se reducen a la mitad. Teniendo en cuenta que este modelo ha sido adoptado tan ampliamente, de Nevers y otros (1977) ponen de relieve las numerosas limitaciones de este modelo. De una mayor sofisticación son los de difusión o dispersión que pueden predecir las concentraciones de contaminación a partir del inventario de emisiones bajo condiciones meteorológicas variables teniendo, además, en cuenta la topografía de la zona. Estos modelos no sólo permiten el examen de varios programas de control de emisiones de las fuentes de contaminación existentes, sino que también valoran el probable impacto de nuevas fuentes. Los modelos más elaborados, tal y como señaló Gross (1982) son capaces de evaluar las consecuencias de las políticas propuestas sobre transporte y utilización del suelo (fig. 7.2). En este modelo, la configuración de las políticas de transporte y de utilización del suelo representa la primera etapa del Sistema de Simulación de la Calidad del Aire (Gross, 1982). Los resultados de esta etapa pasan a la etapa de emisiones del modelo donde, basándose en las características de las emisiones, las actividades de transporte y utilización del suelo se transforman en índices de emisión de contaminantes. Los resultados de esta etapa representan la distribución geográfica y la intensidad de las emisiones en una región. A partir de esta información, los modelos meteorológicos y de dispersión atmosférica se emplean para predecir la distribución espacial de las concentraciones de contaminación en la zona. El mapa previsto de las concentraciones de contaminación pone de manifiesto si el programa propuesto de control de

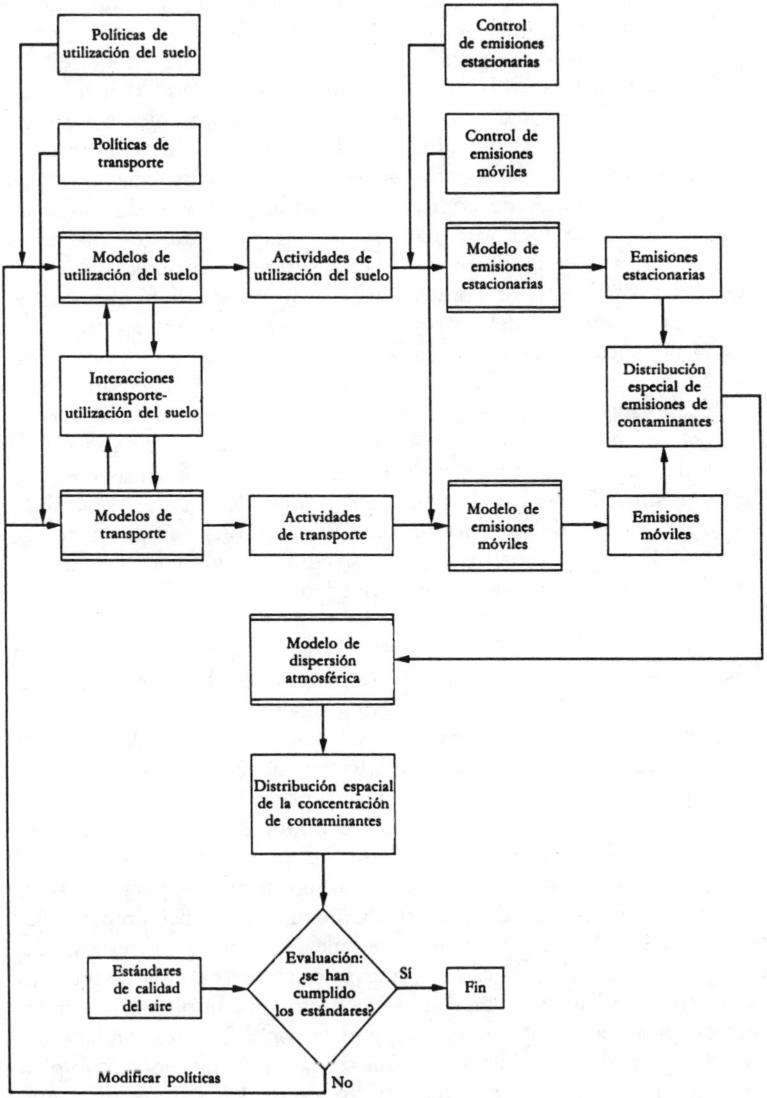

FIGURA 7.2.—Simulación del sistema de calidad del aire. *(Fuente:* Gross, 1982.)

emisiones tendrá como resultado el cumplimiento de los estándares de calidad del aire para un contaminante o grupo de contaminantes en particular. Revelará en qué zonas no será posible el cumplimiento de los estándares y, en consecuencia, podrán considerarse otras opciones alternativas para el control de las emisiones.

En quinto lugar y finalmente, dada la necesidad de reducir las emisiones en una zona a fin de conseguir el cumplimiento de unos estándares de calidad del aire, se hace necesario un conjunto de tácticas u opciones de control de emisiones. Cuanto mayor sea el número de opciones de control de emisiones de que disponga un gestor, más flexible podrá hacerse la estrategia de gestión de la calidad del aire para adaptarse a una situación concreta. Por una parte, las opciones de control de emisiones pueden implicar la planificación integral del abastecimiento energético, transporte, utilización del suelo y desarrollo industrial de una región. De forma más específica, las opciones de control de emisiones pueden incluir el establecimiento de estándares de emisión, restricciones en el uso de ciertos combustibles, la exigencia de instalar equipos de control de emisiones, el cierre de fábricas y la adopción de chimeneas elevadas en las mismas. Deberá analizarse la efectividad de todas estas posibilidades en conseguir la reducción de emisiones y el cumplimiento de los estándares de calidad del aire, así como su viabilidad técnica y económica, la velocidad con que pueden ser llevadas a cabo y su aplicabilidad.

Una de las principales críticas a la estrategia de gestión de la calidad del aire se refiere al uso de estándares de calidad de aire. Aunque el resultado de esos estándares legales sea la reducción de las concentraciones de contaminación hasta un nivel «aceptable» en una zona contaminada, se permite que la contaminación aumente hasta el estándar en una zona «limpia». Esto supone la degradación de la calidad del aire en lugares en donde ahora ésta es elevada. Para subsanar esta limitación muchos países adoptan una política especial de «no degradación» o «no deterioro significativo» para evitar el incremento en las emisiones de contaminantes en zonas limpias tales como áreas naturales, parques nacionales, lugares pintorescos, etc. Otra de las críticas a esta estrategia está relacionada con las exigencias de control ampliamente variables y los gastos que implica la contratación de empresas competentes en regiones con diferentes calidades de aire. En una planta industrial en una zona en donde no se cumplen los estándares se instalará un estricto control mientras que, una planta industrial idéntica en una zona en donde los estándares se cumplen puede ser sometida a un control bajo o nulo. Sin embargo y, con el fin de reducir estas anomalías que podrían acarrear una competencia económica injusta, el esquema de emisiones o los estándares para plantas industriales o procesos concretos suelen aplicarse en un plano nacional. Esto representa la adopción de una segunda estrategia de control de la contaminación del aire, a saber, la estrategia de estándares de emisión. Con bastante frecuencia se observa como los países adoptan lo mejor de ambas estrategias con el fin de atajar los problemas de contaminación del aire. Los EE.UU., por ejemplo, emplean la estrategia de gestión de calidad del aire para el control de los contaminantes llamados «contaminantes normales» (para los que se han establecido los estándares) y utilizan la estrategia de estándares de emisión para otra lista de contaminantes conocidos como «contaminantes peligrosos» (por ejemplo, berilio, mercurio, amianto).

7.3. Estrategia de los Estándares de Emisión

La estrategia de los estándares de emisión especifica la máxima cantidad o concentración de un contaminante que se permite emitir en una fuente dada. Los estándares de emisión se establecen para un gran número de contaminantes o combinación de contaminantes y pueden aplicarse a grupos específicos o emisores individuales. Si los estándares de emisión se derivan de la consideración de los estándares de calidad del aire, esto convierte a los estándares de emisión en una parte de la estrategia de gestión de la calidad del aire. Si los estándares de emisión se derivan de la consideración de la mejor tecnología de control y de otras consideraciones de índole económico, esta estrategia puede considerarse, entonces, completamente independiente de la estrategia de gestión de la calidad del aire. Con frecuencia se alude a esta estrategia como el «mejor medio posible» o como la estrategia «buena en la práctica» y suele asociarse con la tradicional propuesta británica sobre control de la contaminación del aire. El término «posible», se refiere a la «mejor tecnología de control disponible y económicamente viable». Esta propuesta pretende reducir la contaminación del aire en la mayor medida posible con los métodos prácticos disponibles, pero con la condición de que el coste de todo esto no resulte excesivo (OMS, 1972).

Los estándares de emisión se presentan bajo una gran variedad de formas, tales como la máxima concentración de una sustancia en un volumen de gas dado o la máxima opacidad de un penacho de humo. El anterior tipo de estándar de emisión puede complementarse mediante la especificación del tipo de aparatos de control que deben instalarse en las fuentes emisoras con el fin de satisfacer los estándares de emisión (por ejemplo, estándares de equipos o diseños). En otros casos, un estándar de emisión puede controlar la naturaleza del combustible quemado: por ejemplo, en el caso de las emisiones de anhídrido sulfuroso, un estándar de emisión para limitar el anhídrido sulfuroso emitido por unidad de combustible consumido especifica el uso de carbón con bajo contenido de azufre, concretamente, el 1 % en peso. Un estándar similar puede aplicarse al plomo en la gasolina. Es posible una cierta flexibilidad con ciertos estándares de emisión, tales como, por ejemplo, aquellos estándares que pueden ajustarse en relación a la altura de la chimenea, dada la mejor dispersión que se consigue en las chimeneas más altas.

Dado que resulta más caro instalar aparatos de control de contaminación en los equipos existentes que en los nuevos, esta estrategia conlleva, en la práctica, la especificación de requisitos diferentes para los casos de instalaciones existentes y nuevas. Según avanza la tecnología, haciendo posible, por tanto, establecer un estándar más bajo de emisión, van apareciendo nuevas fuentes de contaminación que exigen un control más estricto.

La estrategia de estándares de emisión es una estrategia relativamente simple de aplicar y, como tal, ha sido inicialmente adoptada por muchos países con la intención de controlar la contaminación producida por grandes fuentes de emisión aisladas que se consideraron los mayores contaminantes. Algunos sostienen que la estrategia de los estándares de emisión es mejor que la de gestión de la calidad del aire, puesto que, una vez que los estándares de calidad del aire han sido establecidos, es necesario calcular la reducción de emisiones necesarias de las fuentes de contaminación. Lo mejor que se puede hacer en cuanto a tratar de conseguir los estándares de calidad del aire es convencer a cada emisor para que reduzca las emisiones hasta llegar a satisfacer un estándar de emisión, que estará basado, en último término, en el juicio de alguien sobre lo que debe entenderse por «bueno en la práctica». De este modo, se argumenta, ¿por qué no olvidar el desarrollo de los estándares de calidad del aire ambiente, monitorización del aire, modelos de difusión, etc. y exigir simplemente, a todos los emisores, el ir directamente a un estándar de emisión «bueno en la práctica»? Sin embargo, esta visión pone de manifiesto la principal crítica a la estrategia de los estándares de emisión en el aspecto de que no hace públicamente evidente ningún juicio explícito sobre cuál va a ser el nivel de calidad del aire que se va a considerar como aceptable, bien sea con respecto a la protección de la salud pública, vegetación, animales y materiales, o bien como norma. No garantiza la medida del logro o mantenimiento de la calidad aceptable del aire (Wilde, 1978). En la práctica, sin embargo, la decisión de qué estándar de emisión adoptar, inevitablemente considera, no sólo los aspectos económicos y tecnológicos, sino también los efectos de la contaminación en la salud humana y el impacto sobre el entorno, así como el clima político y la opinión pública (OMS, 1972).

Indirectamente, por lo tanto, la calidad del aire se considera frecuentemente en esta estrategia y raramente se encuentra en su forma pura.

7.4. Estrategias económicas

Idealmente, las estrategias a partir de una propuesta basada en la economía para el control de la contaminación del aire deberían ofrecer incentivos económicos a las fuentes de emisión que consiguieran reducir la contaminación con los medios más rentables (Anderson y cols., 1977; Magat, 1982; Rosencranz, 1981). Existe una gran variedad de estrategias económicas para controlar la contaminación del aire, si bien el empleo de tasas de emisión y licencias de contaminación son las más frecuentemente citadas.

La estrategia de las tasas de emisión se basa en exigir a aquellos que contaminan el pago de unas tasas relacionadas con la cantidad de contaminación que cada uno emite, con el propósito de dejar la elección a los contaminadores de contaminar o pagar. Esta estrategia reconoce que las distintas fuentes de contaminación tienen distintos costes marginales de control, que unas pueden ser controladas de una forma más barata que otras y que se obtendría un ahorro para la sociedad si algunas fábricas redujesen las emisiones en mayor y otras en menor medida. Una tasa de emisión adecuada y uniformemente establecida que gravase una unidad (por ejemplo, una tonelada) de contaminante emitido, podría conseguir un nivel de calidad del aire establecido colectivamente al mínimo coste total para la sociedad (Krier und Ursin, 1977). Asumiendo que todas las fuentes desearan minimizar sus costes totales derivados del sistema de tasas de emisión, cada una equilibraría los gastos en control (para reducir sus emisiones y así, su responsabilidad en cuanto a su tasa) y los pagos de la tasa de emisiones (en aquellas unidades de contaminantes emitidos después del control) de la manera que cada una estimase más económica. Una propuesta económica de este tipo ofrece el incentivo a las empresas que encuentren nuevas técnicas y nuevos productos que contribuyan a reducir las emisiones contaminantes.

La calidad del aire resultante de esta estrategia depende de la seguridad de que las tasas se establezcan con precisión en función de cada contaminante. Puede ser necesario ajustar constantemente la tasa de emisión hasta que la calidad del aire que la sociedad considera como aceptable se haya alcanzado. En este sentido, esta estrategia puede considerarse como una táctica empleada en la gestión de la calidad del aire para conseguir los estándares en ese terreno. Sin embargo, podría emplearse en su forma pura y, quizás, emplear las tasas en compensaciones para las víctimas de la contaminación y en subsanar los daños causados por la misma. Así, por ejemplo, algunos aeropuertos internacionales han establecido un sistema de tasas en relación con el ruido que producen los aviones y emplean los fondos recaudados en financiar el aislamiento sonoro de las viviendas de la zona. Las tasas de emisión para cada contaminante deberían ser ajustadas teniendo en cuenta el incremento del número de fuentes emisoras (si se pretende que no se deteriore la calidad del aire) y de manera que reflejasen los aumentos generales de precios. El establecimiento de las tasas para cada contaminante resultaría muy discutible y vendría acompañado de una considerable disputa política.

Las limitaciones de esta estrategia se derivan del hecho de que los contaminadores con unos mercados fuertes podrían limitarse simplemente a ir pagando mientras traspasan dichos pagos a sus consumidores. Además, los equipos para monitorizar continua y precisamente los contaminantes en su fuente no están disponibles en muchos casos. Esta estrategia requiere el control de las emisiones en sus fuentes individuales, por lo que tiende a verse limitada a las grandes fuentes de emisión industriales. Esta es la forma en que ha sido adoptada en Checoslovaquia y Alemania Oriental. La aplicación de esta estrategia a las numerosas fuentes de emisión de pequeña escala tales como calefacciones domésticas y vehículos a motor sería mucho más compleja. Incluso a pesar de esto, Mills y White (1978) propusieron una «tasa de escape» para las emisiones de los vehículos a motor que se calcula midiendo los niveles de emisión al principio y al final del año y multiplicando por la distancia recorrida. Su argumento sostiene que esta tasa de escape supondría un incentivo para los conductores que les haría asegurarse de que los aparatos de control de emisiones de los tubos de escape se mantenían en un correcto estado de funcionamiento.

Existen muchas formas de tasas de emisión que pueden usarse como incentivos para los contaminadores o para reducir o eliminar la contaminación que éstos originan, entre las que se encuentran los impuestos sobre combustibles o aditivos de los mismos: por ejemplo, en Noruega se introdujeron los impuestos sobre combustible en 1971 por medio de los cuales se grava un impuesto básico sobre cada unidad de petróleo, junto con una tasa adicional basada en su contenido en azufre. Con el fin de incentivar en mayor medida a aquellas fuentes emisoras que reduzcan las emisiones de contaminantes, en Noruega se introdujeron después descuentos a los contaminadores en proporción a la reducción de contaminación que cada uno conseguía (OCDE, 1980). Las tasas de penalización o multas, que han sido ampliamente adoptadas, constituyen otra forma de incentivar a quienes no transgreden los estándares de contaminación. En Suzhou, por ejemplo, una ciudad de la provincia china de Jiangsu, se establece la cuantía de la multa a pagar según el volumen de residuos emitido (en Tm o m^3), multiplicado por la cantidad de contaminantes que superan los estándares nacionales (en %), y por la multa estándar de cada unidad de residuos que exceden los estándares nacionales (Chang, 1985). En Japón, la multa se establece en base a los niveles de emisión de las grandes fuentes de anhídrido sulfuroso, en áreas contaminadas. Estos procedimientos se emplean, en parte, para la atención médica de aquellos pacientes afectados por la contaminación medioambiental (Wetstone y Rosencranz, 1983). Otros incentivos económicos adoptados por algunos países incluyen ayudas o primas para la instalación de equipos de control de contaminación, exenciones fiscales a empresas que utilizan residuos como materias primas principales para su producción, así como aranceles y gravámenes en la importación de materiales o equipos contaminantes (de Nevers y otros, 1977). La elección del incentivo económico depende, en último extremo, del propósito de esta estrategia, si se trata de reducir en general unos tipos específicos de contaminación, reducirla en unas áreas geográficas determinadas, reasignar fondos para la investigación sobre control de la contaminación, o para compensar a las víctimas de la contaminación ambiental (Rosencranz, 1981).

Una estrategia alternativa, basada en la economía u orientada al mercado, y que evita algunos de los problemas de la estrategia de las tasas de emisión la constituye un sistema de «permisos de contaminación» o «títulos de contaminación». La autoridad competente determina la cantidad total de emisiones que se permiten en un área y emite el número equivalente de permisos o títulos de contaminación, que pueden ser comercializados, subastados o asignados de alguna manera. Aunque el empleo de esta estrategia es posible como tal, suele emplearse con mayor frecuencia como táctica de reducir las emisiones dentro de la estrategia de gestión de la calidad del aire.

En los EE.UU., se ha adoptado una «política comercial de emisiones», lo que representa una acción hacia el sistema de los permisos de contaminación comercializados (Brady, 1983). La política comercial de emisiones establecida en 1982, incorpora unas políticas previas conocidas como «burbuja», «compensaciones» y «banca», como simple instrumento de transacciones: el «crédito de reducción de emisiones». La política de burbuja, fue la primera propuesta con una base implícitamente comercial, que se empleó como medio de reducir las emisiones de los EE.UU. Permite a las empresas la colocación de una burbuja imaginaria sobre los múltiples focos de emisión de su fábrica y les es asignada una limitación de emisión global máxima para su burbuja (fig. 7.3). En el interior de la burbuja, la empresa puede incrementar las emisiones en uno de los focos siempre que se acompañe de una reducción compensatoria mayor o equivalente en otro de los focos de la burbuja. Esta política permite los acuerdos dentro de la empresa sobre reducción de emisiones. La política de «compensaciones» amplía el concepto de burbuja hasta permitir el comercio con los permisos de emisión entre actividades no localizadas en la misma fábrica o que no pertenecen a la misma empresa. Esto requiere una reducción en las emisiones mayor del uno-por-uno para poder conseguir una mejora en la calidad del aire. Las empresas que reducen las emisiones en mayor cuantía que la exigida por las autoridades de las políticas de burbuja o de compen-

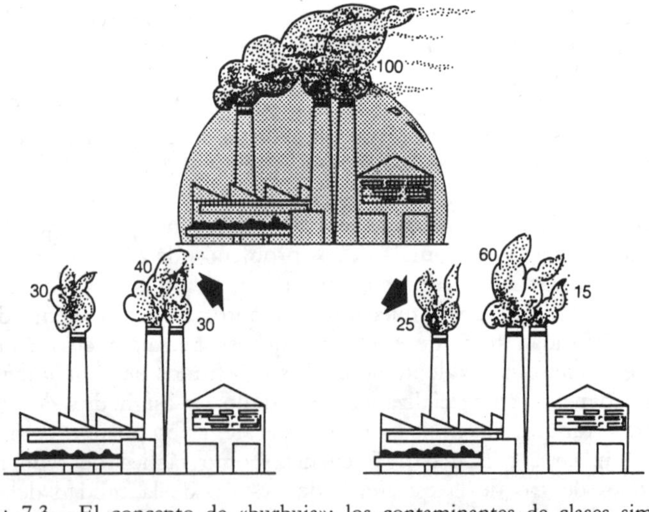

FIGURA 7.3.—El concepto de «burbuja»: los contaminantes de clases similares que se producen en las distintas fuentes de una fábrica, pueden ser controlados para minimizar los costes, consiguiendo que la emisión total de dicha fábrica se mantenga dentro de un límite establecido. [*Fuente:* US EPA (Agencia para la Protección del Medio Ambiente), Research Triangle Park, North Carolina.]

saciones disponen de un crédito en el «banco» de las reducciones de emisión que pueden utilizar para ampliar su fábrica o, incluso, para comercializarlo con otras empresas. Es evidente que debe imponerse unos límites a estas transacciones de créditos de reducción de emisiones para asegurar que este comercio no contribuye a la violación de los estándares de calidad del aire (Brady, 1983).

Dado el éxito de este sistema hasta la fecha, es probable que las empresas presionen para seguir una adopción mucho mayor de esta estrategia para el control de la contaminación en los EE.UU. (ver apartado 8.11). Sin embargo, se requiere un control muy preciso de las emisiones y de la calidad del aire, así como un sistema de supervisión y aplicación de esta estrategia, para que pueda tener éxito. Con esta estrategia orientada al mercado, es, desde luego, posible que una empresa pudiera comprar más permisos de contaminación de los que necesita, con la intención de aventajar a sus competidores, en cuyo caso el mercado dejaría de funcionar. Rosencranz (1981), hace una interesante observación sobre el hecho de que, según es de suponer, los grupos ecologistas tratarían de comprar todos los permisos posibles para mejorar la calidad del aire. No es, sin embargo, probable que esto ocurriera ya que la compra-venta de los derechos para contaminar resulta, de todo modo, inaceptable para los grupos mencionados.

7.5. Estrategia del coste-beneficio

La estrategia del coste-beneficio pretende, en primer lugar, cuantificar los costes de todos los daños producidos por los contaminantes del aire y los costes de todos los medios conocidos de controlar esos contaminantes y adoptar, después, la opción u opciones que minimicen la suma de los daños producidos por contaminación y los costes para su control. La figura 7.4 ilustra esta propuesta de manera conceptual. Si no se realizan gastos en controlar la contaminación, la concentración de contaminación ambiental será elevada y los costes de los daños producidos por la misma, grandes.

Al aumentar los gastos de control, la concentración de la contaminación y los costes por los daños que ésta acarrea, disminuyen. Los gastos de control se elevan vertiginosamente cuando la concentración del medio ambiente se aproxima a cero. La curva de costes por daños producidos, empieza en un valor bajo —concentración mínima o cero—, y va incrementándose rápidamente para concentraciones más altas. El valor mínimo de la suma de ambos se corresponde con una concentración intermedia. Este mínimo es el óptimo;

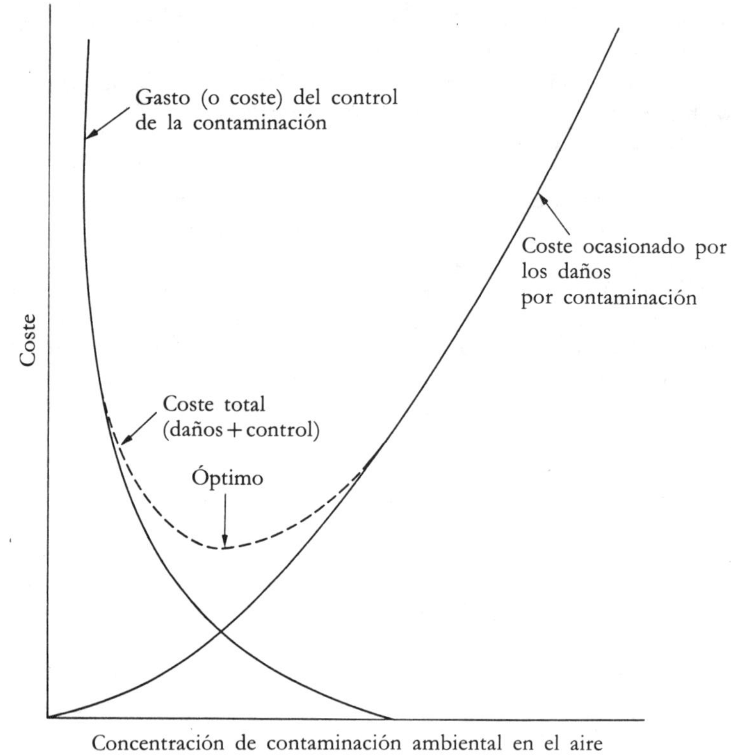

FIGURA 7.4.—Representación esquemática de la relación entre gasto en control de la contaminación, coste de los daños causados por la misma y concentración de contaminación ambiental en el aire.

cualquier gasto por encima o por debajo de este valor se considera un total despilfarro por parte de la sociedad (de Nevers, 1981).

Una propuesta de este tipo es excesivamente compleja, dado que es necesario asignar valores a todos los tipos de daños producidos por la contaminación, incluyendo las muertes prematuras, los diversos grados de enfermedad, el deterioro de las propiedades, reducciones en la producción y cantidad de las cosechas, los daños irreparables a monumentos históricos, así como la degradación de la visibilidad. Debe considerarse el efecto de todos los contaminantes tanto a corto como a largo plazo. De forma similar, todos los costes del control de la contaminación deben ser considerados, incluyendo equipos, administración, efectos en los modelos de desarrollo y desempleo. Por el momento, nuestros conocimientos no son suficientes como para que nos sea posible cuantificar todas las numerosas variables que intervienen en el análisis del coste-beneficio de los efectos de la contaminación y el control de la misma. Sin embargo, algo se está progresando en la evaluación de los costes y los beneficios asociados, incluso en el caso de los problemas de contaminación más complicados, tales como el deterioro de la visibilidad. Kneese (1984), describe una metodología desarrollada para determinar cuánta gente estaría dispuesta a efectuar un gasto para mantener las condiciones de buena visibilidad en Parques Nacionales. En el futuro, la estrategia del coste-beneficio ganará adeptos entre aquellas naciones que deseen integrar el control de la contaminación con otras políticas como las de agricultura, industria, energía, transporte y gestión del uso de la tierra.

7.6. Elección de una estrategia

Si bien algunos intentos de acometer los problemas de polución medioambiental datan del final del siglo pasado, o incluso de fechas anteriores, la mayoría de los países adoptaron sus estrategias de control de contaminación en las décadas de los 50, 60 ó 70. Casi todos eligieron la estrategia de gestión de la calidad del aire o la de los estándares de emisión, o bien, una combinación de ambas (Martin, 1975; Campbell y Heath, 1977). La URSS dispone de más de 100 estándares nacionales de calidad de aire y algunos estándares de emisión. Los EE.UU. son otro de los grandes partidarios de la propuesta de gestión de la calidad del aire, aunque disponga de una buena cantidad de estándares de emisión y a pesar de que recientemente haya introducido ciertos puntos de estrategias con una base económica. En contraste, el Reino Unido ha empleado, tradicionalmente, la estrategia de los estándares de emisión apoyándose en la idea del «mejor medio posible», contemplado en la Ley de Normativas sobre Alcalis y Trabajo, de 1863 (Alkali and Works Regulation Act). Sin embargo, su entrada en la Comunidad Europea, que adoptó la estrategia de gestión de la calidad del aire como política común en 1980, provocó un cambio radical en las propuestas británicas sobre control de contaminación medioambiental, lo cual ocurrió también en Dinamarca e Irlanda. Probablemente en el futuro exista una mayor uniformidad de criterios en cuanto a la elección de estrategias, ya que el problema del transporte de contaminantes a grandes distancias es objeto de una creciente atención.

Existen numerosos argumentos sobre cuál es la mejor estrategia (de Nevers y otros, 1977; Wall, 1976), pero la conclusión a la que se va llegando cada vez más es que resulta posible hacer uso de las ventajas de dos o más estrategias. Persson (1977), argumenta, por ejemplo, que para fuentes emisoras unitarias y para pequeñas áreas industriales con buena dispersión atmosférica, los estándares de emisión y la exigencia de chimeneas suficientemente altas basada en el mejor medio posible, garantizará una calidad del ambiente superior a la exigida por el estándar. No es necesaria una política especial de no-degradación. En grandes áreas industriales urbanas, el estándar de calidad del medio ambiente deberá ser el factor determinante de la normativa y planificación de sistemas relativos al desarrollo industrial, suministro energético y transporte. Además, en épocas de restricciones económicas, la incorporación de algunos puntos de las estrategias basadas en la economía, puede ser muy beneficiosa. En general, la estrategia nacional evoluciona y cambia en el tiempo y, últimamente, la naturaleza de los detalles de la estrategia adoptada por un país, es única para ese país. Los siguientes capítulos estudian la naturaleza de los problemas de la contaminación del ambiente en algunos países elegidos o en grupos de países, y la estrategia y tácticas adoptadas para abordar dichos problemas, consiguiendo así unos niveles de contaminación aceptables.

Capítulo VIII

El control de la contaminación en los EE.UU.

8.1. Los primeros años: la contaminación como perjuicio local

Con anterioridad a la década de los años 40, a pesar de que las comunidades experimentaban una severa contaminación medioambiental, las medidas de control se limitaban a observaciones de pasada en las legislaciones locales o a litigios privados en demanda de que la contaminación ambiental fuera contemplada como perjuicio en el derecho consuetudinario. La preocupación por la polución ambiental se centraba exclusivamente, en las emisiones visibles, en especial, en los humos. La primera legislación municipal que prohibía la emisión de humos «densos», se promulgó en 1881, en Chicago y en Cincinnati (Stern, 1982). En 1902, de 28 ciudades de los EE.UU. con una población superior a las 200.000 personas, 23 disponían de programas para la disminución de humos «densos», «negros», o «grises». Con el crecimiento y la concentración de las actividades que acompañaron la urbanización, los inconvenientes de la contaminación surgían con frecuencia y afectaban a un mayor número de personas, si bien se seguía considerando que la polución era un problema de humos densos y que debía ser tratado en un ámbito local. La ley de California de 1947 fue la primera ley de un estado que abordaba la contaminación ambiental considerando otros factores, además de los humos densos, y en Oregon (1952) entró por primera vez en vigor una legislación exhaustiva de un estado sobre control de contaminación.

8.2. California «descubre» la contaminación ambiental

De 1943 en adelante, en Los Ángeles se comenzó a experimentar, con una frecuencia cada vez mayor, una serie de episodios de un misterioso nuevo tipo de contaminación en el aire, pardusca, nebulosa e irritante y que era más persistente y muy distinta de los tipos de neblinas de humos que habían afectado a la mayoría de los núcleos urbanos, por lo menos desde la mitad del siglo XIX en adelante (Krier y Ursin, 1977). La reducción de la visibilidad que acompañaba a estos fenómenos propició el uso común del término «smog» (niebla espesa con humos) (fig. 8.1). Dado que el término se acuñó originalmente a partir de las palabras «smoke» (humo), y «fog» (niebla), es, en realidad, un nombre inadecuado para los casos de polución fotoquímica del aire.

Durante los smogs de Los Ángeles, muchos miles de personas sufrieron irritaciones de ojos y de nariz, y se exigió una solución para acabar con estos misteriosos episodios.

Con mucho optimismo, el alcalde inició, en una conferencia en agosto de 1943, «que se conseguiría la eliminación total del smog en cuatro meses» (Krier y Ursin, 1977). Se clausuró una fábrica de caucho sintético que producía unas emisiones claramente visibles, al parecer, como víctima propiciatoria; una rápida sucesión de ordenanzas, cuyo objetivo era el anhídrido sulfuroso, fueron aprobadas en el sur de California y se promulgó la Ley de Control de Contaminación del Medio Ambiente de California (California Air-Pollution

FIGURA 8.1.—La niebla *(smog)* fotoquímica continúa siendo un problema en Los Ángeles, a pesar de la adopción de unas estrictas políticas de control de la contaminación.

Control Act), en 1947. La Ley de 1947 permitía, no exigía, la creación de distritos de control de contaminación del aire y presentaba un programa para el control de la polución y, al mismo tiempo, mantenía el habitual nivel de actividad de la industria. Sin embargo, cualquier acción efectiva estaba limitada por el hecho de que seguía sin conocerse la causa del smog. Los smogs continuaron sin disminuir en absoluto, ya que ninguna medida de control se había dirigido a los vehículos de motor, cuyo papel en la producción de smog se creía (de acuerdo con la experiencia en la investigación sobre contaminación del aire llevada a cabo en ciudades del este), relativamente despreciable en comparación con las fuentes industriales y municipales de polución.

Los primeros signos de culpa en la producción del smog que se relacionaron con el vehículo de motor surgieron en noviembre de 1949, cuando los equipos de fútbol americano de las Universidades de California y de Washington State celebraron un partido en Berkeley, al norte de California. Muchos miles de espectadores sufrieron irritación de ojos, la marca del smog de Los Ángeles, pero solamente en Berkeley. El tiempo era similar al que solía asociarse con los casos graves del smog de Los Ángeles, si bien ningún tipo de actividad industrial inhabitual había tenido lugar en Berkeley.

El único hecho desacostumbrado fue la concurrencia del enorme número de vehículos en el estadio, lo que obligaba a tener los motores al ralentí, parar el motor y arrancarlo una y otra vez, en el atasco que se produjo. Fue así, posible, llegar a la conclusión de que la causa de la intensa irritación de ojos estaba relacionada de alguna forma con las emisiones de los escapes de los coches. A raíz de este incidente y, a partir de una serie de investigaciones, el profesor A. J. Haagen-Smit manifestó que el smog de Los Ángeles surgió debido a que ciertos contaminantes, principalmente los originados en vehículos de motor, refinerías de petróleo e incineradores domésticos, se convertían en agentes irritantes para los ojos y la nariz mediante reacciones fotoquímicas. Las más importantes de las partículas contaminantes eran los hidrocarburos volátiles y los compuestos oxigenados del nitrógeno que, en presencia de la luz del sol, producían los agentes oxidantes contaminantes del ozono y del PAN entre otros. Estos descubrimientos fueron acogidos con escepticismo por parte de la industria del automóvil, la industria petroquímica y por el público amante del automóvil. Sin embargo, a mitad de la década de los años 50, ciertas investigaciones independientes confirmaron las tesis de Haagen-Smit y situaron el vehículo de motor a la cabeza de la lista de causantes del smog de Los Ángeles, a pesar de que la industria del automóvil se encargó de publicar una serie de descubrimientos entre 1954 y 1959 que contribuyeron a añadir confusión al debate y provocaron una demora en la aplicación de las medidas de control en los automóviles.

A partir de los descubrimientos de Haagen-Smit en 1950, el Distrito de Control de Polución del Aire de Los Ángeles (Los Angeles Air Pollution Control District), se enfrentó con un dilema en sus intentos de introducir un programa de control inmediato y efectivo. No podría requerir la instalación de aparatos de control en los vehículos vendidos en el país hasta que algún suministrador nacional ofreciese uno satisfactorio, y ese aparato no estaba disponible. Esto significa que el problema del smog sólo podía solucionarse a corto plazo si el Condado de Los Ángeles restringía el uso de los vehículos de motor. Se consideraron otras medidas tales como la promoción de la utilización del automóvil con un número mínimo de pasajeros, la creación de un sistema de tránsito rápido, la prohibición de los vehículos a ciertas horas o en ciertas zonas, así como la imposición de un impuesto de smog a los automóviles. La reticencia a adoptar alguna de estas medidas sin convicción alguna, pusieron de manifiesto la creencia, muy extendida por la comunidad de Los Ángeles, de que el problema era más científico, tecnológico o de ingeniería, que social, político o legal. Si había que encontrar soluciones, éstas serían de tipo tecnológico.

Muchas de estas «soluciones» fueron propuestas durante la década de los años 50. Alguna de las sugerencias incluía la eliminación de la baja inversión térmica que atrapaba el smog, por medio del uso de ventiladores en el suelo, helicópteros o por medios térmicos; la eliminación de la luz del sol y así, del smog mediante la producción de un gigantesco parasol de humo blanco sostenido por alguna aeronave, a gran altitud sobre la ciudad; sacar el smog de la cuenca de Los Ángeles a través de túneles excavados en las montañas y empleando enormes ventiladores; y sembrar el aire de algún agente capaz de «neutralizar» el smog. Aunque algunas de estas proposiciones técnicas muestran un cierto grado de desesperación y falta de esperanza en relación con el problema del smog, la magnitud del problema aún existente en la cuenca de Los Ángeles en los años 80, llevó a Heicklin (1981), a sugerir, como solución tecnológica, el empleo de dietilhidroxil-amina, como inhibidor químico del smog «relativamente barato y seguro».

Con un control de la contaminación tan poco efectivo en California, no es sorprendente que la polución empeore durante la década de los 50. Comenzando en 1920, California experimentó un enorme crecimiento en su población, industria y el consiguiente aumento del número de vehículos de motor, continuando esta tendencia en los años 50. El número de vehículos de motor matriculados en California aumentó de tres millones en 1945, a cinco millones en 1950 y luego, a siete millones, en 1956. A finales de los años 50, la polución del aire en California, había dejado de ser un problema exclusivo de Los Ángeles, habiendo pasado a afectar a la mayoría de los núcleos urbanos y a algunas zonas rurales repartidas por todo el estado. En 1960, en California fue promulgada la Ley para el Control de la Contaminación de los Vehículos de Motor (Motor Vehicle Pollution Control Act), que exigía que todos los vehículos nuevos incluyesen ciertos elementos tecnológicos certificados de control de contaminación; este fue el primer paso positivo hacia la reducción de las emisiones de los vehículos, que eran los causantes del smog. Esta Ley se promulgó cinco años antes de hacerlo la Ley federal del mismo nombre y supone un ejemplo de la tendencia de California a liderar la legislación relativa al control de contaminación, con el gobierno federal siguiendo —a veces literalmente— sus pasos. La experiencia de California tanto en políticas de control de contaminación como en cuanto a campo de pruebas o ensayos, tuvieron una influencia decisiva en la dirección que tomaron las políticas federales al respecto durante la década de los 60. La relevancia de las políticas de California se hizo aún mayor cuando, a principios de los años 60, la contaminación fotoquímica comenzó a afectar a ciudades como Nueva York y Filadelfia.

8.3. El Gobierno Federal asume el problema

Aunque los smogs de Los Ángeles, que irritaban los ojos en los años 40, fueron advertidos por los medios de comunicación de todo el país, no fue hasta 1948 en que, un smog de 6 días en Donora, Pennsylvania, causó 6.000 casos de enfermedad y 20 muertes, que la polución del aire mereció la atención federal (Schrenk y otros, 1949). El episodio de Donora, junto con los smogs de Londres que, en 1952 causaron 4.700 muertes, y los de Nueva York, de 1953, cuyo saldo final fue de 200 muertes (Greenburg y cols., 1962), activaron los planes de una conferencia nacional sobre contaminación del medio ambiente y la presentación en el Congreso de unas cuantas demandas (de las que ninguna fue atendida). Estas demandas solicitaban simplemente unos estudios federales de mayor alcance: el control fue considerado como responsabilidad estatal y local. La Ley de Contaminación del Medio Ambiente (Air Pollution Act), que fue promulgada finalmente en 1955, reflejaba la misma visión: la legislación federal delegaba los esfuerzos normativos sobre control a los gobiernos del estado y local. Autorizó cinco millones de dólares anuales durante cinco años (más tarde ampliado hasta 1964), para apoyar la investigación, aportar asistencia técnica a organizaciones públicas y privadas, así como llevar a cabo la formación del personal técnico. Aunque la primera legislación nacional limitaba el papel federal a la aceptación pasiva de las políticas de los gobiernos estatales y locales, marcó el principio de la implicación federal que se transformaría, más tarde, en un papel intervencionista e iniciador de políticas. En 1960, el reconocimiento de que la contaminación era un problema asociado con los vehículos de motor había alcanzado una aceptación en el ámbito nacional que puso de manifiesto la entrada en vigor de la Ley de Estudio de los Escapes de los Vehículos de Motor (Motor Vehicle Exhaust Study Act), conocida como Ley Schrenk. Esta Ley de 1960, exigió que el Cirujano General llevase a cabo una serie de estudios sobre los efectos en la salud, de las emisiones de los escapes de los vehículos de motor. La problemática de la polución del aire se hizo acreedora de una mayor atención nacional en diciembre de 1962, con la Segunda Conferencia Nacional sobre Contaminación del Medio Ambiente. Esta reunión coincidió con el smog de Londres que causó 700 muertes, lo cual se utilizó como evidencia de la urgencia con que los problemas de contaminación debían ser abordados. La Ley de Medio Ambiente (Clean Air Act), de 1963, homónima de las incursiones federales mayores que seguirían en 1970, amplió los programas de investigación y asistencia técnica, iniciados en 1955, aportando poderes federales limitados para investigar y suprimir aquellas emisiones contaminantes que pusieran en peligro la salud y el bienestar, instruyendo al Departamento de Salud, Educación y Bienestar para el desarrollo de criterios sobre los efectos de la polución del aire y su control (consejos a seguir o ignorar por parte de cada estado o gobierno local), e incrementó la investigación y el desarrollo de aparatos y combustibles que contribuyesen a la disminución de las descargas contaminantes industriales y de los vehículos. La atención federal a los automóviles, aumentó notablemente algún tiempo después, cuando se empezó a atribuir repetidamente al automóvil, la mitad de la culpa de los problemas nacionales de contaminación.

La Ley de Control de Contaminación de los Vehículos de Motor (Motor Vehicle Pollution Control Act), de 1965, llevó al gobierno federal a la necesidad de controlar las emisiones de los vehículos de motor, con el establecimiento de los estándares nacionales de emisión para vehículos nuevos, que comenzaba con los modelos de 1968. A ningún estado, salvo a California, le fue permitido adoptar nuevos estándares sobre vehículos más estrictos que los federales: se aceptaba que los problemas de contaminación de California eran excepcionales. Los estándares de emisión para vehículos nuevos pusieron en tela de juicio la viabilidad tecnológica y el coste económico de los fabricantes de vehículos para satisfacer los estándares que surgieron, que eran similares a aquellos adoptados por California.

La presión en demanda de un mayor control federal de la contaminación del aire, fue en aumento a lo largo de la década de los 60. Los episodios de contaminación, seguían presentándose con, por ejemplo, uno de 4 días en la ciudad de Nueva York, en noviembre de 1966, que causó 80 muertes y obligó al Gobernador Rockefeller a declarar el estado de emergencia (fig. 8.2). En 1966, poco más de la mitad de la población urbana del país disfrutaba de un control local de contaminación; de casi 600 condados con una población superior a los 50.000 habitantes, menos de 90 disponían de programas de control, y, en su mayoría, esos programas distaban mucho de ser adecuados (Krier y Ursin, 1977). Como la Ley de Medio Ambiente había dejado mucho a la iniciativa de cada estado, la insatisfacción del Congreso por los lentos progresos de algunos estados propiciaron la Ley de Calidad del Medio Ambiente (Quality Air Act), de 1967, que por fin exigía a los estados el establecimiento de unos estándares de calidad del medio ambiente en concordancia con los criterios federales y diseñar, más tarde, los planes complementarios a través de los que fuera posible conseguir dichos estándares de calidad del medio ambiente. Si los estados no conseguían establecer o imponer los estándares, el Ministerio de Salud, Educación y Bienestar, podría intervenir. Sin embargo, aunque el gobierno federal podía, ahora, intervenir, si bien sólo después de haber seguido los largos pasos del procedimiento, la Ley todavía delegaba la principal responsabilidad respecto al control de la contaminación del aire, a los gobiernos locales y de los estados.

Algunos estados no tardaron en adherirse a la Ley de 1967. California, que estaba exenta del cumplimiento de la ley federal por la que ningún estado podía adoptar estándares de emisión para nuevos vehículos más estrictos que los establecidos por el gobierno federal, pasó a la Ley del Aire Puro (Pure Air Act), de 1968, que contenía una serie de estándares de emisión concretos para vehículos de fabricación posterior a 1970 y relativos a hidrocarburos, monóxido de carbono y óxidos de nitrógeno. Esta ley estatal reconocía los defectos de los intentos previos de control de la contaminación fotoquímica, que no habían tenido en cuenta un estándar de emisión para los óxidos de nitrógeno. Dentro de los estándares de emisión, anteriormente sólo se habían contemplado los hidrocarburos y el monóxido de carbono; de esta manera, se ignoraba el hecho de que,

FIGURA 8.2.—El *smog* (niebla) de cuatro días en la ciudad de Nueva York, en noviembre de 1966, hizo que se declarase el estado de emergencia.

mientras las emisiones de hidrocarburos y de monóxido de carbono estaban controladas, las de óxidos de nitrógeno seguían aumentando.

Aunque las emisiones de hidrocarburos, monóxido de carbono y óxidos de nitrógeno podían reducirse en cierta medida realizando algunas modificaciones en la combustión del motor, el cumplimiento de los estándares de emisión exige la instalación de convertidores catalíticos. El tipo más sencillo, conocido como catalizador de oxidación, consiste en un recipiente con una pieza de cerámica porosa recubierta por una delgada capa de platino, paladio u otros metales nobles del grupo del platino. Los gases del escape se mezclan con una baja cantidad de aire, que suministra una pequeña bomba, exactamente antes de entrar al recipiente. El platino cataliza la reacción entre el monóxido de carbono y los hidrocarburos, de la que resultan dióxido de carbono y vapor de agua. Este tipo de catalizador no afecta a los óxidos de nitrógeno. Para reducir los óxidos de nitrógeno, es necesario un catalizador de tres vías. Su diseño es muy similar al catalizador de oxidación, con las diferencias de que emplea una mezcla diferente de metales del grupo de platino, no lleva bomba de aire y necesita una mezcla especial. El motor debe ser controlado electrónicamente para dar un nivel fijo de oxígeno en su escape. Esto se detecta con un sensor especial en el colector de escape. Con estos gases así controlados, el catalizador provoca una reacción entre el oxígeno y los óxidos de nitrógeno por un lado, y entre el monóxido de carbono y los hidrocarburos, por otro. Los óxidos de nitrógeno son reducidos a nitrógeno inofensivo y el monóxido de carbono y los hidrocarburos se oxidan, convirtiéndose en dióxido de carbono y agua como antes (Comisión Real para la Contaminación del Medio Ambiente del Reino Unido; UK Royal Commission on Environmental Pollution, 1983).

Al final de la década y, a pesar de los progresos de algunos estados, los avances hacia un programa nacional efectivo para el control de la contaminación eran lentos. El Grupo de Estudios de la Polución del Aire de Ralph Nader estimó que la fase complementaria no se completaría hasta bien entrados los 80, y se criticó la Ley de Calidad del Medio Ambiente por otorgar al Ministerio de Salud, Educación y Bienestar, sólo unos poderes muy limitados para presionar a los estados hacia una acción más rápida. Con la creciente preocupación de la gente por la calidad del medio ambiente en las ciudades y con la única perspectiva de unas lentas mejoras en la década venidera, el gobierno federal quedó sometido a una presión pública en aumento, demandado una política más efectiva para el control de la polución del aire. Política que sólo se llevaría a la práctica si se lograba vencer la oposición de los poderosos y bien organizados grupos políticos con intereses en la industria. A diferencia de tiempos anteriores, el Movimiento Ecologista (Environmental Movement), cuya máxima actividad tuvo lugar en 1969 y 1970, representó la fuerza política necesaria para contrarrestar a esos potentes grupos industriales.

8.4. El Movimiento Ecologista de finales de los 60

Anteriormente, a mediados de los 60, los asuntos relativos a la contaminación tan sólo eran objeto de una atención limitada y esporádica por parte de la opinión pública cuyo interés se restringía a algunos aspectos aislados de la polución u, ocasionalmente, a los episodios de contaminación del aire. Sin embargo, durante los últimos años 60, hubo un aumento sin precedentes del interés de la opinión pública por el medio ambiente. Los sondeos de opinión revelaron que el problema de la contaminación había pasado del noveno puesto, en la lista de los 10 problemas más graves del país en 1965, al segundo, en 1970 (Jones, 1973). La preocupación por el medio ambiente se extendió rápidamente llegando a alcanzar casi proporciones de crisis, no debido a un repentino deterioro en el entorno, sino al aumento de la sensibilidad por parte de la opinión pública (Bowman, 1975). Sellers y Jones (1973), señalan que «la degradación del entorno fue descubierta por los medios de comunicación en algún momento de 1969» (fig. 1.2). Con los medios de comunicación hablando del juicio final y contando historias de crisis ecológicas con el leit-motiv de «peligro inmediato, inmediata acción» (Chase, 1973), el interés del público y la exigencia de una rápida solución inevitablemente surgieron: el Movimiento «Ecológico» o «Ecologista», había nacido.

Fueran los medios de comunicación, los líderes de los grupos de interés, o algunos acontecimientos desencadenantes (tales como la secuencia de smogs en Nueva York de los años 60, la publicación de numerosos libros abundando en el tema previamente tocado por Rachel Carson en su libro *Silent Spring —Primavera silenciosa—,* o los artículos de Ralph Nader sobre medio ambiente), lo que generó el Movimiento Ecologista, los medios de comunicación mantuvieron el interés público por los asuntos relativos al medio ambiente (fig. 8.3). Una preocupación pública tal por el entorno en 1969, fue lo que propició la aparición del medio ambiente, como opción política. Los grupos de presión ecologistas, con el respaldo general del público como base y el control crítico de la evolución de las políticas, por parte de los medios de comunicación, eran capaces de ejercer una

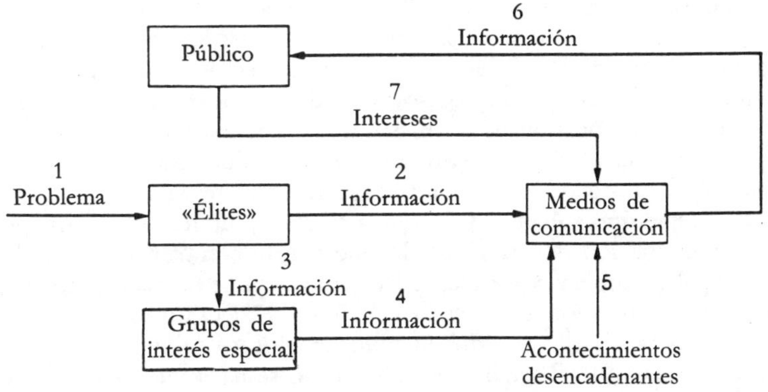

FIGURA 8.3.—El modelo de interacción élite-medios de comunicación-público. (*Fuente:* Parlour y Schatzow, 1978.)

considerable presión sobre la política del gobierno. Su impacto sobre el desarrollo de la política de medio ambiente, en el momento de máxima actividad del Movimiento Ecologista, años 1969-70, fue enorme y provocó la promulgación de la innovadora Ley de Política Nacional de Medio Ambiente (National Environmental Policy Act), de 1969, así como las arrolladoras Enmiendas de Medio Ambiente (Clean Air Amendments), de 1970. Aunque la posterior legislación correctamente se denomina Enmiendas de Medio Ambiente, comúnmente se conoce como Ley de Medio Ambiente (Clean Air Act), denominación que utilizaremos aquí.

La entrada en vigor de una legislación enérgica, sólo forma parte del proceso encaminado a conseguir una limpieza del entorno; además, debe aplicarse de manera efectiva durante los años siguientes. El Movimiento Ecologista era demasiado reciente como para asegurar el cumplimiento de la rígida Ley de Medio Ambiente, de 1970; esto fue una de las razones por las que dicha Ley se relajó y debilitó durante los siguientes años 70. En 1974, el problema «nacional» de la polución atmosférica, fue sobrepasado por los problemas de «integridad del gobierno» (desencadenados por el escándalo Watergate), «escasez energética», «delincuencia» e «impuestos y gasto público» (Sandbach, 1980). Incluso en 1972, los temas energéticos y económicos desplazaron a los asuntos del medio ambiente, al ser considerados por los medios de comunicación, como más actuales y de un interés más inmediato para el público (Parlour, 1980). Los medios de comunicación dejaron de mantener el interés público por el medio ambiente. Tal y como señala Gregory (1972), «los medios de comunicación se apoyan en la moda, y contribuyen en gran medida a crearla. Pero las modas son efímeras; las nuevas ocupan periódicamente el lugar de las viejas». Además, las exigencias de la gente por una acción federal, quedaron satisfechas con la entrada en vigor de la legislación mayor sobre medio ambiente. Los problemas de contaminación podían no haber sido resueltos todavía, pero una gran parte del público se sentía satisfecha porque estaban en vías de solución, puesto que existía una legislación al respecto.

El repentino aumento y la brusca caída del interés de la gente por la contaminación parece seguir lo que ocurre con la mayoría de los principales problemas sociales, tal y como se pone de manifiesto en el «círculo de atención a un tema» (Downs, 1972; O'Riordan, 1976), o en la «hipótesis del rosario de preocupaciones» (Kates, 1977). Sin embargo, aunque el estado del entorno no se haya vuelto a considerar el asunto crítico que fue en 1969-70, el respaldo público a la protección medioambiental ha permanecido con mucha más fuerza de la que tenía con anterioridad a que surgiera el Movimiento Ecologista (Anthony, 1982).

8.5. La contaminación como cuestión política

El desarrollo de la legislación federal sobre contaminación ambiental anterior a la década de los 70 se caracterizó por su continuo incremento. Después de superar la escasa predisposición a implicarse en el control de la contaminación ambiental, el gobierno federal optó por representar, en 1955, un papel de investigación y sólo comenzó a intervenir, gradualmente, en la política de control adoptada por los distintos estados. En un principio, el gobierno federal permitía que los gobiernos estatales y locales tomaran la iniciativa, pero progresivamente fue arrebatándoles poder. Cada nuevo paso era el resultado de una cuidadosa reacción a las circunstancias; bien ante algún episodio de polución, o ante algún descubrimiento relativo a las causas de los problemas derivados de la contaminación ambiental. El desarrollo de la política ambiental se fue incrementando siguiendo los pasos menos traumáticos, con los mínimos costes aparantes (Lundqvist, 1980). La legislación debía apoyarse en afirmaciones con una sólida base científica, de otro modo, no sería «justo» para la industria. Todo esto cambió en 1969 y 1970 al aparecer el Movimiento Ecologista, que hizo del tema una cuestión política y un elemento «capta-votos», y que produjo una masiva presión pública en demanda de una acción rápida y drástica, acción normalmente reservada para situaciones críticas (Gunningham, 1974; Jones, 1973). La política medioambiental por tanto, sufrió considerables variaciones, tanto en su ritmo, como en su dirección.

El aumento de la sensibilidad pública hacia los problemas ambientales durante la segunda mitad de 1969, llevó a la promulgación de la Ley Nacional de Política de Medio Ambiente (National Environmental Policy Act), que se aprobó con muy poco debate u oposición, a pesar de ser una medida tan innovadora y fundamental. La Ley pretendía «crear y mantener las condiciones bajo las cuales el hombre y la Naturaleza pueden coexistir en una productiva armonía y satisfacer los requisitos sociales, económicos y de otros tipos, para las generaciones presente y futura de americanos» (Goodenough, 1983). Se instaba a todas las agencias federales a tener en cuenta el impacto que todas sus decisiones pudieran tener sobre el medio ambiento y a legislar Declaraciones de Impacto Ambiental (Environmental Impact Statements), que deberían aprobarse antes de llevar a cabo otros proyectos de «mayor» envergadura. Aunque, en principio, este requisito era aplicable únicamente a las agencias federales o a los proyectos que precisaban licencias federales, se extendió, en la práctica, a todos los proyectos de expansión industrial y a las nuevas construcciones. Otro índice similar del interés del público respecto a las cuestiones ambientales fue la aprobación de la Ley de Educación Ambiental (Environmental Education Act), de 1970, que recababa fondos y medios para el desarrollo y mejora de nuevos planes de estudio para la comprensión de los problemas de calidad del medio ambiente.

Ya en 1970, la prensa, radio y televisión consideraban la protección ambiental un «asunto de actualidad informativa». La «cuestión ambiental» se había convertido en un tema político importante y debido a la continua vigilancia del desarrollo político por parte de los medios de comunicación, el resultado fue la activa competencia entre los distintos funcionarios electos para desarrollar e implantar unas leyes más estrictas, llevándose de este modo la gloria por haberlo conseguido. El Presidente Nixon fue el primero en seguir esta política con un oportuno «Mensaje sobre la Calidad del Medio Ambiente», en su discurso del Estado de la Unión, de febrero de 1970. Nixon resumió la opinión pública en su discurso: «el aire es nuestro recurso más vital y su contaminación, nuestro problema ambiental más importante. La tecnología actual está poco avanzada..., pero hay mucho por hacer dentro de los límites de la ya existente, y podemos hacer aún más para estimular su avance». El programa resultante para el control de la contaminación ambiental esbozado por Nixon, suponía una reducción del 90 % de las emisiones contaminantes procedentes de vehículos antes de 1980; el citado programa, no sólo le sirvió para obtener (aunque brevemente), el reconocimiento del público como impulsor político de la limpieza ambiental, sino que también le ofreció la oportunidad de eliminar a uno de sus más importantes rivales en las elecciones de 1972: Edmund Muskie.

Gran parte de la fama política de Muskie provenía de su papel de líder en cuestiones ambientales, que ahora se veía erosionado, no sólo por la propuesta de Nixon, sino también por un informe de Ralph Nader sobre polución ambiental que criticaba fuertemente el papel de Muskie en el pasado y que le acusaba sutilmente de dar todo tipo de facilidades a las industrias contaminantes (Lundqvist, 1980). Sometido a esta fuerte presión crítica, Muskie parecía no disponer de una opción viable para entrar en el juego de la escalada política. Modificó la propuesta de Nixon (que posteriormente se convertiría en la Ley de Medio Ambiente —Clean Air Act—, de 1970), solicitando una reducción para 1975, del 90 % respecto a los niveles federales de 1970, de las emisiones contaminantes de vehículos —hidrocarburos y monóxido de carbono—, y una reducción similar respecto a los niveles de emisión de 1971, para óxidos de nitrógeno, para un año después. Justificó el estricto calendario de implantación (únicamente se aceptaban aplazamientos de un año) basándose en la necesidad de situar la salud pública por encima de consideraciones técnicas y viabilidad económica. La Administración Nixon, ahora a la defensiva, solicitó al Senado una relajación de las estrictas fechas límite, pero gracias al fuerte respaldo del público y de los medios de comunicación, la propuesta de Muskie se convirtió en ley. Se rechazaron los razonamientos de que la propuesta planteaba excesivas demandas a la industria del automóvil y que, aparentemente, no tomaba en consideración los enormes costes que supondría el cumplimiento de la misma, en un momento en que la industria ya se encontraba sometida a una fuerte competencia extranjera. El Senador Griffin opinaba lo siguiente, al respecto:

> Creo que, ahora mismo, uno de los problemas con esta ley es que ha suscitado una polémica excesiva con una clara intención política. Cuando todo el mundo está a favor de un medio ambiente limpio y en contra de la contaminación, resulta realmente difícil el voto político de apoyo a cualquier enmienda que, según la prensa, pudiera debilitar la propuesta.

8.6 La Ley de Medio Ambiente de 1970

Gracias al poder político que ejercían los diversos movimientos ecologistas se logró la aprobación de la Ley de 1970, lo cual supuso el comienzo de una nueva —la actual— era de política de control ambiental. El poder de intervención federal aumentó de forma espectacular y en diciembre de 1970 se creó un departamento especial para el control del medio ambiente, capaz de implantar la nueva legislación: el Departamento de Protección Ambiental (Environmental Protection Agency-EPA). Los puntos más importantes de la nueva ley trataban seis aspectos principales:

1. Implantación y unificación, por parte del EPA, de los Estándares Nacionales de Calidad del Medio Ambiente (National Ambient Air Quality Standards Standards-NAAQSs), para protección de la salud y bienestar públicos (ver tabla 8.1). Así, mientras que la Ley de 1970 permitía que cada estado estableciera sus propios estándares, de acuerdo con la normativa federal, la Ley de 1970 autoriza al gobierno federal a establecer unos estándares uniformes que se implantarán en todos y cada uno de los estados. De este modo, se trata de evitar la posibilidad de que surja una competencia entre los distintos estados para atraer asentamientos industriales y que se implanten requisitos poco exigentes que permitan la creación de «refugios de contaminación»; también se evita con esta Ley que las grandes industrias puedan ejercer presiones para la implantación de estándares más relajados. Cada estado presentará su Plan Estatal de Ejecución (State Implementation Plan-SIP), en el que se recoge la forma en que su programa de control conseguirá satisfacer los NAAQSs antes de 1975. En caso de que un estado concreto sea incapaz de desarrollar o llevar a cabo un plan satisfactorio, el EPA está debidamente autorizado para intervenir directamente.

2. Establecer unos estándares nacionales unificados de funcionamiento para nuevas industrias. La unificación evita la competencia económica desleal que podría surgir en el caso de que los distintos estados tuvieran la competencia para establecer los estándares. Los diferentes estados están autorizados para establecer unos estándares más estrictos, si así lo consideran conveniente. Los estándares federales de funcionamiento son aplicables a las nuevas fuentes estacionarias, así como a las reformas en curso en plantas existentes. Desde 1971 el EPA regularmente promulga y revisa los citados Estándares de Funcionamiento de Nuevas Fuentes (New Source Performance Standards Standards-NSPS). Antes de la puesta en marcha de una nueva planta estacionaria, ésta deberá ser inspeccionada por agentes estatales o federales para certificar el correcto funcionamiento de los sistemas de control de contaminación.

3. El EPA establece unos estándares nacionales de emisión de partículas aplicables a los contaminantes peligrosos del aire y que afectan a todas las plantas existentes, así como a todas las de nueva creación. De acuerdo con la Sección 112 de la Ley, se consideran

TABLA 8.1.—Estándares Nacionales de Calidad del Medio Ambiente (NAAQSs) de los EE.UU.

Contaminante[f]	Duración de la medición	Estándar primario (salud pública)		Estándar secundario (bienestar público)	
		μg/m³	ppm	μg/m³	ppm
Monóxido de carbono[a,b]	8 horas	10.000	9	Nada	Nada
	1 hora	40.000	35	Nada	Nada
Dióxido de nitrógeno[c]	Año (media aritmética)	100	0,053	Igual	Igual
Ozono[d]	1 hora	235	0,12	Igual	Igual
Anhídrido sulfuroso[a]	Año (media aritmética)	80	0,03	Nada	Nada
	24 horas	365	0,14	Nada	Nada
	3 horas	Nada	Nada	1.300	0,50
Total de partículas suspendidas[a] (TSP)	Año (media geométrica)	75	—	60	—
	24 horas	260	—	150	—
Plomo[e]	3 meses			1,5	—

Los estándares referentes a períodos de 24 horas o inferiores no pueden sobrepasarse más que una vez al año, excepto en el caso del ozono al que puede aplicarse una media estadística de tres años para determinar si se ha sobrepasado.

[a] NAAQS establecidos el 30 de abril de 1971.

[b] El EPA ha propuesto una revisión que reduciría el estándar de una hora de 35 a 25 ppm (29.000 μg/m³), e incrementaría el exceso permisible sobre el estándar de 8 horas (9 ppm), de 1 a 5.

[c] Los óxidos de nitrógeno han sido medidos como dióxido de nitrógeno.

[d] NAAQS para oxidantes fotoquímicos (medidos como ozono), establecidos el 30 de abril de 1971 en 0,08 ppm y revisados en febrero de 1979, y aplicables únicamente al ozono, el mayor oxidante y más fácilmente determinable.

[e] NAAQS establecidos el 5 de octubre de 1978.

[f] NAAQS primario para hidrocarburos (sin incluir el metano), establecido en 160 μg/m³ ó 0,24 ppm para períodos de 3 horas y que no deberá ser excedido más que una vez al año, establecido en abril de 1971 y rescindido en enero de 1983.

Fuente: Departamento de Protección Ambiental de los EE.UU.

peligrosos el arsénico, el amianto, el berilio, el mercurio, los elementos radioactivos y el cloruro de vinilo. Hay numerosos contaminantes considerados potencialmente peligrosos a la espera de que el EPA establezca los correspondientes estándares. Este organismo ha sido blanco de numerosas críticas debido a su premiosidad en establecer todos los estándares de emisión de partículas necesarios.

4. Establecer restricciones uniformes para emisiones de nuevos vehículos de motor. La severidad de estas restricciones se debe a la

opinión generalizada de que el vehículo es el mayor culpable de los problemas de polución, responsable de un 50 a un 60 % del total de emisiones contaminantes en los EE.UU. Los estándares de emisión se establecieron sin tener en cuenta las limitaciones impuestas por la viabilidad tecnológica o económica que tanto había influido en las anteriores políticas. No obstante, se autorizaron 89,1 millones de dólares para un programa de investigación (1970-75), que desarrollara una alternativa de bajo coste al actual motor de combustión interna (Wark y Warner, 1981).

5. Se permite a cualquier ciudadano emprender acciones legales contra cualquier persona, incluyendo al gobierno de los EE.UU. (por ejemplo, el EPA), que supuestamente haya incumplido un estándar de emisión o una ley de la administración. Diversos movimientos ecologistas, como por ejemplo el Sierra Club, han utilizado en varias ocasiones este derecho para presionar al EPA a intervenir en algún asunto: así, los movimientos ecologistas expusieron ante los Tribunales de Justicia que el Congreso pretendía que el EPA emitiera regularmente estándares de calidad del medio ambiente para aquellos contaminantes más difundidos y peligrosos para la salud pública. Los litigios entablados entre 1974 y 1978 sobre la necesidad de establecer un estándar de calidad del medio ambiente para el plomo, tuvieron como resultado una orden para que la EPA estableciera un NAAQS para dicho metal (tabla 8.1).

6. Iniciación de un programa de investigación con un presupuesto de 30 millones de dólares para valorar las causas y efectos de la contaminación acústica sobre la salud y bienestar públicos. Los hallazgos de las posteriores investigaciones se presentaron en el Congreso dando como resultado la Ley de Control de Ruidos (Noise Control Act) de 1972, posteriormente incorporada en la Ley de Comunidades Tranquilas (Quiet Communities Act) de 1978. Esta Ley obligaba al EPA a establecer unos estándares de niveles acústicos tolerables aplicables a todo tipo de maquinaria y equipos nuevos. Los objetivos iniciales del programa de control acústico fueron la reducción del ruido ambiental por debajo de 75 dB (A) en cualquier lugar; a partir de este nivel, comienzan los riesgos para el sistema auditivo (Cherfas, 1980).

8.7. Problemas derivados de los Planes Estatales de Ejecución

La Ley de 1970 obligaba al EPA a establecer unos NAAQS que no deberán ser sobrepasados en ninguna región más de un día por año, ni durante más de un período limitado de tiempo en ese día (tabla 8.1). Los estándares de salud primaria o pública, se determinaron para proteger al grupo de población más expuesto a los efectos adversos, con un amplio margen de seguridad. Los estándares secundarios, más severos, están destinados a proteger el bienestar público en aspectos concretos.

En 1971 el EPA emitió NAAQSs para 6 contaminantes «críticos» y con un estricto calendario legal obligaba a los distintos estados a llevar a efecto los planes de ejecución que consiguieran establecer unos estándares primarios para cada contaminante antes de 1975, o si el plazo se alargaba —y el EPA estaba autorizado a alargarlo—, antes de 1977. Una vez establecidos los estándares primarios, se esperaba que cada estado estableciera los secundarios «dentro de un plazo de tiempo razonable». En contraste con la obsesión tecnológica que anteriormente había dominado las estrategias de control en numerosos estados, el EPA insistía en que el Plan Estatal de Ejecución (State Implementation Plan-SIP) debería incluir limitaciones al transporte que redujeran la distancia recorrida por cada vehículo, ranto los nuevos como los viejos.

Entre otras sugerencias, se encontraban las de potenciar los sistemas de transporte colectivo, restringir las zonas de aparcamiento, escalonar los horarios laborales, establecer impuestos a los automovilistas, incluso el racionamiento de la gasolina. Debía, también, revisarse los sistemas de control empleados en el sector agrario. Había que prestar una mayor atención a los incentivos o sanciones económicas tales como multas por emisión de contaminantes u otro tipo de tasas. Durante los períodos de emergencia o en los momentos de mayor peligro de fuerte contaminación atmosférica, habría que considerar la posibilidad de cerrar las plantas contaminantes, o bien, obligar a las grandes industrias a escoger un combustible alternativo.

Una vez establecidos los SIP, cada estado debía presentar modelos y datos de control que indicaran que su programa de control iba a permitir alcanzar unos NAAQS primarios. Los modelos empleados para desarrollar el programa de control varían desde el modelo simple «proporcional» que considera, por ejemplo, que una región con un nivel de anhídrido sulfuroso doble del establecido en el NAAQS, podrá alcanzar dicho estándar si se divide por dos el total de emisiones de anhídrido sulfuroso en la región; por el contrario, adopta modelos más complejos de dispersión o difusión. Los modelos de dispersión predicen las concentraciones de contaminantes en el ambiente teniendo en cuenta la magnitud contaminante de las fuentes interesadas, las condiciones meteorológicas y algunas consideraciones topográficas (ver sección 7.2).

Teniendo en cuenta el estricto calendario legislativo de los SIP y de establecimiento de los NAAQS, no resultó una sorpresa para nadie que algunos estados se encontraran con enormes dificultades, y éste fue el caso del estado de California. Lo casi imposible del plazo de 1975 (ó 1977, si, tal como lo permitía la ley, el plazo se alargaba) para establecer estándares relativos a oxidantes fotoquímicos queda claramente ilustrado con los datos correspondientes a Los Ángeles. En 1970, el condado de Los Ángeles sobrepasaba durante 241 días al año los límites establecidos en el estándar de oxidantes para el estado de California. Según la Ley de 1970, se exigía que, para 1975 (ó 1977), el condado no sobrepasara los estándares federales más exigentes (0,08 ppm) más que un día al año. La oficina de Control de la Contaminación Ambiental de Los Ángeles estimaba que, de no producirse interrupciones, el programa estatal podría conseguir mejorar muy notablemente el nivel de contaminantes fotoquímicos antes de 1980, y que, para 1990, la atmósfera se adecuaría a los estándares de calidad del medio ambiente establecidos (Krier y Ursin, 1977). Otros se mostraban más pesimistas aduciendo que, tanto el crecimiento industrial como el de la población, contrarrestarían cualquier mejora lograda. El EPA rechazó los SIP de California por no indicar la fecha de acatamiento de los estándares sobre contaminación por oxidantes fotoquímicos para Los Ángeles. A raíz de ciertas denuncias presentadas por ciudadanos, el EPA se vio, finalmente, obligado a presentar un plan alternativo. A medida que transcurría el tiempo, se fue comprendiendo que no había ninguna medida técnica capaz de asegurar el cumplimiento de los estándares antes de la fecha límite, prorrogada a 1977 y, puesto que resultaba imposible el desarrollo de un sistema transitorio adecuado de alcance general por razones de tiempo, se llegó a la conclusión de que únicamente racionando la gasolina podrían alcanzarse los niveles establecidos en las fechas indicadas. Se propuso un racionamiento del 80 % del suministro de gasolina durante la época de mayor contaminación —de mayo a octubre. La afirmación, aparentemente cierta, formulada por el condado de Los Ángeles, de que la citada propuesta era poco realista desde unos puntos de vista económico y político, contribuyó a que el EPA desistiese de mantener las estrictas fechas límite para alcanzar los niveles de contaminación establecidos.

El progreso que iban realizando los distintos estados en el desarrollo del SIP, se vio frenado por el embargo árabe de petróleo de 1973. Los estados disponían de diversas estrategias para conseguir que las fuentes contaminantes estacionarias cumplieran los estándares de calidad del aire establecidos. Así podrían llevarse a cabo planes en el sector agrario, encaminados a la regulación del número y tamaño de las fuentes contaminantes dentro de una zona determinada, tales como imponer la utilización de combustibles con bajo contenido de azufre, la instalación de equipos de control ininterrumpido (sistemas de desulfatación de gases emitidos por chimeneas), o sistemas de control intermitente tales como la utilización de combustibles con bajo contenido de azufre durante períodos de condiciones meteorológicas adversas. A la vista de estas opciones, muchos estados optaron por controlar las emisiones de anhídrido sulfuroso regulando el contenido de azufre de los combustibles. Sin embargo, el suministro de combustible con bajo contenido de azufre para uso doméstico era insuficiente para poder satisfacer la demanda potencial y, además, el embargo de petróleo del año 1973 agravó este problema. Debido al continuo aumento del precio del combustible con bajo contenido de azufre y al temor a una futura dependencia del petróleo importado, algunos políticos y ciertas industrias, solicitaron un reajuste de los requisitos exigidos por la Ley de 1970 que tomarán en consideración la realidad económica y energética, así como la viabilidad tecnológica (Lundqvist, 1980). Como consecuencia, la Ley de Suministro Energético y Coordinación Ambiental de 1974 (Energy Supply and Environmental Co-ordination Act), permitió la suspensión a corto plazo de los estándares de contaminación del medio ambiente hasta junio de 1975, si no se disponía de combustibles «limpios».

8.8. Estándares de emisión de vehículos de motor: la transición de lo deseable a lo factible

Durante y, a partir de la entrada en vigor de la Ley de 1970, la industria del automóvil comenzó una campaña de enormes proporciones encaminada a hacer pública su opinión de que resultaba imposible promulgar, antes de 1975, los estándares establecidos para monóxido de carbono e hidrocarburos emitidos por vehículos y, para óxidos de nitrógeno, antes de 1976. Así como Muskie estaba convencido de que la industria podría adaptarse a este «reto tecnológico» (al igual que, tras el reto presentado por el Presidente Kennedy, la industria había desarrollado la tecnología necesaria para poner un hombre en la luna) —y la opinión pública, con una gran conciencia ecológica, en 1970 añadió peso a su afirmación—, algunas opiniones contrarias a la suya fueron ganando cada vez más seguidores durante la década de los 70. A medida de que la preocupación de la opinión pública por la crisis medioambiental dio paso a la crisis energética (embargo de petróleo de 1973) y al aumento del paro, se fue otorgando una credibilidad cada vez mayor a aquellos que afirmaban que los estrictos requisitos sobre emisiones contaminantes de los automóviles crearían serias dificultades económicas en la industria del automóvil y que éstas afectarían a su competitividad con los fabricantes extranjeros.

En abril de 1973, el EPA reconoció la necesidad de posponer las estrictas fechas límite establecidas, aprobándose una prórroga de un año para la implantación de los estándares para el monóxido de carbono e hidrocarburos. En el momento más crucial de la crisis energética, la promulgación, en junio de 1974, de la Ley de Suministro Energético y Coordinación Ambiental (Energy Supply and Environmental Co-ordination Act), significó la congelación de los estándares de emisión de contaminantes hasta 1977 y 1978, para permitir a los fabricantes de automóviles que dedicasen más tiempo a mejorar la economía de los combustibles. En marzo de 1975, una leve sospecha (infundada, tal y como se demostró un mes más tarde) de que la utilización de catalizadores oxidantes en los vehículos potenciaba la producción de sulfatos, que podrían suponer una seria amenaza para la salud pública, llevó al EPA a suspender, durante un año, la vigencia de las fechas límite para el establecimiento de los estándares de emisión para monóxido de carbono e hidrocarburos. Los argumentos de posibilidad económica y viabilidad tecnológica consiguieron la atención del público, de los medios de comunicación y de los organismos federales al seguir una recesión económica a la crisis energética y por fin, en agosto de 1977, se aprobaron las Enmiendas a la Ley de Medio Ambiente (Clean Air Amendments). Estas Enmiendas aplazaron hasta 1980-81 la implantación de los estándares para monóxido de carbono e hidrocarburos, prevista en un principio, para 1975-76, estableciendo unos estándares más relajados para los óxidos de nitrógeno (la revisión reajustó el equilibrio entre la calidad del medio ambiente y la economización de combustible, aumentando los límites de emisión de 0,4 a 1,0 g/milla), que se implantaron en 1981 o incluso, posteriormente (tabla 8.2).

8.9. Enmiendas de 1977 a la Ley de Medio Ambiente

Las fuertes presiones que demandaban la flexibilización de los estrictos plazos límite para la implantación de los estándares de emisión y para la obtención de los NAAQS, dieron como resultado las Enmiendas de 1977 a la Ley de Medio Ambiente (Clean Air Amendments). El establecimiento de estándares de emisión para monóxido de carbono e hidrocarburos, se aplazó hasta 1980-81 y el estándar para óxidos de nitrógeno, se convirtió, meramente, en un objeto de investigación a largo plazo. En 1977, la mayor parte del

TABLA 8.2.—Estándares de emisión para tubos de escape de vehículos

Año	Estándar (g/milla)[a]			Porcentaje de reducción sobre el nivel anterior a la época de control		
	HC	CO	NOx	HC	CO	NOx
Pre-1968[b]	8,2	88,5	3,4	—	—	—
1968-71	4,1	34,0	Nada	50	62	0
1972-4	3,0	28,0	3,1	63	69	9
1975-6	1,5	15,0	3,1	82	83	9
1977-9	1,5	15,0	2,0	82	83	41
1980	0,41	7,0	2,0	96	92	41
1981	0,41	3,4[c]	1,0[c]	96	96	76

[a] Todos los estándares se basan en procedimientos de prueba actuales.
[b] Niveles medios de emisión de los actuales vehículos de gasolina.
[c] El EPA permitió abandonar estos estándares.
Fuente: Comisión Nacional de los EE.UU. para la Calidad del Medio Ambiente (US National Commission on Air Quality), 1981.

país seguía sin haber logrado NAAQS, ni siquiera para un sólo contaminante, por lo cual se hizo inevitable posponer las fechas límite establecidas. A todas aquellas zonas incapaces de alcanzar los estándares se les concedió un aplazamiento hasta julio de 1975 para la aprobación de un SIP que recogiera los logros de los NAAQS primarios anteriores a diciembre de 1982. Si un estado determinado, a pesar de haberse tomado todas las medidas razonables (incluyendo la introducción de un programa de inspección y mantenimiento de vehículos de motor), se veía incapaz de lograr implantar, antes de 1982, estándares primarios para el monóxido de carbono y para los oxidantes fotoquímicos, dicho estado debía presentar un segundo SIP que recogiera la implantación de los citados estándares antes de diciembre de 1987. A pesar del peligro de convertirse en zonas de «desacato» o «sucias», se permitía la construcción de nuevas fuentes de contaminación, siempre que la nueva planta propuesta aplicara técnicas de control de contaminación capaces de asegurar un nivel de emisión lo más bajo posible (*lowest achievable emission rate*-LAER), en primer lugar, y que las emisiones previstas se compensaran con reducciones de emisiones de plantas ya existentes en la zona (política de compensación), en segundo lugar.

Aunque naturalmente, la atención iba dirigida a mejorar las zonas «sucias», el Sierra Club consiguió a través de los tribunales que el EPA asegurara que las zonas «limpias», en las que se habían obtenido ciertos logros, no debían sufrir mayor degradación (Stern, 1977). El

Congreso incorporó este principio a las Enmiendas de 1977, creando el Programa de Prevención de Deterioro Significativo (Prevention of Significant Deterioration Plan-PSD). Este programa asegura un nivel de protección para zonas «limpias» por encima de los establecidos para los estándares de calidad del medio ambiente primarios y secundarios (Ward, 1981). El Programa, no sólo establece que se apliquen, para las nuevas fuentes de contaminación, mejoras posibles en las técnicas de control (BACT) para minimizar el impacto sobre la calidad del medio ambiente, sino que limita cualquier tipo de polución adicional que pueda añadirse al aire. El Programa PSD especifica tres tipos de zonas:

Clase I. Zonas en las que prácticamente no se permitirán cambios en la calidad del medio ambiente actual. Las zonas «principales» incluyen Parques Nacionales y Zonas Vírgenes Nacionales, cubriendo aproximadamente el 1 % del territorio federal.

Clase II. Zonas en las que se permiten cambios o crecimientos económicos moderados y para las que no se desean unos requisitos estrictos de calidad del medio ambiente.

Clase III. Zonas en las que se consentirá un crecimiento industrial considerable y en las que el aumento de concentración de contaminantes hasta los estándares federales será insignificante. Como en un principio todas las zonas se clasificaron como de Clase I o Clase II, el EPA delegó en los gobiernos estatales la posibilidad de recalificar ciertas zonas de Clase II, como de Clase III, o incluso de elevar dichas zonas a la Clase I (Stern, 1977).

La contaminación adicional para cada una de estas tres clases, no deberá exceder los incrementos específicos de calidad del medio ambiente asegurando, de este modo, un nivel de calidad que, en todos los casos, debería ser más limpio que el especificado por los NAAQS. Los incrementos permisibles para anhídrido sulfuroso y partículas suspendidas equivalen, aproximadamente, al 2-5 %, 25 % y 50 % respectivamente de los niveles de NAAQS (ver tabla 8.3).

Tanto los ambientalistas como los industrialistas coinciden en la complejidad del Programa PSD. La industria no considera el «requisito más gravoso de la Ley de Medio Ambiente» (Hart, 1982). Para cumplir las previsiones del programa es necesario, en primer lugar, el estudio por parte de la compañía de la calidad del medio ambiente en la zona propuesta durante un período de un año; posteriormente, deberá utilizar complejos modelos informatizados que permitan demostrar que la polución emitida por la planta propuesta se mantiene dentro de los incrementos de contaminación permisibles. Incluso con estas medidas, los ambientalistas señalan que el 75 % del total

TABLA 8.3.—NAAQS e incrementos[a] admisibles del PSD ($\mu g/m^3$)

Contaminante	NAAQS determinante	I clase	II clase	III clase
Anhídrido sulfuroso				
Anual	80	2	20	40
24 horas	365	5	91	182
3 horas	1.300	25	512	700
Total de partículas suspendidas				
Anual	75	5	19	37
24 horas	150	10	37	75

[a] Los incrementos medios para períodos de 3 y 24 horas, no pueden sobrepasarse más que una vez al año. A la industria en general le resulta muy difícil adecuarse a estos estándares a corto plazo.

Fuente: Ward, 1981.

permitido por el Programa PSD, se emite en diez meses o incluso menos.

La contaminación del medio ambiente en las zonas «principales» se lleva a cabo, también, con la implantación de los estándares de visibilidad introducidos por la EPA en 1984 para treinta y tres estados y un territorio (las Islas Vírgenes), en los que se consideraba existían Parques Nacionales y Zonas Vírgenes que precisaban la implantación de un control de visibilidad tal como lo establecían las Enmiendas de 1977 a la Ley de Medio Ambiente.

A medida que fuera necesario, los estados debían revisar los requisitos establecidos en el SIP para ir progresando hacia unos estándares de visibilidad y desarrollar estrategias a largo plazo (10-15 años) para lograr estas metas. El EPA adoptó una estrategia de fases con el fin de lograr una protección de la visibilidad. La acción inicial se centró en «humos destructivos». Estos humos destructivos se definen como penachos de humos identificables con cierta cohesión y que resultan dañinos en aquellas zonas en que la visibilidad es de gran valor debido a su color y naturaleza. Estos «humos destructivos» están, normalmente, causados por emisiones o partículas o dióxido de nitrógeno. El modo de controlarlos es obligar, a la fuente contaminante que los origina, a utilizar la «mejor tecnología específica posible» («best available retrofit technology»-BART). Un efecto más serio y complejo son los impedimentos de visibilidad de gran alcance que ocasionan las «neblinas regionales» y que tienen su origen en los sulfatos y los nitratos. Este es uno de los problemas englobado dentro de los causados por la lluvia ácida y sólo podrá solucionarse cuando se reduzcan considerablemente las emisiones de anhídrido sulfuroso y óxido de nitrógeno.

8.10. Política de Control de Contaminación: ¿Genera empleo o desempleo?

Una de las críticas más frecuentes de la industria acerca de la política de control de la polución, es que causa importantes daños a la economía, colaborando al aumento del desempleo. El siguiente eslogan utilizado en pegatinas para coches, resume esta actitud: «Eres pobre, estás hambriento y sin trabajo: cómete un ecologista.» Los industrialistas mantienen que el costoso equipo para el control de la contaminación que las empresas deben adquirir, instalar y mantener, ocasionará el cierre de numerosas plantas (Stafford, 1977). Los controles que deben ejercerse sobre las nuevas fuentes estacionarias retrasan, o incluso impiden, la construcción de plantas industriales de gran tamaño, por ejemplo, centrales eléctricas y refinerías de petróleo, agravando, de este modo, la situación energética y restringiendo la capacidad de crecimiento de la economía. Resumiendo, mientras que anteriormente podía elegirse el emplazamiento de una nueva planta en 3-6 meses, bajo las condiciones actuales este proceso podrá durar 2 o más años; momento en que puede ser demasiado tarde para introducir el producto en el mercado. Las empresas que llevaron a cabo una fuerte inversión en equipos de control de contaminación, si querían variar su ubicación, la forma más sencilla era incrementar la polución en la planta existente, colaborando de este modo, a una inercia industrial (Elsom, 1983).

Los costes para la moderación de la polución pueden, efectivamente, ser cuantiosos. Muchas industrias deben emplear el 5 % del total del desembolso de capital para este fin; algunas industrias deberán desembolsar incluso mucho más, por ejemplo, la industria papelera (43 %), industria de metales no férricos (23 %), hierro y acero (14 %) e industria química (12 %) (Starkie, 1976). Los desembolsos de capital para control de la contaminación ambiental se estimaron, en 1985, en 10.500 millones de dólares; los costes de operación y mantenimiento se situaron, aproximadamente, al mismo nivel. Según el EPA, la nación debía desembolsar entre 1981 y 1990, 256.000 millones de dólares —a precios de 1981— para adecuarse a los estándares federales del medio ambiente. Pueden compararse estos costes con los 18.000 millones de dólares que se ahorrarían en salarios y productividad perdidos a causa de enfermedades provocadas por la contaminación ambiental y, posiblemente, otros 51.000

millones de dólares de ahorro anual (menos número de tratamientos médicos, menos daños a edificios, cosechas y bosques) para el estado, en general, como resultado de una sociedad menos contaminada (Costle, 1979).

Las críticas a las leyes sobre control de contaminación a menudo se basan en el hecho de que los altos costes que implica el cumplimiento de las normas suelen acarrear el cierre de plantas y otras restricciones que, a su vez, representan desempleo. Sin embargo, resulta interesante comparar el número de puestos de trabajo perdidos, con los nuevos puestos creados en la creciente industria del control de contaminación. Entre enero de 1971 y junio de 1981, el EPA contabilizó 153 cierres o reestructuraciones en empresas con 25 o más empleados, siendo 32.611 el número total de puestos de trabajo perdidos (Kazis y Grossman, 1982). La mayoría de los casos de despido se dieron en cuatro tipos de industria: química, papelera, metalúrgica y alimentaria. Sin embargo, la legislación ambiental fue sólo uno de los motivos del cierre de las plantas, ya que, gran número de ellas no eran competitivas o estaban obsoletas (Harris, 1981). Además, el 40 % de los despidos volvía a ser readmitido por las mismas compañías, en otras plantas. El número de puestos de trabajo perdidos, sin olvidar la angustia personal que esto conlleva, parece muy pequeño en comparación con otras causas de desempleo. Por poner un ejemplo, los recortes presupuestarios de la administración Reagan en el año 1982, fueron la causa directa de la pérdida de un millón de puestos de trabajo, tanto en el sector público como en el privado. Por el contrario, se calcula que, aproximadamente, entre 500.000 y 1,1 millones de personas trabajan en programas de control de contaminación públicos y privados (Harris, 1981; Kazis y Grossman, 1982).

8.11. Flexibilidad del EPA: la Política de Mercado de Emisiones

El contenido de la Ley de 1970 era bastante intransigente en relación con la consecución de una atmósfera limpia para mediados de los años 70. Tan sólo las importantes presiones durante las crisis económica y energética, los deseos de alcanzar una autosuficiencia energética y el reestablecimiento de la economía, consiguieron flexibilizar lo exigido por la Ley: se mantenía la principal meta de conseguir una atmósfera limpia, si bien las estrictas fechas límite establecidas fueron propuestas. Una vez surgida esta tendencia a relajar las leyes de 1970, el EPA consideró que la única manera de paliar o refrenar esta erosión era —a no ser que resurgieran los movimientos ecológicos—, mostrar una mayor flexibilidad en la implantación de la Ley, con vistas, especialmente, a las nuevas industrias. La flexibilidad sería del tipo descrito por McAfee (1982), en la que «las regulaciones ambientales deben indicar a la empresa qué hacer, y no cómo hacerlo, qué metas lograr, no cómo lograrlas».

La estrategia de «burbuja» introducida en 1979 e incorporada a la Política de Mercado de Emisiones de 1982, da ejemplo de la postura flexible, que consiste en otorgar a la directiva de las plantas industriales la suficiente libertad para lograr el medio más sencillo y barato para adecuarse a los estándares de control de contaminación (Behr, 1979; Liroff, 1980). La práctica normal era que el EPA y los departamentos estatales de control, establecieran los límites de emisión de contaminantes aplicables a cada respiradero, chimenea o demás fuentes de polución de una planta en particular. La estrategia de «burbuja» considera a la planta, o grupo de plantas, encerrada en una burbuja; el EPA determina los límites del total de emisiones para cada tipo de contaminante regularizado, dejando a disposición de la dirección de la planta la forma de lograr la consecución de los estándares (fig. 7.3). Los equilibrios entre fuentes de contaminación, dentro de la «burbuja», deben referirse a un mismo contaminante, así, no se permite que las plantas, por ejemplo, compensen las emisiones reducidas de anhídrido sulfuroso con la implantación de costosos controles de emisiones tóxicas.

En 1983, el EPA ya había aprobado o propuesto la implantación de 150 «burbujas», lográndose un ahorro de 500 millones de dólares en la industria. Incluso se concebía que la política de «burbuja» se aplicara, en el futuro, a ciudades enteras. Uno de los éxitos, hasta la fecha, de la política de «burbuja» es el caso de una planta en Providence, Rhode Island, en la que lograron ahorrarse 2,7 millones de dólares, sustituyendo el costoso combustible con bajo contenido de azufre en sus dos plantas; en una, se sustituyó por combustible con alto contenido de azufre y, en la otra, por gas natural, lográndose de este modo una importante reducción de la emisión de anhídrido sulfuroso (Smith, 1981a). En un principio, el EPA prohibió la compensación entre chimeneas o emisiones de planta, y polvo esparcido en el viento, indicando que los proceso industriales emitían partículas más pequeñas que permanecen más tiempo en el aire y se alojan más profundamente en los pulmones. El departamento se vio obligado a invertir sus decisiones debido a las presiones legales ejercidas por la industria del acero, motivadas, en gran parte, porque los NAAQS para partículas suspendidas no hacían distinciones entre el tamaño de la partícula, a pesar de conocerse que las partículas más pequeñas son más nocivas. Esta decisión permitió que ARMCO (uno de los mayores productores de acero) utilizara métodos poco convencionales para controlar sus niveles particulares en su planta de Middletown, Ohio. En lugar de invertir 7 millones de dólares en equipo de apoyo para la captación de las partículas que su planta de limpiado no podía eliminar, invirtió 1,7 millones de dólares en rociar regularmente las existencias de hierro y carbón, almacenadas a la intemperie, asfaltando o regando periódicamente los caminos de la compañía, plantando árboles y arbustos para atrapar las partículas esparcidas por el viento y estableciendo líneas regulares de autobuses, para que sus empleados redujesen la utilización de los vehículos en las inmediaciones de la planta.

La Política del Mercado de Emisiones (Emissions Trading Policy) de 1982 incluye también la Normativa sobre Interpretación de la Compensación de Emisiones (Emission Offset Interpretation Ruling) de 1976 (enmendado en 1979, para incorporar, también, aspectos bancarios). La política de Compensaciones reconocía que el aire era un bien escaso y utilizó recursos comerciales para adecuar el crecimiento sin aumentar la polución total (Coalición USA para el Medio Ambiente, 1981 - US National Clean Air Coalition). Los promotores de las nuevas plantas propuestas debían compensar la contaminación causada por su planta de la siguiente manera:

1. Reduciendo las emisiones de su propia planta en la zona.
2. Costeando la reducción de otra empresa de la zona.
3. Comprando alguna planta vieja de la zona y, simplemente, cerrándola.

Un ejemplo de acuerdo de compensación es el de General Motors con las empresas petrolíferas de la ciudad, que hizo posible que la empresa automovilística construyera una nueva planta de montaje —por valor de 400 millones de dólares— en la zona. Las empresas petrolíferas aceptaron reducir sus emisiones de hidrocarburos lo suficiente como para permitir la construcción de la planta de automóviles. Las compensaciones crean un mercado extraoficial de «créditos» para la reducción de contaminación o emisiones. Muchas de las empresas que siguen la política de «burbuja» descubren que la polución resultante es menor que la permitida por la ley, circunstancia que les concede «crédito» para una mayor polución futura. Al proliferar los créditos, el EPA decidió establecer una red bancaria o de corretaje, para vender créditos de una a otra empresa; de esta manera, Louisville, San Francisco y Seattle crearon programas de banca al respecto. La utilización de los principios mercantiles permitió nuevos desarrollos en zonas con estrictos límites de contaminación e hizo posible la compensación (al precio que establecía el mercado) del esfuerzo voluntario para reducir la contaminación.

La Política de Mercado de Emisiones abre un nuevo capítulo en la flexibilidad de las leyes federales. Otras innovaciones, todavía en estudio, incluyen la emisión de permisos de contaminación subastables. Así, por ejemplo, en vez de prohibir la producción por encima de un nivel determinado para, pongamos por caso, amianto e hidrocarburos cloro-fluorados en todas las fábricas de la nación, podría establecerse un tope en la producción total nacional que otorgase el derecho de producir, dentro de los límites totales, al mejor postor. Los elevados precios que se originarían no serían competitivos para muchas empresas, asegurándose así que los derechos de producción caerían en manos de aquéllas que los considerasen económicamente más importantes (Smith, 1981b). Esta versión de una licencia de emisiones con carácter mercantil se refiere a una cobertura del aire en el ámbito nacional, pero podría aplicarse en todo el estado o de forma local, además de aplicarse para otros contaminantes en el futuro.

8.12. Progresos en la mejora de la Calidad del Medio Ambiente

En 1984, aproximadamente un 10 % de los condados de los EE.UU. aún no habían logrado los estándares primarios de calidad del medio ambiente. Esto significaba que decenas de millones de personas seguían respirando aire «insalubre» (fig. 8.4). No obstante, el nivel de calidad nacional del medio ambiente, por lo general había mejorado considerablemente desde la implantación de la Ley de Medio Ambiente (Clean Air Act) de 1970 (US EPA, 1976). La concentración nacional media anual de partículas suspendidas en total (TSP), había descendido de los 88 microgr/m^3 de 1960 a 50 microgr/m^3, en 1985. Durante el período 1975-84, del que se dispone de datos más exactos, se consiguió una disminución del 20 %, porcentaje calculado sobre la base de 1.344 puntos distintos (fig. 8.5). Durante el citado período, la emisión estimada de partículas disminuyó en un 33 % (fig. 8.6; tabla 8.4).

Sin embargo, las tendencias nacionales del TSP indican que, durante la década de los 70 «el aire sucio se volvió más limpio y el aire limpio, más sucio» (Lave y Omenn, 1981), ya que hasta las Enmiendas de 1977, el EPA no contaba con la suficiente autoridad para prevenir el deterioro de la calidad del medio ambiente en zonas prístinas. Más aún, el deterioro de la visibilidad en algunas zonas y el incremento en la incidencia de neblinas en zonas rurales, resultantes

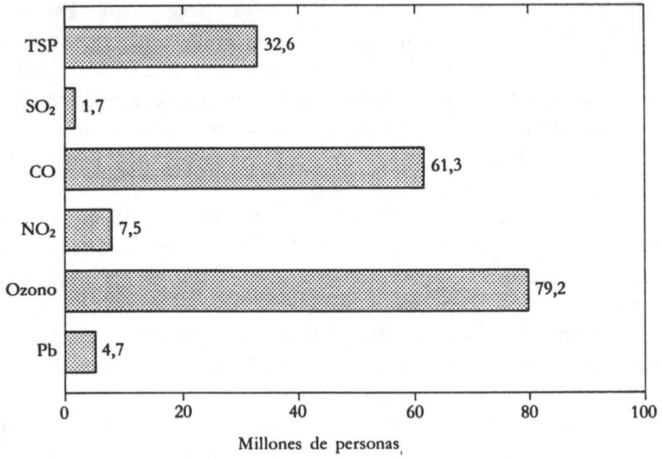

FIGURA 8.4.—Número de personas que viven en condados con niveles de calidad de aire por encima de los estándares primarios de calidad de aire en 1984. (*Fuente:* US EPA, 1986.)

del aumento de los fosfatos y nitratos, reflejaba el crecimiento del número de fuentes de emisión, especialmente en las centrales termoeléctricas y en los extrarradios de zonas urbanas. Aunque por lo general las zonas metropolitanas han venido mostrando mejoras considerables desde la década de los 70, el grado del éxito alcanzado

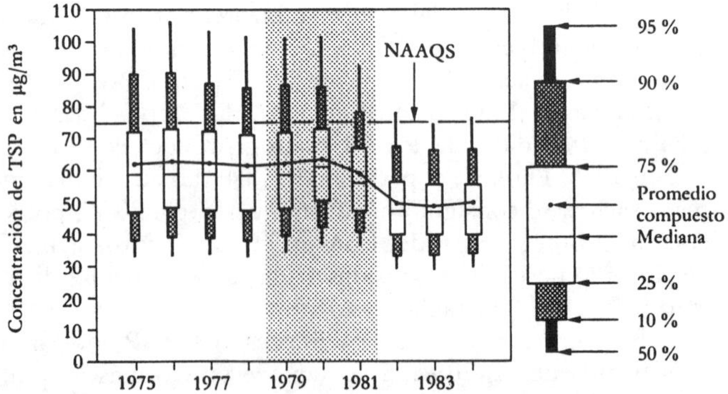

FIGURA 8.5.—Gráfica de la tendencia nacional en las concentraciones medias geométricas anuales, 1975-84. El período 1979-81 aparece punteado para índices que esos datos pueden estar influenciados a la alta, debido a la utilización de filtros de fibra de vidrio durante la monitorización de este período. [*Fuente:* US EPA (Agencia para la Protección del Medio Ambiente), 1986.]

Tabla 8.4.—Emisiones nacionales anuales, por contaminante y fuente en 1975 y 1984 (millones de toneladas/año)

Contaminante y fuente	1975	1984
Total de partículas en suspensión		
Transportes	1,4	1,3
Consumo de combustible	2,7	2,0
Procesos industriales	5,0	2,5
Residuos sólidos	0,6	0,3
Vacíos	0,7	0,9
Total	10,4	7,0
Anhídridos de azufre		
Transportes	0,6	0,9
Consumo de combustible	20,3	17,3
Procesos industriales	4,7	3,1
Residuos sólidos	0,0	0,0
Vacíos	0,0	0,0
Total	25,6	21,4
Monóxido de carbono		
Transportes	62,0	48,5
Consumo de combustible	4,4	8,3
Procesos industriales	6,9	4,9
Residuos sólidos	3,1	1,9
Vacíos	4,8	6,3
Total	81,2	69,9
Óxidos de nitrógeno		
Transportes	8,9	8,7
Consumo de combustible	9,4	10,1
Procesos industriales	0,7	0,6
Residuos sólidos	0,1	0,1
Vacíos	0,1	0,2
Total	19,2	19,7
Compuestos orgánicos volátiles		
Transportes	10,3	7,2
Consumo de combustible	1,0	2,6
Procesos industriales	8,1	8,4
Uso no industrial de disolventes orgánicos	1,9	1,8
Residuos sólidos	0,9	0,6
Vacíos	0,6	0,9
Total	22,8	21,5
Plomo		
Transportes	122,6	34,7
Consumo de combustible	9,3	0,5
Procesos industriales	10,3	2,3
Residuos sólidos	4,8	2,6
Total	147,0	40,1

Fuente: US EPA (Agencia para la Protección del Medio Ambiente), 1986.

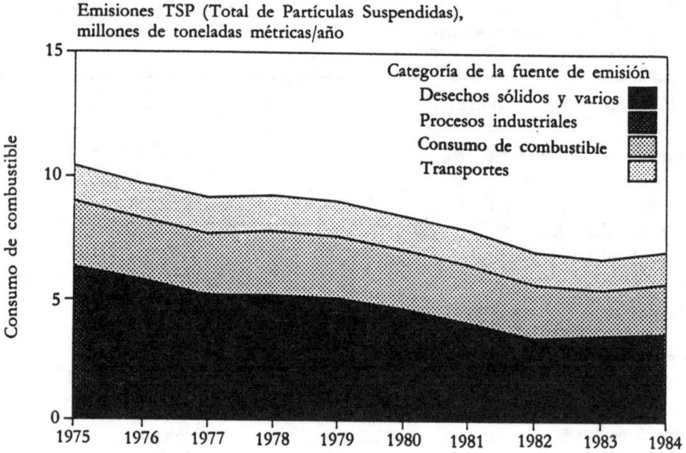

FIGURA 8.6.—Tendencia nacional en las emisiones de partículas, 1975-84. *(Fuente:* US EPA, 1986.)

por los programas de control de contaminación varía de una zona a otra. Las mejoras regionales del nivel de TSP durante la década de los 70 puede, en algunos casos, estar claramente relacionada con la recesión industrial: por ejemplo, la calidad del medio ambiente en la Cuenca de Beaver Valley en Pennsylvania, localizada al noroeste de Pittsburgh, muestra una clara relación con la producción de acero de la vecina Pittsburgh durante los años 1972-80 (fig. 8.7). No todos los cambios de las concentraciones del TSP en las distintas regiones, están relacionados con actividades humanas. Las erupciones del monte St. Helens eran las responsables de un incremento del 7 % en las concentraciones de TSP en la Región VII del EPA en 1980 (US EPA, 1983b). De forma similar, los períodos de sequía añaden polvo al aire aumentando la carga propia de algunas zonas.

Los niveles anuales medios de anhídrido sulfuroso en 229 zonas urbanas, presentaron una reducción del 36 % durante el período 1975-84 (fig. 8.8), mientras que las emisiones descendieron un 16 % durante el mismo período (fig. 8.9). La mejora de la calidad del medio ambiente, no sólo está condicionada por los esfuerzos reguladores, que estimularon u obligaron a las centrales eléctricas a instalar sistemas de desulfatación de gases y a las industrias a la utilización de combustibles con bajo contenido de azufre, sino también al uso de combustibles más limpios en zonas residenciales. En un ámbito nacional, el problema urbano del anhídrido sulfuroso ha sido elimi-

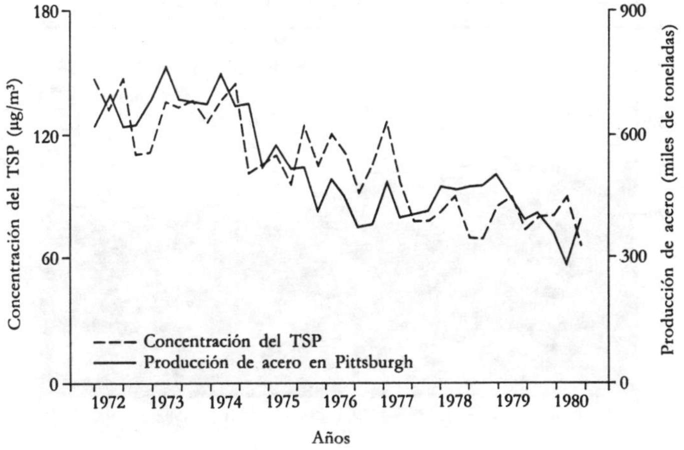

FIGURA 8.7.—Relación entre la concentración de partículas suspendidas y la producción de acero en Pittsburgh, 1972-80. *(Fuente:* US EPA, 1983.)

nado, hasta tal punto, que únicamente unas pocas zonas urbanas exceden los estándares de calidad del medio ambiente. Las demás zonas con problemas de anhídrido sulfuroso, se hallan localizadas cerca de grandes núcleos industriales como por ejemplo, las fundiciones no férricas, tal como se observa en la región intermontañosa del oeste de los EE.UU. y Arizona.

La tendencia de las emisiones de monóxido de carbono, durante el período 1975-84 en 157 localizaciones distintas, muestra un descen-

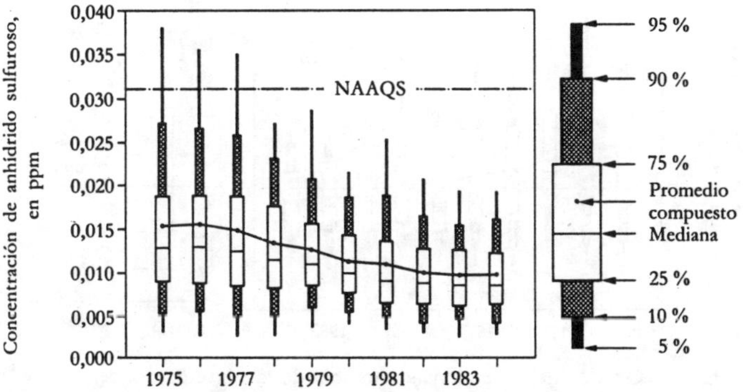

FIGURA 8.8.—Gráfica de la tendencia nacional de las concentraciones medias de anhídrido sulfuroso, 1975-84. *(Fuente:* US EPA, 1986.)

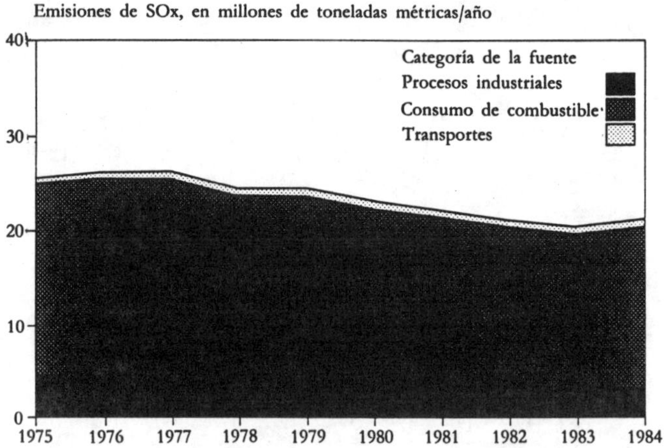

FIGURA 8.9.—Tendencia nacional en las emisiones de anhídrido sulfuroso, 1975-1984. *(Fuente:* US EPA, 1986.)

so del 34 % para la segunda concentración media máxima de 8 horas (fig. 8.10). El número estimado de casos en los que se superó el estándar de 8 horas, descendió a un 88 % en este mismo período. Las emisiones nacionales de monóxido de carbono descendieron un 14 % entre 1974 y 1984 (fig. 8.11). Si se comparan las concentraciones ambientales de monóxido de carbono con la tendencia nacional, hay que señalar que las emisiones estimadas para vehículos de motor,

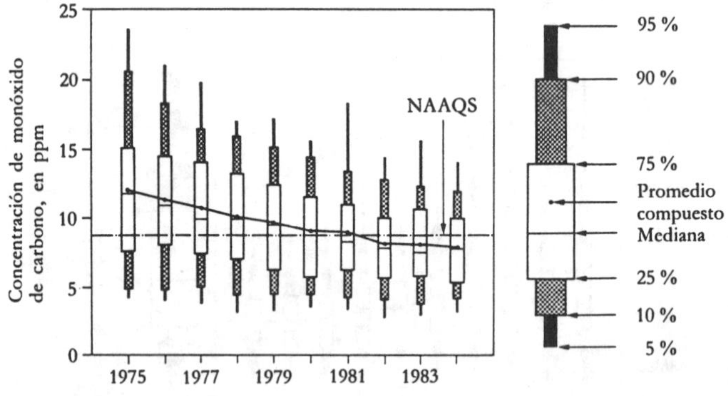

FIGURA 8.10.—Gráfica de la tendencia nacional de la segunda concentración más importante de monóxido de carbono para un período medio que no supera las 8 horas, 1975-84. [*Fuente:* US EPA (Agencia para la Protección del Medio Ambiente de los EE.UU.), 1986.]

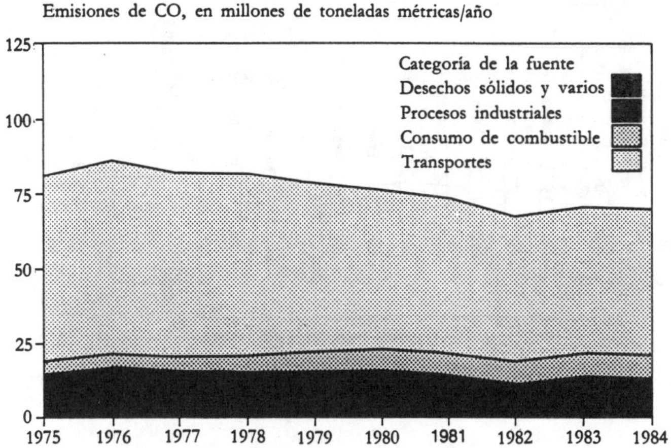

FIGURA 8.11.—Tendencia nacional en las emisiones de monóxido de carbono, 1975-84. *(Fuente:* US EPA, 1986.)

implican dos componentes: emisiones de los vehículos por milla recorrida y el número de millas recorridas por cada vehículo. Desde principios de la década de los 70, la tendencia ha sido de un descenso en las emisiones de monóxido de carbono de los vehículos por milla recorrida, pero el neto total de las emisiones de monóxido de carbono en todo el territorio nacional, se ha visto afectado por un incremento del 30 % en el número de millas recorridas por cada vehículo, durante el período 1975-84. Como los índices de concentración para el monóxido de carbono, están típicamente relacionados con zonas potencialmente problemáticas, y que normalmente se sitúan en zonas con una saturación de tráfico en las que no se registran aumentos del número de vehículos por milla recorrida. Por lo que resulta que el grado de mejora de la calidad del medio ambiente respecto al monóxido de carbono refleja, claramente, la reducción de emisiones de monóxido de carbono por vehículo.

En el período 1975-84, el nivel nacional medio de dióxido de nitrógeno descendió en un 10 % (fig. 8.12) en 119 puntos distintos de la nación. Sin embargo, esta tendencia oculta la realidad: un aumento en el período de 1975-79, un descenso entre 1979 y 1983, y un ligero aumento desde entonces hasta 1984. Esta tendencia refleja las emisiones estimadas de óxidos de nitrógeno procedentes de los vehículos de motor, fuente que más afecta a la mayoría de las estaciones de medición de dióxido de nitrógeno (fig. 8.13).

En todo el país, el promedio compuesto de los niveles de ozono,

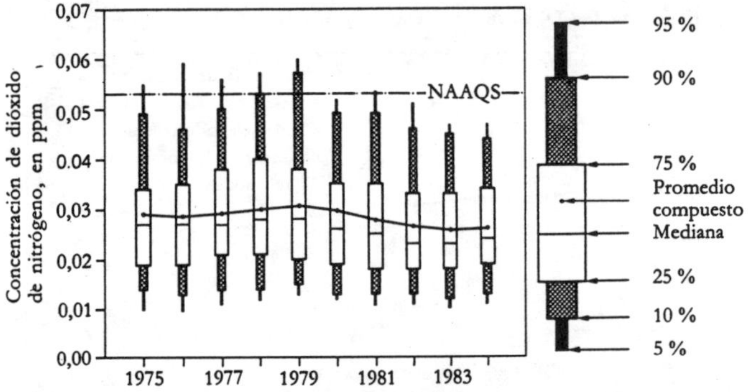

FIGURA 8.12.—Gráfica de la tendencia nacional de las concentraciones medias anuales de dióxido de nitrógeno, 1975-84. *(Fuente:* US EPA, 1986.)

segundos valores máximos, referentes al período de una hora diaria medidos en 163 puntos distintos, disminuyó un 17 % durante el período 1975-84 (fig. 8.14). Las emisiones precursoras del ozono, por ejemplo compuestos orgánicos volátiles, descendieron un 6 % durante el mismo período, pero esto oculta un ligero aumento entre 1975 y 1978, un marcado descenso entre 1978 y 1982, y aumentos desde 1982 a 1984 (fig. 8.15). Comparando las tendencias ambientales y la tendencia de las emisiones, es importante señalar que la aparente mejora de los niveles ambientales de 1978-79 puede atribuirse, en parte, a un cambio en los procesos de calibrado. Si se considera

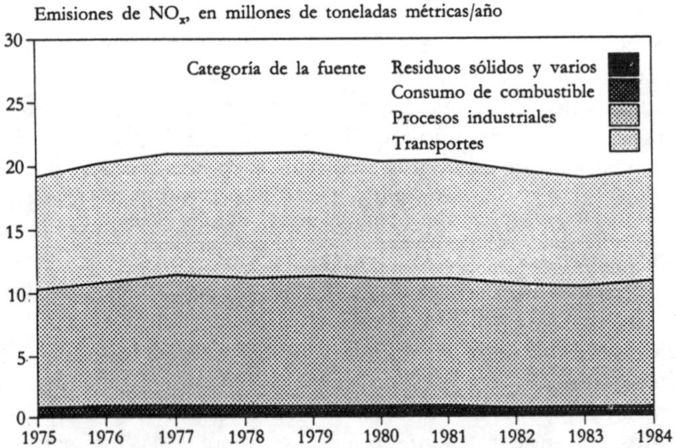

FIGURA 8.13.—Tendencia nacional de las concentraciones de las emisiones de óxidos de nitrógeno, 1975-84. *(Fuente:* US EPA, 1986.)

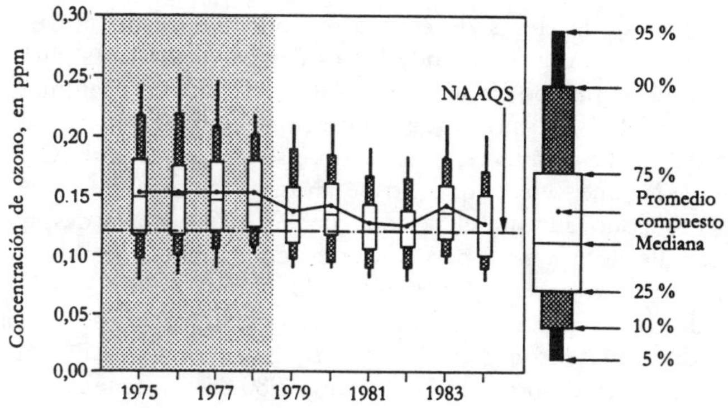

FIGURA 8.14.—Gráfica de la tendencia nacional de la segunda concentración más importante de ozono, para un período máximo diario de 1 hora, 1975-84. La zona punteada representa los datos referentes a las mediciones previas al cambio de proceso de calibrado. *(Fuente:* US EPA, 1986.)

únicamente el período postcalibrado de 1980-84, se observa que los niveles nacionales de ozono, descendieron un 9 %. La subida anómala de 1983, posiblemente tenía su causa en las condiciones meteorológicas de ese año, propensas a la formación de ozono. Aunque la mejora del nivel de ozono en el ámbito nacional es considerable, sigue siendo menor de la esperada, si se tienen en cuenta los enormes esfuerzos de regulación para abordar este problema. Esta situación ha desembocado en numerosos intentos para explicar el, aparentemente

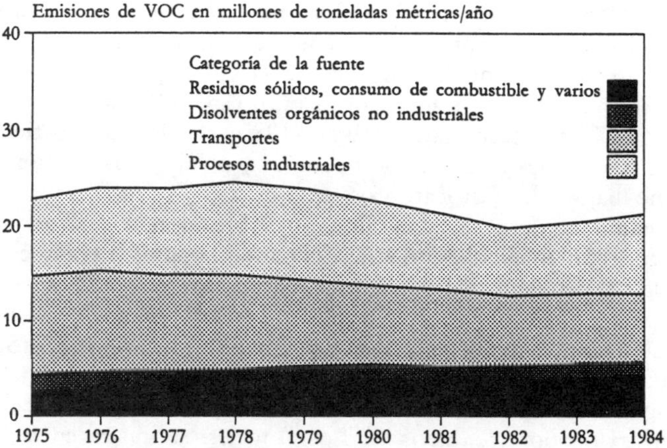

FIGURA 8.15.—Tendencia nacional de las emisiones de compuestos orgánicos, 1975-84. *(Fuente:* US EPA, 1986.)

escaso, éxito de las leyes de control de polución, especialmente en zonas como Los Ángeles, donde los esfuerzos reguladores han sido, durante mucho tiempo, mucho más rigurosos que en cualquier otra zona de los EE.UU. Entre otras valoraciones de las tendencias de la calidad del medio ambiente, en esa zona, se encuentra la de Chock y otros (1982), que señala que no se mostró mejora alguna en los niveles de ozono durante el período de 1971-79, incluso después de los ajustes llevados a cabo para variar las condiciones meteorológicas de un año a otro; por el contrario, Davidson (1983) señala una mejora del 1,5 % durante el período 1976-85, en el que se aplicaron correcciones meteorológicas; por otro lado, el US EPA (1986) considera un descenso del 11 % durante 1980-84, sin tener en cuenta la aplicación de la corrección meteorológica. Muchos investigadores señalan que, si efectivamente se admiten mejoras, éstas son muy limitadas a pesar de las reducciones considerables del nivel de emisiones de hidrocarburos y óxidos de nitrógeno, por fuente unitaria en la zona indicada. Existen dos razones para explicar esta situación: en primer lugar, la reducción de emisiones contaminantes lograda en la zona de Los Ángeles se vio descompensada con el aumento de emisiones en los condados vecinos; en segundo lugar, puede darse el caso de que los óxidos de nitrógeno ejerzan un efecto inhibidor en los niveles de oxidantes y que las reducciones de óxidos de nitrógeno hayan contrarrestado el efecto de las reducciones de los hidrocarburos sobre los niveles de ozono. Ciertamente, diversos estudios muestran que una reducción del 50 % en emisiones de óxidos de nitrógeno, sin una reducción concomitante con concentraciones reactivas de hidrocarburos, aumentarán, de hecho, la formación del ozono en, aproximadamente, un 10 %. Además, el óxido nítrico, que compone la mayoría de las emisiones de óxidos de nitrógeno, es un «devorador» de ozono, especialmente en períodos nocturnos. Para terminar, Walker (1985) señala que se tiende a asociar los niveles máximos de ozono con niveles más bien moderados, no bajos, de hidrocarburos.

Cualquiera que sea la explicación sobre el poco éxito que los estrictos controles de emisión de contaminantes tienen en Los Ángeles, el problema del ozono en esa zona, parece no tener solución y no parece probable que mediante un esfuerzo razonable se logren los estándares nacionales antes del plazo límite de 1987 (Smith, 1981b; Oficina Nacional USA de Calidad del Medio Ambiente -. US National Commission on Air Quality, 1981). La magnitud del problema del ozono en la zona de Los Ángeles, se ilustra en la figura 8.16. Aunque la polución fotoquímica resultó, en un principio, un problema de solamente esta zona de los EE.UU., conviene señalar que en la década de los 80, se ha extendido tanto al este como al oeste del país (fig. 8.17). Entre otras 10 y 32 ciudades, no cumplirán la fecha límite de 1987, a pesar de la relajación de los NAAQS de febrero de 1979 (Marshall, 1978, 1979). Las Enmiendas a la Ley de Medio Ambiente, de 1977 (Clean Air Amendments), requerían la revisión de los NAAQS al menos cada 5 años, para tener la seguridad de que los estándares se basen en los datos científicos más actuales (Padgett y Richmond, 1983). Debido a las presiones, ejercidas sobre todo por parte de la industria petrolífera, el EPA se vio obligado a rebajar los estándares para oxidantes fotoquímicos (medidos junto con el ozono) de 0,08 a 0,16 ppm. Sin embargo, los ambientalistas sostenían que ninguna reducción garantizaría el necesario margen de seguridad, para aquellas personas más sensibles a la contaminación densa: niños, ancianos y personas con enfermedades respiratorias.

El EPA transigió realizando una revisión del estándar, estableciéndolo en 0,12 ppm, lo que automáticamente supuso que de 10 a 20 ciudades pasaran la lista de «sin obtención» a la de «obtención de los estándares»; aunque ciudades célebres por su densa contaminación

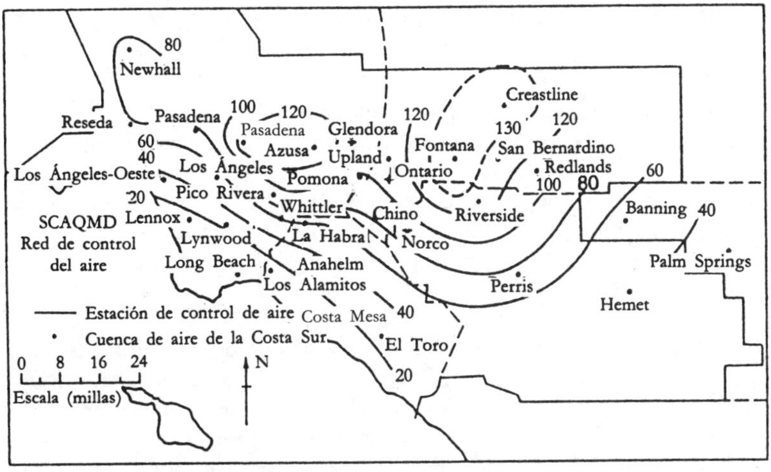

+ Sin datos sobre este lugar.
• Datos correspondientes a menos de 12 meses completos.
——— Intervalos de 10 días.
——— Intervalos de 20 días.

FIGURA 8.16.—Número de días en que el estándar de ozono (valor máximo diario: 1 hora, por encima de las 0,12 ppm) fue superado en la cuenca de aire de la Costa Sur, en 1984. *(Fuente:* US SCAQMD, 1985.)

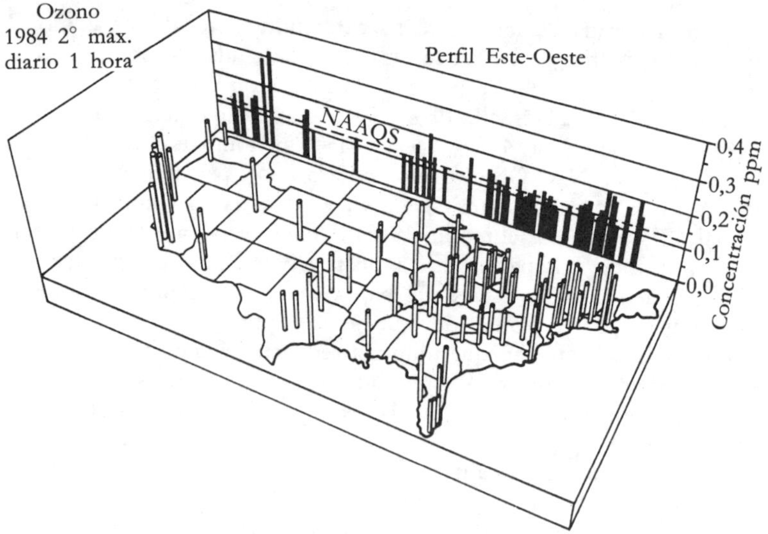

FIGURA 8.17.—Mapa de la concentración media de ozono con el segundo valor máximo diario de 1 hora más elevado, en 80 áreas metropolitanas, en 1984. Las concentraciones aparecen proyectadas en el plano del fondo para facilitar su comparación con el estándar de calidad del aire de 0,12 ppm y observar el perfil Este-Oeste. *(Fuente:* US EPA, 1986.)

fotoquímica como Nueva York, Filadelfia, San Luis, San Diego y, por supuesto, Los Ángeles, permanecieran en la lista «sucia» (tabla 8.5). Incluso media década, después de la implantación de la Ley de Medio Ambiente de 1970 (Clean Air Act), cerca de 80 millones de personas habitan en zonas, principalmente ciudades, que aún no cumplen los NAAQS para el ozono.

Desde 1975 se han logrado reducciones importantes en los niveles de plomo, principalmente, como resultado de, en primer lugar, la reducción progresiva del contenido de plomo en la gasolina, y en segundo lugar, la introducción en 1975 de la gasolina sin plomo para vehículos con dispositivos catalizadores (el plomo «envenena» el catalizador), que reducen las emisiones de monóxido de carbono, hidrocarburos y óxidos de nitrógeno procedentes del tubo de escape. Ya en 1984, las ventas de gasolina sin plomo representaban el 60 % del total de las ventas. Durante el período 1975-84, los niveles máximos trimestrales de plomo, descendieron en un 70 % en 36 zonas urbanas del territorio nacional (fig. 8.18). Durante el mismo período, el total de las emisiones nacionales de plomo descendió en un 72 % (fig. 8.19), siendo el sector de transportes, con una caída de

TABLA 8.5.—Concentraciones de contaminación ambiental en 16 áreas metropolitanas con una población que supera los dos millones de personas, 1984

Área estadística metropolitana estándar	Total de partículas en suspensión (TSP) media geométrica anual (µg/m³)	Anhídrido sulfuroso (SO_2) media aritmética anual (ppm)	Monóxido de carbono (Co) segundo valor máximo 8 h (ppm)	Dióxido de nitrógeno (NO_2) media aritmética anual (ppm)	Ozono (O_3) segundo valor máximo diario 1 h (ppm)	Plomo (Pb) máximo promedio trimestral (µg/m³)
Ciudad de Nueva York	64	0,024	15	0,041	0,17	0,91
Los Ángeles-Long Beach	86[a]	0,011	19	0,057	0,29	1,02
Chicago	85	0,017	11	0,044	0,15	0,68
Philadelphia	73	0,019	10	0,040	0,20	5,13[b]
Detroit	106	0,014	11	0,025	0,12	0,69
San Francisco-Oakland	59	0,006	8	0,028	0,15	0,50
Washington, D.C.	64	0,014	14	0,032	0,14	0,49
Dallas-Fort Worth	74	0,005	7	0,016	0,16	1,52
Houston	94	0,010	7	0,029	0,21	0,39
Boston	58	0,016	10	0,044	0,15	0,51
Nassau-Suffolk	49	0,013	10	0,035	0,10	0,67
St Louis	119	0,021	7	0,035	0,17	2,41[b]
Pittsburgh	83	0,035	10	0,031	0,11	0,47
Baltimore	88	0,015	14	0,035	0,15	0,60
Minneapolis- St Paul	75	0,012	13	0,019	0,12	0,65
Atlanta	72	0,009	8	0,027	0,15	0,47
NAAQS	75	0,030	9	0,050	0,12	1,50

[a] Índice de datos para 1983.
[b] Refleja el impacto de las fuentes industriales.
Fuente: US EPA (Agencia para la Protección del Medio Ambiente), 1986.

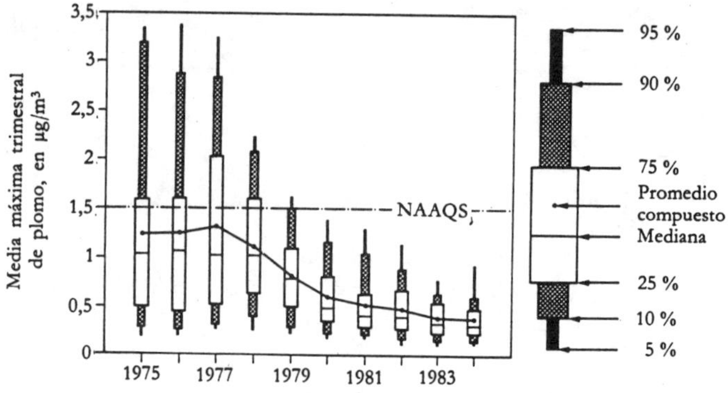

FIGURA 8.18.—Gráfica de la tendencia nacional de las concentraciones trimestrales máximas de plomo, 1975-84. *(Fuente:* US EPA, 1986.)

un máximo de 122.600 Tm en 1975[1] a 34.700 Tm en 1984, el máximo responsable del descenso (tabla 8.4).

Con tantos datos referentes a tan numerosos contaminantes y, debido a la utilización de distintos términos para describir la calidad del medio ambiente, por parte de los medios de comunicación y departamentos de control, resulta inevitable crear un cierto grado de confusión entre el público. Para solucionar este problema de comuni-

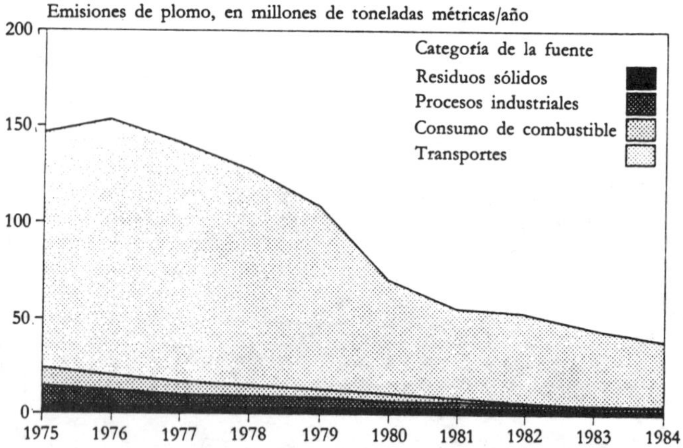

FIGURA 8.19.—Tendencia nacional de las emisiones de plomo, 1975-84. *(Fuente:* US EPA, 1986.)

[1] Una tonelada métrica equivale a 1.000 kg ó 2.204,6 lbs, mientras que una tonelada imperial equivale a 2.240 lbs.

cación, se adoptó, en un plano nacional, un Índice de los Estándares de Contaminantes Referentes a la Salud Pública (Health-Relative Pollutants Standards Index-PSI) (Crossland, 1978). El PSI viene determinado por el nivel de contaminante más alto del día, y los medios de comunicación emplean términos asociados para los distintos niveles del PSI: bueno (PSI de 0-50), moderado (50-100), insalubre (100-200), muy insalubre (200-300) y peligroso (superior a 300). En 1981, 102 zonas urbanas, con una población total de aproximadamente 100 millones, informaban diariamente el PSI a través de los medios de comunicación (Oficina Nacional USA de Calidad del Medio Ambiente, 1981 - US National Commission on Air Quality).

Durante las pasadas décadas, se ha logrado una considerable mejora de la calidad del medio ambiente en los EE.UU., pero se necesitan mejoras aún mucho mayores. Los beneficios de estas mejoras se hacen sentir, tanto en la salud pública como en el entorno ambiental. Así, por ejemplo, Muskie señalaba en 1976 que 15.000 fallecimientos, 15 millones de jornadas de cumplimiento deficitario y 7 millones de días en cama, al año, eran el resultado de la contaminación ambiental sobre la población (Lundqvist, 1980). Aunque la Ley de Medio Ambiente (Clean Air Act) de 1970 pretendía, en un principio, que la población se beneficiara de una atmósfera saludable en 1975 (o en 1977), parece ahora que algunas zonas no lograrán conseguir ese objetivo hasta el siglo próximo. Teniendo en cuenta que numerosos condados no van a acatar la fecha límite de diciembre de 1987, para uno (o varios) de los contaminantes indicados, el EPA debe decidir qué medidas adoptar. Podría prohibir la construcción de cualquier nueva fuente contaminante dentro de estas zonas e imponer restricciones a la aportación de fondos federales a los estados afectados, aunque deberá hacerlo de forma que estas medidas animen a una consecución más rápida de los estándares, no utilizándolas a modo de multas o castigos. Los castigos deberán tener la oportunidad de modificar y desarrollar medidas de control adicionales incorporadas en sus SIP. Posiblemente deberán considerarse los problemas de cada estado de un modo individual y deberá establecerse una fecha límite para cada caso particular.

8.13. Actualización de la Ley de Medio Ambiente y el futuro

Durante los años siguientes a las Enmiendas de 1977, hubo numerosos debates, litigios, audiencias y propuestas acerca de los cambios que era preciso introducir para septiembre de 1981, cuando la Ley de Medio Ambiente volviera a actualizarse. Los empresarios opinaban que los enormes costes que suponía la obtención de esta meta «limpia» habían contribuido en gran medida, al desempleo, inflación, disminución de la productividad y descenso de la competitividad nacional en el mercado (Asociación Nacional USA del Desarrollo Ambiental —US National Environment Development Association—, 1981), por lo que instaban a la introducción de cambios radicales en la Ley. Su opinión era compartida por la Administración Reagan, elegida en base a su política de restablecimiento de la economía y abolición de regulaciones. Por el contrario, los grupos ecológicos señalaban que decenas de millones de personas seguían sometidas a condiciones ambientales insalubres, y que se necesitaba reforzar la Ley. También debían introducirse enmiendas que consideraban el empeoramiento del problema con las lluvias ácidas y productos químicos tóxicos. Tal y como resultó después, no pudieron resolverse los encontrados puntos de vista, pasándose la fecha de actualización de la Ley de Medio Ambiente. La Ley de 1970 continuó vigente, tras esa fecha, a modo de acuerdo prolongado.

Por lo general, la Administración Reagan había previsto introducir cambios de largo alcance en la Ley de Medio Ambiente. En realidad, aunque se han introducido algunos, otros muchos han sido impugnados con éxito por los grupos ecologistas. En 1981 se relajaron los requisitos para las emisiones de anhídrido sulfuroso procedentes de fuentes contaminantes de gran tamaño, alegándose que los nuevos modelos de dispersión indicaban que se podían emitir mayor número de contaminantes sin sobrepasar los estándares de calidad del medio ambiente. En total, se consideraron incrementos de más de un millón de toneladas de emisiones de anhídrido sulfuroso (Wetstone y Rosencranz, 1983). En 1981, el Gobierno estableció que se debían aplicar análisis de coste/beneficios a todas las futuras acciones reguladoras, para que todas las medidas fueran económicamente viables. El EPA se vio obligado a continuar experimentando con la adopción de posturas económicas para el control de la polución, que consintieran cierta flexibilidad a la industria.

No todos los cambios introducidos en las medidas reguladoras, durante la década de los 80, han aliviado o mitigado el control de la polución. Continúa ampliándose gradualmente el uso de gasolina sin plomo y se acelera la tendencia a prohibir la gasolina con plomo (excepto en casos especiales). Aunque es, aún, necesario abordar en profundidad el problema de la lluvia ácida (ver capítulo 11), una de sus causas principales ha sido, ya, objeto de atención. Las plantas industriales con chimeneas altas, no van a recibir más créditos de compensación por reducir las emisiones de anhídrido sulfuroso, debido a la dispersión que se consigue con las mismas. Esto constituye, probablemente, el reverso de la tendencia hacia la construcción de este tipo de chimeneas, iniciada a finales de los años 60. Desde 1970, se han construido 175 chimeneas industriales de más de 150 m, midiendo 74 de ellas, más de 200 m. La frustración que causa la lentitud de la acción federal respecto a la lluvia ácida, ha tenido como resultado que diversos estados establezcan sus propias políticas de control para este problema, aunque las leyes federales sean la única solución real a la lluvia ácida.

Los estándares de calidad del medio ambiente deben revisarse cada cinco años, lo que aparentemente beneficia a los industrialistas que reclaman la relajación de los estándares. Así, por ejemplo, debido a las fuertes presiones ejercidas por la industria petrolífera en 1979, se flexibilizó el estándar de una hora para el ozono. Sin embargo, en 1986 el EPA reconoció que los efectos de la exposición al ozono en la salud pública, fueron mucho más serios de lo que se había supuesto cuando se relajó el estándar, lo que contribuyó a un nuevo reforzamiento del mismo, para lo cual se propuso un estándar de ocho horas para el ozono (Rombout y otros, 1986). Debido a las presiones de la industria del automóvil, se ha propuesto una revisión del estándar para monóxido de carbono que supondría rebajar el estándar de una hora, de 35 a 25 ppm y aumentaría el número de veces en que se permite exceder el estándar de las 9 ppm y ocho horas de uno a cinco (Samberg y Elston, 1982). Este último estándar representa, en términos estadísticos, permitir un exceso de un estándar de 12 ppm y supondrá la recalificación de muchas zonas metropolitanas clasificadas como «sin logros», a engrosar la lista «obtenciones» (tabla 8.5). Esta revisión del estándar se corresponde con la afirmación de la industria del automóvil, que señala que el estándar de 3,4 gr/milla para emisiones de monóxido de carbono, es innecesariamente estricto y costoso, punto de vista que comparten las recomendaciones de la Oficina Nacional de Calidad del Medio Ambiente (National Comission on Air Quality) de 1981, y de la Academia Nacional de Ciencias (National Academy of Science) de 1980. Otras propuestas para la revisión de los estándares de calidad del medio ambiente, incluyen un TSP con estándares más estrictos en relación a la salud pública y la implantación de un estándar para partículas finas, ya que éstas son inhaladas, y no las partículas más grandes (no tóxicas), procedentes de carreteras, obras, y actividades agrícolas y que, actualmente, distorsionan la medición de partículas suspendidas. También se está discutiendo la implantación de un estándar a corto plazo (una hora) para el anhídrido sulfuroso, y esto puede servir para abordar el problema de la lluvia ácida, al intentar rebajar las emisiones del compuesto citado.

El escaso éxito de la Administración Reagan en intentar suavizar las regulaciones sobre control de contaminación, regulaciones que, según los industrialistas, son las culpables de frenar el crecimiento económico, es el resultado de la, todavía, férrea voluntad del público en mejorar la calidad del medio ambiente, a pesar de la recesión económica que comenzó en la década de los 70. La presión del público acerca de temas ambientales, puede no tener la misma fuerza política que tuvo a finales de los años 60, cuando los Movimientos Ecologistas tuvieron su apogeo, pero sigue siendo de considerable importancia. Desde entonces, los grupos ecologistas han aprendido a ser más eficaces, retando al EPA ante cualquier relajación sobre las políticas de control de contaminación o su renuncia a proteger la salud pública y el medio ambiente. Desastres ecológicos como el de la Isla de las Tres Millas, los reactores nucleares de Chernobyl o el accidente de la planta química tóxica de Bhopal, han impulsado, a través de las presiones públicas, el refuerzo y consecución de mejoras ambientales. La Administración Bush y las de la década de los 90, tienen el reto de continuar limpiando el medio ambiente y mejorar el entorno mientras que, al mismo tiempo, fomenten el crecimiento de la economía. Los industrialistas y los ambientalistas seguirán sin coincidir en el equilibrio entre ambas metas. El EPA de los EE.UU. ya señalaba en 1986 que, a la vez que la economía nacional ha vuelto a crecer, se han observado ligeros aumentos en los niveles de algunos contaminantes (TSP, anhídrido sulfuroso y óxido de nitrógeno).

Capílulo IX

El control de la contaminación en Gran Bretaña y la Comunidad Europea

9.1. La contaminación comienza pronto en Gran Bretaña

La contaminación medioambiental empezó a ser reconocida como un grave problema durante el reinado de Eduardo I (1272-1307), cuando salió a la luz un real decreto que prohibía el uso de carbón océanico (carbón lavado en tierra procedente de depósitos de carbón expuestos) en hornos abiertos. El castigo por violar esta orden era una multa la primera vez y la demolición del horno la segunda. La tercera vez (suponiendo que se tuviera otro horno) era punible con la muerte (Martín, 1975). Durante los siglos que siguieron, se prestó menos atención a la contaminación del aire, a pesar de los esfuerzos de muchos individuos, entre ellos el panfletista londinense John Evelyn, que en 1661, publicó el primerísimo informe escrito sobre contaminación medioambiental titulado «Fumifugium or the Aer and Smoake of London Dissipated». Los planes de Evelyn para mejorar la calidad del aire de Londres se ignoraban y sólo fue en el siglo XIX cuando el gobierno empezó a hacer intentos para refrenar la contaminación del aire. Los primeros pasos se dieron en 1819 cuando el Parlamento designó un comité para averiguar cómo podría hacerse menos perjudicial para la salud pública el funcionamiento de los motores de vapor y de los hornos (UK Open University, 1975).

9.2. Las Leyes de Alcalis y la Inspección de la Contaminación Industrial del aire

El origen de los planteamientos modernos para controlar la contaminación medioambiental en Gran Bretaña apareció en la Ley de Alcalis de 1863. En aquellos momentos, los peores efectos de la contaminación circundaban las plantas industriales que elaboraban alcalis, sulfato sódico o potásico. La Ley de Alcalis exigía que el 95 % de las emisiones agresivas debían ser detenidas y las restantes, disueltas adecuadamente antes de que pudieran introducirse en la atmósfera. Tras la introducción de esta Ley las emisiones ácidas procedentes de trabajos con alcali fueron drásticamente reducidas desde un índice anual de casi 14.000 Tm hasta unas 45 Tm. Una posterior Ley de Alcalis apareció en 1874 y ello exigió que los propietarios de industrias aplicaran los «mejores medios posibles» para atajar el problema de la contaminación (Ashby y Anderson, 1982; UK Open University, 1975).

Las Leyes de Alcalis intentaban controlar los contaminantes industriales que están especificados en una lista de «gases nocivos y agresivos», lista que también enumeraba una serie de procesos. Alrededor de 3.000 procesos, que implicaban a unas 2.000 plantas (Sandbach, 1982). Las medidas estipuladas por la Ley son administradas por una Inspección Nacional de Alcalis. Los poderes de la inspección se han incrementado posteriormente con la aprobación del Acta de Registro de Trabajos Alcalis..., de 1906 y la Ley de Salud y Seguridad en el Trabajo... de 1974. En 1982, la entonces Inspección de Alcalis y de Aire Limpio fue rebautizada como Inspección de la Contaminación Industrial del Aire. Pero, en abril de 1987, se incorporó a una nueva Inspección de Contaminación integrada. La Inspección debe sentirse satisfecha de que el proceso inventariado se realice usando los mejores medios posibles para prevenir el escape de gases nocivos y agresivos, y para transformar tales emisiones, donde hayan sido depositadas, en inocuas e inofensivas. En la práctica, ello requiere que la Inspección verifique las instalaciones y el trabajo efectivo del equipo autorizado para el control de contaminación y que indique la altura mínima de las chimeneas industriales. Las emisiones límite de gases emanados pueden ser fijadas, pero, con la excepción de algunos estándares referidos a la acidez total, aquéllas son contempladas como valores flexibles que se pueden alterar teniendo en cuenta los avances tecnológicos y las demandas de las personas con respecto a un medio ambiente mejor (Haigh, 1984; Meetham y otros, 1981). Todos los procesos que no se encuentran en las listas de las Leyes de Alcalis son responsabilidad de las autoridades locales, según las Leyes de Medio Ambiente de 1956 y 1968.

La Inspección ha sido criticada con frecuencia en el pasado por las escasas persecuciones que ha hecho a industrias que incumplían sus exigencias. Entre 1920 y 1967, por ejemplo, hubo un total de tres procesos (Wall, 1976a). Incluso entre 1970 y 1975, período de mayor interés público en materia de medio ambiente, sólo hubo 20 procesos. Esto refleja el hecho de que la Inspección se ve a sí misma en consorcio con la industria, por lo cual prefiere educar y convencer a los industrialistas para que adopten las medidas de control de contaminación apropiadas antes que forzarles usando la amenaza del procesamiento. Hasta cierto punto, esta actitud existe porque los industriales no siempre han sido conocedores de los problemas de la contaminación o de las posibles formas de controlarla como la Inspección, que posee una abundante experiencia y conocimiento adquiridos desde que se formó en 1863 (Gunnigham, 1974). La Inspección cree que, a fin de llevar a cabo este consorcio, las discusiones entre la Inspección y los industriales deben mantenerse en secreto. Ello ha minado la confianza de la opinión pública en la Inspección, que parece comprender mejor las preocupaciones «industrialistas» que la inquietud pública y no ser suficientemente responsable (Blowers, 1984). Sin embargo, la situación ha mejorado recientemente —por ejemplo, la Inspección ha estado fomentando activamente el establecimiento de comités locales de enlace para discutir los problemas relacionados con los trabajos registrados, y ahora proporciona a las autoridades locales los detalles sobre los «mejores medios posibles» necesarios para trabajos individuales. La Real Comisión de Gran Bretaña para la Contaminación del Medio Ambiente (1984) recomienda que se acelere esta tendencia hacia una mayor claridad (fig. 9.1).

9.3. Los Smogs de Londres

El desarrollo del control de la contaminación atmosférica en Gran Bretaña se vio más intensamente influido por el caso de un smog londinense o «puré de guisantes» del 5 al 8 de diciembre de 1952 (fig. 9.2; Ashby, 1975). Esta niebla sulfurosa de 1952 se caracterizó por altas concentraciones de contaminación peligrosa con concentraciones diarias de hasta unos 4.000 $\mu g/m^3$ de anhídrido sulfuroso y 6.000 $\mu g/m^3$ de humo. El humo se refiere a las partículas en suspensión medidas con el método «sombra de humo» o reflectante (véase capítulo 2). La niebla surgió a temperaturas bajo cero y esto provocó un aumento dramático del número de muertes, especialmente entre los más viejos, debido a bronquitis, gripe, neumonía, tuberculosis y otras enfermedades respiratorias (Departamento de Medio Ambiente de Gran Bretaña, 1979b). Después de haberse dispersado, se descubrió que un total de 4.700 personas habían muerto como consecuencia de la niebla. Las muertes debidas a la niebla no debían ser inesperadas: después de todo, muchas personas habían muerto durante las primeras nieblas londinenses de 1873, 1880, 1881, 1882, 1891 y 1901. Lo que diferenció la niebla de 1952 de las primeras no fue simplemente el gran número de muertes, sino

FIGURA 9.1.—El complejo químico de Avonmouth ha causado durante mucho tiempo problemas a la comunidad local. El establecimiento de un comité coordinador por parte de la Inspección de la Contaminación Industrial ha permitido a la comunidad expresar su inquietud. (*Fuente:* P. Keene.)

FIGURA 9.2.—La niebla de Londres en diciembre de 1952 fue el detonante para que los medios informativos y la opinión pública presionaran al gobierno apra que fijara una legislación más estricta de control de la contaminación. *(Fuente:* Keystone Press Agency.)

cómo los medios de comunicación se vieron implicados en el suceso. La radio y la prensa popular relataron rápidamente y comentaron desfavorablemente lo que había sucedido, y la atención pública, por consiguiente, se vio afectada por el problema de la contaminación ambiental (fig. 9.3). Consecuentemente, esta niebla proporcionó al público y a los medios de comunicación el detonador para presionar al Gobierno a fin de que emprendiera algún tipo de acción para controlar la contaminación atmosférica y especialmente las nieblas. La presión pública fue especialmente eficaz gracias a la campaña emprendida por la Sociedad Nacional para el Aire Limpio (anteriormente Sociedad de Supresión del Humo de Carbón, fundada en el siglo XIX). Como resultado de ella, en 1953 el Gobierno creó una comisión para investigar los problemas nacionales de contaminación ambiental.

Los estudios realizados en Londres y en otras ciudades británicas ya han revelado que las emisiones a bajo nivel de humo de calefacciones domésticas fueron la causa principal de las nieblas. Algunas autoridades locales —sobre todo en Manchester en 1946 y en Coventry en 1951— ya han intentado reducir las emisiones de humo doméstico estableciendo áreas de control de humo dentro de las cuales sólo se autoriza a quemar combustibles libres de humo. Durante la niebla de 1952, un gran número de autoridades locales propusieron al Parlamento proyectos privados con vistas a crear áreas similares de control de humo. Sin embargo, otro avance hacia el establecimiento de estas áreas de control fue interrumpido hasta la puesta en marcha de la comisión gubernamental establecida en 1952 para examinar los problemas de la contaminación ambiental. Esta comisión fue creada, en cierto modo de mala gana, para satisfacer al público y a los medios de comunicación por medio de la acción gubernamental. En ese momento, el Gobierno creía que al problema de la contaminación ambiental se le había prestado una atención excesiva y que, igual que el recurso de la niebla de diciembre de 1952 había desaparecido, el problema también podría haberse olvidado. Sin embargo, el presidente de la comisión, Sir Hugh Beaver, opinaba de otro modo. También se dio cuenta de que si el público no hubiera tenido el estímulo de la información durante la investigación, la cuestión podría haber desaparecido; así, publicó un Informe Provisional a finales de 1953, próximo al aniversario de la «niebla mortal». Dicho informe declaraba culpables tanto al Gobierno Central como a las autoridades locales de negligencia al dejar de dar todos los pasos posibles para proteger al pueblo de Londres de un desastre de aquel tipo; al mismo tiempo atribuía una responsabilidad parcial a las personas que siguieron quemando carbón (Enloe,

FIGURA 9.3.—La imagen ofrecida por los medios informativos de la niebla de Londres en 1952. [*Fuente:* dibujo titulado «Niebla» de Illingworth (1953), copyright del Dallay Mail, Londres.]

1975). Tras el informe final de la comisión en 1954, el Gobierno se mostró reacio a guiarse de las recomendaciones del mismo, pero se vio obligado a hacerlo al ser propuesto un proyecto privado de Aire Limpio (Antinieblas) en 1955 (Gunnigham, 1974). Este proyecto fue retirado bajo la promesa de que se introduciría un Proyecto Gubernamental y así, la Ley de Medio Ambiente de 1956 fue aprobada.

9.4. Las Leyes de Medio Ambiente de 1956 y 1968

La Ley de Medio Ambiente de 1956 otorgaba a las autoridades locales el poder de designar «áreas de control de humo» en las que sólo se permitía quemar combustibles libres de éste (electricidad; antracita; combustibles que fueran intrínsecamente bajos en contenido volátil, como el gas y el petróleo o combustibles que hubieran despedido una alta proporción del material volátil como para permitir una combustión libre de humo, por ejemplo, ciertos tipos de coque). Como estos combustibles no podían ser quemados en las instalaciones domésticas de calefacción existentes, la Ley proporcionó subvenciones gubernamentales a los dueños de las casas para ayudarles a sufragar los gastos de la compra e instalación de nuevos aparatos de calefacción (Scarrow, 1972). La Ley hizo de los programas de control de humo una cuestión de opción local más que una obligación estatutaria. Dado que las autoridades locales eran inducidas a contribuir en un 30 % al coste de las reformas necesarias para dichas instalaciones (el Gobierno central contribuyó en un 40 % y el propietario de la casa en un 30 %), ello conllevó que los lugares más grandes y más ricos, como Londres, Yorkshire y ciertas partes del Noroeste de Inglaterra, adoptaran un programa progresivo, mientras que otros lugares respondieron más lentamente. El precio no fue siempre lo que más influyó en el establecimiento de áreas de control de humo. En las zonas carboníferas hubo una fuerte presión contra el establecimiento de estas áreas. Los mineros recibían una cantidad concesionaria de carbón y la designación de áreas de control de humo restringiría su uso. Por otra parte, Wall (1973) mostró que los mineros del Sur de Yorkshire creían que las restricciones para evitar la contaminación reducirían la demanda de carbón, precipitando así el exceso de producción en la industria carbonífera.

Dados los diversos avances regionales para la designación de áreas de control de humo, el Gobierno Central se autoconcedió el poder, por medio de la Ley de Medio Ambiente de 1968, de exigir acciones de los gobiernos locales. Unas 300 áreas contaminadas o «negras» fueron consideradas zonas prioritarias por la introducción de las áreas de control de humo (Burton y otros, 1974; Scarrow, 1972). Para aumentar la eficacia con la que el Gobierno central podría tratar la cuestión medioambiental, éste creó el Departamento de Medio Ambiente en 1970. Sin embargo, el gobierno no siempre fomentó el establecimiento progresivo de áreas de control de humo. En 1970-71, muchas de estas áreas fueron provisionalmente suspendidas a causa de la escasez de combustibles libres de humo y ello condujo a un empeoramiento de los episodios de contaminación en algunas áreas urbanas (Elsom, 1979). A mediados de los 70, los recortes económicos del Gobierno central provocaron que las subvenciones fueran retiradas y entre diciembre de 1976 y junio de 1977 se impuso una moratoria sobre las nuevas áreas de control de humo (Departamento para el Medio Ambiente de Gran Bretaña, 1979b). La recesión económica durante los 70 provoca que muchas autoridades locales aplazaran repetidamente las fechas señaladas para completar el programa de áreas de control de humo. No obstante, a finales de los 70, ocho millones de proyectos de tipo doméstico e industrial fueron realizados por peticiones de control de humo. Durante los ochenta, se renovó la designación de áreas de control de humo como resultado de las medidas de anticontaminación adoptadas por la Comunidad Europea, y también porque el carbón fue identificado como una importante expectativa para la economía del Reino Unido (UK HMSO, 1981). En 1984, casi dos tercios de las propiedades urbanas fueron cubiertas por órdenes de control de humo (Departamento de Medio Ambiente de Gran Bretaña, 1986). En algunas áreas de control, persiste la combustión ilegal de carbón bituminoso y esto podría incrementar las concentraciones medias de humo en invierno de un 10 a 20 % (Moncrieff, 1985).

Las Leyes de Medio Ambiente de 1956 y 1968 no sólo atañían a las emisiones domésticas de humo, sino también a las industriales. Las industrias no cubiertas por las Leyes de Alcalis que fueron, por tanto, responsabilidad de las autoridades locales, fueron presionadas para emplear los mejores medios posibles a fin de reducir las emisiones. Concentraciones inaceptables al nivel del suelo de gases efluentes, en particular anhídrido sulfuroso, fueron controladas exigiendo alturas mínimas para las chimeneas. La altura de las chimeneas industriales tuvo que ser determinada sobre la base del índice de emisión de anhídrido sulfuroso (relacionado con el contenido en azufre del combustible) cuando un horno estaba funcionando al máximo de su capacidad, la topografía local y la altura de los edificios circundantes. Las restricciones de emisiones de humo negro y oscuro, fueron ejecutadas por medio de la tabla sombra-de-humo de Ringelmann. Gracias a la postura tomada por la Inspección de

Contaminación del Aire, el planteamiento de las autoridades frente a los industriales fue el de persuadirles para adoptar un código de «buena conducta de emisión». Aun así, se han llevado a cabo procesamientos a industriales que contravinieron las Leyes de Medio Ambiente en un número aproximado de 200 a 300 al año durante la década de los 70.

9.5. La mejora de la calidad del aire y la eficacia de la legislación

El Gobierno, los medios de comunicación y la opinión pública han elogiado con frecuencia las Leyes de Medio Ambiente de 1956 y 1968. El primer Informe de la Real Comisión para el Medio Ambiente de Gran Bretaña (1971) concluía que «desde que se convirtió en Ley la primera de las Leyes de Medio Ambiente en 1956, se ha producido una reducción constante de la emisión de humo y de anhídrido sulfuroso en el aire británico», y advertía que «las tendencias a la baja de la contaminación por humo y anhídrido sulfuroso son alentadoras, pero sólo continuarán si no se relaja la aplicación de las disposiciones de las Leyes de Medio Ambiente...». Auliciems y Burton (1973) expresaron sus reservas con respecto a peticiones tan fuertes y señalaron que la Ley de Medio Ambiente de 1956 estaba simplemente «dejándose llevar por la corriente social, económica y tecnológica». Naturalmente, el humo ha disminuido progresivamente desde los años 20 y probablemente desde finales del siglo XIX (Brimblecombe, 1977, 1978, 1982). La tradicional imagen británica de un «acogedor fuego de carbón» estaba cambiando por la abundancia que siguió a la depresión de la postguerra. La demanda de tipos de calefacción mejores significaba que se daba la bienvenida a sistemas más limpios y más eficaces que usaran combustibles sólidos libres de humo, petróleo o gas (el gas natural sin azufre del Mar del Norte estuvo disponible a partir de 1967). Los anuncios de los medios de comunicación estimularon la preferencia por sistemas de calefacción central limpios y eficaces. Los programas de demolición y reconstrucción de los barrios bajos sustituyeron las numerosas casas en hileras, caracterizadas por fuentes de emisión múltiples a bajo nivel, por edificios de varios pisos con una eficaz calefacción central (fig. 9.4). Bernstein (1975) y Scarrow (1972) intentaron hacer una valoración de la contribución de las Leyes de Medio Ambiente a la mejora de la calidad del aire londinense. Ambos concluyeron que las Leyes ayudaron a financiar el control del humo a través de subvenciones para cambiar los sistemas de calefacción de sólo un 15 a 30 % de los ciudadanos londinenses. En otras zonas menos prósperas de Gran

FIGURA 9.4.—La reestructuración de la ciudad, como se observa aquí, en Manchester, ayudó a reducir la contaminación urbana sustituyendo las densas barriadas de casas en hilera por altos edificios que contaban con eficaces sistemas de calefacción central.

Bretaña, especialmente el Norte, los porcentajes fueron más altos, pero todo revela que los factores sociales, económicos y tecnológicos fueron importantes para la reducción de los niveles de contaminación.

Sea cual sea la importancia relativa de las causas, la contaminación por humo en las zonas urbanas ha disminuido drásticamente desde los años 50 (fig. 9.5). En los años 70, la población urbana ha disfrutado de las ventajas de una disminución de las partículas en suspensión al obtener una atmósfera más saludable, más soleada y menos neblinosa. En los 40 y los 50, el número de horas de sol en invierno en el centro de las grandes ciudades como Londres y Manchester era sólo el 50 % del de las zonas rurales circundantes, pero a mediados de los 70, esta diferencia casi había desaparecido (Departamento de Medio Ambiente de Gran Bretaña, 1979b); Tout, 1979). Esta mejora se ha producido en parte a causa del aumento de la transparencia atmosférica, pero sobre todo por la reducción en la frecuencia y duración de las nieblas, incluso bastante por debajo del 100 % de humedad relativa (Brazell, 1970; Harris y Smith, 1982; Unsworth y otros, 1979).

Mientras que la concentración de humo en áreas urbanas ha

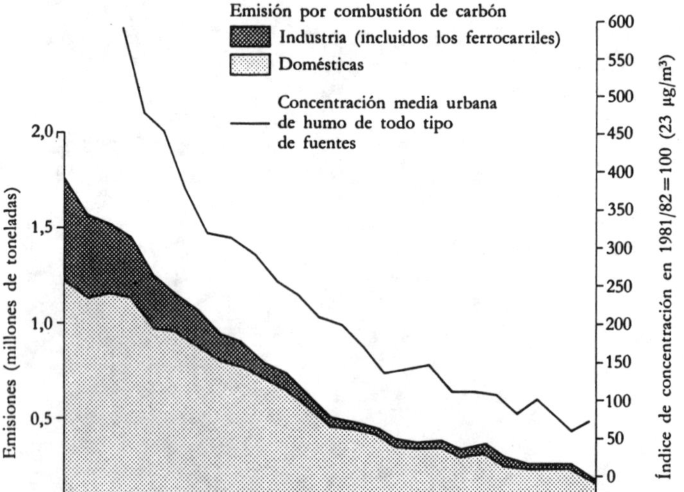

FIGURA 9.5.—Emisiones de humo por la combustión de carbón y concentraciones medias urbanas de humo en Gran Bretaña, entre 1960 y 1984. *(Fuente:* Departamento del Medio Ambiente de Gran Bretaña, 1986.)

disminuido drásticamente desde los años 50, la disminución de la concentración de anhídrido sulfuroso ha sido menos notable. Esto se debe en parte a que el anhídrido sulfuroso es menos fácil de detectar para el público y, por lo tanto, su existencia produce menos quejas. Wall (1974a, 1974b, 1967a) descubrió que en Sheffield, entre 1949 y 1971, las quejas públicas que mencionaban sólo partículas variaban entre el 75 y el 96 %, al lado del 2 al 13 % de contaminantes gaseosos citados en total. La opinión pública puso en énfasis en refrenar la contaminación del humo más que en los contaminantes gaseosos invisibles y así, no es extraño que las Leyes de Medio Ambiente bordaran en primer lugar la contaminación del humo (especialmente como se manifestó en las «nieblas»). No obstante, aunque las emisiones totales de anhídrido sulfuroso se redujeron algo más del 30 % entre 1960 y 1984, las concentraciones medias urbanas disminuyeron en más del 70 %. Esta reducción de las concentraciones de anhídrido sulfuroso se explica por una disminución del 75 % en las emisiones a bajo nivel (especialmente procedentes de fuentes domésticas) de anhídrido sulfuroso durante este período, ya que el carbón y el petróleo fueron sustituidos por combustibles libres de azufre como el gas natural (Departamento del Medio Ambiente de Gran Bretaña, 1986). Esto revela que las emisiones de las centrales de energía, refinerías e industrias, que son las responsables de la mayor parte de las emisiones de anhídrido sulfuroso, añaden algo de este compuesto a las concentraciones al nivel del suelo en áreas urbanas (fig. 9.6). Además de la reducción de las emisiones, la disminución de humo contaminante ha ayudado a conseguir que las nieblas, que favorecen la concentración de otros contaminantes, sean menos frecuentes y, gracias a ello, a reducir las concentraciones de anhídrido sulfuroso.

Los hidrocarburos y el monóxido de carbono son dos contaminantes característicos a causa de las crecientes emisiones en el Reino Unido (fig. 9.7). Los automóviles y la liberación de gases son las fuentes más importantes. El escape de gas, que se refiere a las pérdidas que se producen durante las transmisiones en el sistema de distribución, supusieron casi 2/3 de las emisiones de hidrocarburos en 1983. Los automóviles son con mucho los que más contribuyen a la emisión de monóxido de carbono, suponiendo un 84 % de las emisiones totales en 1983. Al contrario que los hidrocarburos y el monóxido de carbono, las emisiones de óxidos de nitrógeno se redujeron en un 12 % durante el período 1979-83. Esto fue debido principalmente a una disminución de las emisiones de centrales energéticas, mientras que los automóviles seguían aumentando su relativa contribución a las emisiones (Departamento de Medio Ambiente de Gran Bretaña, 1985).

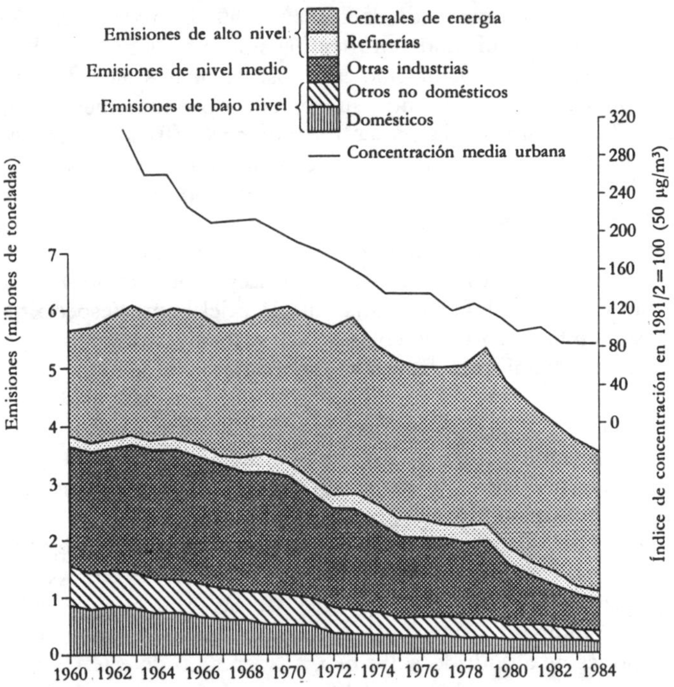

FIGURA 9.6.—Emisiones de dióxido de azufre (las emisiones únicamente de los combutibles; se excluyen las emisiones de procesos químicos o de otro tipo que probablemente suponen un pequeño porcentaje de las emisiones totales por combustión de carburantes) por combustibles y concentraciones medias urbanas de dióxido de azufre en Gran Bretaña, entre 1960 y 1984. (*Fuente:* Departamento del Medio Ambiente de Gran Bretaña, 1986.)

9.6. LA LEY DE CONTROL DE LA CONTAMINACIÓN DE 1974

A principios de los 70, las concentraciones de partículas en suspensión al nivel del suelo habían decrecido notablemente, pero en algunas ciudades, como Londres y Sheffiel, los niveles de anhídrido sulfuroso permanecieron relativamente altos. Durante los episodios de contaminación de diciembre de 1972 y 1975 en Londres, los niveles más altos de anhídrido sulfuroso superaron de modo significativo las concentraciones de humo (Apling y otros, 1977; Departamento de Medio Ambiente de Gran Bretaña, 1979b). Se creyó que el fuel-oil era la fuente más importante para las altas concentraciones de anhídrido sulfuroso. Restringir el contenido en azufre del fuel-oil

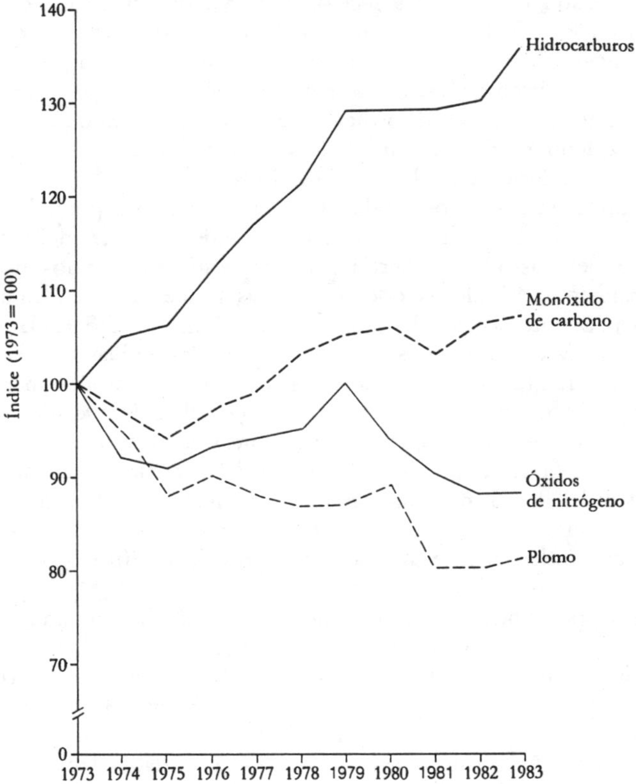

FIGURA 9.7.—Estimación de las emisiones (el gráfico se basa en los factores constantes de emisión y no toman en cuenta las posibles reducciones de los factores de emisión por las regulaciones de la CEE) de hidrocarburos, monóxido de carbono, óxidos de nitrógeno y plomo (sólo de los vehículos de carretera con motor de gasolina) en el Reino Unido, entre 1973 y 1983. *(Fuente:* Departamento del Medio Ambiente de Gran Bretaña, 1984.)

pareció ser la forma más adecuada de atajar el problema de la contaminación. El entonces existente Ayuntamiento del Gran Londres ya había sentado un precedente para este tipo de medida de control de la contaminación por medio de una legislación especial introducida en 1972, que exigía que toda nueva instalación que usara petróleo en la ciudad de Londres utilizara fuel-oil con un máximo de un 1 % de contenido en azufre. Todas las instalaciones existentes tenían que cumplir con esta limitación antes de 1987 (Ball y Armorgie, 1983; Maters, 1974). En la sección 76 de la Ley de Control de la

Contaminación de 1974 (las secciones 75-84, que trataban sobre el control de la contaminación ambiental, no entraron en vigor hasta 1976), todas las autoridades locales podían actuar del mismo modo que lo había hecho el antiguo Ayuntamiento del Gran Londres. Hasta cierto punto, esta disposición se introdujo antes de que fuera necesaria, con el fin de cumplir una directriz de la Comunidad Europea establecida en 1975 (Haigh, 1984).

La directriz de la Comunidad Europea, propuesta por Alemania Federal, se refería a la limitación del contenido en azufre del fuel-oil ligero o del gas-oil, y describía ciertos destilados medios usados principalmente en calefacciones o cocinas domésticas, así como el «Derv» para automóviles de motor Diesel. El gas-oil difiere del fuel-oil en que éste es más pesado y se usa en las industrias, para la calefacción de grandes locales comerciales y en las centrales energéticas. En 1980, el contenido en azufre del gas-oil tenía que ser o bien menor de 0,3 % o bien 0,5 %, dependiendo de la situación en que fuera usado. Como el petróleo del Mar del Norte tiene una cantidad de azufre del 0,2 % aproximadamente, la directriz no fue difícil de aplicar en el Reino Unido, si lo comparamos con los países que usaban crudo del Oriente Medio, cuyo contenido sulfúrico es mucho más alto.

Las disposiciones de la Ley de Control de la Contaminación también permitían que las autoridades locales exigieran a los industriales información sobre los niveles de emisión de contaminantes desde sus centrales. Esta información podía ser revelada al público a juicio de las autoridades locales. La Comisión Real de Gran Bretaña para el Medio Ambiente (1984) insta a las autoridades locales a que hagan mayor uso de su poder para obtener información y, a su vez, proporcionar mayor información al público.

9.7. Contaminación fotoquímica y lluvia ácida

Desde inicios de los 70, la contaminación fotoquímica se ha reconocido como un problema cada vez más grave en el Reino Unido. Durante los excepcionalmente cálidos veranos de 1975 y 1976, los niveles de ozono en horas punta en Londres alcanzaron las 0,150 y 0,212 ppm respectivamente (tabla 9.1; Thornes, 1977). Londres ha experimentado la peor contaminación fotoquímica en el Reino Unido a causa de su concentración de emisiones precursoras de óxidos de nitrógeno e hidrocarburos. Pero en ocasiones, los niveles de ozono han sido altos simultáneamente en muchas zonas del país (Derwent y otros, 1976). Esto confirma que las masas de aire

TABLA 9.1.—Promedio de concentraciones máximas anuales de ozono en una hora en County Hall, Westminster, en el Gran Londres, entre 1975 y 1985

Año	Valor máximo (ppm)	Fecha	Núm. de días ⩾ 0,080 ppm
1975	0,150	26 de junio	16
1976	0,212	27 de junio	26
1977	0,087	3 de julio	1
1978	0,103	29 de julio	2
1979	0,153	27 de julio	5
1980	0,116	27 de agosto	2
1981	0,112	5 de septiembre	6
1982	0,091	3 de agosto	1
1983	0,099	16 de julio	11
1984	0,088	6 de julio	3
1985	0,098	25 de julio	3

Fuente: Ball y Laxen, 1986.

contaminado con ozono y otros contaminantes han sido importadas de Europa continental (Ball y Bernard, 1978a; Barnes y Lee, 1978; Cox y otros, 1975). Esta situación indica que Gran Bretaña, aunque geográficamente aislada de Europa continental, no puede resolver sus problemas de contaminación atajando solamente las emisiones propias. La cooperación con otros gobiernos europeos es esencial si se quiere atajar definitivamente un problema de contaminación internacional, como es el de la contaminación fotoquímica. La entrada en la Comunidad Europea en 1973 proporcionó la oportunidad de comenzar dicha cooperación.

La contaminación internacional de largo alcance por óxidos de azufre y nitrógeno que provocan la lluvia ácida (deposición ácida) es una cuestión que requiere obviamente la cooperación europea si se quiere evitar que empeore. Los efectos de la lluvia ácida en los ecosistemas acuáticos y en los bosques de Gran Bretaña sólo están empezando a revelarse. Los intentos para abordar el problema de la lluvia ácida a escala europea son tratados en el capítulo 11. Sin embargo, no todos los incidentes de lluvia ácida del Reino Unido, deben ser atribuidos al transporte a larga distancia de contaminantes cuyas fuentes están en la Europa continental. Davies y otros (1984) investigaron la existencia de una característica precipitación de nieve negra y ácida en Escocia el 20 de febrero de 1984, en la cual el pH era de 3,0. La deposición de partículas fue muy grande y consistía aproximadamente en un 29 % de carbono, siendo la parte restante un cúmulo de partículas que se podían identificar como cenizas de carbón. La capa resultante de nieve gris produjo un olor característico en la ladera de la montaña. Las investigaciones revelaron que el aire altamente contaminado procedía del Sur-Sureste principalmente, de las fuentes industriales cercanas a Edimburgo y de las centrales energéticas del Trent Valley y Sur de Yorkshire. La contaminación fue transportada posiblemente a una altura de 1.000-1.500 m en una capa atmosférica estable, con lo cual las partículas fueron eficazmente recogidas por la nieve y depositadas sobre las Montañas Cairngorm (fig. 9.8).

Un problema contaminante relacionado con el transporte de los agentes causantes de lluvia ácida atañe a la disminución de visibilidad en verano. Lee (1983a, 1985) mostró que la visibilidad estival en el área rural del Sur de Inglaterra decreció entre un 20 y un 30 % en el período de 1962 y 1973, a causa del aumento de sulfatos y a una menor cantidad de nitratos en la atmósfera. Las crecientes emisiones de agentes contaminantes por automóviles se consideraron inicialmente como un factor importante en este problema, pero los efectos de la crisis energética de 1973 hicieron pensar de otro modo. Esta crisis hizo que se redujera el consumo de petróleo en industrias y centrales energéticas en toda Europa, con lo que se reduciría la producción de sulfatos. Coincidiendo con este cambio en las emisiones, la visibilidad mejoró notablemente después de 1974. Esta mejora de la visibilidad tuvo lugar a pesar de que el consumo de combustible de automóvil siguió mostrando una tendencia al alza durante 1974, sugiriendo, pues, que los contaminantes procedentes de los automóviles no eran la causa principal de la pérdida de visibilidad.

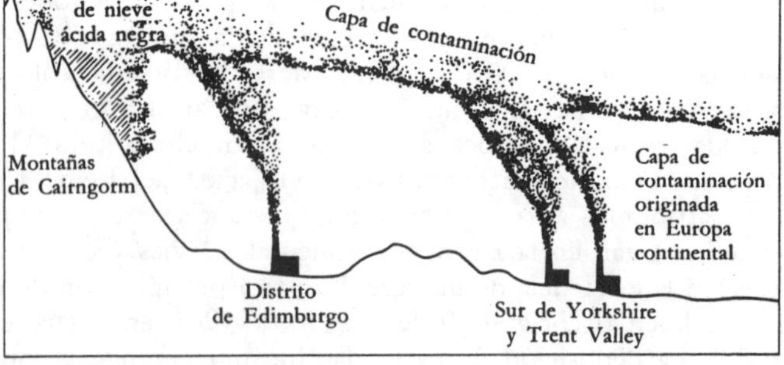

FIGURA 9.8.—Fuentes supuestamente causantes de la precipitación de nieve negra en Escocia el 20 de febrero de 1984. *(Fuente:* modificada de Davis y otros, 1984.)

9.8. La entrada en la Comunidad Europea

En 1973, el Reino Unido, junto con Dinamarca e Irlanda, entraron a formar parte de la Comunidad Europea (CE), que en aquel momento está compuesta por Bélgica, República Federal de Alemania, Francia, Luxemburgo, Italia y Holanda, Grecia se sumó en 1981, seguida de España y Portugal en 1986. Aunque solemos referirnos a la Comunidad Europea en singular, legalmente existen tres comunidades distintas: la Comunidad Económica Europea (CEE), la Comunidad Europea de la Energía Atómica (EURATOM) y la Comunidad Europea del Carbón y del Acero (CECA), cada una de ellas establecida mediante un tratado diferente. Las instituciones de estas tres comunidades están en la actualidad mezcladas, de modo que hablar de la Comunidad, en singular, refleja prácticamente la realidad (Haigh, 1984). De las 3 comunidades, la más importante es la CEE. El Tratado de Roma (que constituyó la CEE) fue redactado en la década de los 50 y firmado en 1957, mucho antes de que el medio ambiente fuera concebido como un tema que exigía una colaboración internacional sistemática y, por lo tanto, no hace referencia al medio ambiente como un asunto comunitario. Es puramente un tratado económico, dedicado a alentar un «desarrollo armonioso de las actividades económicas y una continua y equilibrada expansión». En cuanto al desarrollo de un programa de control del medio ambiente, la Comunidad decidió no rectificar el Tratado de Roma, sino más bien encontrar una justificación para tal programa dentro de las disposiciones ya existentes. Como resultado de ello, se presentó la propuesta de los programas de Acción Medioambiental de la CE (iniciados en 1973, 1977, 1982 y 1986) con el deseo de intentar reducir la competencia desleal y promover un comercio armonioso. Esto es posible si se tiene en cuenta que las medidas para controlar la contaminación pueden suponer entre el 20 y el 30 % de los costes de algunos procesos de producción industrial, y si los requisitos para el control de la contaminación variaran según los países, esto constituiría una barrera para la competencia leal (Johnson, 1979).

Aunque la Comisión de la CE preferiría introducir directamente disposiciones para el control de la contaminación dentro de la legislación nacional de cada Estado miembro, en la práctica, promulga directrices según las cuales las disposiciones deben ser incorporadas a la legislación nacional antes de hacerse efectivas (Farquhar, 1983). La formulación de una directriz suele caracterizarse por la negociación y el compromiso entre los Estados miembros y una prolongada sucesión de borradores. Muchos de éstos no han llegado a ser más que una estructura que sólo contiene una lista general y de carácter marcadamente cualitativo de requisitos, acompañados de una referencia al hecho de que se promulgarán nuevas y más específicas directrices a largo plazo. En la práctica, esto ha resultado ser algo más que una táctica de aplazamiento para encubrir el hecho de que mientras todos están de acuerdo con los planteamientos generales de que hay que prevenir y reducir la contaminación, no existe conformidad sobre los detalles concernientes al modo de llevarlo a cabo o, efectivamente, por qué debería hacerse. A menudo aflora el nacionalismo —es decir, el deseo por parte de los Estados miembros de no cambiar las medidas vigentes y, en algunos casos, ancestrales. El hecho de que los Estados miembros tengan derecho a veto sobre cualquier propuesta puede llevar a que los avances en el control de la contaminación se conviertan en la víctima de lo que podríamos llamar «sistema retención», es decir, aquél en el que el más lento marca la velocidad de todo el grupo.

9.9. Estándares de la calidad del aire de la Comunidad Europea

Durante los 70, la CE se convenció de que existían suficientes evidencias médicas para justificar la propuesta de estándares de calidad del aire con vistas a proteger la salud pública («valores límite») de diversos contaminantes. En julio de 1980, la CE promulgó una Directriz (80/779/EEC) que exponía las concentraciones máximas permitidas de humo y anhídrido sulfuroso en áreas urbanas (tabla 9.2). En reconocimiento de los efectos sinérgicos de estos dos contaminantes sobre la salud, el patrón para la protección de la misma en cuanto al anhídrido sulfuroso depende del nivel de humo en el aire: cuanto más humo exista en un determinado período de tiempo, menor cantidad de anhídrido sulfuroso es admisible. Otros contaminantes se abordarían más tarde.

Esta estrategia representaba un cambio radical en la postura adoptada en el Reino Unido con respecto al control de la contaminación. En consecuencia, se expresó una fuerte oposición a la introducción propuesta de estándares de calidad del aire (Real Comisión Británica para la Contaminación del Medio Ambiente, 1976). Esta fue la razón de que la directriz propuesta por la CE tardara cuatro años en ser adoptada por Gran Bretaña. La estrategia británica dependía más de la buena voluntad de los industriales para emplear los «mejores medios posibles» a fin de reducir la contaminación, que de las medidas coercitivas que se les podrían aplicar (Burton y otros, 1974). En contraste con este planteamiento, muchos países miembros

TABLA 9.2.—Patrones de calidad del aire (valores límite) para el anhídrido sulfuroso y el humo, especificados en la Directriz de la Comunidad Europea (80/779/CEE)[a]

Período de referencia	Valor límite del SO_2	Valor asociado de humo	Valor límite absoluto de humo
Año	80	>40 (34)	
Mediana de las medias diarias	120	≤40 (34)	80 (68)
Invierno	130	>60 (51)	
Mediana de las medias diarias	180	≤60 (51)	130 (111)
Día	250[b]	>150 (128)	
98 % de las medias diarias	350[b]	≤150 (128)	250[b] (213)

[a] Las concentraciones de humo (partículas en suspensión) están expresadas en $\mu g/m^3$, según la Curva de Calibrado de Humo de la OCDE; los valores equivalentes en la Curva de Calibrado de Humo BSI aparece entre paréntesis. Para pasar de un tipo de medición a la otra hay que multiplicar los valores OCDE por 0,85.

[b] No debe ser sobrepasado durante más de tres días consecutivos.

Fuente: recopilación a partir de una información proporcionada por la Comisión de las Comunidades Europeas, Bruselas, Bélgica.

de la CE tuvieron serias dudas sobre si un sistema aparentemente basado en el cumplimiento voluntario podía ser apropiado. Ellos creían más en unos estándares de calidad del aire claramente definidos y obligatorios (Levit, 1980). El concepto de estándares de calidad del aire no era completamente nuevo en el Reino Unido, pero los «estándares» que existían eran solamente guías no obligatorias o niveles de referencia como los que adoptara el Ayuntamiento del Gran Londres a mediados de los 70. Así fue como Gran Bretaña estuvo dispuesta a adoptar «estándares» de calidad del aire.

Los países miembros fueron obligados a cumplir con los estándares de calidad del aire hasta 1983, dejando la forma de aplicar los patrones a la elección de cada país. Sin embargo, al principio se observó que algunas zonas no podrían cumplir las normas en esa fecha, así que se les concedió hasta abril de 1993 para terminar su cumplimiento. La directriz de la CE ponía de relieve que la aplicación de los patrones en áreas urbanas no debía provocar un deterioro de la calidad del aire en las regiones «limpias»; en la medida de lo posible, el cumplimiento con los estándares tenía que realizarse reduciendo las emisiones y no por medio de una mayor dispersión de los contaminantes en el medio ambiente (Johnson, 1979). No se precisó claramente qué derechos tenía la CE para imponer tal Directriz y qué castigos debían aplicarse por su incumplimiento. El Reino Unido no ha introducido una nueva legislación para asegurar el cumplimiento de los estándares de calidad del aire: este país cree que las Leyes de Medio Ambiente de 1956 y 1968, el Acta Alcalis de Regulación del Trabajo de 1906, la Ley de Control de la Contaminación, la Ley de 1974 y la de Tráfico por carretera de 1972 eran adecuadas.

Las Leyes de Medio Ambiente conceden a las autoridades locales el poder de controlar el humo doméstico e industrial y facultan al Secretario de Estado para el Medio Ambiente para obligar a las autoridades locales a someterse y aplicar los programas de control de humos. Las autoridades locales son instadas actualmente a completar los programas de control de humo que iniciaron en los años 50 ó 60, pero a los que se había dado escasa prioridad en los 70, puesto que la contaminación por humo ya había decrecido espectacularmente y porque los 70 fueron años de crisis económica. Dado que el humo fue la única razón por la que muchas zonas de Gran Bretaña no podían cumplir la fecha de 1983 y que el humo procedía principalmente de la combustión doméstica de carbón, el establecimiento de áreas de control de humo parecía una medida apropiada para su control. Las Leyes de Alcalis facultan a la Inspección de Contaminación Industrial del Aire para controlar las emisiones procedentes de sustancias químicas registradas y de procesos industriales. La Ley de Control de la Contaminación da poder a la Secretaría de Estado para el Medio Ambiente para controlar la composición del combustible de automóviles y el contenido sulfuroso del fuel-oil; también habilita a las autoridades locales para recabar información sobre la contaminación del aire. La Ley de Tráfico Rodado de 1972 faculta la Inspección de Transportes para regular la construcción de vehículos con el fin de evitar humos y otras emisiones, y da poderes a los técnicos autorizados para examinar los vehículos (Haigh, 1984).

La CE exige que los países miembros establezcan una red adecuada de estaciones de observación de la contaminación para proporcionar información que asegure el cumplimiento de los estándares de calidad del aire. Desde 1961, Gran Bretaña posee una extensa red de observación del humo y del anhídrido sulfuroso, la «National Survey of Air Pollution», que en ocasiones ha llegado a tener 1.200 bases de información. Desde abril de 1982, esta red ha sido completamente reformada para crear la «Red de Control de Humos y Anhídrido Sulfuroso del Reino Unido» (Red Urbana Básica) con 150-175 estaciones (Elsom, 1982; Handscombe y Elsom, 1982). La razón de esta reforma fue que las concentraciones de humo y anhídrido sulfuroso habían decrecido tanto que ya no era necesaria una observación tan costosa. Una razón alternativa es que una red tan densa incrementa el número de estaciones individuales que pueden delatar el incumplimiento de uno o más estándares de la CE. Tal como subraya el Ayuntamiento de Londres y alrededores, de Gran Bretaña (1979), «no sería justo que nosotros y otras ciudades europeas con extensas redes de observación tuviéramos que comprometernos a un desembolso para reducir los niveles de contaminación mayor que el de otras ciudades cuyas redes de observación son menos cuidadosas». A pesar de este comentario, las ciudades británicas están obligadas a mantener en la actualidad 295 estaciones, además de la red nacional reformada de aproximadamente 150 estaciones ubicadas en áreas urbanas, en las que existe la posibilidad de que los estándares de la CE puedan quedarse cortos o ser rebasados en los próximos años.

La adopción de los estándares de calidad del aire de la CE para la protección de la salud concernientes al humo y al anhídrido sulfuroso en atmósferas urbanas representa un paso muy importante para el control armonioso de la contaminación en la CE. Ello abrió las puertas a otros estándares de calidad del aire, que tendrán que ser definidos posteriormente. Los patrones para el plomo y el dióxido de nitrógeno ya se han sumado y ya están siendo preparadas las directivas de la CE para el monóxido de carbono y los hidrocarburos. Una vez establecido todo el aparato legislativo, administrativo y de observación para los estándares de calidad del aire, existe la posibilidad de hacer que los patrones actuales sean más estrictos en el futuro. La CE ya ha especificado estándares secundarios de calidad del aire no obligatorios y más rigurosos («valores guía») para proteger el medio ambiente (tabla 9.3). Rosencranz (1982) consideraba poco severos y esencialmente simbólicos los valores límite del humo y el

TABLA 9.3.—Estándares de calidad del aire (valores guía) para el anhídrido sulfuroso y el humo, especificados en la Directriz de la Comunidad Europea (80/779/CEE)[a]

Período de referencia	Anhídrido sulfuroso ($\mu g/m^3$)	Humo ($\mu g/m^3$)
Año (Media aritmética de las medias diarias)	40 a 60	40 a 60 (34 a 51)
Día (Valor medio diario)	100 a 150	100 a 150 (85 a 128)

[a] Las concentraciones de humo (partículas en suspensión) están expresadas en $\mu g/m^3$, según la Curva de Calibrado de Humo de la OCDE; los valores equivalentes en la Curva de Calibrado de Humo BSI aparecen entre paréntesis.

Fuente: recopilación a partir de una información proporcionada por la Comisión de las Comunidades Europeas, Bruselas, Bélgica.

dióxido de carbono: en la época en que la directriz fue aplicada, menos del 5 % del total del territorio comunitario superaba los estándares. Sin embargo, es probable que se produzca la consolidación de los estándares en el futuro. Ya la preocupación por la lluvia ácida está llevando a considerar el aumento de los valores guía del anhídrido sulfuroso para que se conviertan en los valores límite aplicables. Si esta acción se emprendiera realmente, plantearía enormes problemas a algunos países, dado que hay varias áreas urbano-industriales que ya tienen de plazo hasta 1993 para alcanzar los valores límite actuales.

La tendencia a hacer más estrictos los estándares de calidad del aire fue evidente al fijar el estándar del dióxido de nitrógeno en 1985. El valor límite para la calidad del aire, expresado como el 98 % de los valores medios registrados por hora a lo largo del año, es 200 $\mu g/m^3$ (aproximadamente equivalente a un valor mediano de 75 $\mu g/m^3$). Este valor aparece como especialmente estricto dado que el nivel más bajo en el que se ha demostrado que el dióxido de nitrógeno tiene efectos es 940 $\mu g/m^3$. El estándar de calidad del aire incluye, pues, un factor de seguridad que es 4 ó 5 veces más alto. Algunos argumentan que es innecesariamente estricto y que un estándar de, digamos, 300 $\mu g/m^3$, que está más cerca del tope sugerido por la Organización Mundial de la Salud, habría sido el apropiado (Comité Electo de la Cámara de los Lores de Gran Bretaña para las Comunidades Europeas, 1984). Un valor guía de calidad del aire de 135 $\mu g/m^3$ para el 98 % y 50 $\mu g/m^3$ para el 50 % de los valores medios por hora también están especificados (Laxen, 1985).

9.10. Emisiones de automóviles

El control de la contaminación procedente de automóviles se consiguió por medio de la regulación de la composición del combustible utilizado y por la fijación de modelos tanto para la construcción de nuevos vehículos, como para los vehículos en circulación. La regulación de los combustibles para coches está relacionada fundamentalmente con el plomo en la gasolina y el azufre en el combustible diesel. Los poderes legales para regular los combustibles de motor estaban incluidos en la Ley de Control de la Contaminación de 1974, que permitía al gobierno aplicar la directriz de la CE referente a la gasolina con plomo en 1978. Para regular las emisiones de gases y partículas de los automóviles, la CE está fuertemente influenciada por los puntos de vista de la Comisión Económica de las Naciones Unidas para Europa. Esta organización posee un Grupo de Trabajo que desarrolla líneas de actuación sobre las emisiones de vehículos con motor de gasolina, que pueden ser apreciadas en todos los países de Europa. Hasta la fecha, la CE ha adoptado las líneas de actuación de la CENUE en forma de directrices. Estas garantizan también que los países miembros no pongan límites más estrictos que los fijados en las pautas de la CENUE, y las barreras para el comercio quedan así derribadas (Haigh, 1984). Las directrices de la CE sobre el monóxido de carbono y los hidrocarburos no quemados se introdujeron en 1970, y los límites para los óxidos de nitrógeno se añadieron en 1977. Desde entonces, los límites para estos tres contaminantes se han hecho más rigurosos con las sucesivas enmiendas. La última proposición es reducir la emisión de estos contaminantes a niveles más estrictos como los de Japón y EE.UU. hacia 1995.

El episodio contaminante de 1975 en Londres reflejó la preponderancia que tienen ahora las emisiones de los automóviles en esta ciudad sobre las emisiones de fuegos de carbón en instalaciones domésticas. Al mismo tiempo, estando el 92 % del Gran Londres protegido por órdenes de control del humo, muchos se sorprendieron de que las concentraciaones de humo pudieran aun así alcanzar niveles no deseados. Posteriormente se demostró que las partículas de los vehículos contribuían en un 75 % aproximadamente al «humo oscuro», pero durante los episodios contaminantes se alcanzó el 90 % (Ball y Caswell, 1983).

La importancia de esta aportación puede aumentar si la tendencia hacia la utilización de motores diesel en vehículos ligeros y pesados, se mantiene. Los vehículos con motor diesel emiten unas cuatro veces, en masa de partículas por unidad de peso de combustible consumido, en compensación con aquellos vehículos que emplean combustibles con plomo. La importancia de esta diferencia se magnifica, dado que los motores que utilizen combustibles sin plomo suelen descargar poca cantidad de partículas (Ball, 1984). Si se pretende reducir más las concentraciones de humos en Londres, es en los vehículos en donde deben controlarse las emisiones. Las presiones encaminadas a conseguir un control más estricto de las emisiones de los vehículos con motor diesel van, probablemente, a intensificarse, dada la creciente preocupación mostrada por el ciudadano británico ante los conocidos riesgos derivados de las emisiones de los vehículos, así como los efectos que en el suelo causan los mismos (Ball y Caswell, 1983).

9.11. El debate de la gasolina con plomo

La gasolina con plomo se aceptó como problema en la CE ya en 1971 como resultado de una legislación propuesta por Alemania para que se restringiera severamente su uso (Haigh, 1984). Tras muchos años de discusión, esta cuestión llegó a ser finalmente objeto de una directriz comunitaria en 1978, que fijaba el contenido máximo permitido de plomo en la gasolina comprada dentro de la CE en 0,40 gramos por litro (g/l), debiendo llegar a ello hacia 1981. Los países miembros pueden establecer un límite superior entre 0,40 y 0,15 g/l, pero no pueden exigirlo menor de 0,15 g/l. A Irlanda se le concedió un plazo de 10 años para cumplirlo. El límite de 0,15 g/l fue elegido porque está cercano al nivel más bajo utilizable en los motores de gasolina existentes sin especiales adaptaciones. La inclusión de un límite más bajo garantizaba que no se crearían barreras comerciales para los automóviles por parte de ningún país miembro que exigiera gasolina sin plomo.

En el Reino Unido, la cantidad permitida de plomo en gasolina decreció de 0,84 g/l en 1972 a 0,40 en 1981 y a 0,15 en diciembre de 1985. Esto ha llevado a que las emisiones de plomo de vehículos de carretera con motor de gasolina hayan disminuido notablemente desde que las emisiones alcanzaran su cota máxima en 1973 con 8,4 millones de toneladas (fig. 9.7). La gasolina con plomo se convirtió en un problema nacional en el Reino Unido en 1982, cuando se constituyó un grupo de presión ecologista llamado CLEAR, campaña para un aire sin plomo (Wilson, 1983). Este grupo, encabezado por Des Wilson, era muy eficaz para movilizar al público e implicar a los medios de comunicación, así como para ejercer presión sobre los políticos británicos y comunitarios. La campaña pública y las recomendaciones del 9º informe de la Real Comisión para la Contaminación del Medio Ambiente de Gran Bretaña tuvieron como resultado final en 1983 la petición por parte del Gobierno británico de que la directriz de la CE se rectificara a fin de cambiar el límite mínimo contenido en ella. El Gobierno británico acepto la fecha señalada de 1990 para la introducción de la gasolina sin plomo en toda la CE, pero instaba a que se adoptara una fecha más cercana si ello era posible (Departamento del Medio Ambiente de Gran Bretaña, 1983). En Europa, gasolina sin plomo significa, en realidad, un contenido en plomo de 0,01 a 0,02 g/l, que es similar al límite norteamericano de 0,0135 g/l (Lubinska, 1984).

Al mismo tiempo que Gran Bretaña alegaba en favor de la introducción de la gasolina sin plomo por razones de salud, Alemania Occidental presionaba para que ésta se introdujera lo antes posible por otras razones. El creciente deterioro de sus bosques había alarmado a la opinión pública alemana y creyeron que los escapes de los automóviles eran los culpables, al menos en parte, de los daños forestales. Para reducir estas emisiones, los alemanes quisieron introducir transformadores catalíticos en los nuevos modelos de coches desde 1989. Como éstos no funcionaban eficazmente con gasolina con plomo, era necesaria la pronta prohibición de ésta. Dinamarca, Luxemburgo y Holanda se unieron a Alemania Federal para exigir la introducción de la gasolina sin plomo hacia 1986, mientras otros opinaban que esta fecha debería ser optativa. En 1984, la directriz propuesta referente a la eliminación del plomo en la gasolina fue objeto de 158 enmiendas y no había a la vista ningún proyecto definitivo. Estas demoras en la elaboración de un proyecto final explican la razón de que un país miembro, Alemania Federal en este caso, amenazara con quebrantar las leyes de la CE y actuar unilateralmente, ya que la cuestión era considerada de vital importancia en su propio país. Bajo tales presiones, se redactó una directriz final que permitía que la gasolina sin plomo se introdujera en 1986, pero no exigía que se hiciera hasta 1989.

La concentración de plomo en el aire también es el objeto de una directriz de la CE que exige que los países miembros garanticen una concentración media anual de plomo no superior a $2 \mu g/m^3$ hacia 1987, o hacia 1989 en las zonas que obtuvieran un plazo más amplio. Esta directriz, pues, introdujo un estándar de calidad del aire para otro contaminante y se han tenido que desarrollar redes de control apropiadas para garantizar su cumplimiento. Una directriz independiente exige también que se regulen los niveles de plomo en la sangre de la población.

9.12. El impacto de la pertenencia a la CE sobre el control de la contaminación en el Reino Unido

Durante 100 años el Reino Unido siguió una política de control de las emisiones relativa al planteamiento de «los mejores medios posibles». En los años 70, la CE rechazó la conveniencia de esta política para toda la Comunidad y, en su lugar, adoptó el enfoque de gestión de la calidad del aire para controlar la contaminación. Hacia 1983, Gran Bretaña tuvo que cumplir los estándares de calidad del aire para el humo y el anhídrido sulfuroso, y se esperaba que muchos otros estándares siguieran a éstos. Otros países miembros de la CE fueron sometidos a la misma imposición. Pero en ningún país representó un cambio tan radical de sus métodos anteriores como en Gran Bretaña.

No es sorprendente que este país se resistiera a adoptar los estándares de calidad del aire. Efectivamente, la cuestión fue debatida en el seno de la Real Comisión para el Medio Ambiente de Gran

Bretaña en 1976 y su conclusión fue que los estándares debían ser rechazados en favor de directrices voluntarias de calidad del aire. No obstante, hacia 1980, Gran Bretaña aceptó la introducción de los estándares, pero la resistencia que había mostrado y las demoras que había causado a la aplicación de la directriz de la CE levantaron dudas sobre el comportamiento del Reino Unido para el control internacional de la contaminación del aire. En cuanto a otras formas de contaminación, especialmente la calidad del agua, Gran Bretaña se encontró a sí misma convertida en la voz discrepante de la Comunidad. Con respecto a los recientes problemas de contaminación del aire, los puntos de vista iniciales de Gran Bretaña relativos a las propuestas de la CE en cuanto a la restricción de emisiones en grandes plantas industriales la situaron de nuevo en una posición opuesta a la de la mayoría. Dada la gran experiencia y los logros de este país en cuanto al control de la contaminación ambiental, es decepcionante no ver a Gran Bretaña asumir un papel más positivo en el desarrollo de la política de la CE (Haigh, 1984).

Muchas personas creen que ya es el momento de que Gran Bretaña adquiera el papel de líder para los problemas de contaminación del aire dentro de la Comunidad. Hay mucho que ganar cuando se toma la iniciativa de elaborar un conjunto de medidas, ya que esto da al país en cuestión más oportunidades de influir en la dirección y los detalles de la política comunitaria. Al asumir un papel más positivo y de líder, el Reino Unido podría no sólo recuperar su tradicional reputación de país pionero en los trabajos para frenar la contaminación (por ejemplo, las Leyes de Alcalis en el siglo XIX y la Ley de Medio Ambiente de 1956), sino que también podría obtener ventajas comerciales y políticas. Existen ventajas comerciales en la persecución de los mejores estándares medioambientales, ya que ello ayudaría a mantener una industria de equipamiento para el control de la contaminación internacionalmente competitivo. Un país que pueda mantenerse en la vanguardia de la lucha contra la contaminación, tendrá considerables oportunidades para exportar tecnología y equipamiento apropiado, con tal de que otros países sigan su ejemplo con similares medidas de control (Real Comisión para la Contaminación del Medio Ambiente de Gran Bretaña, 1984). La CE está aprendiendo la lección de la manera más dura, porque tiende hacia los estrictos estándares de emisión de escapes de vehículos de Japón y EE.UU. Esta maniobra proporcionará a los japoneses una ventaja comercial enorme en Europa, ya que sus vehículos ya están equipados con transformadores catalíticos para su mercado local y para el de los EE.UU.

Los miembros de la CE parecen haber sido un estímulo provechoso para la protección del medio ambiente en Gran Bretaña. La calidad del aire en este país ha mejorado, o lo hará, como consecuencia de las directrices de la CE. Esta organización parece haber inyectado un mayor sentido de la urgencia para la mejora de la calidad del aire del que se tenía en Gran Bretaña en los años 70 u 80. La designación de áreas de control de humo, iniciada con las Leyes de Medio Ambiente, tuvo escasa prioridad a mediados de los 70, pero la introducción de valores límite para la calidad del aire de humo y anhídrido sulfuroso ha proporcionado renovados ímpetus a la hora de completar los programas de áreas de control de humo. La investigación de la naturaleza y efectos de una amplia gama de contaminantes se ha estimulado con anticipación a otros muchos estándares de calidad del aire que se propondrán en el futuro. Otro efecto práctico ha sido el mantenimiento estable de una red de monitorización de la contaminación ambiental más extensa de lo que había sido de otro modo, y la monitorización de un mayor número de contaminantes (Haigh, 1984).

Desde los años 70, un creciente número de problemas de contaminación conciernen a contaminantes que atraviesan las fronteras nacionales y cuyo control depende de la cooperación internacional. Por ello, la única forma de que Gran Bretaña pueda ganar esta larga carrera es trabajando desde dentro de la CE. Además, puesto que la CE, con sus 12 países miembros y 320 millones de habitantes, representa una unidad económica de considerable poder con capacidad para legislar, esto significa que puede establecer el orden del día de otras reuniones internacionales y ejercer una influencia considerable (Haigh, 1984). La influencia de la CE en las discusiones sobre el control de la contaminación ya está siendo reconocida: por ejemplo, la Convención de Viena para la protección de la Capa de Ozono (véase capítulo 11) fue negociada y firmada por la Comisión de la CE en nombre de sus países miembros en 1985. A través de la CE, por lo tanto, Gran Bretaña tiene la posibilidad de influir mucho más en las acciones que se deben emprender para abordar los problemas de contaminación internacional y mundial.

Capítulo X

Propuestas para el Control de la Contaminación en los países socialistas

10.1. Socialismo: equilibrio del crecimiento económico y la protección del medio ambiente

Los problemas derivados de la contaminación característicos de las sociedades occidentales se deben, según ciertas opiniones, al hecho de que la producción económica se basa en la propiedad privada y en la consecución de beneficios. La contaminación tiene lugar debido al egoísmo avariento de beneficios que hace que los costes sociales de dicha contaminación sean ignorados. En un país socialista no existe contradicción alguna entre los intereses de la sociedad y los intereses de los individuos; la totalidad de la industria es propiedad del gobierno y la producción económica está directamente controlada por el estado, de manera que el gobierno es, por tanto, el principal contaminador y, al mismo tiempo, el protector del medio ambiente. Esto parece indicar que la contaminación podría controlarse más fácilmente en los países socialistas y que el crecimiento industrial y urbano es más compatible con los conceptos de conservación, protección medioambiental y mejora de la calidad de vida (Sandbach, 1980). Esta es la teoría; pero, ¿es esto cierto en la realidad? ¿Puede un país socialista conseguir un mejor equilibrio entre las necesidades de crecimiento económico y las necesidades de protección del ambiente del que puede conseguir un estado capitalista? El presente capítulo contempla los problemas de contaminación y las políticas de control de la misma en la Unión Soviética y en la República Popular de China, en un intento de responder a esta pregunta.

10.2. La Unión Soviética

10.2.1. *Rápido crecimiento industrial: una prioridad del gobierno central*

La industrialización llegó tardíamente a la Unión Soviética y, como consecuencia, al igual que en los países más desarrollados, se concedió una gran prioridad a la consecución de un rápido desarrollo industrial y a la modernización de su economía, especialmente durante los últimos 50 años. Al parecer, ese deseo de crecimiento económico obvió cualquier consideración relacionada con el medio ambiente: tan sólo desde el principio de la década del 70, por ejemplo, se ha empezado a prestar una considerable atención a la contaminación ambiental, salvo en aquellos casos en que resultaba evidentemente problemático (Enloe, 1975). Era habitual aludir a la contaminación como algo que ocurría en los países capitalistas debido a la desordenada explotación de trabajadores y recursos.

Recientemente, ha surgido una creciente conciencia del elevado y progresivo coste para la nación, en términos de salud y recursos, de la contaminación ambiental. Esto provocó la asignación de un elevado presupuesto exclusivo para el control de la contaminación (1.000 millones de rublos o 700 millones de libras esterlinas) en el 10.º Plan Quinquenal (1976-80) (Ministerio de Comercio e Industria de Gran Bretaña, 1983). Esto contrasta fuertemente con los planes quinquenales anteriores que demostraban muy poca preocupación por el medio ambiente, a pesar de los artículos relativos al asunto y presentes en la constitución soviética. La efectividad de este reciente compromiso de controlar la contaminación está todavía por evaluar globalmente, si bien una revisión del plan quinquenal 1976-80 puso de manifiesto que varios ministerios habían cumplido los planes de reducción de la contaminación tan sólo entre el 42 y el 82 % (Pryde, 1983).

10.2.2. *Legislación de medio ambiente*

A partir de 1951 la Unión Soviética ha seguido la estrategia de gestión de la calidad del aire para el control de la contaminación y se han diseñado, desde entonces, 114 estándares al respecto (Izmerov, 1973). Estos estándares, conocidos como «máximas concentraciones permitidas» (MCP's), se supone que son los estándares más duros del mundo sobre calidad del medio ambiente. De hecho, son tan estrictos que con frecuencia no se cumplen. Llevar a la práctica estos estándares representa una tarea imposible porque son numerosos y, en la mayoría de los casos, extraordinariamente estrictos. Tomemos por ejemplo, el MCP de 24 horas de 50 μg/m^3 de anhídrido sulfuroso, los 50 μg/m^3 para el TPS (total de partículas en suspensión) y los 85 μg/m^3 de dióxido de nitrógeno (Glass, 1975). Los estándares se basan únicamente en investigaciones relativas a los efectos sobre la salud, sin entrar en consideraciones en relación con las tecnologías de control disponibles, viabilidad económica o posibilidades de efectuar adecuadas mediciones de dichas concentraciones en la práctica. Cuando un estándar es inalcanzable, en términos reales, pasa a representar la dirección en la que se deberán encaminar los esfuerzos futuros o la directriz para la investigación futura sobre tecnología de control de contaminación (Glass, 1975). Los estándares se apoyan en la evidencia toxicológica en exclusiva, y son considerablemente más estrictos que la mayoría de los estándares internacionales, que se basan en estudios epidemiológicos. En la práctica, Komarov (1980a) explica que ninguna medida de calidad del aire que supere el MCP entre una y cinco veces representa un potencial peligro para la salud pública; las lecturas de medidas diez veces superiores, constituyen una «amenaza inmediata» a la salud pública, mientras que las medidas unas 25 veces superiores suponen unas condiciones de «peligro grave» para la salud.

En el pasado, ha habido una serie de puntos débiles en cuanto al control de la contaminación en la Unión Soviética, el primero, el bajo nivel de jerarquía ministerial asignado a las agencias de control de contaminación y, segundo, la separación de responsabilidades estatales (centrales) y de las repúblicas en cuanto al crecimiento económico y a la protección medioambiental. Las industrias grandes, tales como las del hierro o el acero, productos químicos, minería o energía, que tienen un gran peso en la contaminación del medio ambiente, se encuentran ampliamente repartidas por las repúblicas de la Unión Soviética (fig. 10.1), pero no son responsabilidad exclusiva del gobierno central. La normativa sobre medio ambiente de la república en que se encuentra la industria (todas las repúblicas establecieron normas, entre 1957 y 1964, que obligaban a las fábricas a llevar a cabo ciertas acciones encaminadas a alcanzar los MCP's), no mantiene vínculo alguno con aquellas personas con funciones o intereses industriales. Esto significa, en la práctica, que las presiones que recaen sobre esos responsables industriales para alcanzar las cuotas de producción establecidas por la directiva central superan las consideraciones sobre el control de la contaminación. Incluso cuando se suscita alguna discusión ministerial sobre algún aspecto relativo a la contaminación, suele aplicarse un criterio político —y las relaciones dentro del partido— de las partes en disputa, con mucha mayor frecuencia que la resolución del conflicto en base a los datos concretos del mismo (Enloe, 1975; Kelly y otros, 1976).

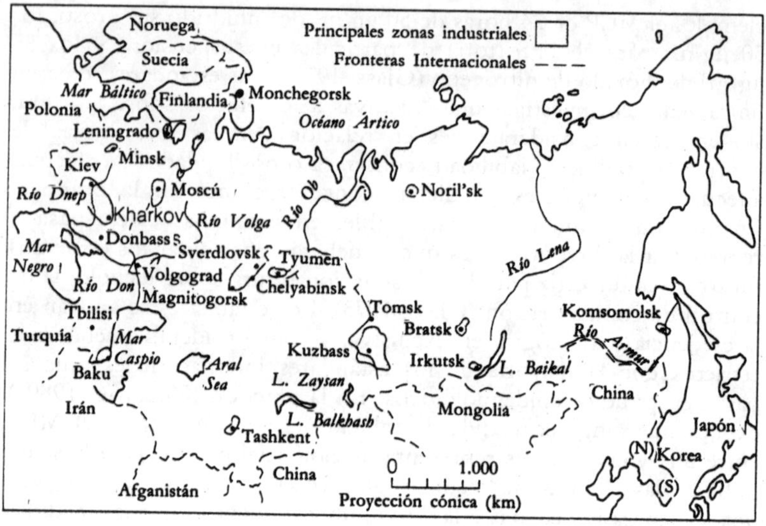

FIGURA 10.1.—Principales zonas de contaminación industrial de la Unión Soviética. *(Fuente:* modificada del Departamento Británico de Comercio e Industria, 1983.)

Desde la perspectiva del director de la fábrica, ha habido pocos incentivos como para prestar gran atención a los efectos medioambientales de la producción. Al igual que sus superiores en el campo ministerial, se ha juzgado al director en términos de producción bruta o por la rentabilidad de su empresa (Kelley y otros, 1976). A partir de la entrada en vigor de las reformas orientadas a los beneficios en la década de los 70, el único índice del éxito de la fábrica, era el total de su producción; no importaba ninguna otra cosa —ni la calidad del producto o de las ventas ni, desde luego, las consecuencias medioambientales de la producción. Bajo este sistema de beneficios, se evalúa una empresa por medio de un estándar de beneficio, que no hace aumentar, precisamente, la sensibilidad de los directores de las fábricas a la temática del medio ambiente, ya que los gastos en control de contaminación, en la mayoría de los casos, suelen considerarse improductivos y como factor tendente a disminuir los beneficios de la empresa. No sorprende, así, que la contaminación constituya un serio problema (Komarov, 1980a, 1980b).

Hace poco tiempo que se ha realizado un intento de resolver este conflicto de responsabilidades entre el estado y las repúblicas. En 1980 se aprobó la Ley de Medio Ambiente (la cual viene a complementar a una ley anterior similar sobre aguas) y que se convirtió en la primera ley nacional sobre contaminación ambiental. La Ley de

Medio Ambiente es de amplio alcance y establece planes para «proteger el aire como parte de los planes estatales de desarrollo socioeconómico de la URSS, mediante el ejercicio de un control estatal de la protección del ambiente, y también, por medio del establecimiento de unos topes en las descargas admisibles de las posibles fuentes de contaminación». El concepto básico del control de la contaminación del medio ambiente es «fijar cuotas» (estándares de emisión) para las descargas de contaminantes en cada empresa, con respecto a cada fuente de contaminantes. Esto supone el radical abandono de la tradicional estrategia de gestión de la calidad del aire para dirigirse hacia el sistema de control de la contaminación del mismo. Si bien la Ley fortalece los requisitos de calidad del aire de todo el país, cuando toca restricciones específicas, parecen ser para aplicar más a fábricas y centrales de producción de energía de nueva construcción que a las ya existentes. Como cabía esperar, los estándares de emisión para las fábricas más antiguas, son menos estrictos que los aplicables a las nuevas, debido a los costes que entraña alcanzar los estándares de emisión. Al parecer, existen considerables dificultades para instalar modernos equipos de control medioambiental en las viejas fábricas construidas antes de la revolución, especialmente en las zonas industriales del sur de los Urales. La efectividad de la Ley de Medio Ambiente, está aún por ver. En gran medida depende de la fijación de «cuotas» y del rigor con que se persiga su cumplimiento. La experiencia de casos anteriores pone de manifiesto que mientras se establecen estándares muy duros, en la práctica se permiten numerosas excepciones. Las cuotas de producción han tenido siempre una implícita prioridad, lo cual no parece probable que cambie (Ministerio de Comercio e Industria de Gran Bretaña, 1983).

La responsabilidad global del control de la contaminación, monitorización, investigación y desarrollo está asociada con el Comité Estatal de Hidrometeorología y Control Medioambiental (Goshydromet), creado en 1978. Se trata de un organismo virtualmente poderoso, cuyo presidente pertenece al Consejo de Ministros de la URSS. El Departamento de Protección Medioambiental del Comité Estatal de Ciencia y Tecnología (CECT) se presenta como asesor del Goshydromet, y forma un Consejo Interdepartamental Científico y Tecnológico, creado conjuntamente por el CECT y por la Academia de las Ciencias de la URSS. Como la mayoría de las empresas industriales y agrícolas de la Unión Soviética están controladas por el estado, la posición de Goshydromet en relación al gran número de ministerios responsables de industrias individuales, no está completamente clara. Parece tener potestad para clausurar fábricas contaminantes y para exigir a las autoridades locales el cumplimiento de los estándares establecidos, pero se desconoce cuándo o si ha hecho uso de estos poderes. Este poder no puede ejercerse directamente; implica al Consejo de Ministros de la República de la Unión Soviética de que se trate, además de las autoridades locales. Las decisiones rápidas, no son, por esto, muy probables. Las autoridades locales no parecen tener el poder necesario como para obligar al cumplimiento de las normativas impuestas por el gobierno central, pero sí se les exige hacer saber a Goshydromet cuáles son las industrias contaminantes.

10.2.3. *Calidad del medio ambiente: ¿mejor o peor que en los países occidentales?*

A pesar de que los datos sobre la calidad del medio ambiente no son fáciles de obtener, puede hacerse una valoración subjetiva de su actual estado, especialmente considerando la información de la que disponemos sobre los niveles de contaminación de la década de los 60 y de los trabajos de Komarov (1980a, 1980b). A la mitad de los 60, el marchitamiento de los árboles y de las agujas de los pinos se convirtió en característica común en las zonas industriales, y en los Urales, la muerte de árboles en un radio de 10 km alrededor de algunas fábricas era cosa normal (Kelley y otros, 1976; Pryde, 1972). Fue debido a la preocupación causada por efectos similares ocurridos en algunas zonas residenciales lo que llevó a la introducción del concepto de «zonas de contaminación controlada». Se exige que las industrias muy contaminantes mantengan una distancia mínima de 2.000 m. con la comunidad residencial más próxima pero, en la práctica, esta normativa se viola frecuentemente (Kelley y otros, 1976). Algunas ciudades industriales han experimentado «smogs mortales», parecidos a los de Londres de los años 50 (Mote, 1974).

Hoy en día, la contaminación continúa siendo un problema serio en muchas localidades. Así, por ejemplo, en las ciudades con fundiciones de cobre-níquel de Noril'sk, en la Península de Taymyr, en Siberia, y Monchegorsk en la Península de Kola, las concentraciones de contaminantes superan los MCP en 20-25 veces (Bond, 1984; Komarov, 1980a). El anhídrido sulfuroso y otros efluentes ácidos derivados de los procesos industriales, centrales térmicas y refinerías constituyen un problema muy considerable. La mayoría del petróleo autóctono y una gran parte del carbón soviético, tienen un elevado contenido de azufre. Se han realizado diversos intentos de consumir combustibles con menor contenido de azufre en o en la proximidad de las ciudades (reservando el uso de combustibles con mayor contenido de azufre para las zonas más remotas), pero resulta difícil saber cuál es el alcance real de esta desulfurización.

Recientemente, el deterioro medioambiental se ha atenuado debido a la ralentización de la expansión industrial desde finales de la década de los 70 y debido, también, a que la conservación de los recursos ha cobrado una importancia mucho mayor a partir de la crisis energética de 1973 (Pryde, 1983). La Unión Soviética afirma haber reducido en un 15 % las descargas contaminantes en los últimos cinco años, si bien los niveles originales de contaminación no fueron hechos públicos (Ministerio de Comercio e Industria de Gran Bretaña, 1983). En la Conferencia Multilateral sobre Medio Ambiente de las Naciones Unidas en 1984, un representante soviético afirmó que la URSS había reducido las emisiones de anhídrido sulfuroso en 2 millones de toneladas, durante el período 1980-84. A pesar de que las grandes fuentes emisoras de contaminantes producen una severa contaminación atmosférica, se ha dado una gran publicidad al hecho de que el total de contaminación medioambiental de la Unión Soviética corresponde, tan sólo, a una cantidad de entre un cuarto y un medio del total de contaminación de los EE.UU. o, al menos, así era a principios de los años 70 (Mote, 1974). Esto no implica que el control de la contaminación sea más efectivo en la Unión Soviética, sino que responde, más bien, a la densidad de población mucho menor de la URSS en su conjunto, unido a un desarrollo económico inferior del país y a la relativa escasez de vehículos de motor.

No todas las ciudades disponen de un ambiente de escasa calidad. Moscú sufrió el deterioro de su ambiente durante los años 30 y 40, pero, con posterioridad, fue el centro de una campaña masiva de limpieza del ambiente. Más de 700 industrias consideradas como altamente contaminantes se trasladaron fuera de la ciudad y se montaron miles de depuradoras, al tiempo que se instalaban en los hogares sistemas de calefacción central de gas natural (Glass, 1975; Izmerov, 1973). Sin embargo, incluso este caso ejemplar de acción protectora del medio ambiente adolece de los problemas nacionales como son las excesivas emisiones de los escapes y el ruido de los vehículos de motor. Es frecuente que los camiones y autobuses lleven motores diesel viejos y mal ajustados. Komarov (1980a), afirma que los MCP para el monóxido de carbono en algunas zonas de Moscú se rebasan entre 20 y 24 veces en algunas ocasiones y que, habitualmente, los niveles exceden 10-13 veces los valores fijados. Esta afirmación precisa de la aclaración de que los niveles de monóxido de carbono aceptables en la URSS son notablemente bajos, comparados incluso con los objetivos a largo plazo de la Organización Mundial de la Salud. Mientras la Organización Mundial de la Salud especifica 10 $\mu g/m^3$ para un período de ocho horas y 40 $\mu g/m^3$ para un período medio de una hora, la Unión Soviética emplea 1$\mu g/m^3$ para el estándar de 24 horas y 3 $\mu g/m^3$ para un estándar corto (veinte minutos) (Glass, 1975).

Las medidas para controlar la contaminación producida por vehículos de motor parece ser completamente inadecuada en la Unión Soviética. Casi sin excepción se emplean motores de baja compresión y la mayor parte de los combustibles vendidos disponen de un índice de octano sorprendentemente bajo. Los combustibles más extendidos son los de 72 ó 76 octanos, si bien últimamente se ha comenzado a emplear combustibles de 93 o, en las grandes ciudades, de 95 octanos, según aumenta el número de coches particulares en las carreteras (Ministerio de Comercio e Industria de Gran Bretaña, 1983). En las grandes ciudades se está imponiendo la gasolina sin plomo. Incluso aunque el número de automóviles por habitante continúe siendo bajo, en términos occidentales, está creciendo rápidamente al irse haciendo los coches más asequibles. Las diferencias entre número de vehículos de motor y contaminación producida, resulta sorprendente: por ejemplo, en 1978, mientras la Unión Soviética tenía un parque de entre 18 y 20 millones de vehículos, los EE.UU tenían 110 millones, y Komarov (1980a) apunta que los vehículos de la Unión Soviética contaminaban la atmósfera aproximadamente unas cuatro veces más que los de EE.UU. Dado que la Unión Soviética pretende una rápida expansión de su industria de fabricación de vehículos, Komarov predice que los vehículos llegarán a ser responsables en casi un 70 % del total de la contaminación atmosférica, en 1990.

10.2.4. *Tecnología de control de la contaminación*

El equipamiento para el control de la contaminación no parece ser demasiado adecuado en la Unión Soviética. Los aparatos de control de contaminación con frecuencia no se encuentran terminados en el momento en que se inaugura la fábrica. Las plantas industriales antiguas suelen disponer de sencillos e ineficaces equipos de control (Goldman, 1970; Kelley y otros, 1976; Pryde, 1983). Existe una escasez crónica de divisas occidentales con las que adquirir equipos de control de fabricación extranjera. Consecuentemente, se lleva a cabo un considerable esfuerzo por elevar el nivel tecnológico de los equipamientos de control y monitorización. Lo inadecuado de los equipos de control de contaminación no parecen ser motivo de demora para la instalación de nuevas fábricas, a pesar de la normativa reguladora que, según se afirma, está en vigor. Así, por ejemplo, antes de que una fábrica comience a operar, se supone que los inspectores tienen que certificar que los equipos de control son los adecuados y se encuentran en estado de operatividad y que los MCP no van a excederse. Una vez que la fábrica ha empezado su actividad, se exige al inspector que compruebe los equipos periódicamente, con el fin de asegurar su eficacia. En la práctica, las demoras en la apertura de una fábrica o su clausura debido al no cumplimiento de estos requisitos de control de la contaminación, raramente tiene lugar debido a la trascendencia de la producción económica en todo el país. Komarov (1980a) apunta que más de 100 ciudades tienen un nivel medio de 10 MCP de gases nocivos en su atmósfera y que en las ciudades que son centros de industrias metalúrgicas y químicas, los niveles medios pueden exceder los 100 MCP.

Lo inadecuado de los equipos de control de la contaminación tiene implicaciones, no sólo en la contaminación de la Unión Soviética, sino también en la contaminación de fuera del país. Existe la evidencia, recogida en imágenes de satélite, de que los penachos de humos emitidos por chimeneas de fundiciones en complejos industriales, como la de Noril'sk, apunta a que la Unión Soviética sea uno de los principales responsables de los episodios de «neblinas árticas» en lugares tan alejados como puede ser el centro de Alaska (Shaw, 1982). Dada la limitada disponibilidad de equipos efectivos para el control de la contaminación con los que abordar sus problemas internos es poco probable que dichos equipos vayan a emplearse en la resolución de un problema internacional como es el de las «neblinas árticas».

Aunque Goshydromet se encuentra en la actualidad en pleno proceso de desarrollo de una cadena de estaciones de control por todo el país, se afirma que el sistema de control de contaminación de algunas ciudades está particularmente avanzado. En Tashkent, por ejemplo, el control de las concentraciones de contaminantes y las condiciones atmosféricas provocaron una «alerta» el día 12 de junio de 1984, así como las rápidas acciones llevadas a cabo para reducir las emisiones (Soviet Weekly, 20 de octubre de 1984). Se ordenó a las plantas industriales reducir las emisiones a los niveles más bajos establecidos, las productoras de asfalto en lugares de construcción fueron cerradas durante varias horas, y los trabajos de construcción de carreteras que implicaban levantar polvo, se autorizaron únicamente en horas nocturnas, hasta que el episodio de contaminación hubiera sido controlado.

10.2.5. *Influencia de la opinión pública y de los medios de comunicación en la elaboración de las políticas*

Evidentemente, no existen abiertamente grupos con intereses medioambientales del estilo de los que se dan en los países occidentales. El ciudadano soviético medio no está muy inclinado a hacerse notar presentando quejas relativas a la contaminación. Incluso siendo así, existen grupos ecologistas en la Unión Soviética, tales como la Sociedad de Todas las Rusias para la Conservación de la Naturaleza, que cuenta con 19 millones de socios en la República de Rusia y 6 más en la de Ucrania, además de contar con asociados en menor número, en otras repúblicas. La mayoría de sus miembros son, sin embargo, niños en edad escolar teniendo, la organización, una pequeña relevancia política en el ámbito nacional (Kelley y otros, 1976). De mucha mayor importancia nacional parece ser el creciente número de asesores científicos y médicos del gobierno central que empiezan a hablar con mayor frecuencia, en privado, de los riesgos personales y pérdidas económicas asociadas con la contaminación, especialmente del aire (Ministerio Británico de Comercio e Industria, 1983).

La contaminación de aire y agua ocasionaron unas pérdidas a la economía del país del 5 % del producto nacional en 1980 (Komarov, 1980a). Esta creciente sensibilización a los efectos de la contaminación ha empezado a encontrar su reflejo en los medios de comunicación, lo cual es muy significativo, dado que se trata de unos medios controlados por el estado. En 1986, una nueva serie de televisión trataba abiertamente asuntos relativos a la protección del medio ambiente. Sin embargo, las formas bajo las que puede criticarse la protección medioambiental de la Unión Soviética queda ilustrada por el caso de Komarov. Boris Komarov es el seudónimo utilizado por un autor soviético (Zeev Wolfson) que más tarde emigró a Israel, que escribió, y posteriormente sacó ilegalmente del país, una dura valoración sobre las condiciones medioambientales de la URSS en 1978 (Komarov, 1980a, 1980b). Su valoración de la contaminación atmosférica era, ciertamente, muy crítica, tal y como ilustra la afirmación: «Que un aire limpio se ha convertido en algo raro es un hecho que incluso nuestros pulmones reconocen —es obvio».

El grado en que los soviéticos reaccionan ante los asuntos relacionados con la contaminación depende, en gran parte de la fuerza de sus creencias marxistas subyacentes y de la tradicional opinión revolucionaria de que los recursos naturales son para ser explotados en aras de los intereses del pueblo; los problemas de contaminación se resolverán con tecnologías más avanzadas. Desde hace mucho tiempo se viene prometiendo al pueblo un mejor nivel de vida, de manera que existe una presión subyacente, por parte del pueblo, hacia un crecimiento económico y, especialmente, hacia la disponibilidad de bienes de consumo de buena calidad. Durante mucho tiempo, se ha privado al pueblo de bienes de consumo, o la gente ha tenido que inscribir sus nombres en larguísimas listas de espera para obtenerlos. Esta situación significa que un cierto deterioro del medio ambiente producido por las nuevas fábricas de bienes de consumo, podría ser aceptable. El consumismo materialista soviético, al igual que su contrapartida capitalista, podría provocar el empeoramiento de los problemas de contaminación, en un futuro próximo. Un considerable impacto puede ser el que represente el aumento sustancial de la producción de vehículos de motor previsto de cara a la propiedad privada, más que a los parques gubernamentales de vehículos.

La inexistencia de grupos ecologistas poderosos es un aspecto muy a tener en cuenta en relación con el desarrollo de la energía nuclear comercial en la Unión Soviética (Pryde, 1983). Para conservar los combustibles fósiles, así como para reducir las emisiones de contaminantes, la Unión Soviética aceleró el desarrollo de las centrales nucleares durante el final de la década de los 70 y principios de la de los 80, hasta el punto de que la energía eléctrica de origen nuclear consumida en 1980 era el 6 % del total, mientras que en 1985 representaba el 10,3 %. La Unión Soviética no admitió reserva alguna en relación con la seguridad de sus centrales nucleares y, cuando ocurrió el accidente del reactor de la Isla de las Tres Millas, el asunto recibió una considerable cobertura por parte de los medios de comunicación, destinado a demostrar que un fallo de estas características no podía ocurrir en la Unión Soviética, y que la población se encontraba segura y sin nada que temer de las centrales nucleares de este país.

Desgraciada e irónicamente, en 1986 tuvo lugar el peor accidente de la historia, en el reactor de la central nuclear de Chernobyl, liberándose 1.000 veces más radioactividad que en el accidente de la Isla de las Tres Millas (ver capítulo 5; Hawkes y otros, 1986). Este no fue el primer accidente en el que estuviera presente la radiación ionizante: han sucedido algunos anteriormente en otros reactores como el de 1969 (Trofimenko, 1983), además de la enorme explosión química ocurrida en diciembre de 1957 en la que no hubo residuos nucleares, y que obligó a evacuar a la población en 200 km desde el punto de la explosión en Kyshtym, en el flanco este de los Urales. Este último desastre sólo salió a la luz gracias a la publicación de un científico soviético exiliado (Medvedev, 1979). Aunque el accidente de Chernobyl fue discutido más abiertamente por los dirigentes soviéticos y por los medios de comunicación que cualquier accidente ecológico anterior en la Unión Soviética, no es probable que Chernobyl suponga una demora significativa en el programa soviético de expansión de la energía nuclear (fig. 10.2).

FIGURA 10.2.—En 1986, la Unión Soviética contaba con 51 centrales nucleares en activo, 31 en construcción y otras 39 previstas para el futuro. A pesar del desastre de Chernobyl, no es probable que se detenga el crecimiento de la producción de energía nuclear. En esta central nuclear armenia, en Metsamor, un equipo de investigadores comprueba los niveles de radiación. *(Fuente:* Agencia de Prensa Novosti.)

10.2.6. *Valoración de la importancia actual y futura del control de la contaminación*

La búsqueda del crecimiento económico continúa siendo prioritaria en la Unión Soviética y el control de la contaminación está subordinado a la consecución de ese objetivo. El desarrollo y la modernización tecnológica de su industria se contempla como la clave para la independencia nacional y de su influencia en el mundo. Recientemente, hechos tales como la aprobación de la Ley de Medio Ambiente en 1980 y la creciente consideración sobre las pérdidas económicas causadas por la polución del aire dan a entender que el control de la contaminación está en alza. Sin embargo, ha habido legislaciones enérgicas y palabras muy duras anteriormente, siendo, los responsables, incapaces de traducir estos pronunciamientos en compromisos y acciones por parte de las empresas. Lo que se puede conseguir, queda ilustrado con la limpieza de Moscú, pero la necesidad de elevar esta ciudad a la categoría de caso ejemplar da idea de lo inadecuado e inefectivo de los procedimientos rutinarios de control de contaminación. El reciente ascenso en importancia del control de la contaminación a través de la creación del Goshydromet mantiene la promesa, pero, si es para conseguir los resultados planeados, se producirá un conflicto de intereses entre este organismo y los diversos Ministerios de Industria de la Unión Soviética. En el pasado, las agencias de control de la contaminación ganaban raramente la batalla contra los grupos industriales y no parece que esta situación vaya a cambiar en un futuro próximo.

Concluir diciendo que el control de la contaminación es de una importancia y efectividad limitada en la Unión Soviética es decepcionante puesto que el sistema político soviético dispone de potentes medios para abordar la protección del medio ambiente. La existencia de un sistema administrativo altamente centralizado y de una planificación económica de cobertura nacional ofrece a los dirigentes soviéticos la posibilidad de actuar virtualmente sobre todos los aspectos de la actividad económica y gubernamental. Un sistema de comunicaciones manipulado y de gran efectividad, supone el mecanismo idóneo para educar y movilizar el apoyo masivo, a través de los medios de comunicación; y una amplia red de células del Partido Comunista o de representantes del Partido en todos los organismos gubernamentales económicos y sociales proporcionan una efectiva polea de transmisión para la difusión y puesta en práctica de la política. Su modelo de normas socio-culturales hace hincapié en la obediencia a la autoridad formal, facilitándose así la tarea de velar por el cumplimiento de las políticas y las leyes. Su ética socialista colectivista podría, muy bien, servir como marco de referencia para la medida de los costes sociales del deterioro del medio ambiente y establecer los acuerdos socio-económicos necesarios para llevar a cabo programas de control efectivos (Kelley y otros, 1976).

Todos estos factores representan que, si los dirigentes soviéticos así lo desearan, el control de la contaminación podría mejorarse notable y efectivamente. Desgraciadamente, dadas las abrumadoras presiones para modernizar la economía y dedicar una mayor atención a las demandas consumistas de la sociedad —por no hablar de las presiones políticas para preservar la dominancia existente de la élite pro-industrial y pro-crecimiento— no es probable que los dirigentes soviéticos eleven las políticas de control de la contaminación a un nivel mucho más alto del que ocupan en la actualidad.

10.3. La República Popular China

10.3.1. *Contaminación y política*

Hasta finales de los años 70, China sostuvo que su sistema de planificación económica socialista ocasionaba unos problemas ambientales mucho menores que los de los países con economías capitalistas. Los países capitalistas, según afirmaban, explotaban, contaminaban, e incluso destruían el medio ambiente de su país y de otros países. Como contraste, China iba adoptando políticas y prácticas que contemplaban con gran cuidado, la necesidad de proteger el medio ambiente. La propaganda china hacía hincapié en el hecho de que los problemas derivados de la urbanización eran menos severos, ya que el 80 % de la población china vivía en zonas rurales. Los problemas debidos a la industria pesada eran mínimos pues se fomentaba el desarrollo de pequeñas industrias de ámbito local. Se apoyó fuertemente el reciclado de residuos, o lo que los chinos denominaban «utilización de propósito múltiple» en la producción (Hall, 1977; McDonald, 1975). Esto reflejaba la preocupación existente por reducir los «tres residuos» —a saber, aguas residuales, gases residuales y sólidos residuales. El reciclado no sólo era beneficioso para las industrias, que adolecían de una gran escasez de recursos, sino que también reducía las cantidades de productos de deshecho descargados al ambiente. Estos residuos se empleaban también en la producción de energía. El biogas (metano, principalmente) se producía por medio de la fermentación de basuras, excrementos animales y humanos, hojas y paja, en digestores estancos.

Si bien estas políticas y prácticas son, ambientalmente hablando, recomendables y muy similares a las que exigen algunos grupos de presión ecologistas de los países occidentales, las valoraciones actuales sugieren que sólo han tenido un éxito limitado en China (Smil, 1980a, 1980b, 1984). La proporción de población rural puede ser alta, pero China sigue siendo el país del mundo con mayor número de ciudades de más de un millón de habitantes. El rápido ritmo de industrialización y de urbanización ha superado ampliamente la capacidad de los medios existentes y los esfuerzos realizados en cuanto al reciclado de residuos. Las industrias de pequeña magnitud no queman bien los combustibles debido a los bajos rendimientos de los motores y calderas, y la instalación de equipos adecuados para el control de la contaminación en industrias tan pequeñas es demasiado costosa, en el supuesto de que estuviera disponible, cosa que no sucede. En la actualidad, se han construido siete millones de digestores de biogas en zonas rurales, los cuales proporcionan combustible para 35 millones de personas, lo cual significa que el biogas proporciona tan sólo una mínima parte de las necesidades totales de combustible de China.

Hoy, la República Popular China reconoce abiertamente que considera el problema de la contaminación tan serio como cualquier otro asunto relacionado con el logro de un rápido desarrollo económico. No sólo admite la seriedad de sus problemas medioambientales, sino que culpan de estas dificultades a algunos errores cometidos durante la revolución cultural (1966-76). Llegan incluso a admitir que los problemas de contaminación fueron prácticamente ignorados hasta los años 70. Actualmente, se reconoce que el crecimiento económico puede sufrir graves daños a causa de los problemas de la contaminación; y se acepta que «la protección y mejora del ambiente es una condición importante para un desarrollo económico más efectivo y sostenido» (Qu, citado, en Swannack/Nunn y otros, 1979). Se reconoce también, que la contaminación atmosférica puede dañar importantes recursos nacionales tales como cosechas de alimentos, bosques, suelos agrícolas, lagos y mano de obra, dificultando, así, el desarrollo económico. Puede resultar muy costoso controlar la contaminación, pero China acepta que ignorar sus efectos puede ser muy costoso también.

A pesar de que China está ahora abordando los problemas de la contaminación, piensa que la velocidad de desarrollo económico e industrial no debe reducirse en aras de la protección ambiental (Qu y Li, 1984). Se argumenta que el medio ambiente debe protegerse y mejorarse al ritmo de un desarrollo económico «armonioso». El desarrollo económico sustituye una prioridad estatal y se ha fijado el objetivo de cuadruplicar el valor de la producción agrícola e industrial bruta para el año 2000, colocándose así, China, en una de las «primeras filas de los países del mundo» en términos de producto nacional bruto y de producción de bienes industriales y agrícolas a gran escala. Desde luego, la renta per cápita continuará siendo baja, tal y como los chinos reconocen, comparada con la de los principales países industriales. En 1982 la población superó los 1.008 millones y la política de un hijo por pareja pretende evitar que, en el año 2000, supere los 1.200 millones.

10.3.2. *Problemas de combustible y de tecnología*

La causa fundamental de la mayoría de los problemas de contaminación de China reside en la gran dependencia del carbón para procesos industriales, producción de energía, cocina y calefacción. En 1982, el carbón representó el 74 % del consumo energético total, y según algunas estimaciones, el consumo de carbón en las ciudades, se incrementará en un 30 % en el año 2000. La calidad de una gran parte del carbón empleado es relativamente baja (Shen, 1984): el carbón, generalmente tiene un elevado contenido de cenizas y tan sólo alrededor de un 30 % del total se lava antes de su utilización, a pesar de que la limpieza del carbón (lavado), podría reducir el contenido de cenizas en un 50 % y el de anhídrido sulfuroso, en un 30 % (Zhao y Sun, 1986b). El carbón bruto se emplea como combustible en el hogar, bien sea como carbón en trozos, o bien como briquetas porosas prensadas a partir de polvo de carbón de baja calidad, ambos de combustión pobre. Si bien el contenido de azufre del carbón chino es relativamente bajo, la falta de procesado produce un contenido medio de azufre en el carbón de uso final, del 2 al 3 %, mientras que en el sur de China puede alcanzar hasta el 10 % (Kinzelbach, 1982, 1983). No sólo se trata de la escasa calidad del carbón, sino de que el rendimiento de la combustión en las plantas industriales es muy bajo (30-40 %). Chang (1985) pone de manifiesto que la mejora de los rendimientos de combustión de las numerosas centrales térmicas obsoletas y de las 200.000 calderas y hornos industriales podrían reducir las emisiones de partículas y de gases como mucho, en un 50 %. Esto implicaría también, un considerable ahorro de carbón.

Los hogares contribuyen a la contaminación debido a la preponderancia del carbón, especialmente bajo la forma de briquetas de polvo de carbón empleadas en pequeñas estufas para cocina y calefacción. La combustión en estas estufas es de bajo rendimiento; sólo un 10-18 % de la energía química del carbón se convierte en energía química útil, en contraste con el 80-90 % de las grandes calderas empleadas en los países occidentales industrializados (Chang, 1985). Es evidente que se está reduciendo en cierta medida el uso de carbón en los hogares, mientras que aumenta el empleo de gases licuados del petróleo para cocinar. Se están construyendo centrales para suministrar energía eléctrica a un mayor número de habitantes. El desarrollo de los recursos de gas natural, como por ejemplo el caso de la Isla de Hainan, permitirá una disponibilidd mayor de combustible limpio. Sin embargo, una reducción de la contaminación producida por los hogares debe apoyarse en parte en el progreso económico y en los cambios sociales que éste conlleva. De la experiencia de los países más desarrollados parece desprenderse el hecho de que un nivel de vida más elevado crea la demanda de unos sistemas de calefacción y para cocinar, más limpios. Además, los programas de renovación urbana, están potenciando la sustitución de las casas unifamiliares con deficientes sistemas de calefacción por viviendas en pisos con eficaces sistemas de calefacción colectiva.

A pesar de que China pueda defender la adopción de industrias pequeñas, la industria pesada es de una gran importancia para la nación: ciertamente, el primer plan quinquenal (1953-58) se basaba en el modelo soviético de desarrollo, concediendo prioridad a las grandes industrias. Las fábricas, mayoritariamente se encuentran situadas en ciudades costeras como Shangai o Tianjin y en la región del noreste (anteriormente, Manchuria), aunque la mayoría de las grandes ciudades están desarrollando nuevas zonas industriales. Muchas de las industrias pesadas establecidas inicialmente, tales como el vasto complejo de Anshan de hierro y acero, carecieron de equipamiento de control de contaminación. Todos los intentos de controlar la contaminación en los primeros años, no se vieron muy favorecidos por la retirada de la ayuda y de los técnicos soviéticos en 1960. Aunque China pretende, en la actualidad, incorporar equipos de control de contaminación a las nuevas industrias, carece de divisas necesarias para adquirir la adecuada tecnología extranjera. Chang (1985) afirma que el equipamiento para el control de la contaminación es casi inexistente, y que la industria del control de la contaminación se encuentra en sus comienzos. Kinzelbach (1983) manifiesta que sólo el 1 % de la capacidad de las centrales energéticas chinas dispone de equipos de precipitación electrostática, mientras que, según informan algunos responsables chinos, de unas 400.000 empresas, sólo hay unos 200-300 precipitadores electrostáticos en activo, y que la eficacia de éstos, es dudosa (Weil, 1981). La obligatoriedad de instalar precipitadores electrostáticos, prácticamente eliminaría los pesados humos negros que aún siguen contaminando la atmósfera de muchas ciudades chinas.

10.3.3. *Niveles de contaminación*

El problema de la contaminación ambiental resulta evidente en la mayoría de las ciudades chinas, especialmente en las ciudades del norte y en invierno. La información sobre los niveles de contaminación en las ciudades es limitada, pero la tabla 10.1, elaborada por la delegación en China de la Agencia para la Protección del Medio Ambiente de los EE.UU. (US Environmental Protection Agency) en octubre de 1979, pone de relieve la seriedad del problema de la contaminación y los posibles daños a la salud pública y merma de días laborales que ésta puede acarrear (Chang, 1985). El nivel de partículas en suspensión refleja los diferentes tipos de industrias en las distintas ciudades. Wuhan es una ciudad dedicada al acero que se encuentra enclavada en mitad del valle del Yangtsé, y tiene el mayor índice de mortalidad presuntamente atribuible a las partículas en suspensión; en contraposición, Guangzhou, que es una ciudad con industria ligera, arroja el menor índice de mortalidad de las ciudades del muestreo.

Incluso así, la contaminación se hace muy evidente para el visitante a Gunagzhou. La vista panorámica de la ciudad de la que se puede disfrutar a las 6:30 de la mañana, se desvanece a las 7:00, cuando cientos de chimeneas de calderas comienzan a arrojar densos penachos de humo negro que rápidamente van formando una sucia neblina de humos.

TABLA 10.1.—Concentraciones significativas de partículas en suspensión en algunas ciudades de China seleccionadas en 1979 y estadísticas de salud pública

	Promedio de partículas suspendidas en 24 horas (μg/m³)	Contenido máximo de partículas supspendidas en 24 horas (μg/m³)	Absentismo general de los trabajadores industriales, por año (1.000 días)	Número de muertes atribuidas a causas derivadas de la contaminación del aire, por año
Beijing	80	160	25.000	850
Shanghai	150	200	40.000	1.300
Wuhan	170	400	22.000	3.500
Guangzhou	190	190	20.000	700

Fuente: Chang, 1985.

En general, los niveles de partículas en suspensión son elevados en la mayoría de las ciudades chinas, si bien, son mucho mayores en las ciudades del norte del país (fig. 10.3; tabla 10.2). Las fuentes de contaminación se refieren, no sólo a los productos de la combustión de industrias y hogares, sino también a los suelos de las áreas urbanas y alrededores. Grandes extensiones de China, están cubiertas de suelos de finos loes, susceptibles de ser fácilmente transportados por los vientos. Hay vastas zonas de tierra cuyo suelo está sometido a una enérgica erosión y las tormentas de polvo son frecuentes. Daisey y otros (1983) descubrieron que las tormentas de polvo contribuían a aumentar las concentraciones de TSP (total de partículas en suspensión) en Pekín, en dos o tres veces, durante la primavera de 1981. En cuanto a valores medios, el polvo desplazado por el viento, supuso el 60 % de las concentraciones de TSP durante el verano, y el 40 %, durante el invierno, en las ciudades del norte (Zhao y Sun, 1986a). Como el aire contiene altas concentraciones de partículas alcalinas (polvo del desierto), la acidez de la lluvia puede alcanzar niveles de pH de 7,0-7,5. Sin embargo, se tiene constancia de una creciente incidencia de tormentas con lluvia ligeramente ácida (pH 5,0-5,5) en Pekín, mientras que en otros lugares del sur de China, donde el contenido de partículas en el aire es inferior, el pH de la lluvia es de 4,5-5,5 (Jernelov, 1983). Los amplios programas de redesarrollo y construcción, contribuyen a aumentar la carga atmosférica de partículas en suspensión. Dado lo desagradable que resulta el polvo que levantan los vehículos al pasar para ciclistas y peatones, no resulta

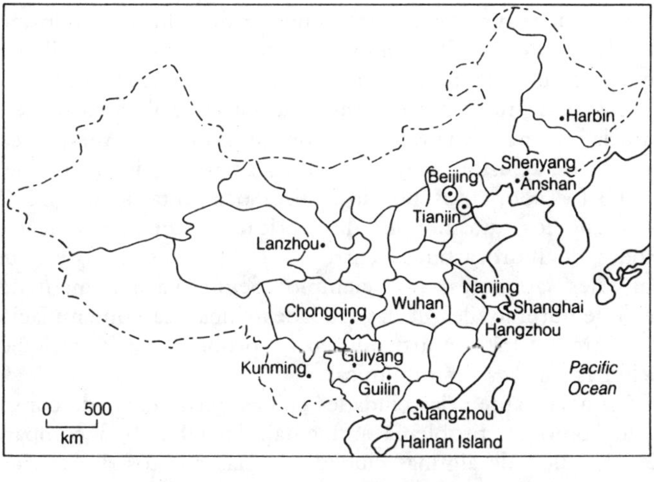

FIGURA 10.3.—República Popular China: poblaciones mencionadas en el texto.

TABLA 10.2.—Concentraciones diarias del total de partículas en suspensión y de anhídrido sulfuroso en algunas ciudades seleccionadas de China

Situación	Ciudad	Promedio de julio	Promedio de diciembre	Promedio anual
		Total de partículas en suspensión, µg/m³		
Norte	Shenyang	324	769	470
Norte	Beijing	165	585	403
Sur	Shanghai	161	322	244
Sur	Guangzhou	133	194	174
		So_2, µg/m³		
Norte	Shenyang	9	691	132
Norte	Beijing	53	388	158
Sur	Shanghai	53	121	65
Sur	Guangzhou	48	53	52
Sur	Chongqing	280	610	430
Sur	Guiyang	347	409	413

Fuente: Zhao y Sun, 1986a.

extraño ver algunas personas con máscaras en la cara durante las horas punta, para reducir la cantidad de polvo inhalada.

La contaminación imputable a los vehículos, no ha llegado a alcanzar la gravedad del problema que representa en las naciones más desarrolladas, simplemente por el hecho de que los pueblos y ciudades chinas cuentan con un número menor de vehículos. A principios de la década de los 80, China sólo contaba con 1,5 millones de vehículos civiles de motor, de los que únicamente 180.000 eran turismos, y el resto eran camiones y autobuses. Sólo a partir de 1986, se autorizó la propiedad privada de automóviles. Aunque existen estándares de emisión para vehículos, son considerablemente más altos que los adoptados por los países occidentales, y Smil (1984) asegura que los automóviles de fabricación china producen unas emisiones de hidrocarburos entre 15 y 55 veces mayores que los automóviles japoneses, por ejemplo. Según vaya aumentando el número de automóviles de las ciudades chinas, la contaminación de los vehículos se irá convirtiendo en un problema serio, al igual que las neblinas (smogs) fotoquímicas.

Ningún visitante a las ciudades chinas puede dejar de considerar el ruido como un problema ambiental. La tabla 10.3 compara los niveles de ruido de algunas ciudades chinas con los de las ciudades occidentales (Chang, 1985; Ko, 1978). Las principales fuentes de

TABLA 10.3.—Niveles de ruido en algunas ciudades seleccionadas de China y de países occidentales

Ciudad	L_{NP}	TNI[a] (dB)
Guangzhou	95	108
Hangzhou	111	143
Chongqing	106	132
Wuhan	109	136
Nanjing	105	127
Harbin	95	137
Hong Kong	80	87
Londres	74	68
Madrid	89	89
Medford, Mass.	69	69
Nueva York	88	96
Roma	90	88

[a] El valor del TNI se obtiene de la fórmula $TNI = L_{90} + 4d - 30db$, en donde L_{90} representa el nivel mínimo de ruido recogido durante más del 90 % del tiempo; L_{10}, representa el nivel mínimo de ruido recogido durante el 10 % del tiempo; y $d = L_{10} - L_{90}$, se obtiene de la fórmula $L_{NP} = L_{50} + d + d^2_{60}db$.

Fuente: Chang, 1985.

ruido ambiental son la maquinaria industrial, el amplio programa de construcción que se está llevando a cabo, la gran cantidad de tractores y camiones de pequeño tamaño que, de forma continua y durante las 24 horas del día, se desplazan desde el campo a la ciudad y viceversa, y el abuso en el uso de las bocinas de los coches. Se está intentando solucionar el problema del ruido alejando las industrias de las zonas residenciales, creando barreras forestales alrededor de las plantas industriales (Noble, 1980), y prohibiendo el uso de la bocina en algunas zonas de las ciudades. Sin embargo, el proceso de mejora de la situación es lento.

Teniendo en cuenta lo limitado de los medios de que se dispone para el control de la contaminación en China, no resulta sorprendente que se haya dado prioridad en el ámbito nacional a la reducción de la contaminación en determinadas ciudades tales como Pekín y Tianjín, y algunos centros turísticos como Guilin. Incluso este proyecto limitado resultará costoso, teniendo en cuenta el informe Smil (1984), según el cual el 70 % de las chimeneas industriales de Guilin no estaban provistas de reguladores de cenizas en 1980 y que la polución había causado graves daños al paisaje cárstico de los alrededores. Sin embargo, en el caso de la mayoría de las ciudades, se tardará mucho más en lograr una reducción importante de la producción ambiental, y al igual que ocurre en otros países asiáticos en vías de desarrollo, que se esfuerzan por conseguir mejoras industriales y materiales, un medio ambiente limpio y silencioso sigue considerándose un «lujo» cuando se trata de evaluar la calidad de vida de la población de China (Chang, 1985).

10.3.4. *Estructura de control de la contaminación*

Unicamente después de la Conferencia sobre Medio Ambiente de la ONU de Estocolmo, en 1972, se comenzó a considerar la política ambiental como un asunto importante en China. La primera conferencia nacional sobre protección de medio ambiente en este país, tuvo lugar en 1973. Como reconocimiento a la creciente complejidad de la problemática ambiental se creó, durante el Consejo de Estado de 1973, una Oficina General de Protección del Medio Ambiente, también conocida como Oficina del Consejo de Estado para Protección del Medio Ambiente. En 1982, se creó un nuevo ministerio, el Ministerio de Construcción Urbana y Rural y de Protección del Medio Ambiente, que actualmente se ocupa de coordinar y supervisar la protección del medio ambiente del país (Qu y Li, 1984).

China sigue la línea establecida para el control de la polución, según la gestión del medio ambiente (Yao, 1980). Desde 1963, se han implantado en China un gran número de estándares de contaminación del medio ambiente, principalmente de tipo académico, pero han sufrido variaciones tanto en origen, como en su sentido geográfico de aplicación, y la mayoría de estos estándares están considerados, más como directrices a las que aproximarse, que como límites estrictos (Ministerio de Comercio e Industria de Gran Bretaña, 1984). Sin embargo, recientemente se ha reconocido la necesidad de tomar unas medidas más estrictas, publicándose, en abril de 1982, los estándares nacionales de calidad del medio ambiente (tabla 10.4), que se implantarán de acuerdo con la Ley de Protección del Medio Ambiente de la República Popular China, de 1979. Aunque estos estándares son, en la mayoría de los casos, menos estrictos que sus equivalentes occidentales, se presentan detallada y minuciosamente, y suponen un paso hacia adelante. Lo que ahora se necesita, es una definición clara y detallada de la estrategia a seguir, para asegurar que las zonas urbanas consigan alcanzar los citados estándares de calidad del medio ambiente, y establecer un calendario en el que se establezca una fecha en la que esto deba conseguirse. Es necesario prestar una mayor atención a la supervisión e implantación de los estándares, la obtención de los cuales devengará una cantidad importante de tiempo y recursos. Hace relativamente poco tiempo, se han instalado

TABLA 10.4.—Estándares de calidad del medio ambiente en China

Contaminante	Tiempo de muestreo	Concentraciones, mg/m³		
		Clase 1[a]	Clase 2[b]	Clase 3[c]
Total de partículas en la atmósfera (CTSP)	Promedio de un día	0,15	0,30	0,50
	Máximo en cualquier momento	0,30	1,00	1,50
Polvo (<10 μm)	Un día	0,05	0,15	0,25
	Máximo	0,15	0,50	0,70
Anhídrido sulfuroso	Promedio de un año	0,02	0,06	0,10
	Un día	0,05	0,15	0,25
	Máximo	0,15	0,50	0,70
Óxidos de nitrógeno	Un día	0,05	0,10	0,15
	Máximo	0,10	0,15	0,30
Monóxido de carbono	Un día	4,00	4,00	6,00
	Máximo	10,00	10,00	20,00
Ozono	Promedio de una hora	0,12	0,16	0,20

[a] Los estándares de Clase 1 son aplicables a aquellas áreas que el estado ha designado como zonas de belleza natural para conservación de la naturaleza y lugares históricos y de convalecencia.

[b] Los estándares de Clase 2 son aplicables a zonas residenciales, zonas mixtas comerciales, de tráfico y residenciales, áreas culturales y puntos de interés histórico, pueblos y otras zonas contempladas en los planes municipales.

[c] Los estándares de Clase 3 se aplican a las ciudades grandes y medianas, y a las zonas industriales con una contaminación relativamente elevada, puntos urbanos de gran tráfico, principales arterias y otras zonas.

Estos estándares se recogen en diversas normativas concretas, publicadas por separado, sobre técnicas de muestreo.

Fuente: recopilado de diversas informaciones aportadas por la Oficina de Protección Medioambiental de la República Popular China, Pekín.

290 estaciones de control, que sufren las consecuencias de los equipos incompletos de los que disponen y de la escasez de personal especializado.

Mientras que el estado establece las políticas de control de la contaminación y los estándares de calidad del medio ambiente, se encomienda la función de velar por su cumplimiento a las oficinas o departamentos locales de protección del medio ambiente. Resulta evidente que la eficacia de estos departamentos provinciales o municipales varía considerablemente. Aunque, por el momento, todavía aparece poco definida la estrategia para lograr y mantener la implantación de los estándares de calidad del medio ambiente, es cierto que se están llevando a cabo algunas acciones, respecto a las cuales no se escatima la publicidad. Con frecuencia se menciona un sistema de multas para contaminadores industriales persistentes en algunas zonas urbanas. Las multas se establecen algo por encima del coste de los controles de contaminación, para estimular, así, económicamente a las industrias a instalar con mayor rapidez, dichos controles. La cuantía de las multas va a depender de la cantidad y concentración de contaminante emitido. El director de la fábrica infractora, deberá abonar, a título personal, entre un 2 y 5 % de la cantidad total. También se penaliza a los trabajadores, ya que la acumulación de dichas multas sobre una misma fábrica va a repercutir en el total de la prima anual en la que todos los trabajadores tienen participación. El 80 % de la multa se destina, directamente, a la adquisición de un equipo de control de contaminación para la fábrica infractora, mientras que el gobierno se embolsa el 20 % restante. A pesar de la publicidad que se da a las multas impuestas a algunas plantas industriales en las ciudades chinas, se observa el hecho de que existe una gran tolerancia con respecto a las factorías emisoras de humos negros. Esto refleja la importancia que, a nivel nacional, se otorga al crecimiento económico e industrial, así como pone de manifiesto la escasez de equipos eficaces para el control de la contaminación.

La práctica de las multas es sólo una de las posturas económicas para el control de la polución; otras, en esta línea, son los incentivos con que se dota a las industrias que utilizan gases o líquidos de desecho u otros residuos, como materia principal. Estas industrias disfrutan de desgravaciones o exenciones fiscales, o se les tiene en cuenta, de una forma especial, al aplicar una política de precios. Puede, incluso, darse el caso de que sean autorizadas a retener sus beneficios en lugar de entregarlos al estado (Qu y Li, 1984).

El progreso en la mejora de la calidad depende de la cooperación entre el Departamento de Protección del Medio Ambiente, la industria y el público en general. Se está llevando a cabo una extensa campaña propagandística en China, para inculcar al pueblo el deseo de mejorar la calidad del medio ambiente (fig. 10.4; Guo, 1981; Qu y li, 1984). Con el fin de dar publicidad a la implantación de la Ley de Protección del Medio Ambiente, se realizó una campaña de «un mes de propaganda», durante marzo-abril de 1980, dando publicidad a la protección ambiental tanto a través de la prensa como de vídeos, televisión y exposiciones fotográficas. Se publicaron más de 690 artículos sobre protección ambiental en periódicos nacionales y provinciales (Qu y Li, 1984). Siguen exhibiéndose vallas publicitarias con esta propaganda en zonas urbanas. La experiencia de muchos

Profesor: ¿Cuál es el componente principal del aire?
Alumnos: El mal olor que producen las fábricas.

FIGURA 10.4.—Viñeta propagandística empleada en campañas de educación pública para fomentar el deseo de mejorar la calidad del medio ambiente. [*Fuente: Beijing Review (Revista de Pekín),* 15 de abril de 1985, pág. 29 (dibujante: Cheng Jinguo).]

países desarrollados señala el importante progreso que puede lograrse en cuanto a la mejora de la calidad del medio ambiente, cuando se cuenta con un importante apoyo público y de grupos de presión. Los comités de vecinos han establecido grupos supervisores de la protección ambiental en algunas ciudades, y participan en acciones legales contra las fábricas que emiten contaminantes en zonas residenciales.

10.3.5. *Industria y contaminación*

Uno de los problemas de la contaminación industrial que se está abordando actualmente, es el de la gran cantidad de calderas pequeñas y con bajo rendimiento. Solamente en Pekín, por poner un ejemplo, existen 4.260 calderas pequeñas con capacidad inferior a 1 Tm de vapor por hora; dichas calderas son responsables aproximadamente, de un tercio de las concentraciones de anhídrido sulfuroso a nivel de la superficie del suelo (Siddigi y Zhang, 1984; Zhao y Sun, 1986b). El rendimiento energético típico de estas calderas, se sitúa por debajo del 30 %, propiciando la visión frecuente de emisiones de humos negros (Smil, 1984). Entre otras medidas que se están llevando a cabo para solucionar este problema está la de sustituir dichas calderas pequeñas e ineficaces, por otras grandes y modernas, incrementar su instalación así como la de agentes antipartículas en hornos industriales, en la medida en que se vaya disponiendo de dichos equipos, y la sustitución de calderas por equipos calefactores de gas. La actual explotación de los recursos de gas natural servirá para acelerar estos proyectos así como para propiciar el desarrollo de una industria más limpia en general.

Se ha instado a la industria a considerar otros métodos alternativos a la instalación de costosos equipos de control de emisiones en las chimeneas, para reducir, así, la contaminación en las zonas próximas a las plantas industriales. Uno de los métodos contemplados por el Instituto de Investigación Botánica del sur de China, es el fomento de la utilización de las denominadas «plantas anti-polución» en las fábricas. Se consiguen especies vegetales en lugares remotos y se examina su tolerancia a la contaminación, mediante experimentos de fumigación en el laboratorio. Las especies adecuadas se plantarán, después, alrededor de las fábricas para reducir la dispersión de partículas contaminantes y gases, formando una barrera física para absorber los contaminantes gaseosos, particularmente, cuando estas especies vegetales están húmedas. Esta medida de control de polución incorpora, también, el empleo de especies vegetales resistentes a la contaminación en aquellas zonas donde previamente habían muerto otras especies, así como la implantación de árboles que sirven, al mismo tiempo, tanto para crear la barrera, como para amortiguar el ruido producido por las fábricas y emitido a zonas cercanas. El informe Li (1979), describía el éxito de la plantación de 17.000 árboles y arbustos alrededor de la planta química de Guanzghou, en el sur de China, de la que provenían grandes emisiones de cloro. Esta medida consiguió reducir en un 20 % las concentraciones de cloro alrededor de la factoría, al cabo de dos años. Las especies vegetales seleccionadas para la implantación en el sur de China, incluyen hasta la fecha, el mango, el abeto, y la adelfa, para contaminantes a base de cloro; almendros y morera, para anhídrido sulfuroso; y miraguano, Ficus Elástica y otros, para contaminantes a base de fluoruro de hidrógeno[1].

---

[1] Los fluoruros se producen durante la fabricación de acero, fosfatos, ladrillos, tejas y vidrio. Existe un heterogéneo grupo de compuestos formados en combinación con un elemento gaseoso no metálico y altamente reactivo, conocido como flúor. Los animales que se alimentan de pastos contaminados por derivados fluorados, acaban padeciendo fluorosis (acumulación en los huesos), lo cual provoca daños en la dentadura, cojera y pérdida de peso. Aún está debatiéndose la posibilidad de que la contaminación del aire por flúor afecte negativamente al ser humano, si bien es un hecho comprobado que los niños de zonas con industrias que emiten compuestos fluorados a la atmósfera, presentan un nivel menor de hemoglobina y mayor de eritrocitos, teniendo, además, en algunos casos, un contenido mayor de flúor en los dientes, uñas, cabellos y orina.

Esta medida para solucionar el problema de la contaminación en fábricas y polígonos industriales representa una importante posibilidad, tanto desde el punto de vista nacional, como internacional.

Se anima públicamente a la industria a encontrar medios para reducir la polución mediante la aparición periódica de artículos publicando los éxitos conseguidos por plantas industriales ejemplares para el control de la producción. Así, por ejemplo, se sabe que la Compañía Anshan de Hierro y Acero ha conseguido reducir el volumen de partículas que emitía sobre la vecindad de su factoría. De las 280 Tm/km^2 mensuales de 1977, a sólo 130 Tm/km^2 mensuales, en 1981 (Ministerio de Comercio e Industria de Gran Bretaña, 1984). También están intentando reducir los efectos de los penachos de humos contaminantes de las industrias mediante la adecuada utilización de zonas verdes en áreas urbanas (Qu, 1982). Al igual que otros muchos países, China ha experimentado los efectos adversos que, sobre la salud, ejercen las neblinas (smogs) densas de humos en valles y cuencas, a los que la industria pesada ha añadido sustancias peligrosas. La zona de Lanzhou, en la provincia de Gansu, por ejemplo, experimentó una «contaminación asesina» en 1977. Como consecuencia, los polígonos industriales se están estableciendo fuera de las áreas urbanas, lo cual parece ser una estrategia para el control de la contaminación a largo plazo pues, en la actualidad se pueden encontrar industrias emisoras de humos negros dentro de zonas residenciales (fig. 10.5).

10.3.6. *El compromiso de China por el control de la contaminación*

A finales de 1983 se informó del desembolso de unos 4.000 ó 5.000 millones de yenes anuales en China, para la protección del medio ambiente (China Daily, 12-11-83). Este gasto representa, aproximadamente, el 0,5 % del valor de la producción industrial y agrícola de la nación pero, es con mucho, menor de lo que otros países desarrollados gastan en protección del medio ambiente. A pesar de que hay cerca de 20.000 personas empleadas en el campo de la protección ambiental, la mayoría de éstas proceden de otros departamentos y organizaciones, y sólo un reducido número ha sido formado específicamente en el campo del control de la polución (Shen, 1984). Al estar la mayoría de las universidades que podían formar a científicos, técnicos y directores ambientales cerradas durante la revolución cultural de 1966-76, la disponibilidad de especialistas potenciales en el control de la contaminación es muy limitada. China acepta ahora que se enfrenta a problemas de polución muy serios y

FIGURA 10.5.—En numerosas ciudades chinas, tales como Changchun al noreste de China, es frecuente que las zonas residenciales acojan industrias emisoras de humos negros. *(Fuente:* C. R. L. Friend.)

que un rápido crecimiento económico e industrial, tendrá como consecuencia una contaminación ambiental que será nociva para el desarrollo nacional a largo plazo. Lo que no está muy claro, es el grado de compromiso para mantener y mejorar la calidad del medio ambiente. China sostiene que no debe detenerse o frenarse el desarrollo económico por motivo de la protección ambiental. Teniendo en cuenta el rápido crecimiento económico o industrial, los serios problemas de polución ambiental arrastrados desde décadas anteriores, la limitada disponibilidad de expertos, y con una industria de equipos para el control de la contaminación muy rudimentaria, existen claras dudas acerca de la posibilidad de mantener la calidad del medio ambiente, y menos aún para mejorarlo significativamente en un futuro cercano.

10.4. Socialismo y contaminación

Un examen de los problemas de polución y de la política de control en la Unión Soviética y China, ha destacado el hecho de que tales problemas son tan graves, y la política de control es tan limitada en lo que a su eficacia se refiere, como en los países capitalistas de Occidente. De algún modo, la situación en los países socialistas es mucho peor y esto resulta particularmente cierto en los países del Este de Europa. Carter (1985), indica que, por ejemplo, Checoslovaquia se encuentra ahora, entre los países más contaminados del mundo. Incluso peor, es el caso de Polonia que tiene en la zona industrial de Katowice, cerca de la frontera con Checoslovaquia, el mayor índice de contaminación del mundo (Timberlake, 1981). En 1983 se anunció que en esta región fallecían 430, por cada 100.000 habitantes, debido a las condiciones ambientales, y que el índice de mortalidad se encontraba un 50 % por encima de la media nacional. Las enfermedades vasculares eran un 15 % más frecuentes, el cáncer un 30 % y las enfermedades respiratorias, un 47 %. La mortalidad infantil, era un 13 % más alta. En los países socialistas se dan graves problemas de polución, a pesar de que la industria, la mayor fuente de contaminación ambiental, es propiedad o está controlada por el estado. Debería resultar relativamente sencillo para el gobierno asegurar que las industrias mantuvieran al mínimo las emisiones de contaminantes, pero ciertamente éste no parece ser el caso. Existen varias razones que explican esta situación, ya mencionadas en los estudios de casos que actualmente se llevan a cabo en la Unión Soviética y en China, pero necesitan una mayor elaboración en relación a todos los países socialistas. Por supuesto, aunque la abolición de la propiedad privada de los medios de producción implica que un país sea socialista, existen otras muchas formas de socialismo, dependiendo de la interpretación marxista que se haya adoptado. Además, algunos investigadores, argumentarían que la existencia de graves problemas de polución reflejan el hecho de que el estado se está desviando de la verdadera filosofía socialista (Pepper, 1984).

La industrialización llegó décadas, incluso siglos más tarde en los países socialistas que en la mayoría de las naciones occidentales. En algunas zonas de la Europa del Este, la industrialización tuvo lugar a finales de la II Guerra Mundial. Muchos gobiernos llegaron al poder con el manifiesto propósito de modernizar su nación, apoyados por una ideología que prometía crear la abundancia material de los países capitalistas. La prioridad nacional de modernizar la economía y mejorar el nivel de vida, se interpretó como la necesidad de una rápida industrialización. Más aún, los países socialistas rechazan el criterio de que deben limitarse al crecimiento económico para proteger así el medio ambiente. El punto de vista marxista tradicional minimiza cualquier preocupación por la degradación del medio ambiente, ya que hace hincapié en la habilidad humana de dominar y de controlar la Naturaleza. Al igual que las naciones en vías de desarrollo, los países socialistas están firmemente comprometidos a continuar la expansión industrial y mantienen que, para cualquier tipo de agresión medioambiental, las soluciones efectivas ya existen o pueden inventarse rápidamente. La protección del medio ambiente únicamente se considera cuando no interfiere con el plan nacional de crecimiento económico y consecución de un mejor nivel de vida. No se ha ignorado totalmente la polución, pero sólo se ha abordado en aquellos casos en que resultaba obvia o cuando representaba algún uso inadecuado de los recursos naturales.

Aunque la preocupación por el medio ambiente estaba virtualmente ausente en la fase inicial de industrialización, ha habido recientemente una progresiva concienciación de que la polución puede crear pérdidas económicas importantes a una nación. Como consecuencia, se ha expresado la necesidad de mejorar el control de la contaminación. Sin embargo, a los gobiernos de los países socialistas, les ha resultado difícil implantar esta decisión. Ello se debe a que las fuerzas pro-industriales y pro-crecimiento de la jerarquía gubernamental están muy consolidadas. Todavía se consideran más importantes las metas de producción que el control de la contaminación, interpretándose a este último como no productivo desde el punto en que desvía recursos a fines diferentes del incremento de la producción, mientras que las acciones contaminantes aumentan el crecimiento económico y la prosperidad de la nación. El deseo gubernamental de una mayor productividad industrial se refleja en la legislación ambiental. Muchas leyes son de corte generalizado, siendo difícil interpretarlas en la práctica. Unicamente las estrictas leyes de control de polución existentes se interpretan muy vagamente. Si se multa a los contaminantes, la multa suele ser, a menudo, muy pequeña: por ejemplo, en Checoslovaquia resulta mucho más barato para las industrias el pagar las multas que la instalación de equipos de control de contaminación (fig. 10.6). En Hungría, algunas plantas industriales recogen de antemano el coste de las multas en sus presupuestos, antes que utilizar tecnología menos contaminante (Laszlo, 1984). Sorprendentemente, la incorporación de los costes sociales de la contaminación en el proceso de producción, está por lo general menos avanzado en los países socialistas que en los occidentales.

El énfasis nacional en la industrialización es, en algunos países socialistas, de tal magnitud que los esfuerzos se dirigen más hacia la adaptación del medio ambiente a la industria. En Polonia, por ejemplo, se plantan árboles de hoja caduca para sustituir al pino escocés, en lugar de modificar los procesos industriales para poder controlar las nocivas emisiones de anhídrido sulfuroso (Kormondy, 1980).

Incluso queriéndose lograr una rápida industrialización, los países socialistas tuvieron la opción de elegir aquellos aspectos particulares de la industria que querían desarrollar, pudiendo haberse dado prioridad a aquellas industrias que minimizaran la cantidad de desechos tóxicos. Los países socialistas han dado poca importancia, tradicionalmente, a los bienes de consumo, productos desechables, automóviles y productos sintéticos, lo cual ha supuesto una reducción de la contaminación potencial. Sin embargo, y siguiendo la génesis de la planificación socialista, todos los países han potenciado la industria pesada imponiendo una carga mayor sobre la naturaleza. Más recientemente, muchos países socialistas han comenzado a ampliar la producción de bienes de consumo y productos químicos sintéticos, exponiéndose, así, a unas formas de polución que han sido, durante mucho tiempo, propias de las economías occidentales. Algunos países con escasos recursos de materias primas, han enfatizado la importancia de reciclar desechos reduciendo así la contaminación potencial. Desafortunadamente, debido a la escasez de combustible y materias primas, es necesario usar al máximo, fuentes energéticas de baja calidad. Así, por ejemplo, en un gran número de países socialistas, el carbón moreno y el lignito son los combustibles principales, siendo bajos en valor calorífico y con un elevado contenido de azufre y cenizas. Incluso cuando se dispone de carbón de

FIGURA 10.6.—Los responsables de las industrias, con frecuencia encuentran más económico el pago de multas que la instalación de equipos para el control de la contaminación, en Checoslovaquia. *(Fuente:* R. A. Barnes.)

gran calidad como en Polonia, el estado de la economía requiere que se dedique a la exportación para aliviar el problema de la balanza de pagos.

La planificación socialista debería evitar la concentración regional de la producción y de la riqueza, consiguiendo una distribución más uniforme de la población, ciudades e industrias. Esto conllevaría una dispersión de la polución disminuyendo las zonas con alta concentración de contaminación. Sin embago, mientras que la dispersión geográfica razonable —aunque selectiva— en zonas de poca población pero ricas en recursos, ha sido sin duda parte de la experiencia soviética, la descentralización industrial resulta mucho menos evidente en otros países socialistas. Al comienzo de la era socialista, se intentó la transformación de zonas retrasadas y pequeños centros urbanos, pero el deseo de un rápido crecimiento industrial, otorgó prioridad a la expansión de la fabricación en grandes ciudades, convirtiéndolas en zonas industriales (Dienes, 1974). Incluso China, con su muy anunciada descentralización social, mantiene su industria pesada en regiones escogidas, con el subsiguiente agravamiento de la contaminación regional.

La mayoría de los países socialistas, no cuenta con grupos de presión ecologista eficaces. Los medios de comunicación están controlados por el estado y puede suprimirse la información referente a la ineficacia de la protección ambiental. El pueblo, a menudo, no es consciente del estado real del medio ambiente. Todos estos factores reducen la presión sobre el gobierno central para asegurar un control eficaz. Lo que puede suceder en un país socialista, cuando se accede a la libertad de información, quedó demostrado durante el levantamiento, de corta duración, del movimiento sindical Solidaridad en Polonia, a principios de los años 80: el deplorable estado del medio ambiente resultó un asunto de gran relevancia y se clausuraron las peores fuentes de contaminación. Sin embargo no puede decirse que la protección ambiental contará siempre con el apoyo de la población. Las presiones sociales hacia un mejor nivel de vida que se reflejan especialmente en una mejor calidad y mayor disponibilidad de bienes de consumo, pueden querer significar que dicha protección sigue estando subordinada a esta meta.

Puede concluirse afirmando que los países socialistas son tan receptivos a los problemas de contaminación, como las naciones occidentales. Parece poco preciso el considerar que el potencial de una nación, o el deseo de efectividad para atajar los problemas de polución, vaya a depender de que el sistema sea socialista o capitalista. La sustitución del anhelo privado de beneficios por el anhelo público de progreso, ejerce poca influencia sobre los niveles de calidad del medio ambiente. Ambas fuerzas juegan el mismo papel en fomentar el desarrollo industrial, que es la causa principal de los problemas de contaminación, y en obstruir las normas y programas para proteger el medio ambiente.

CAPÍTULO XI

Colaboración internacional para el control de la contaminación

11.1. PROBLEMAS ACTUALES Y POTENCIALES DE LA CONTAMINACIÓN A ESCALA INTERNACIONAL

Las medidas de control de la contaminación, desarrolladas inicialmente por los países industrializados, estaban relacionadas con la contaminación ocasionada por fuentes de emisión situadas dentro de los propios países. Las medidas nacionales no tenían en consideración la contaminación importada o exportada. Con el fin de resolver los problemas locales de contaminación, las medidas nacionales fomentaban a menudo o incluso exigían que la industria incorporara chimeneas industriales más altas para alejar los contaminantes del entorno inmediato: no se tomaba en consideración la posibilidad de que estos contaminantes pudieran trasladarse a grandes distancias y provocar efectos nocivos en otros países. Las medidas nacionales, además, evitaban reconocer que los contaminantes podían causar efectos negativos a escala mundial. Fue sólo durante la década de los 70, cuando surgió un mayor número de amenazas y problemas de contaminación internacional y mundial, cuando las naciones empezaron a dirigir seriamente su atención a la necesidad de controlar los contaminantes que se liberaban más allá de sus fronteras.

Los problemas de contaminación transfronteriza abarcan desde la lluvia ácida, los episodios de oxidación fotoquímica (ozono) y los escapes accidentales de grandes cantidades de contaminantes, como los productos químicos tóxicos, la radiación ionizante y el calor antropogénico, hasta la destrucción del ozono estratosférico. Las soluciones para estos problemas internacionales y mundiales sólo surgirán cuando las naciones estén dispuestas a cooperar para llevar a cabo medidas eficaces de control de la contaminación. Esta colaboración internacional está animada por un importante número de organizaciones internacionales. Este capítulo valorará los avances internacionales realizados para atajar los problemas de la lluvia ácida, la destrucción del ozono estratosférico y el aumento del dióxido de carbono.

11.2. La Ley Internacional del Medio Ambiente

Esta ley, que podría ser usada para tratar los problemas de contaminación internacional y mundial, está de momento en una fase embriónica de desarrollo, compuesta principalmente por doctrinas enunciadas en acuerdos multinacionales, declaraciones de organizaciones internacionales y algunas decisiones de tribunales internacionales. La afirmación más clara de la ley internacional en lo referente a contaminación ambiental fue proporcionada por un arbitraje entre Canadá y EE.UU. en la década de los 30. La contaminación procedente de una fundición de Trail, en British Columbia, causó daños en áreas adyacentes al Estado de Washington. La decisión de la sentencia de la fundición de Trail dice:

> bajo los principios de la ley internacional, así como de la ley de los EE.UU., ningún estado tiene derecho a usar o a permitir el uso de su territorio en modo que cause perjuicio alguno por humos dentro de él o al territorio de otro o las propiedades o personas que estén dentro, cuando el caso tenga graves consecuencias y el perjuicio quede establecido con claras y convincentes evidencias.

El tribunal exigió el pago de los daños y el establecimiento de un programa para controlar y reducir la contaminación causada por la fundición.

La decisión del tribunal de la fundición de Trail influyó claramente en el texto de la Declaración sobre el Medio Ambiente Humano acordada en la Conferencia de las Naciones Unidas de Estocolmo en 1972. A esta conferencia, a la que concurrieron 114 naciones y 37 organizaciones internacionales, se le reconoce el mérito de haber marcado el inicio de una concienciación entre los gobiernos de las naciones, en el sentido de que muchos problemas del medio ambiente pueden resolverse sólo mediante la colaboración internacional. La declaración contenía dos imporantes principios para la protección medioambiental: en primer lugar, el Principio 21 estipula que:

> los estados tienen, de acuerdo con la Carta de las Naciones Unidas y los principios de la ley internacional, el derecho soberano de explotar sus propios recursos conforme a sus medidas medioambientales y la responsabilidad de garantizar que las actividades dentro de su jurisdicción o control no causen perjuicios al medio ambiente de otros estados o zonas más allá de los límites de su jurisdicción nacional.

En segundo lugar, el Principio 22 estipula que:

> los estados cooperarán en el ulterior desarrollo de leyes internacionales relativas a las responsabilidades y a las compensaciones para las víctimas de la contaminación y otros daños medioambientales infligidos por actividades realizadas dentro de la jurisdicción o el control de tales estados, o zonas externas a su jurisdicción.

Aunque tales principios constituyen un importante primer paso para la elaboración de un esbozo comprensivo y detallado de ley internacional del medio ambiente, en la práctica, son de un uso limitado. Así, por ejemplo, en el Principio 21, no se da ninguna orientación para decidir hasta qué punto el interés de una nación por continuar su desarrollo industrial pesa menos que la preocupación por los efectos medioambientales de la contaminación transfronteriza. Otro problema al abordar este tema es la necesidad de probar que los daños causados por la contaminación en un país se deben a emisiones de fuentes específicas de otro país. Salvo en contadas ocasiones, como en el caso de la Fundición de Trail, es infinitamente difícil de probar: cuando los contaminantes se trasladan a gran distancia, es virtualmente imposible obtener pruebas de que determinadas fuentes son las causantes de daños contaminantes en otro país. Aunque tal evidencia existiera y el país afectado reclamara una compensación por daños, queda el problema de fijar la cantidad apropiada y el de hacer pagar la compensación. Finalmente, la discusión sobre los problemas y las dificultades para evaluar y fijar una compensación significa que las víctimas de la contaminación deberían tener unas pautas de actuación. Puede ocurrir que los países que sufren la contaminación de otros hagan importantes objeciones a la introducción de pautas de compensación. Noruega, por ejemplo, cree que cualquier modelo de compensación para los efectos de la lluvia ácida trivializa el problema y hace, implícitamente, que no se termine con el problema de la contaminación transfronteriza. Este país afirma que un contaminador preferirá siempre pagar lo que se establezca a modo de compensación a reducir sus emisiones (Wetstone y Rosencranz, 1983). Con esta opinión, los países escandinavos han rechazado cualquier ayuda económica para su programa de reparación de la calcificación de sus lagos. Hasta la fecha, parece que la estructura legal internacional ofrece principios útiles para las responsabilidades medioambientales, pero no están suficientemente definidos ni suficientemente impuestos como para respaldar una aplicación eficaz de los mismos en caso de controversias específicas.

11.3. Lluvia ácida

11.3.1. *Introducción*

El problema de la lluvia ácida (deposición ácida) ha recibido una creciente atención internacional en los últimos años. En la época en que se celebró la Conferencia sobre Medio Ambiente Humano de Estocolmo, la lluvia ácida sólo afectaba a unos pocos países occidentales industrializados, mientras que ahora se reconoce como un problema que abarca a la mayoría de los países industrializados y a un número cada vez mayor de países en vías de desarrollo como Brasil, China e India. Esta es una cuestión internacional particularmente delicada porque los países con mayores emisiones de contaminantes causantes de lluvia ácida no son los que sufren sus mayores perjuicios. Así, Escandinavia experimenta los efectos de la lluvia ácida como resultado de las emisiones contaminantes de otros países europeos, mientras Canadá sufre las emisiones procedentes de las regiones industriales de los EE.UU. Sin embargo, todos los países industrializados exportan e importan contaminación, aunque en diferentes proporciones relativas, y esto hace que el problema de la lluvia ácida sea muy complejo y realmente un asunto internacional.

Aunque existen lagunas en nuestro conocimiento de las causas y efectos de la lluvia ácida, en general, se conviene en que hay un conocimiento bastante amplio como para emprender algunas acciones inmediatas de cara a reducir sus efectos. Una vez tomada la decisión de actuar, hay muchas preguntas que se deben plantear: ¿qué contaminantes deben ser abordados y de qué fuentes? ¿qué reducciones son necesarias? ¿en qué naciones deberían emprenderse estas acciones? El anhídrido sulfuroso y los óxidos de nitrógeno son los contaminantes más obvios cuya emisión debería reducirse, pero cada vez hay más evidencias de que los oxidantes fotoquímicos contribuyen de un modo importante a la «lluvia ácida» en cultivos y bosques. Tras haber decidido qué contaminantes se deben abordar, hay que decidir entre abordar las fuentes de emisión específicas o considerar la reducción global de emisiones de cualquier procedencia. Aunque existe acuerdo general para abordar las grandes fuentes de emisión como las centrales de energía con altas chimeneas, las emisiones de nitrógeno de los automóviles también deben ser reducidas. La viabilidad técnica para reducir las emisiones de fuentes estables o móviles de estos contaminantes tiene que ser examinada.

Si sopesamos los costes de los beneficios medioambientales que se obtendrían de una reducción de los daños por lluvia ácida contra los gastos económicos y sociales de un programa de reducción de emisiones, obtendremos la respuesta a la pregunta sobre la cantidad de emisiones que se puede reducir en la práctica. A este respecto no existe certidumbre, sobre si hay una relación lineal entre las emisiones de anhídrido sulfuroso y óxidos de nitrógeno y la deposición ácida resultante. Algunos investigadores afirman que las concentraciones de hidrocarburos y oxidantes fotoquímicos son los principales determinantes del índice de transformación del anhídrido sulfuroso y los óxidos de nitrógeno en ácidos dentro de la atmósfera. Si esto es así, la reducción de emisiones no significa necesariamente la reducción de la deposición ácida. Los datos recogidos en Europa indican una relación no lineal, ya que no hay bastantes oxidantes disponibles en la atmósfera como para acidificar todo el anhídrido sulfuroso y todos los óxidos de nitrógeno emitidos. Sería muy improbable, según esta evidencia, que recortar las emisiones hasta el 50 % produjera una reducción igual en la lluvia ácida. En los EE.UU., el Consejo Nacional de Investigación (1983a) concluyó que hay una relación proporcional entre las emisiones de anhídrido sulfuroso y óxidos de nitrógeno y la deposición ácida en la mitad este de los EE.UU., donde los estudios analizan grandes zonas y largos períodos de tiempo. En otras palabras, una reducción del 50 % en la emisión de estos gases produciría un 50 % de reducción en la deposición ácida. No obstante, algunos investigadores expresan sus reservas con respecto a esta conclusión (Hidy y otros, 1984).

Dados los costes que acarrea la reducción de emisiones, el acuerdo sobre qué países deberían reducir sus emisiones en, digamos, un 30-50 %, está cargado de dificultades. Si se aplicara el Principio de Pagos de Contaminadores, serían los países que exportaran más contaminación de la que importaran quienes estarían obligados a reducir sus emisiones. Sin embargo, dado que la introducción de medidas de control de la contaminación aumentarían el precio de la producción industrial y afectarían al comercio internacional, muchos países se mostrarían reacios a actuar si otros no lo hicieran igual. En consecuencia, las acciones del presente y del futuro próximo parecen estar limitadas a la obtención de acuerdos por los que todos los países reducirían sus emisiones en proporciones similares.

11.3.2. *Opciones existentes contra la lluvia ácida*

Aunque la conservación de energía y el uso de energía nuclear y/o fuentes de energía renovadas son medios de reducir la emisión de anhídrido sulfuroso y óxidos de nitrógeno, éstas sólo son soluciones a largo plazo. La gravedad del problema de la lluvia ácida en la actualidad requiere soluciones que puedan reducir notablemente sus efectos en un plazo de 10 años.

11.3.2.1. Calcificación de lagos y ríos

Un método ampliamente utilizado para contrarrestar los efectos de la calcificación lacustre, en lugares donde exista una escasa regulación natural, es añadir calcio, normalmente en forma de cal, al agua (fig. 11.1). Esto eleva el pH del agua y reduce la cantidad de aluminio en la solución. La calcificación de unos 3.000 lagos en Suecia ha permitido que algunos de ellos fueran repoblados; el resultado ha sido la recuperación de algunas especies piscícolas (McCormick, 1985); Comité de la Cámara de los Comunes para el Medio Ambiente, 1984). La calcificación de todos los lagos «amenazados» en Noruega y Suecia, costaría aproximadamente de 60 a 100 millones de libras esterlinas al año (Environmental Ressources Limited, 1983).

La calcificación tiene algunas desventajas prácticas porque es difícil de llevar a cabo en lagos situados en lugares inaccesibles o en torrentes. Aunque la calcificación provoca algunas mejoras inmediatas en las reservas piscícolas, tiene desventajas ecológicas. Algunos tipos de peces importantes para el consumo humano pueden disminuirse o incluso perderse. La cal añadida no puede actuar lo bastante rápido como para neutralizar la rápida introducción de ácidos y metales pesados producidos durante el deshielo primaveral. La adición de calcio a un lago no impide la lixiviación de aluminio tóxico de los suelos, sino que simplemente hace que se precipite al fondo del lago. Si la calcificación se detiene, una nueva precipitación de lluvia ácida devuelve el aluminio a la solución y podría, así, eliminar a los peces con los que se ha repoblado el lago. La calcificación aparece únicamente provisional hasta que se lleve a cabo la reducción de los agentes de la lluvia ácida. La calcificación se ha manifestado ineficaz de cara a la protección de ecosistemas terrestres: los experimentos suecos revelaron que el crecimiento forestal se veía retrasado por la adición de cal (Ministerio de Agricultura de Suecia, 1982).

11.3.2.2. El uso de combustibles con menor contenido de azufre

El contenido sulfuroso de los combustibles fósiles puede estar entre el 0,5 y el 5 %. Aunque el simple cambio de combustibles de alto contenido sulfuroso a combustibles de bajo contenido sulfuroso

FIGURA 11.1.—La calcificación tiene por objeto contrarrestar los efectos de la acidificación en los lagos suecos, pero sólo es una medida provisional. (*Fuente:* R. A. Barnes.)

es una manera fácil de llevar a cabo la reducción de emisiones, y es el método preferido normalmente por la industria, los combustibles bajos en azufre son de disponibilidad limitada en el mercado internacional. Así, por ejemplo, la mayoría de las provisiones de petróleo bajo en azufre en EE.UU. se usan a escala doméstica; las del Mar del Norte, actualmente explotadas al máximo de sus posibilidades, son limitadas; las provisiones restantes (Argelia, Libia y Nigeria) actualmente están sometidas a los topes de producción de la OPEP. Las provisiones de carbón bajo en azufre (con menos del 1 %) también son restringidas, e incluso en los EE.UU., donde las reservas de carbón son suficientes para que el cambio de combustible se produzca, esta opción provoca muchas preguntas relativas al impacto económico nacional, a los puestos de trabajo en la industria carbonífera y la capacidad de ésta para cambiar rápidamente la producción de carbón con alto contenido en azufre por carbón bajo en azufre. La producción de carbón tendría que trasladarse desde las regiones con más contenido sulfuroso (como el norte de los Apalaches y el medio Oeste) hacia las regiones de bajo contenido sulfuroso (como los Apalaches centrales y las Rocosas).

El fuel-oil puede desulfurizarse, aunque a un precio que aumenta bruscamente con el volumen proporcionado y con el grado de eliminación de azufre requerido. Aunque puede llevarse a cabo una reducción del 30 % en el contenido medio en azufre, cualquier otra reducción es técnicamente difícil y es altamente cuestionable que fuera económicamente factible (Environmental Ressources Limited, 1983). En el caso del carbón, el lavado físico es un medio bien establecido de producir un combustible con menor contenido sulfuroso. El azufre aparece en el carbón bajo dos formas principales: orgánica y pirítica. El azufre orgánico, que es una parte integral de la matriz del carbón y que generalmente no se puede eliminar por separación física directa, contiene entre el 30 y el 70 % del azufre total de la mayoría de los carbones. El azufre pirítico (sulfuro de hierro) es la pirita mineral que aparece en el carbón en forma de pequeñas y, a veces, microscópicas partículas. Dado que es un mineral pesado, con una gravedad específica de 5,0 aproximadamente y que la gravedad específica máxima del carbón es 1,8 el contenido pirítico del carbón puede reducirse notablemente por trituración y posterior separación por gravedad específica (Comisión Económica para Europa, 1985). Aunque el contenido en azufre pirítico del carbón varía, podría eliminarse, de este modo, hasta un 40 % del contenido sulfuroso del carbón (Barnes, 1986).

El lavado del carbón es ya una práctica común en muchos países. La razón de éste no es la de reducir las emisiones de anhídrido sulfuroso al quemar el carbón, sino más bien eliminar las impurezas minerales y mejorar así la calidad del carbón. Por ejemplo, dos tercios del carbón ya se lavan en Gran Bretaña (eliminando aproximadamente el 15 % del azufre pirítico y dejando un contenido medio de azufre en el carbón del 1,6 %): el resto se considera demasiado menudo para limpiarlo de un modo económico y, por lo tanto, se combina con el carbón lavado. Esto significa que, en Gran Bretaña, la posibilidad de obtener mayores reducciones es limitada; por otra parte, el Comité de la Cámara de los Comunes para el Medio Ambiente (1984) declara que un lavado más exhaustivo del carbón de las industrias energéticas sólo eliminaría otro 6 %. Por el contrario, el lavado convencional de todo el carbón de ocho estados del Este de EE.UU. efectuaría una reducción adicional de las emisiones de dióxido de azufre de unos 2 millones de toneladas. El lavado más exhaustivo (mayor trituración y separación hasta conseguir una gravedad específica más baja) incrementaría la reducción estimada de anhídrido sulfuroso en unos 3 millones de toneladas (Green, 1984).

Aunque el cambio de combustible y el lavado del carbón son dos medios probadamente baratos de efectuar reducciones de las emisiones de anhídrido sulfuroso, la reducción total es insuficiente para alcanzar los objetivos nacionales de reducción de emisiones de, pongamos, un 50 %, equivalente en EE.UU. a unos 12 millones de toneladas, dentro de 10 años.

11.3.2.3. Sistemas de combustión de estratos fluidificados

Un estrato fluidificado puede describirse como una capa de partículas finamente divididas a través de la cual un gas emana desde abajo. A una velocidad gaseosa crítica la capa se vuelve turbulenta, con las partículas suspendidas mezclándose rápidamente, comportándose como un fluido en movimiento. En un estado fluidificado de carbón en combustión, el carbón finamente dividido se quema en un lecho granular de material mineral, generalmente piedra caliza o dolomita, junto con ceniza residual de carbón quemado previamente. El combustible puede ser suministrado continuamente mientras siga entrando aire para la combustión. La mayoría del anhídrido sulfuroso reacciona con el material del lecho para formar sulfato cálcico, que puede así ser retirado del sistema con la ceniza. Los sistemas de Combustión de Lecho Fluidificado (FBC) pueden operar a la presión de la atmósfera (FBC atmosférico) o a presiones superiores a 10 atmósferas o más (FBC sobrecomprimido).

Las emisiones de anhídrido sulfuroso pueden reducirse en un

90 % y la baja temperatura de la combustión (unos 900° al lado de los 1.650° C en las operaciones de combustión de carbón convencionales) limita la formación de óxidos de nitrógeno (se reducen del orden del 30 al 40 %). El sistema FBC puede usarse eficazmente con casi cualquier combustible, incluidos los desechos municipales, los residuos de pintura, el fango del alcantarillado y los residuos oleaginosos. Un sistema FBC multicombustible permite el uso de combustibles sólidos, líquidos o gaseosos, de modo que los costes y/o la disponibilidad de diferentes tipos supondría una ventaja. Dado que el sistema FBC aumenta la eficacia de los sistemas de combustión, supone un ahorro económico sobre otros. La desventaja actual más importante del sistema FBC es que las dificultades técnicas han limitado a 150 NW o menos las unidades comercialmente viables construidas hasta la fecha (Comisión Económica para Europa, 1985).

11.3.2.4. Sistemas de desulfurización de gas de húmero

Varias tecnologías se han desarrollado para reducir las emisiones de anhídrido sulfuroso generado durante los procesos de combustión. Los Sistemas de Desulfurización de Gas de húmero (FGD) o «depuradores» varían según el tipo de material usado para la absorción del anhídrido sulfuroso, la naturaleza de los subproductos y la capacidad del proceso para eliminar otros contaminantes, en particular óxidos de nitrógeno. La técnica de uso más generalizado en el presente es el proceso de depuración húmeda, basado en rociar con una lechada de cal o de piedra caliza el gas de húmero. La principal ventaja de la cal sobre la piedra caliza es la mayor eliminación de anhídrido sulfuroso (el sistema está concebido normalmente para efectuar más de un 90 % de reducción, pero incluso se puede conseguir un 99 %). Estos procesos pueden servir para la recuperación de desechos o de subproductos. En los EE.UU. es una práctica ampliamente extendida la de la depuración húmeda para producir un sedimento inutilizable que tiene que ser echado, por ejemplo, en un estanque fijo. De este modo, los residuos simplemente se trasladan de un lugar a otro, aunque este método puede ser la mejor opción medioambiental disponible. En Europa, los procesos de interés son los que reportan subproductos utilizables, normalmente yeso, para su uso en la industria de la construcción y del cemento.

Cualquiera que sea el sistema preferido de FGD, la inversión económica es normalmente el 20 % o más del coste total de, pongamos, una central energética de carbón. La mayoría de los programas de control de contaminación, formulados para llevar a cabo sustanciales reducciones de emisiones de anhídrido sulfuroso en un plazo de unos 10 años, depende inevitablemente del retroajuste de los sistemas FGD para fuentes de emisión importantes como las centrales de carbón.

11.3.2.5. La reducción de óxidos de nitrógeno procedentes de fuentes estables

Durante la combustión, se pueden formar óxidos de nitrógeno por la oxidación de nitrógeno molecular de la combustión del aire (óxidos térmicos de nitrógeno) y por la oxidación del nitrógeno que se encuentra químicamente ligado al combustible y es liberado durante la combustión (óxidos combustibles de nitrógeno). La cantidad de óxidos térmicos de nitrógeno producida está en función principalmente de la temperatura de la llama, mientras que la cantidad de óxidos combustibles de nitrógeno depende principalmente del destino térmico y químico de las partículas de carbón en ésta. En una cadena normal, al quemar un tipo de carbón con un 1 % de nitrógeno, los óxidos combustibles de nitrógeno pueden representar aproximadamente el 75 % del total de óxidos de nitrógeno (Comisión Económica para Europa, 1985). La formación de óxidos de nitrógeno está fuertemente influenciada por el tiempo de permanencia del combustible en la parte más caliente de la llama. Aminorando la temperatura en su parte caliente o reduciendo la cantidad de oxígeno en el centro de la llama y acortando el tiempo de operación del combustible, se pueden conseguir importantes reducciones en las emisiones (Ministerio de Agricultura de Suecia, 1982). Los quemadores reconvertidos de este modo suelen llamarse «quemadores bajos en óxidos de nitrógeno» y son capaces de reducir la emisión de óxidos de nitrógeno en un 30-40 % o incluso un 60 %. El coste del retroajuste de quemadores bajos en óxidos de nitrógeno en una central energética de carbón de 2.000 MW sería aproximadamente de 10 millones de libras esterlinas. Además, se están desarrollando sistemas de desnitrificación de gas de húmero que pueden alcanzar reducciones del 80 al 90 %.

11.3.2.6. La reducción de emisiones de óxidos de nitrógeno e hidrocarburos de los automóviles

Los óxidos de nitrógeno de los automóviles no sólo agravan el problema de la lluvia ácida, sino que unidos a los hidrocarburos, también causan la producción de oxidantes fotoquímicos (ozono) que son considerados como contribuyentes en gran manera de los daños de la «lluvia ácida» en cultivos y bosques de Centroeuropa y EE.UU. Generalmente, las emisiones de óxido de nitrógeno de los automóviles contribuyen con un 7 a un 10 % a la acidez total de las deposiciones húmeda y seca en Europa. Hay varias formas de reducir las emisiones de óxidos de nitrógeno (e hidrocarburos) de los automóviles. EE.UU. y Japón ya están empleando transformadores catalíticos de 3 vías que funcionan con gasolina sin plomo y eliminan el 97 % de los óxidos de nitrógeno y el 90 % de los hidrocarburos emitidos (véase capítulo 8). Los motores de escasa combustión son la alternativa a los catalizadores. En estos motores, la quema total de combustible se consigue prácticamente mezclándolo con cantidades relativamente grandes de aire turbulento. Los motores de baja combustión tienen la ventaja añadida de la economización de combustible con respecto a los motores convencionales de más de 15 %, al contrario que el uso de transformadores catalíticos, que pueden aumentar el consumo de combustible. Tales motores suben menos el precio del automóvil que los transformadores catalíticos.

Los motores producen más óxidos de nitrógeno a medida que aumentan la velocidad y las temperaturas del motor. La densidad del tráfico en Centroeuropa es especialmente alta y donde se aplican restricciones de velocidad poco enérgicas se pueden producir grandes emisiones de óxidos. La reducción y entrada en vigor de límites de velocidad más estrictos conllevarían reducciones de los óxidos de nitrógeno con pocos gastos. No obstante, la importancia de las restricciones de velocidad para el problema de la lluvia ácida es discutible: por ejemplo, una investigación gubernamental en Alemania Federal en 1985 concluyó que conducir a gran velocidad contribuyó en un 10 % las emisiones totales de óxidos de nitrógeno de los automóviles. Si estas emisiones contribuyen por sí solas en un 10 % a la formación de lluvia ácida, las restricciones de velocidad conllevarían posiblemente una reducción de sus efectos en más del 1 % en Alemania Federal.

11.3.3. *Avances hacia la Convención de las Naciones Unidas sobre la lluvia ácida*

Según la Conferencia de la ONU sobre el Medio Ambiente Humano en 1972, que, en primer lugar, alertaba al mundo sobre el empeoramiento del problema de la lluvia ácida en Europa, la atención internacional fue mantenida por la Organización para la Cooperación Económica y el Desarrollo (OCDE). Esta organización se fundó en 1960 para promover un crecimiento económico sólido y un mayor comercio internacional; en este contexto, la OCDE planteó cuestiones medioambientales internacionales. Son miembros los países de Europa Occidental, Norteamérica, Australia y Japón.

La OCDE proporcionó la primera valoración cooperativa internacional sobre el traslado a gran distancia de contaminantes sulfurosos en Europa Occidental al iniciar el estudio del Traslado a Gran Distancia de Contaminantes del Aire (LRTAP) en 1972. Usando los datos de 1974 de once países europeos, este proyecto concluyó que aunque los países con mayores emisiones de anhídrido sulfuroso recibieron las mayores deposiciones ácidas, cinco naciones de Europa Occidental, Noruega, Suecia, Finlandia, Austria y Suiza, importaron más contaminación de otros países que la que recibieron de sus propias fuentes (OCDE, 1977). La OCDE instó a los países miembros a reducir las emisiones de contaminación y presionar para que el Principio de Pagos de los Contaminadores (de interiorizar más que exteriorizar los costes de la contaminación) se aplicara internacionalmente a fin de evitar las distorsiones en el mercado y las inversiones internacionales, que dejarían a las industrias o países con medidas de control de contaminación serias en clara desventaja competitiva.

El estudio de la OCDE fue seguido en 1977 del Programa Cooperativo para el Control y Evaluación del Traslado a Gran Distancia de Contaminadores del Aire en Europa (EMEP), organizado bajo los auspicios de la Comisión Económica de la ONU para Europa y con el soporte financiero del Programa del Medio Ambiente de las NN.UU. (UNEP). Con los datos de setenta estaciones de control en veinte países, EMEP intentó calcular qué proporción de contaminantes sulfurosos se originaban fuera del territorio nacional de un país (tabla 11.1). Aceptando que las fuentes extranjeras son las responsables de la mitad de la deposición de origen «indeterminado», este estudio revela el hecho de que los contaminantes externos suponen un 77 % de la deposición sulfurosa en Noruega, el 70 % en Suecia, el 64 % en Finlandia, el 80 % en Austria y el 84 % en Suiza.

Los países con mayores emisiones de anhídrido sulfuroso son la URSS, Gran Bretaña, Alemania Oriental, Alemania Occidental, Francia, Italia, Checoslovaquia, Polonia y Yugoslavia (tabla 11.2). Sin embargo, la relativa importancia de cada país como exportadores de contaminación depende de su posición geográfica y de sus condiciones meteorológicas. Así, por ejemplo, dada la alta frecuencia de vientos del Oeste, Gran Bretaña está en primera línea para exportar contaminación al resto de Europa. Por otro lado, en circunstancias anticiclónicas, cuando aparecen casos a corto plazo de concentra-

TABLA 11.1.—Deposición de azufre, calculada por el EMEP, debida a fuentes extranjeras, deposición de fondo indeterminada y deposición de fuentes indígenas, expresadas en porcentaje de la deposición total en cada país europeo y basadas en datos tomados mensualmente durante el período octubre 1978-septiembre de 1980

País	Deposición de fuentes extranjeras (% de la deposición total)	Deposición de fondo indeterminada (% de la deposición total)	Deposición de fuentes indígenas (% de la deposición total)
Albania	67	18	15
Austria	76	9	15
Bélgica	53	6	41
Bulgaria	47	8	45
Checoslovaquia	56	7	37
Dinamarca	54	10	36
España	18	19	63
Finlandia	55	19	26
Francia	34	14	52
Gran Bretaña	12	9	79
Grecia	51	12	37
Holanda	71	6	23
Hungría	54	4	42
Irlanda	32	40	28
Islandia	25	75	0
Italia	22	8	70
Luxemburgo	73	0	27
Noruega	63	29	8
Polonia	52	6	42
Portugal	33	40	27
R.D.A.	32	3	65
R.F.A.	45	7	48
Rumanía	56	8	36
Suecia	58	24	18
Suiza	78	12	10
Turquía	39	19	42
URSS	32	15	53
Yugoslavia	41	8	51

Fuente: Anónima, 1982.

ciones muy altas de contaminación en toda Europa, son las emisiones originadas en Checoslovaquia, Polonia y las dos Alemanias, transportadas por vientos del Este, las que tienen mayor importancia en Europa Occidental.

Tabla 11.2.—Emisiones europeas de anhídrido sulfuroso y óxidos de nitrógeno durante 1978 y 1980

	Anhídrido sulfuroso (millones de toneladas)		Óxidos de nitrógeno (millones de toneladas)	
	1978	1980	1978	1980
Albania	0,100	—	—	—
Austria	0,430	0,444	0,547	—
Bélgica	0,808	0,809	—	0,150
Bulgaria	1,000	1,000	—	—
Checoslovaquia	2,950	3,100	—	—
Dinamarca	0,455	0,455	—	0,241
España	3,570	—	0,772	—
Finlandia	0,560	0,570	0,178	—
Francia	3,385	3,262	1,430	1,455
Gran Bretaña	5,02	4,67	1,796	1,785
Grecia	0,700	0,700	0,196	—
Holanda	0,490	0,440	0,505	0,506
Hungría	1,640	1,633	—	—
Irlanda	0,250	—	—	—
Italia	4,400	3,800	1,270	—
Luxemburgo	0,030	—	—	—
Noruega	0,150	0,143	—	0,073
Polonia	2,500	2,755	—	0,247
Portugal	0,187	0,264	0,196	—
R.D.A.	4,000	—	—	—
R.F.A.	3,550	3,580	3,000	—
Rumanía	0,200	0,200	—	—
Suecia	0,530	0,510	0,320	0,320
Suiza	0,124	0,119	0,161	—
Turquía	1,000	1,000	0,380	—
URSS	24,500	25,000	—	—
Yugoslavia	2,950	3,000	—	—

Fuente: la información proviene de las fuentes de la OCDE.

Las estimaciones de los costes económicos de la lluvia ácida en Europa siguen siendo dudosas, pero la OCDE (1980a) calcula que mientras los países miembros gastan entre el 1 y el 2 % de su producto nacional bruto en la lucha contra la contaminación, los perjuicios ocasionados por ella suponen entre el 3 y el 5 % del PNB. Una valoración de los costes anuales de la lluvia ácida para la CE da una pérdida de ingresos por turismo y pesca deportiva de 15 millones de libras esterlinas, un 5 % de pérdida del valor de los bosques alemanes, junto con otros daños menores en otros lugares de 300 millones de libras, una pérdida del valor de las cosechas ocasionado por ozono, anhídrido sulfuroso y óxidos de nitrógeno de 900 a 1.000 millones de libras, el deterioro de edificios cuesta de 540 a 2.700 millones de libras y el tratamiento de agua potable en algunas zonas cuesta 20 millones de libras (Environmental Ressources Limited, 1983). La OCDE calculó que los beneficios provisionales, en 1982, en los países europeos de este organismo se sitúa entre 80 y 800 libras por tonelada de anhídrido sulfuroso eliminado, basándose en una consideración del valor económico de los efectos sanitarios, de la corrosión de los materiales, de los daños agrícolas y de la acidificación de aguas.

Hacia finales de los años 70, la implicación de la OCDE en el problema de la lluvia ácida disminuyó de algún modo cuando la Comisión Económica de la ONU para Europa (ECE) dio el primer paso importante hacia una colaboración internacional. En 1979, una conferencia de los 34 países miembros de la ECE (incluidas las naciones de la Europa del Este) adoptaron formalmente la Convención y Resolución sobre Contaminación Internacional del Aire (LRTBAP) y esta convención entró en vigor en 1983 (tabla 11.3). La Convención compromete a los firmantes a limitar y, en la medida de lo posible, reducir gradualmente y evitar la contaminación del aire, incluida la que se traslada a grandes distancias; y así, a fin de llevarlo a cabo, usarán la tecnología más avanzada que su economía les permita. En concreto, la Convención estipula el intercambio de información, la monitorización (las mejoras en el EMEP que permitan establecer la deposición sulfurosa en toda Europa, como se ilustra en la figura 11.2) y la investigación como base del desarrollo de medidas para combatir la contaminación del aire (Kelley, 1980). Su importancia es enorme, dado que ésta era la primera vez que las naciones de la Europa del Este se unían a las del Oeste y a Norteamérica en un acuerdo medioambiental. La Convención, en su misión de instrumento de las relaciones entre el Este y el Oeste, se benefició fortuitamente de que en aquel momento el líder soviético, Leónidas Breznev, estaba buscando un campo para la colaboración internacional. Si la firma de la Convención se hubiera realizado dos meses más tarde, tras la intervención de la URSS en Afganistán, probablemente no habría existido ningún acuerdo (Wetstone y Rosencranz, 1983). Aunque la Convención es el paso más importante hacia la colaboración internacional en materia de medio ambiente, carece de objetivos y plazos específicos para la reducción necesaria de las emisiones para minimizar los efectos de la lluvia ácida. Los países escandinavos instaron a que se incluyera en la Convención un programa específico de reducción de emisiones, pero varios países se

TABLA 11.3.—Signatarios de la Convención sobre la Contaminación Internacional del Aire y detalles sobre los países que se adhirieron al Club del Treinta por Ciento

Signatarios	Fecha de ratificación	Fecha de adhesión al Club del Treinta por Ciento	Compromiso de reducción de SO_2 a partir de 1980
Austria	Diciembre 1982	Junio 1983	50 % en 1995
Bélgica	Julio 1982	Junio 1984	50 % en 1995
Bulgaria	Junio 1981	Junio 1984	30 % en 1993
Canadá	Diciembre 1981	Junio 1983	50 % en 1994
Checoslovaquia	Diciembre 1983	Septiembre 1984	30 % en 1993
Dinamarca	Junio 1982	Junio 1983	50 % en 1995
EE.UU.	Noviembre 1981		
España	Junio 1982		
Finlandia	Abril 1981	Junio 1983	50 % en 1995
Francia	Noviembre 1981	Marzo 1984	50 % en 1990
Gran Bretaña	Julio 1982		
Grecia	Agosto 1983		
Holanda	Julio 1982	Marzo 1984	40 % en 1995
Hungría	Septiembre 1980	Abril 1985	30 % en 1993
Irlanda	Julio 1982		
Islandia	Mayo 1983		
Italia	Julio 1982	Septiembre 1984	30 % en 1993
Liechtenstein	Noviembre 1983	Junio 1984	30 % en 1993
Luxemburgo	Julio 1982	Junio 1984	30 % en 1993
Noruega	Febrero 1981	Junio 1983	50 % en 1994
Polonia	Marzo 1985		
Portugal	Septiembre 1980		
R.D.A.	Junio 1982	Junio 1984	30 % en 1993
R.F.A.	Julio 1982	Junio 1983	60 % en 1993
RSS Bielorrusia	Junio 1980	Junio 1984	30 % en 1993
RSS Ucrania	Junio 1980	Junio 1984	30 % en 1993
Suecia	Febrero 1981	Junio 1983	65 % en 1995
Suiza	Mayo 1983	Junio 1983	30 % en 1995
Turquía	Abril 1983		
URSS	Mayo 1980	Junio 1984	30 % en 1993
CE	Julio 1982		

Fuente: Compilación a partir de una información suministrada por el UNEP.

opusieron a ello, sobre todo EE.UU., Gran Bretaña y Alemania Federal.

La Conferencia de Estocolmo sobre acidificación del medio ambiente en 1982 dio a varios países la oportunidad de volver a plantear la necesidad de una colaboración internacional eficaz para la

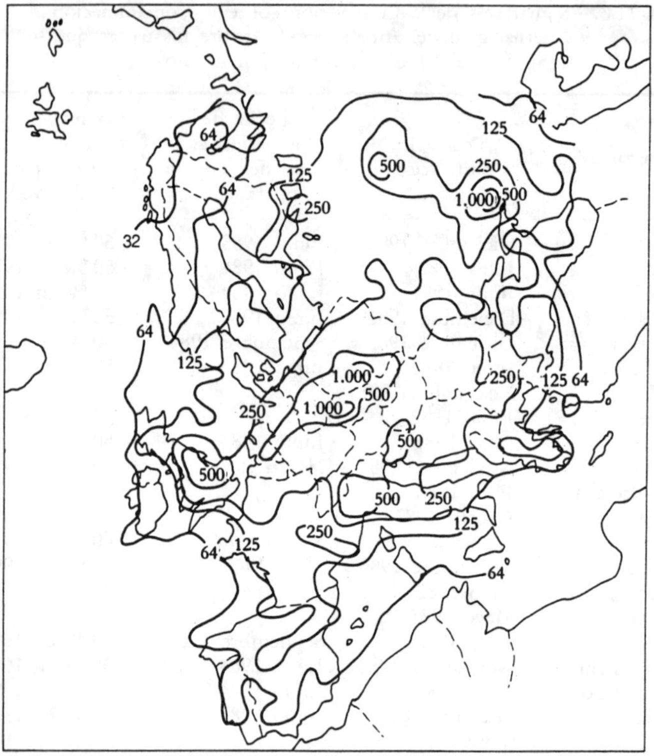

FIGURA 11.2.—Cálculo del EMEP sobre el promedio mensual de deposición seca y húmeda de azufre, en Europa, procedente de todas las emisiones del período octubre de 1978-septiembre de 1980. Unidades: mg · m^2 de azufre. *(Fuente:* Eliassen y Saltbones, 1983.)

reducción de las emisiones de anhídrido sulfuroso. Esta Conferencia produjo el inesperado cambio de actitud de Alemania Federal. En 1979, ésta se había opuesto a cualquier forma de convención LRTBAP, que les comprometería a reducciones concretas de sus emisiones, pero en 1982, tras el descubrimiento de una extensa y cada vez peor destrucción forestal, Alemania Federal reclamó reducciones importantes en las emisiones de los países miembros de la ECE. Hasta cierto punto, este país tuvo más éxito que los países escandinavos en su petición de que se introdujeran cuanto antes controles de emisión, ya que Alemania Federal es la principal fuente de emisión de anhídrido sulfuroso y óxidos de nitrógeno. Posteriormente, en un encuentro del Cuerpo Ejecutivo de la Convención, en junio de 1983, ciertos países, entre ellos los escandinavos, Alemania Federal y Canadá, se comprometieron a reducir sus emisiones de anhídrido sulfuroso en un 30 % hacia 1993, partiendo de los niveles de 1980. Algunos países hicieron incluso compromisos para reducir sus emisiones en un 50 ó 60 % hacia 1994-95 (tabla 11.3).

Los países de Europa del Este acordaron atajar la «contaminación exportada» en un 30 %, aunque Polonia, con sus graves problemas económicos, no firmó este acuerdo. El énfasis puesto por los países del Este en la «contaminación exportada» refleja su opinión de que sólo los contaminantes llevados a otros países deberían ser sometidos al control internacional. Lo que ocurriera dentro de un país, alegaban, era estrictamente un asunto interno. Con tantas naciones dispuestas a unirse al «Club del 30 %», este compromiso de reducción de emisiones fue adoptando como protocolo para la Convención LRTBAP en 1985 y entró en vigor en octubre de ese mismo año (McCormick, 1985). Muchos investigadores aducirían que una reducción del 30 % es sólo una medida de precaución y que si el problema de la deposición ácida tiene que ser resuelto, pueden ser necesarias reducciones del 75 al 80 % en las emisiones de anhídrido sulfuroso y óxidos de nitrógeno. Los dos países más importantes que no se unieron al Club del 30 % (o no firmaron el protocolo de la convención correspondiente) son Gran Bretaña y EE.UU. (véase sección 11.3.5). El gobierno británico dejó claro que no estaba «preparado para comprometer a su país a emplear costosos métodos en la reducción de anhídrido sulfuroso, cuando los beneficios eran tan inciertos» (Departamento del Medio Ambiente de Gran Bretaña, 1984b). Sin embargo, Gran Bretaña ha declarado que comparte los objetivos de estos países y que intentará efectuar una reducción del 30 % a partir de los niveles de 1980, aunque no antes de finales de los 90. En otras palabras, Gran Bretaña sólo ofrece la intención de reducir sus emisiones en lugar de un compromiso formal; además, su plazo de consecución de una reducción del 30 % sería más largo que el fijado por los países del Club del 30 %. Una razón para la reticencia de Gran Bretaña a comprometerse formalmente es que, hacia 1985, las emisiones de anhídrido sulfuroso ya habían disminuido un 42 % desde 1970 y un 24 % desde 1980. Ellos creen que la elección de 1980 como punto de referencia es injusto, dado que las emisiones en Gran Bretaña alcanzaron su cota máxima mucho antes que en los demás países europeos. Sin embargo, la reducción de la contaminación no se debía por completo a las medidas de control, sino más bien, por un lado, a la recesión económica; por otro, al cambio en la naturaleza de las industrias, y finalmente, al cambio del fuel-oil o el carbón por el gas natural para usos domésticos y de la industria privada. Mirando al futuro, el gobierno británico cree que sus planes de un mayor desarrollo de la energía nuclear para la obtención de electricidad ocasionaría nuevas reducciones en la emisión de anhídrido sulfuroso sin tener que estrechar sus medidas de control de la contaminación o invertir grandes sumas en equipos adicionales para ello, aunque estas nuevas reducciones no se producirían hasta finales de los 90.

La presión internacional para que Gran Bretaña reduzca sus emisiones en un 30 % hacia 1993 se intensificará, dado que Gran Bretaña fue el mayor productor de anhídrido sulfuroso de Europa occidental en la década de los 80. Los países europeos se ven muy implicados en las emisiones de las grandes (2.000 MW) centrales de energía que consumen carbón, cuyas altas chimeneas, usadas para dispersar las emisiones de anhídrido sulfuroso, están condenadas a estimular el traslado a gran distancia de los contaminantes (fig. 11.3). Dos tercios del anhídrido sulfuroso de la nación provienen de estas

FIGURA 11.3.—Los grupos ecologistas eligieron las emisiones de las centrales energéticas británicas para su campaña de ataque a la lluvia ácida en Europa. Esta postal, enviada a los hoteleros y a los alojamientos turísticos británicos en 1985-86, formó parte de un boicot turístico en el que unos 2 millones de personas protestaban por la no incorporación de Gran Bretaña en el Club del Treinta por Ciento. (*Fuente:* Friends of the Earth International.)

centrales y Gran Bretaña se distingue como el país que contribuye en un grado más alto a la deposición sulfurosa en Escandinavia. No está claro cuánto tiempo resistirá Gran Bretaña la presión internacional para formalizar su acuerdo con la reducción de emisiones del 30 %, pero hay dos hechos que hacen probable que no sea mucho tiempo. En primer lugar, los efectos de la lluvia ácida se están observando cada vez más en este país y esto puede ejercer la necesaria presión pública y política interna, como ocurrió en Alemania Federal, para firmar el protocolo de la Convención de LRTBAP y unirse al Club del 30 %. En segundo lugar, Gran Bretaña es un miembro de la CE y el punto de vista de la mayoría de los países miembros es que se precisa un programa de reducción sustancial de emisiones y que Gran Bretaña debe acatar la voluntad de la mayoría.

11.3.4. *La respuesta de la comunidad europea*

Aunque la lluvia ácida afecta a todos los países de Europa, el grupo de países capaces de emprender acciones más efectivas para reducir la deposición ácida, pertenecen a la CE, ya que es la única organización internacional capaz de imponer medidas contra la contaminación internacional, que están ratificadas por los países miembros. En la ECE, los países de la Europa del Este parecen resistirse a adoptar medidas duras de control y algunos países europeos, como los escandinavos y Suiza (con sus problemas cada vez mayores de destrucción forestal), contemplan a la CE como la iniciadora del importante proceso de reducción de emisiones en Europa. El acuerdo comunitario es considerado como un paso esencial para conseguir un acuerdo dentro del grupo más extenso de países pertenecientes a la ECE.

La CE ya ha emprendido distintas acciones para reducir las emisiones de anhídrido sulfuroso y óxidos de nitrógeno. Dentro de la estructura de la política comunitaria para el control medioambiental, formulada en los sucesivos «Programas de Acción para el Medio Ambiente», se han adoptado varias directrices para el control de la contaminación. Éstas se refieren al establecimiento de estándares de la calidad del aire, la limitación de la cantidad de azufre en el gas-oil y la exigencia de que las plantas industriales de más de 50 MW, incluidas las de energía, reciban autorización preferente. Esta exigencia, acordada en 1984 y efectiva desde 1987, requiere que las autoridades acepten que las nuevas plantas no provoquen una contaminación significativa del aire y que se tomen en cuenta las medidas preventivas adecuadas, incluida la aplicación de «la mejor tecnología de control disponible, a condición de que no ocasione gastos excesivos» (esto avala el concepto tradicional británico de «Los mejores medios posibles»). Esta directriz también incluye la disposición para que el consejo, si fuera necesario, fije límites de emisión para toda la Comunidad.

La directriz de la CE, que daría como resultado una reducción más importante de las emisiones contaminantes es el actual esbozo de directriz sobre la limitación de emisiones de contaminantes de grandes plantas de combustión. La directriz limita la emisión total de plantas de combustión de más de 50 MW en cada país y exige que, hacia 1995, se reduzcan las emisiones de anhídrido sulfuroso en un 60 %, las de óxidos de nitrógeno en un 40 % y las partículas en un 40 %, tomando como referencia los niveles de 1980. Cumplir con la reducción fijada para el anhídrido sulfuroso plantea las mayores dificultades y costes para los países miembros. Debería corresponder a éstos elegir entre cargar todas las reducciones de emisión en un tipo de planta, como las de energía, y distribuirlas uniformemente. La propuesta esbozada también requiere que las emisiones de nuevas plantas o las que hayan sufrido importantes alteraciones, cumplan con los límites rigurosos de emisión, aunque se propone que, para plantas de menos de 100 MW, el cumplimiento se aplace hasta 1990. Los patrones son más estrictos para plantas de más de 300 MW, de modo que la FGD sería posiblemente necesaria, mientras que las plantas de menos de 300 MW requerirían posiblemente el uso de combustible bajo en azufre (carbón o petróleo con menos de 1 % de azufre).

En 1980, la emisión total de anhídrido sulfuroso en Gran Bretaña fue de aproximadamente 4,7 millones de toneladas (tabla 11.2), de los cuales 3,6 millones procedían de unas 450 plantas de más de 50 MW, procediendo 2,9 millones de centrales energéticas de carbón. La directriz propuesta por la CE reduciría las emisiones de anhídrido sulfuroso en unos 2,2 millones de toneladas, el 4,7 del total. Obviamente, esto colocaría a Gran Bretaña (y a otros países miembros) en el club del 30 %, dado el predominio de emisiones procedentes de centrales energéticas de carbón de la Cámara Central de Generación de Electricidad (CCGE), siendo 14 de ellas de más de 1.000 MW. Para respetar el plazo fijado por la directriz de la CE, es decir, efectuar una reducción del 60 % sobre el nivel de 1980 hacia 1995, sería preciso que a doce centrales energéticas de la CCGE se les incorporaran sistemas de FGD. Existen pocas alternativas aparte de la reforma, dado que no hay centales de energía próximas al fin de su actividad que puedan ser sustituidas por otras de tecnología más avanzada y estricta para el control de la contaminación. La política gubernamental de aumentar la generación de electricidad usando energía nuclear (permitiendo así el cierre de una o varias centrales de carbón) no parece que vaya a ser aplicada bastante rápidamente como para proporcionar una alternativa. Dada la reticencia de la opinión pública ante la cuestión tras el accidente en el reactor nuclear de Chernobyl, se cree que el programa de energía nuclear sufrirá nuevas demoras y es probable haya que construir dos centrales más de carbón (no estaba previsto construir ninguna más en este siglo) para rellenar el hueco dejado por el retraso en el establecimiento de nuevas centrales nucleares. Las nuevas centrales de carbón tardarán entre siete y ocho años en terminarse y tendrán que incorporar sistemas de FGD.

El coste total de la reconversión con sistemas de FGD de las doce centrales más grandes de carbón de la CCGE se calcula en 1.432 millones de libras esterlinas, según los precios de 1983, en diez años, aunque si hubiera que reemplazar la producción que se habría conseguido por el uso del sistema FGD, la suma total alcanzaría los 1.900 millones de libras. Esta cifra es comparable al coste total de aplicación de las Leyes del Medio Ambiente de 1956 y 1968 en Gran Bretaña (757 millones de libras), durante el período 1958-84, según los precios de 1983 (Comité de la Cámara de los Comunes para el Medio Ambiente, 1984). Sin embargo, los beneficios económicos del sistema de FGD no se producirían de una vez. La inversión dedicada a la introducción del FGD en las centrales existentes daría como resultado unos gastos iniciales y de funcionamiento de más de 450 millones de libras al año (precios de 1984). Para el consumidor, el programa completo sumaría un 6 % o menos a los precios de la electricidad (Comité Selecto de la Cámara de los Lores para las CC.EE., 1984).

Quizás porque la reforma de las centrales CCGE se considera sólo una cuestión de tiempo, dada la intensa presión de la CE sobre Gran Bretaña, o quizás porque las emisiones de anhídrido sulfuroso podrían empezar a aumentar desde ahora hasta finales del siglo, la CCGE anunció en 1986 su intención de introducir el sistema de FGD en tres de sus centrales más grandes. Esta acción se llevaría a cabo por fases entre 1987 y 1989 y costaría de 600 a 780 millones de libras esterlinas, además de 1-2 % sobre el precio de la electricidad. Mientras otras naciones europeas recibieron con agrado este proyecto británico, muchos pensaron que se demostraría su limitada eficacia, especialmente porque una de las centrales que habrían de transformarse (la Drax B en Yorkshire) fue terminada sólo tres meses antes del anuncio de la CCGE, y esta central habría hecho aumentar de cualquier forma las emisiones de anhídrido sulfuroso (fig. 11.4).

FIGURA 11.4.—La central energética de carbón CEGB Drax B, cerca de Selby, Yorkshire, se terminó en 1986. Cuando se construyó, su chimenea de 260 metros era la más alta de Europa. Tras haber finalizado su construcción, la CEGB anunció su intención de transformarla para incorporar un sistema de desulfurización de gas «flue». *(Fuente:* Cámara Central de Generación de Electricidad de Gran Bretaña.)

Al contrario que Gran Bretaña, Alemania Occidental, con una continua y masiva presión pública y política para que se tomaran medidas de control de emisiones en 1983 incluso más severas que las que exigía el «Waldsterben» (muerte de los bosques), impuso regulaciones del control de emisiones en 1983 incluso más severas que la que exigía la directriz de la CE. El coste añadiría aproximadamente un 10 % al precio de la electricidad. El programa germanoccidental no sólo produciría beneficios nacionales al reducir los daños de la lluvia ácida, sino que también inyectó un «estímulo tecnológico» en su industria, produciendo así beneficios potenciales para su economía a través del creciente comercio internacional. Las estrictas medidas de control de contaminación de la RFA han supuesto innovaciones en los procesos de producción; este país es ahora el líder europeo en la aplicación de técnicas de control como los sistemas de combustión de estratos fluidificados y la desulfurización de gas de húmero. En contraste, a fin de cumplir con las rigurosas exigencias de la CE, Gran Bretaña posiblemente tenga que adoptar un caro «programa de emergencia», teniendo que importar sistemas de control de contaminación y personal experto de países como Alemania Occidental, que ya han emprendido un programa de control (Real Comité para la Contaminación del Medio Ambiente de Gran Bretaña, 1984).

La directriz, con respecto a las grandes plantas de combustión, pone mayor énfasis en el anhídrido sulfuroso que en los óxidos de nitrógeno, pero la contribución de estos últimos a la lluvia ácida en Europa está aumentando rápidamente, ya que es la producción de oxidantes fotoquímicos (ozono) la que requiere la presencia de óxidos de nitrógeno (fig. 11.5). Las emisiones de óxidos de nitrógeno en la RFA, por ejemplo, aumentó en un 85 % durante la década de los 70, hasta alcanzar los cinco millones de Tm (tabla 11.2), a los cuales contribuyeron los automóviles en un 40 % aproximadamente (Wetstone y Rosencranz, 1983). Para reducir dichas emisiones, la directriz de la CE exige que se reduzcan drásticamente las emisiones de óxidos de nitrógeno de aquí a 1995. Con el fin de cumplirlo, los coches más grandes tendrán que incorporar transformadores catalíticos y los coches pequeños tendrán que usar motores de combustión baja. Otras medidas para mitigar el problema de la lluvia ácida, que la Comunidad puede tomar en un futuro próximo, incluyen la limitación del contenido sulfuroso del fuel-oil pesado y el carbón (quizás del 1 %), reducción del límite del contenido sulfuroso del gas-oil, la adopción de valores guía para la calidad del aire en cuanto a anhídrido sulfuroso y óxidos de nitrógeno, fijando sus valores límite, la adopción de límites de emisión para cada país en forma de «burbujas» de emisión nacional, en las cuales pueden tener cabida la negociación y el juego bancario (Holanda y tiene un límite nacional

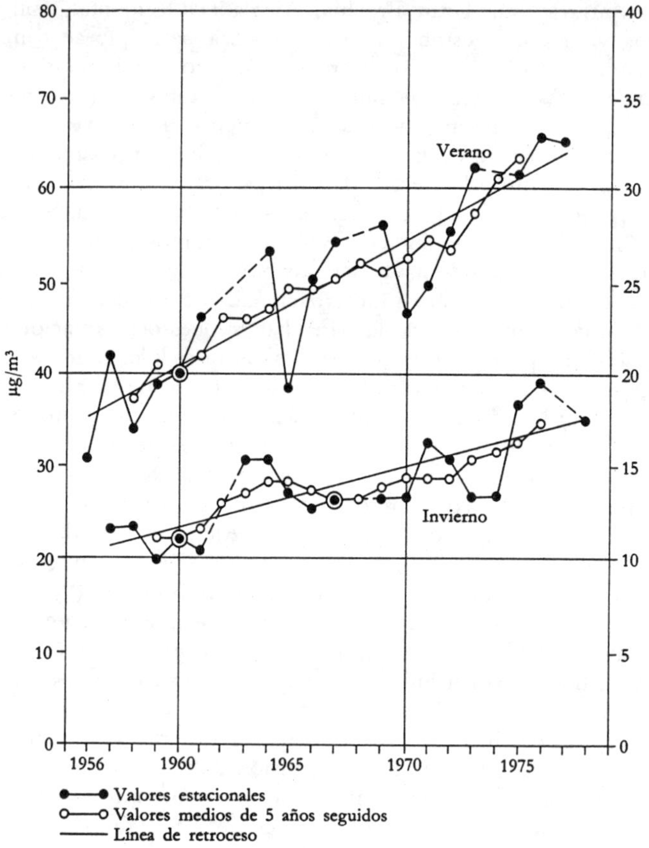

FIGURA 11.5.—Concentraciones estacionales de ozono en Arkona, R.D.A., entre 1956 y 1978. *(Fuente:* según Warmbt, 1979.)

de anhídrido sulfuroso autoimpuesto) y la introducción de tasas adicionales para las grandes fuentes de emisión de anhídrido sulfuroso.

Aunque la CE, con su 12 países miembros, está próxima a emprender importantes acciones con respecto al problema de la lluvia ácida, hay que reconocer que la CE en solitario no puede resolver este problema europeo: se necesita una acción similar a escala internacional más amplia. Mientras los países no miembros como Austria, Suiza y los países escandinavos no igualen o, incluso, mejoren la acción de la CE, el abordaje eficaz del problema europeo de la lluvia ácida también requiere la cooperación de las naciones de

Europa del este. Si grandes cantidades de contaminación siguen partiendo de Europa del este hacia Europa Occidental, la acción de la CE tendrá un éxito relativo. El siguiente paso —el más difícil de todos— es persuadir a Polonia, Checoslovaquia y Alemania Oriental de que reduzcan de forma importante sus emisiones. Las organizaciones internacionales como el UNEP y la ECE tienen un papel fundamental en la consecución de este objetivo.

11.3.5. *La respuesta norteamericana*

La acción cooperativa para controlar la contaminación transfronteriza en Norteamérica podría parecer menos problemática que en el complejo asentamiento europeo, especialmente a la luz de la larga historia de relaciones cordiales entre EE.UU. y Canadá. Ambos países están de acuerdo en que sufren daños por emisiones contaminantes originadas en el otro país. Unos dos tercios de la deposición sulfurosa en el este de Canadá se origina en EE.UU. Las fuentes canadienses son, por otro lado, responsables de un tercio de la deposición en el nordeste de los EE.UU. Este país también recibe una cantidad importante de contaminación de su vecino del sur, México. EE.UU. emitió unos 24 millones de Tm de anhídrido sulfuroso y 19 millones de Tm de óxidos de nitrógeno en 1980, al lado de las emisiones de Canadá, con 5 millones de Tm de anhídrido sulfuroso y unos 2 millones de Tm de óxidos de nitrógeno. Alrededor del 80 % del anhídrido sulfuroso y el 65 % de óxidos de nitrógeno en EE.UU. se originan dentro de los 31 Estados que bordean el río Mississippi (Miller, 1984). Las centrales de energía suponen 3/4 de las emisiones de anhídrido sulfuroso en esta zona.

Más de la mitad de la contaminación considerada responsable de la acidificación de los lagos del sureste de Canadá tiene su origen en la región industrial del medio oeste de EE.UU. (Ohio, Illinois, Indiana, Kentucky, Pensilvania y este de Virginia). Las centrales energéticas de esta región, anteriores a 1970, son generalmente sometidas a estándares de emisión menos severos que otras centrales de EE.UU., que siguen la estricta regulación de los Estándares de Funcionamiento de Nuevas Fuentes (NSPS) de la Ley de Medio Ambiente. Esto exige que las nuevas centrales de carbón reduzcan las emisiones incontroladas de anhídrido sulfuroso entre el 70 y el 90 %, dependiendo del contenido en azufre del carbón empleado. Esto significa que, en efecto, las nuevas centrales tienen que instalar sistemas de FGD. Estas centrales controladas emiten como media siete veces menos que las antiguas centrales reguladas sólo por los patrones de calidad del aire del anhídrido sulfuroso (Wetstone y

Rosencranz, 1983). Obviamente, si las fuentes existentes son retiradas y sustituidas por instalaciones reguladas más estrictamente por los NSPS de la Ley de Medio Ambiente las emisiones se reducirán. Desgraciadamente, pueden pasar veinte o treinta años antes de que se introduzcan plantas industriales más nuevas y más limpias; mientras tanto, se precisa una actuación de cara a la reducción de la lluvia ácida. Se ha prestado una atención especial al hecho de imponer controles de emisión más rigurosos sobre las centrales de energía, sobre todo las del medio oeste.

Durante los años 70, Canadá empezó a expresar su alarma por la creciente acidificación de muchos miles de lagos del este de su territorio y por el desagradable impacto que esto tendría sobre el turismo. Una nueva preocupación se expresó con respecto al posible deterioro de sus bosques, dado que una de cada diez personas trabajan en la industria forestal. En consecuencia, en 1980, EE.UU. y Canadá entraron en un memorándum de propósito de «desarrollar un acuerdo bilateral que se reflejará en el posterior desarrollo de programas eficaces de control doméstico y otras medidas para combatir la contaminación del aire internacional». En 1982, Canadá se ofreció a reducir sus emisiones de anhídrido sulfuroso en un 50 % si un programa similar de reducción era adoptado en EE.UU. Canadá esperó a EE.UU. para comprometerse, pero el programa de reducción del 50 % fue formalmente rechazado (Giles, 1984). EE.UU. no sólo abandonó las negociaciones, sino que empeoró la situación de la lluvia ácida al relajar muchas medidas de control de emisión para las centrales de energía del medio oeste. Como era de esperar, esto introdujo algunas dificultades en las tradicionalmente cordiales relaciones entre los dos países. En 1984, Canadá decidió reducir unilateralmente sus emisiones de anhídrido sulfuroso a la mitad desde entonces hasta 1994.

Las razones de la inconformidad de los EE.UU. para comprometerse a un programa de reducción de emisiones del 50 % (o incluso unirse al Club del Treinta por Ciento firmando el protocolo de la Convención LTRBAP) fueron similares a las expuestas a Gran Bretaña. EE.UU. aduce que mediante su Ley de Medio Ambiente ha reducido sus emisiones de azufre en un 36 % en los últimos 15 años, y a un precio considerable (Rosencranz, 1986). No estaba dispuesto a exigir que la industria desembolsara de nuevo grandes sumas para los controles de emisión, mientras aún existieran dudas sobre si esta acción llevaría a la recuperación de los bosques y ecosistemas acuáticos deteriorados. La necesidad de una mayor certeza con respecto a las causas y efectos de la lluvia ácida condujo a que se gastaran grandes sumas en nuevas investigaciones, incluidos 250 millones de dólares por parte de la Administración Reagan (Rosencranz, 1986).

Sin embargo, la cooperación entre Canadá y EE.UU. en el problema de la lluvia ácida no se detuvo completamente. Los delegados especiales para la lluvia ácida fueron designados por sus propios gobiernos, pero está claro que la administración Reagan esperaba que las conversaciones terminaran en un acuerdo para un modesto programa de control de 1 billón de dólares en un año, que reduciría las emisiones de anhídrido sulfuroso en 1 ó 2 millones de Tm (Lewis y Davis, 1986). Esto es mucho menos del 50 % de reducción de las emisiones nacionales que exigían Canadá y grupos científicos como el Consejo Nacional de Investigación de EE.UU. (1983a).

Aunque la Administración Reagan puso el énfasis en exigir nuevas investigaciones antes de adoptar cualquier programa de reducción importante, algunos políticos han intentado abordar el problema de la lluvia ácida, endureciendo algunos aspectos de la Ley de Medio Ambiente. Desgraciadamente, no han llegado muy lejos, aunque la Ley de Medio Ambiente (sección 115) incluye un procedimiento por el cual la EPA puede exigir que los estados revisen sus patrones de calidad del aire para eliminar las emisiones que «causen o contribuyan a la contaminación del aire que se puedan poner en peligro la salud pública o el bienestar de un país extranjero» (Wetstone y Rosencranz, 1983). La cantidad total de reducción de emisiones se sitúa normalmente entre ocho y doce millones de Tm de anhídrido sulfuroso. Específicamente, los estados pueden exigir que se desarrollen estrategias que produzcan una reducción de cinco millones de Tm en las emisiones de anhídrido sulfuroso a principios de los 90 y una nueva reducción idéntica para finales de esa misma década. Seleccionando, pongamos, cincuenta de las mayores fuentes de emisión de anhídrido sulfuroso y exigiéndoles que introduzcan el sistema FGD, esto conllevaría una reducción de siete millones de Tm (Abeles, 1984). El coste estaría entre 3,8 y 4,9 billones de dólares al año, al lado de los, al menos, cinco billones que cuesta la lluvia ácida anualmente.

Aunque la administración Reagan se resistió a la adopción de un programa importante de reducción y emisiones, parece que sólo es cuestión de tiempo. No obstante, cada año que pasa sin que disminuya la emisión de precursores de lluvia ácida significa un aumento de la extensión y gravedad de sus efectos en Norteamérica. El deterioro de los ecosistemas acuáticos en una zona más amplia (por ejemplo, el sur y oeste de EE.UU.) ya está siendo documentado y la rapidez con la que mueren los bosques europeos deberían servir de advertencia a los EE.UU. Aun así, parece probable que una acción eficaz para reducir la lluvia ácida se llevará a cabo antes en Europa —especialmente por parte de la CE— que en Norteamérica, aun cuando la situación europea es mucho más compleja.

11.4. Destrucción del ozono estratosférico

Mientras que los daños provocados por la lluvia ácida están bien documentados, los efectos de la destrucción del ozono estratosférico —a saber, perjudicar a las plantas, animales y personas, por el aumento de radiación UV-B, así como el cambio de temperatura de la superficie de la Tierra (véase capítulo 6)— aún no se han observado claramente. En efecto, la evidencia concluyente de que el ozono estratosférico está siendo destruido aún no está a nuestro alcance. Por lo tanto, es de algún modo inesperado el hecho de comprobar que ya han sido tomadas medidas de precaución contra esta potencial fuente de contaminación en muchos países. Esta respuesta, y el corto espacio de tiempo que ha transcurrido desde el primer indicio de que existía una amenaza de contaminación ambiental (en 1974) antes de que se emprendiera una acción eficaz (en 1978 por parte de EE.UU.), contrasta con la gran resistencia y escasa respuesta para otros muchos problemas de contaminación que requieren la colaboración internacional. Son las sustancias que contienen cloro, especialmente los clorofluorocarbonos F-11 y F-12 (que suponen casi el 90 % de la producción de CFC), los que han sido objeto de reducción por parte de varios países. Estos dos tipos de CFC son usados como propelentes en aerosoles, como agentes de pulverización de espuma y como fluidos activos en los sistemas de refrigeración. El primer país en pasar de la preocupación a la acción con respecto a los daños provocados en el ozono estratosférico por los CFC fue EE.UU., que, en 1978, declaró la prohibición del uso de CFC en aerosoles propelentes (por ejemplo, desodorantes, ceras, lacas de cabello y pinturas), haciéndose plenamente efectiva la prohibición en 1979 (Brennan, 1979; Stoel, 1983). Dado que EE.UU. era el mayor productor mundial de CFC (40 % de salida mundial de CFC en 1976), su disposición para actuar persuadió a otras naciones, de modo que tomaron mayor conciencia del problema medioambiental global y siguieron su ejemplo. Otros países como Canadá, Dinamarca, Finlandia, Noruega y Suecia, se unieron a EE.UU. (colectivamente denominados grupo de Toronto tras un encuentro informal de negociaciones mantenido en Canadá) imponiendo una prohibición o restricción sobre usos no esenciales de aerosoles con CFC.

EE.UU. también proporcionó la iniciativa que hizo que el Programa de la ONU para el Medio Ambiente (UNEP) formara un Comité Coordinador para la Capa de Ozono (COOL) en 1977. El UNEP es una de las mayores organizaciones internacionales implicadas en las cuestiones medioambientales; se estableció tras la Conferencia de las Naciones Unidas sobre Medio Ambiente Humano mantenida en 1972. La Asamblea General de la ONU elige a 58 gobiernos para constituir su consejo. Los principales objetivos del UNEP son incrementar el conocimiento del medio ambiente y proteger y mejorar su calidad —esto es, desempeñar una función de «vigilancia de la Tierra». Específicamente, el UNEP estaba encargado de mantener bajo observación la situación ecológica mundial, a fin de garantizar que los posibles problemas medioambientales de importancia internacional recibieran el trato apropiado y adecuado (Holdgate y otros, 1982, 1982b). Como parte de estas actuaciones, el UNEP estableció el Sistema Global de Monitorización del Medio Ambiente (GSMS), en cooperación con la OMS, que ha sido designada para valorar las condiciones de la contaminación medioambiental a escala global, para observar las tendencias y para empezar a examinar las relaciones entre la contaminación y la salud pública (Bennett y otros, 1985; GEMS, 1984). El EMEP forma parte del GEMS. El intercambio de información sobre las cuestiones ecológicas nacionales se lleva a cabo por medio de INFOTERRA, que cuenta con 112 países y está coordinada por el UNEP en su sede central de Nairobi (Clarke y Timberlake, 1982). Una gran cantidad de información medioambiental puede ser suministrada por el UNEP, como los detalles del Registro Internacional de Sustancias Químicas potencialmente tóxicas, que expone los efectos sanitarios y ecológicos de los productos químicos, así como las medidas reguladoras tomadas por países individuales para controlar dichos productos.

En contraste con la prohibición parcial del uso de CFC por parte de EE.UU., la CE, responsable del 34 % de la producción de CFC en 1976, sacó a la luz una directriz (1980) que ponía un tope a la producción comunitaria de CFC y exigía una reducción del 30 % en el uso de CFC en aerosoles hacia finales de 1981, a partir de los niveles de 1976. Los países miembros también estaban obligados a desarrollar las mejores técnicas posibles para reducir las emisiones procedentes de los sistemas de refrigeración, de disolventes y del sector de plásticos de espuma. Los CFC en aerosoles son aproximadamente el 65 % de la producción total en la CE. En un momento dado, el Parlamento Europeo debatió una reducción del 50 % para 1981 y una prohibición total (excepto para los usos médicos esenciales) para 1983 (Haigh, 1984). No obstante, dentro de este período se realizó una reducción del 35 %, aunque no está claro hasta qué punto la consecución de este objetivo se debió a la directriz o a los factores económicos asociados a la preocupación científica y pública por la destrucción del ozono estratosférico.

Hacia 1983, como resultado de las acciones emprendidas por los países europeos y norteamericanos, hubo una reducción del 25 % en la producción mundial de CFC F-11 y F-12 sobre el nivel de 1974 (Sand, 1985). Sin embargo, esta cifra oculta que la producción de F-11 y F-12 aumentó un 7 % entre 1982 y 1983. Asimismo, los usos no propelentes de los CFC están creciendo rápidamente y es evidente que la Europa del este y la India han incrementado notablemente su producción de CFC durante la década de los 80 (Real Comisión para la Contaminación del Medio Ambiente de Gran Bretaña, 1984). Esto subraya el hecho de que las medidas tomadas hasta la fecha sólo han tenido un efecto a corto plazo, ya que la producción global de CFC está empezando a aumentar de nuevo.

La necesidad de una verdadera colaboración internacional tuvo como consecuencia que el UNEP-CCOL celebraran una conferencia sobre la cuestión del ozono para los países miembros en Viena, en marzo de 1985. El resultado fue que veinte países participantes y la CE (en nombre de sus países miembros) firmaron la la «Convención de Viena para la Protección de la Capa de Ozono» (tabla 11.4). La intención expresa de esta convención (o tratado «paraguas») es la de promover intercambios de información, investigación y datos del programa de control, con la meta de protegar la salud pública y el medio ambiente de las actividades que provocan efectos nocivos sobre la capa de ozono (definida como la capa de ozono atmosférico situada por encima de la capa que limita el planeta). La convención explica la responsabilidad general de los signatarios en la prevención de daños medioambientales causados por intromisiones humanas en la capa de ozono. Crea nuevas instituciones internacionales permanentes para aplicar las normas y elaborar reglas más específicas en forma de protocolos, anexos técnicos y disposiciones económicas y de procedimiento. La convención representa un importante adelanto en la implicación de los países no occidentales en la lucha contra la amenaza de destrucción del ozono. Sin embargo, éste es sólo el primer paso hacia una respuesta mundial para un problema de todos; queda por ver qué medidas se pueden tomar para anular la creciente producción global de CFC, de forma que no sean necesarias medidas específicas de control de emisiones.

Dado que los países de Europa y Norteamérica ya han tomado algunas medidas reguladoras, fue decepcionante que la Convención de Viena no incluyera un protocolo especificando nuevos controles de emisión de CFC y abarcando más países. La razón principal de que no se alcanzara un acuerdo fue que el Grupo de Toronto y la CE disintieron sobre las opciones de control. El Grupo de Toronto quería que todos los países disminuyeran los usos no esenciales de CFC como ellos ya habían hecho. La CE, por el contrario, defendía la especificación de un tope de producción de F-11 y F-12 y una

TABLA 11.4.—Signatarios de la Convención de Viena para la Protección de la Capa de Ozono

Estado	Fecha de la firma
Argentina	22 de marzo de 1985
Bélgica	22 de marzo de 1985
República Socialista Soviética de Bielorrusia	22 de marzo de 1985
Canadá	22 de marzo de 1985
Chile	22 de marzo de 1985
Dinamarca	22 de marzo de 1985
Egipto	22 de marzo de 1985
Finalandia	22 de marzo de 1985
Francia	22 de marzo de 1985
República Federal de Alemania	22 de marzo de 1985
Grecia	22 de marzo de 1985
Italia	22 de marzo de 1985
Holanda	22 de marzo de 1985
Noruega	22 de marzo de 1985
Perú	22 de marzo de 1985
Suecia	22 de marzo de 1985
Suiza	22 de marzo de 1985
República Socialista Soviética de Ucrania	22 de marzo de 1985
Unión de Repúblicas Socialistas Soviéticas	22 de marzo de 1985
Estados Unidos	22 de marzo de 1985
Comunidad Económica Europea	22 de marzo de 1985
México	1 de abril de 1985
Luxemburgo	17 de abril de 1985
Gran Bretaña	20 de mayo de 1985
Austria	16 de septiembre de 1985
Marruecos	7 de febrero de 1986
Burkina Faso	12 de diciembre de 1986

Fuente: información proporcionada por la Sede Central del Programa del Medio Ambiente de la ONU, en Nairobi, Kenia.

reducción del 30 % sobre los usos no esenciales de aerosoles con CFC, como ella ya había hecho. Ambos se oponían al planteamiento del otro porque ello significaría que uno de los dos no tendría que efectuar nuevas reducciones, mientras que el otro debería someterse a nuevas restricciones, que podrían afectar a su industria de exportación (Sand, 1985).

Una solución para salir de este punto muerto es establecer un tope global de emisiones, fijando cupos nacionales de producción de CFC según su población y su producto nacional bruto. Esto permitiría a cada país decidir sobre el uso de CFC. El tope mundial inicial podría no ser demasiado severo, pero podría hacerse más estricto en un futuro próximo si la inquietud internacional por la destrucción del ozono a causa de los CFC se mantiene o aumenta. Si no se emprende una acción tajante, la producción mundial de CFC puede seguir aumentando. Considerando que las previsiones recientes indican un nivel de destrucción de ozono del 3 al 5 % dentro de unos 5 años o más, y que las previsiones de 1980 hablaban de un 15-20 %, es posible que ésa sea la causa de que algunos países sean reacios a adoptar medidas reguladoras fuertes. Generalmente, parece que los futuros avances hacia un control eficaz de las emisiones a escala global serán lentos.

Aun cuando se está discutiendo un mayor control internacional de emisiones de CFC F-11 y F-12 otros gases de alto contenido en cloro se están mostrando cada vez más importantes para la destrucción del ozono (Consejo Nacional de Investigación de EE.UU., 1984). Puede que no se tome en consideración ninguna medida reguladora que limite la emisión de gases como el cloruro de hidrógeno, liberado directamente en la estratosfera por la lanzadera espacial de EE.UU., el metilcloroformo (CH_3CCl_3), usado como disolvente industrial no tóxico limpiador de metales, el tetracloruro de carbono (CCl_4), usado para la limpieza en seco, así como el CFC F-22 ($CHClF_2$) y el cloruro de metilo (CH_3Cl). El problema de la destrucción del ozono estratosférico a causa de la contaminación, pues, se está complicando mucho más de lo que nunca se había pensado.

11.5. El aumento del dióxido de carbono

Otro problema mundial en el que el UNEP ha jugado un importante papel es el aumento de concentración de dióxido de carbono en la atmósfera, procedente del uso de combustibles fósiles y de las nuevas técnicas agrícolas. Esto puede conllevar cambios del clima mundial y de la circulación atmosférica, produciendo así efectos muy importantes para la humanidad, especialmente en el siglo próximo. El UNEP ha convocado varios encuentros internacionales sobre esta cuestión, entre ellos la Conferencia (en colaboración con la Organización Meteorológica Mundial y el Congreso Internacional de Sindicatos Científicos) celebrada en Austria en 1985. Esta Conferencia reunió a científicos de 29 países desarrollados y en vías de desarrollo para valorar el papel de la creciente cantidad de dióxido de carbono y otros constituyentes radiactivos de la atmósfera (colectivamente denominados gases invernadero) en los cambios climáticos y sus efectos asociados. Se estuvo de acuerdo en que, si la tendencia actual se mantiene, la concentración combinada de gases invernadero será, a efectos de radiación, equivalente al doble de dióxido de carbono de procedencia preindustrial posiblemente hacia el año 2030, y esto podría suponer un aumento de la temperatura de la superficie terrestre de 1,5 a 4,5° C (véase sección 6.2). Además, puede hacer que aumente el ozono en un 3 a 6 % y, así, tener graves consecuencias para el problema de la destrucción del ozono estratosférico.

Las consecuencias de un calentamiento global, junto con los cambios consiguientes en los sistemas de circulación atmosférica, son enormes, pero los gobiernos aún no han variado su política energética con vistas a reducir las emisiones de dióxido de carbono. Mientras varios países estuvieron dispuestos a tomar medidas preventivas contra la patente amenaza de destrucción del ozono, ya que sólo afectaba a unas pocas (no esenciales) industrias, los gobiernos son mucho más reacios a considerar un cambio en su política energética. Ante tal situación, el papel de organizaciones como UNEP es el de aumentar la concienciación general sobre la posible gravedad del problema de la contaminación e instar a los gobiernos a que mantengan abiertas todas las vías energéticas posibles y a que flexibilicen todo lo que puedan sus planes energéticos, a fin de poder hacer frente a un futuro incierto. Los posibles cambios climáticos que se producirían a consecuencia del aumento de concentración de dióxido de carbono deben ser tenidos en cuenta por los gobiernos cuando elaboran proyectos a largo plazo como los de riego y energía hidroeléctrica, la lucha contra la sequía, la tecnología agrícola, el diseño estructural y los trabajos de ingeniería costera, así como el desarrollo energético. Esto es importante ya que tales proyectos mantienen el grado de flexibilidad necesario para que se puedan adaptar a cambios climáticos importantes.

Una vez que los gobiernos se han percatado de todas las consecuencias de este problema de contaminación, afortunadamente antes de que sus efectos sean patentes, el UNEP puede intentar coordinar la firma de una convención mundial, como la Convención del Ozono de Viena, a fin de expresar un compromiso internacional para la iniciación de un programa de acción a largo plazo. En consecuencia, habría que reducir las emisiones de dióxido de carbono reduciendo el consumo de energía (mediante un uso más apropiado de las provisiones actuales de energía y con recargos sobre el uso de combustibles fósiles) y reduciendo también nuestra dependencia de los combustibles fósiles (mediante un mayor uso de fuentes de energía renovadas, incluso la energía nuclear). Con mucho, la mayor contribución al dióxido de carbono atmosférico procede de la combustión de carbón, y es posible que siga siendo así en un futuro próximo. Más del 60 %

de las reservas mundiales de carbón están en Europa del este, EE.UU. y URSS. En principio, ésa es la razón de que los gobiernos de un número relativamente pequeño de países obstaculicen la acción internacional para reducir las emisiones de dióxido de carbono. Es significativo que las regiones de estos países en las que se cultivan cereales son las que probablemente se verán más afectadas por un cambio climático (Real Comisión para la Contaminación del Medio Ambiente de Gran Bretaña, 1984).

Puesto que el dióxido de carbono está siendo emitido a la atmósfera por las nuevas técnicas agrícolas haría falta un compromiso internacional para frenar la destrucción general de los bosques, especialmente en latitudes bajas, a fin de reducir el aumento de dióxido de carbono. Dado el almacenamiento cada vez mayor de carbono en la atmósfera, la plantación intensiva de árboles sería otra forma de aminorar la concentración de dióxido de carbono atmosférico. Sin embargo, se necesitarían 3 millones de kilómetros cuadrados de bosques para conseguir 2,5 Gt de carbono al año, es decir, el tamaño de la India o el 6-10 % de la riqueza forestal mundial de nuestros días. Parece enormemente improbable que se pueda llevar a cabo tal proyecto de plantación intensiva y es probable que, cuando hubiera que tomar decisiones sobre las técnicas agrícolas hubiera considerables presiones en favor de una mayor producción de alimentos (Liss y Crane, 1983). Otra parte de la biosfera que, según los investigadores, podría aumentar su acopio de carbono son los organismos marinos. La acumulación de fosfatos y nitratos en la superficie de las aguas podría fertilizar el crecimiento de organismos marinos que, al incorporar el dióxido de carbono, lo arrastrarían al fondo oceánico.

Por analogía con el método de eliminación de anhídrido sulfuroso procedente de centrales energéticas, se ha propuesto que el dióxido de carbono sea eliminado de los gases de húmero de las principales fuentes de emisión. El dióxido de carbono desechado tendría que ser dispuesto de tal forma que pasara mucho tiempo antes de que pudiera volver a la atmósfera. Marchetti (1977) propuso que se inyectara el dióxido de carbono recogido dentro del mar en lugares como el Estrecho de Gibraltar, donde el agua desciende a grandes profundidades oceánicas y no vuelve a alcanzar la superficie en 1.000 años o más. Otra propuesta es la de usar monoetanolamina para extraer el dióxido de carbono de los gases de húmero. La monoetanolamina se regenera y el dióxido de carbono que ha absorbido es condensado y transportado hasta la costa para ser descargado en las profundidades océanicas (Baes y otros, 1980). Sin embargo, actualmente, la extracción y ubicación de dióxido de carbono de los gases de húmero siguen siendo técnicamente inseguras y excesivamente costosas. Mientras tanto, el UNEP acentúa la necesidad de aumentar la cooperación internacional para el control monitorizado de la situación (cambios climáticos y niveles de dióxido de carbono), el conocimiento de las consecuencias de los cambios en el clima previstos en cada nación y en el mundo entero y la concienciación internacional con vistas a decidir las medidas necesarias. El UNEP también está instando a las naciones a que usen de un modo más adecuado las actuales reservas de energía, ya que ello no sólo reduciría las emisiones de dióxido de carbono, sino que también limitaría el uso de combustibles fósiles.

11.6. Avances internacionales hasta la fecha

La discusión sobre la lluvia ácida, la destrucción del ozono estratosférico y el aumento de dióxido de carbono subrayan el hecho de que los avances hacia una acción internacional conjunta para cualquier problema de contaminación se producen lentamente y con vacilación, si se producen. Normalmente hace falta un largo período de discusión internacional antes de que las naciones se pongan de acuerdo en que un problema de contaminación es lo bastante grave como para justificar una pronta actuación; pero, aun así, la introducción de medidas de control puede no ser llevada a cabo automáticamente. Las organizaciones internacionales como la OCDE, la ECE y el UNEP, juegan un papel fundamental en la estimulación de una concienciación y comprensión nacionales sobre los problemas de la contaminación, que requieren una respuesta internacional, y en la formulación de las respuestas adecuadas a estos problemas. El poco éxito que estas organizaciones han tenido al hacerlo está convirtiendo esta preocupación de los gobiernos nacionales en eficaces acciones reguladoras conjuntas. Cuando se trata de la necesidad de elaborar programas de reducción de emisiones, la mayoría de las naciones se muestran reacias a comprometerse a una actuación que puede ser económicamente onerosa y socialmente discutida.

El grado de resistencia o conformidad de un país para actuar contra un problema de contaminación depende de muchos factores, como la intensidad del apoyo de la opinión pública a la lucha medioambiental, la evidente gravedad de la contaminación en sí misma, el estado de su economía e incluso la oportunidad de la propuesta para la acción internacional. Mientras que países con una fuerte concienciación medioambiental, como los escandinavos y, hasta cierto punto, Canadá, pueden estar dispuestos a actuar rápidamente sobre una variedad de problemas de contaminación, hay otros países que parecen tener reservas con respecto a la necesidad de actuar.

Sorprendentemente, considerando su histórica importancia en la introducción de leyes nacionales para el control de la contaminación, Gran Bretaña se sitúa en el segundo grupo. A menudo, este país insiste en la necesidad de una mayor certeza respecto a las causas y naturaleza de la contaminación, antes de comprometerse a una acción reguladora. Generalmente, el nivel de inseguridad que acepta un gobierno antes de considerar una actuación depende de la gravedad manifiesta del problema en cada país. Así, el súbito descubrimiento de Alemania Federal de que estaba sufriendo las graves consecuencias de la lluvia ácida (y episodios de oxidación fotoquímica) desembocó en una enorme presión interna pública y política sobre el gobierno para que cambiara su postura con respecto a las medidas de control de la lluvia ácida. Mientras en 1979 se opuso una reacción reguladora de la lluvia ácida, en 1982 pasó a ser una fuerza dominante en la petición de que se emprendiera una acción internacional efectiva. Es posible incluso que una transformación similar, en respuesta al problema de la lluvia ácida, pueda tener lugar en Gran Bretaña y EE.UU. en un futuro próximo. El cambio de actitud puede venir también a consecuencia de un accidente importante de contaminación, como ocurrió en Seveso, Bhopal y Chernobyl, ya que los gobiernos se enfrentan con una fuerte presión interna pública y política para que se tomen medidas. Aun cuando un país esté dispuesto a actuar en la lucha contra un problema de contaminación y se le atribuya una fuerza motivadora en la toma de medidas internacionales para luchar contra él, es posible que sea reacio a actuar cuando se presente un problema de contaminación distinto. Así, por ejemplo, mientras EE.UU. inició una batalla internacional contra el problema de la destrucción del ozono estratosférico, sigue siendo reacio, hasta ahora, a tomar medidas contra la lluvia ácida.

Dado que la introducción de medidas para el control de la contaminación es económicamente onerosa, muchas naciones se resisten a adoptarlas, ya que creen que eso frenaría sus índices de crecimiento industrial y económico: por ejemplo, las naciones industriales con apuros económicos como Polonia y muchos países en vía de desarrollo con recursos limitados son reacios a desviar fondos para el control de la contaminación. Con respecto a esta actitud, las organizaciones internacionales tienen que hacer hincapié en dos cuestiones: en primer lugar, el control de la contaminación es parte integral del crecimiento económico a largo plazo, desde el momento en que pretende salvaguardar el potencial nacional para el futuro desarrollo, previniendo los daños y pérdidas de los escasos recursos naturales. Las organizaciones internacionales tienen que animar a las naciones a reconocer los beneficios económicos de la reducción y prevención del deterioro medioambiental. Afortunadamente, un creciente número de naciones en vías en desarrollo se dan cuenta ahora de que sus objetivos últimos no pueden ser alcanzados sin una buena gestión contra la contaminación del medio ambiente (Clarke y Timberlake, 1982).

Con respecto a la segunda cuestión, ahora se acepta generalmente que el crecimiento económico es esencial para mantener los progresos en cuanto a la gestión medioambiental. La recesión económica y la escasez a menudo conllevan un deterioro de la calidad del aire, porque el presupuesto destinado al control de la contaminación entra en competencia con otras necesidades. El progreso económico de los países en vías de desarrollo parece ser su único medio para conseguir los recursos necesarios para el control de la contaminación. Queda por ver si las naciones más ricas estarían dispuestas a contribuir a un fondo internacional para ayudar a aquellos países que carecen de fondos suficientes para introducir medidas de control de contaminación. Ambas cuestiones apuntan la necesidad de prevenir los problemas de contaminación con más precisión y así dar tiempo a que se introduzca una política de control de la contaminación en los sistemas económico, social, energético, industrial, agrícola, de transportes y de explotación del suelo. Se necesita un período de tiempo considerable para conseguir industrias y tecnología que eliminen o, al menos, reduzcan los residuos contaminantes. No obstante, ésta es la política de control de contaminación esencial, puesto que la disminución de los residuos significará la disminución de los problemas de contaminación que se habrán de afrontar en el futuro.

Muchos países se resisten a actuar sin tener pruebas científicas de la existencia de un problema de contaminación concreto como, por ejemplo, en el caso del ozono estratosférico y del aumento de dióxido de carbono. Es difícil para las naciones decidirse entre actuar de inmediato contra una supuesta amenaza de contaminación o esperar a obtener pruebas científicas ulteriores. El peligro reside en que, si bien es deseable una investigación lo más rigurosa posible sobre un problema, cualquier demora en la actuación contra dicho problema, una vez que se ha constatado, sólo puede acarrear el agravamiento de sus efectos. De ese modo, las naciones se verían abocadas a tomar una serie de medidas reparadoras a un precio económico y social muy alto. En tal situación, la acción preventiva es mucho más eficaz que la acción reparadora, pero esto significa que las naciones deben aceptar un margen de incertidumbre frente a una posible amenaza de contaminación. A este respecto, el desarrollo del problema de la destrucción del ozono estratosférico por causa de los CFC es ilustrativo. Excepcionalmente, una acción reguladora preventiva siguió inmediatamente al descubrimiento de una amenaza de contaminación mundial. Aunque este ejemplo puede usarse para subrayar la rapidez de respuesta deseable en lo que se refiere a otros problemas de contaminación mundial, hay que puntualizar que las acciones emprendidas en su momento no contaron con la suficiente cooperación internacional para que los progresos iniciales se mantuvieran. La acción llevada a cabo por el Grupo de Toronto y la Comunidad Europea fue parcialmente contrarrestada por aquellos países que no hicieron nada al respecto. Por otra parte, algunas de esas naciones ahora hacen notar que la investigación durante los 70 ha reducido progresivamente sus estimaciones sobre la gravedad de la amenaza de destrucción del ozono estratosférico. Desgraciadamente, si una investigación posterior revelara que nunca había existido el problema, esto influiría en la forma de reaccionar de las naciones ante otras amenazas de contaminación global, como en el caso de los efectos negativos previstos como resultado del aumento del dióxido de carbono en la atmósfera.

Las organizaciones internacionales no sólo promueven la colaboración internacional para los problemas de contaminación transfronteriza y global, sino que también pretenden que los gobiernos sean más conscientes de su responsabilidad para con su medio ambiente. Declaraciones como la formulada en la conferencia de la ONU sobre el Medio Ambiente Humano en 1972 ayudaron a ello. Puesto que las medidas nacionales están desarrolladas o modificadas para mostrar las obligaciones de una nación para con su medio ambiente, éstas ayudarían, a su vez, a reducir los problemas de contaminación internacional y global. Así, por ejemplo, las medidas de reducción de emisiones contaminantes, ya sea por la aplicación de estándares de calidad del aire, ya por estándares de emisión, reducen el volumen de residuos que pueden traspasar las fronteras nacionales. Muchas naciones aplican medidas (excluida la de las altas chimeneas) que han reducido con éxito la concentración de partículas en suspensión y de gases contaminantes en áreas urbanas; ello ha significado la reducción de la contaminación que podría extenderse más allá de las propias fronteras y alrededor del mundo.

Considerando que los problemas de contaminación internacional y global sólo han recibido una atención seria por parte de todas las naciones a partir de los años 70 y que puede existir desacuerdo sobre el índice de progreso, al menos se han hecho algunos avances en cuanto a colaboración internacional. Convenciones como las acordadas sobre el ozono estratosférico y la lluvia ácida son importantes primeros pasos hacia la implantación de una política eficaz de regulación de estos problemas. Lo que se precisa ahora es un mayor compromiso internacional para transformar la concienciación y preocupación por los problemas de contaminación en acciones efectivas y duraderas. Como indican Holdgate y otros (1982a) en relación con el progreso internacional para el control de la contaminación, «en la relación palabras-hechos, la balanza se inclina demasiado claramente a favor de las primeras».

APÉNDICE

El agujero de la capa de ozono estratosférico

1. EL DESCUBRIMIENTO DEL AGUJERO EN LA CAPA DE OZONO

En 1985, fueron publicadas unas mediciones tomadas en la Bahía Halley, en las costas antárticas, que revelaban pérdidas importantísimas de ozono estratosférico cada primavera desde finales de los 70 (Farman y otros, 1985). Las mediciones posteriores, obtenidas por medio del satélite norteamericano Nimbus-7 o de instrumentos ubicados en aviones y globos, confirmaron que se habían producido pérdidas de más del 50 % durante algunos meses primaverales (del hemisferio sur) en la estratosfera antártica inferior. Mientras, en octubre, los niveles totales de ozono antártico estaban entre 280 y 330 Unidades Dobson, durante el período comprendido entre 1957 y 1976, cayeron hasta 225-250 a principios de los 80 y a menos de 200 en los años siguientes. Cada unidad Dobson es la centésima parte de un milímetro y sirve para medir el grosor de la capa de ozono estratosférico que resultaría si fuera medida en las condiciones de presión y temperatura al nivel del mar.

La reducción de la concentración de ozono en altitudes de 12 a 25 km empieza a producirse con las primeras luces solares de la primavera antártica, a finales de agosto, y llega a su grado más alto en septiembre y octubre. En octubre de 1988, se observó la caída del 25 % en los niveles de ozono por medio del Nimbus-7, mientras que en octubre del año anterior, la disminución había sido aproximadamente del 50 %. Las observaciones hechas por el satélite revelan que la zona con mayor pérdida de ozono sería del tamaño de los EE.UU. Justo a continuación de la zona desprovista de ozono se abre una región en forma de media luna cuyo aire es rico en ozono, como se aprecia en los mapas de concentración de ozono del Antártico. En noviembre/diciembre, el casquete polar atmosférico de primavera, que ha aislado el aire estratosférico del Antártico del resto del hemisferio sur, se hunde. El aire que está fuera del agujero, que no está tan desprovisto de ozono, entra a continuación en la zona y la mezcla de las masas de aire disipa el agujero.

La forma y posición del agujero varía de un año a otro. La punta meridional de América del Sur es la única masa de tierra en la que se observan grandes pérdidas de ozono. Por ejemplo, en octubre de 1987, se constató una pérdida de 13 % en la cantidad de ozono estratosférico. Sin embargo, dado que el agujero está situado principalmente sobre la Antártida, los efectos directos —al menos para la raza humana— del aumento consiguiente de radiación UV-B que alcanzaría el suelo parecen ser poco importantes de momento. No se puede decir lo mismo de los ecosistemas marinos de los océanos que envuelven la Antártida.

El descubrimiento del agujero antártico, en un momento en que la tendencia del ozono global era incierta, llegó completamente por sorpresa. No había sido previsto por ninguno de los modelos que simulaban los posibles efectos de la contaminación sobre la estratosfera. Para explicar por qué existe el agujero de ozono, los investigadores alegan actualmente que la región antártica ofrece una situación extrema en la que las moléculas de cloro pueden destruir el ozono a gran velocidad. La clave de esto parece ser la presencia de nubes de hielo a gran altitud en la estratosfera inferior, donde las temperaturas bajan de 880° C. Se cree que los compuestos de nitrógeno del aire están estrechamente ligados a las partículas que forman la nube de hielo, eliminando temporalmente cualquier nitrato libre que, de otra forma, podría reaccionar y hacer que el cloro destructor del ozono permaneciera convertido en nitrato de cloro. Esta formación de nitrato de cloro en la estratosfera global es la razón por la que los investigadores creen que el potencial destructor de ozono del cloro no es tan grande a escala mundial como se temió en un principio. Por el contrario, la estratosfera del Antártico posee unas condiciones que impiden las reacciones usuales entre el cloro y los compuestos de nitrógeno. Por otra parte, las reacciones químicas superficiales de las partículas de las nubes de hielo pueden acelerar el índice de destrucción del ozono por medio de algunos tipos de cloro (Stolarski, 1988). Si continúa aumentando la carga global contaminante de cloro, la desaparición del ozono podría ocurrir aún más rápido y el agujero del Antártico probablemente sería más profundo y más adelantado cada año.

La circulación atmosférica y las cálidas condiciones de la estratosfera ártica parecen ligeramente menos favorables para la aparición de un agujero de ozono. Aun así, se han registrado recientemente disminuciones de los niveles de ozono en primavera, especialmente en abril (Heath, 1988). A escala global, aunque las fluctuaciones naturales —debidas a los ciclos de las manchas solares— complican cualquier valoración sobre la tendencia del ozono, la revisión de los datos del período 1979-86 indica una pérdida de ozono del 2,5 al 0,35 % al año.

2. Avances hacia una regulación internacional eficaz de los CFC

La firma de la Convención de Viena para la Protección de la Capa del Ozono, en 1985, fue el primer paso internacional para proteger la capa de ozono. Pero no dispuso medidas específicas para controlar las emisiones. Las discusiones posteriores sobre las acciones internacionales que se deberían emprender parecieron significar un pequeño avance. La situación cambió con la confirmación de la existencia de un agujero de ozono en primavera. Empezó a aflorar la sensación de urgencia en el sentido de que debían adoptarse medidas aunque se tratara de un compromiso entre intereses opuestos. El resultado fue que 27 naciones acordaron el Protocolo de Montreal sobre Sustancias Destructoras de la Capa de Ozono, a finales de 1987. El Protocolo se hizo efectivo en 1989; exigía la adopción de medidas específicas relativas a cinco CFC y tres tipos de halón:

1. Congelar la producción y consumo de CFC a partir de 1990 hasta llegar al índice de 1986.
2. Congelar la producción y consumo de halón a partir de 1990 hasta llegar al índice de 1986.
3. Reducir un 20 % las emisiones de CFC sobre los niveles de 1986 a partir de 1994.
4. Reducir un 50 % las emisiones de CFC sobre los niveles de 1986 a partir de 1999.
5. Acuerdo para que los países subdesarrollados perfeccionen su sistema de producción de CFC durante una década extra, aplazando también las limitaciones que les conciernen en una década con respecto al plazo concedido a los países desarrollados.

Actualmente, de los cinco CFC implicados, se producen anualmente en el mundo 800.000 Tm de F-11 y F-12, aproximadamente en cantidades iguales; 170.000 Tm de F-113 y 30 Tm de F-114 y F-115. El protocolo también se ocupa de tres compuestos que contienen bromo: el halón-1.211; el halón-1.301 y el halón-2.402, que se usan en los extintores de incendios. El bromo cataliza la caída del ozono aun más rápidamente que el cloro.

A pesar de las intenciones formuladas en el protocolo, es poco probable que se consiga una reducción del 80 % en la emisión global de CFC en 1999. Los aumentos de emisión por parte de los países en vías de desarrollo, que actualmente tienen una producción insignificante de CFC, se opondrían a las reducciones obtenidas por los países desarrollados. En el mejor de los casos, ésta hará que el deseado 50 % se convierta en un 35 %. En el peor, el aumento de producción y consumo de CFC en los países en vías de desarrollo puede conducir a un incremento global de las emisiones más que a una reducción en la próxima década (Rowland, 1988).

Debido a la destrucción del ozono estratosférico que está teniendo lugar en Alaska y, en menos medida, en todo el mundo, muchos investigadores están expresando la necesidad de que las emisiones se reduzcan inmediatamente en un 85 o, incluso, un 95 %. El protocolo del UNEP no impide a los países que tomen medidas más duras que las establecidas y, así, algunos países se han comprometido a llevar a cabo mayores reducciones. Suecia y la RFA pretenden una eliminación casi total de CFC hacia finales del siglo, mientras que EE.UU. y Gran Bretaña apoyan un recorte del 85 % por lo menos. Por el contrario, algunos países desarrollados como Japón, con su gran industria electrónica, donde el F-113 se usa masivamente para limpiar los componentes electrónicos, son reacios a aceptar reducciones tan drásticas. No obstante, parece que las naciones industriales tendrán que comprometerse a una reducción del 95 % en la emisión de CFC si el protocolo del UNEP se hace más estricto tras ser revisado en 1990 y 1994. Los países con bajo consumo de CFC per cápita como China, India, Corea del Sur y Brasil, son los únicos que tendrían que limitar sus programas de desarrollo de CFC si ven que los países industrializados hacen un esfuerzo tan importante de cara a la protección del medio ambiente.

Los avances hacia la eliminación del uso de CFC destructores del ozono dependerán, en última instancia, de la disponibilidad de otros compuestos que puedan sustituirlos. El protocolo ha animado a las industrias químicas a desarrollar alternativas que sean «benignas para el ozono» u «ozonófilas». Los CFC seguirán usándose probablemente en una gran variedad de productos, pero serán los CFC que menos dañan al ozono, es decir, aquéllos que se destruyen antes de alcanzar la estratosfera. Por ejemplo, los sistemas de refrigeración pueden emplear F-22 (que se destruye fácilmente en la atmósfera inferior porque contiene hidrógeno) o F-134 (que no contiene cloro). Sin embargo, los CFC son gases invernadero y están contribuyendo a un calentamiento global de la atmósfera. Sin ninguna duda, cada molécula de CFC es mucho más eficaz absorbiendo los rayos infrarrojos emitidos por la superficie terrestre que el dióxido de carbono. Ante tal situación, lo ideal sería desarrollar tecnología y productos que no dependieran en absoluto de los CFC. Una mayor concienciación de la opinión pública sobre las consecuencias ecológicas de los CFC y el reflejo de ésta en la elección de los productos de consumo serían factores importantísimos a la hora de avanzar hacia una reducción del uso de compuestos y gases invernadero, que destruyen el ozono. La preocupación pública, junto con las campañas de los grupos ecologistas de presión, partidos políticos «verdes» y los medios de comunicación, pueden proporcionar la presión política necesaria para alentar a los gobiernos a que se comprometan a cumplir un protocolo del UNEP más estricto.

Prefijos de las unidades SI

Prefijo	Símbolo	Factor
tera	T	10^{12}
giga	G	10^{9}
mega	M	10^{6}
kilo	k	10^{3}
milli	m	10^{-3}
micro	μ	10^{-6}
nano	n	10^{-9}

Bibliografía

ABELES, C. C.: «Current legislative directions», en T. C. Elliott y R. G. Schwieger (ed.), *The Acid Rain Sourcebook,* Nueva York, MacGraw-Hill, 1984, 27-36.

ADAMS, J. A. S.; MANTOVANI, M. S. M., y LUNDELL, L. L.: «Wood versus fossil fuel as a source of excess carbon dioxide in the atmosphere: a preliminary report», *Science,* 1977, 196, 54-56.

ADAMS, R. M.; HAMILTON, S. A., y MCCARL, B. A.: «An assessment of the economic effects of ozone on US agriculture», *J. Air Pollut. Control Ass.,* 1985, 35, 938-943.

ADAMS, W., y SCHELEGLE, E. S.: «Ozone and high ventilation effects on pulmonary function and endurance performance», *J. Applied Physiology,* 1983, 55, 805-812.

ALEKSANDROV, V. V., y STENCHIKOV, G. L.: «On the modelling of the climatic consequences of nuclear war», en *The Proceedings on Applied Mathematics,* Moscú, Computing Centre of the USSR Academy of Sciences, 1983.

ANDERSON, F. R.; KNEESE, A. V.; REED, P. D.; TAYLOR, S., y STEVENSON, R. B.: *Environmental Improvement Through Economic Incentives.* Baltimore, Johns Hopkins University Press, 1977.

ANDERSON, I.; LUNDQVIST, G. R.; JENSEN, P. L., y PROCTOR, D. F.: «Human response to controlled levels of sulphur dioxide», *Arch. Environ. Health,* 1974, 28, 31-39.

ANGELL, J. K., y KORSHOVER, J.: «Update of ozone variations thorugh 1979», en J. London (ed.) *Proc. of the Quadrennial International Ozone Symposium,* Boulder, Colorado, August 4-9, 1980, 1980, 393-396.

ANNEST, J. L.; MAHAFFEY, K. R.; COX, D. H., y ROBERTS, J.: «Blood lead levels for persons 6 months to 74 years of age: United States, 1976-80», *Advance Data from Vital and Health Statistics,* No. 79, US Dept. of Health, and Human Services Public No. (PHS) 82-150. Hyattsville, Maryland, Public Health Service, 1982.

ANTHONY, R.: «Polls, pollution and politics: trends in public opinion on the environment», *Environment,* 1982, 24, 14-20, 33-34.

APLING, A. J.; KEDDIE, A. W. C.; WEATHERLEY, M.-L. P. M., y WILLIAMS, M. L.: *The High Pollution Episode in London, December 1975,* Stevenage, Warren Spring Laboratory, Report LR 263 (AP), 1977.

APSIMON, H. M.; GODDARD, A. J. H., y WRIGLEY, J.: «Long-range atmospheric dispersion of radioisotopes - I. The MESOS Model», *Atmospheric Environ.,* 1985, 19, 99-111.

ASHBY, E.: «Clean air over London», *Clean Air,* 1975, 5, 25-30.

ASHBY, E., y ANDERSON, M.: *The Politics of Clean Air,* Oxford, Oxford University Press, 1982.

ATKINSON, B. W.: «A preliminary examination of the possible effect of London's urban area on the distribution of thunder rainfall 1951-60», *Trans. Inst. Brit. Geogr.,* 1968, 44, 97-118.

ATKINSON, B. W.: «A further examination of the urban maximun of thunder rainfall in London, 1951-60», *Trans. Inst. Brit. Geogr.,* 1969, 48, 97-119.

ATKINSON, B. W.: «The reality of the urban effect on precipitation: a case-study approach», *WMO Technical Note,* 108, Ginebra, World Meteorological Organization, 1970, 344-362.

ATKINSON, B. W.: «The effect of an urban area on the precipitation from a moving thunderstorm», *Bull. Amer. Met. Soc.,* 1971, 10, 47-55.

ATKINSON, B. W.: «The mechanical effect of an urban area on convective precipitation», *Occasional Paper, Dept. of Geography, Queen Mary College, University of London,* 3, 1975.

AULICIEMS, A., y BURTON, I.: «Trends in smoke concentrations before and after the Clean Air Act of 1956», *Atmospheric Environ,* 1973, 7, 1063-1070.

BABICH, H.; DAVIS, D. L., y STOTZKY, G.: «Acid precipitation: causes and consequences», *Environment,* 1980, 22, 6-13, 40.

BACH, W.: *Atmospheric Pollution,* Nueva York, McGraw-Hill, 1972.

BACH, W.: «The potential consequences of increasing carbon dioxide levels in the atmosphere», en J. Williams (ed.), *Carbon Dioxide, Climate and Society,* Oxford, Pergamon Press, 1978, 141-167.

BACH, W.: «Impact of increasing atmospheric carbon dioxide concentrations on global climate: potential consequences and corrective measures», *Environ. International,* 1979, 2, 215-228.

BAES, C. F.; BEALL, S. E., y LEE, D. W.: «The collection, disposal and storage of carbon dioxide», en W. Bach, J. Pankrath, y J. Williams (eds.), *Interactions of Energy and Climate,* Dordrecht, D. Reidel, 1980, 494-519.

BAES Jr. C. F.; GOELLER, H. E.; OLSON, J. S., y ROTTY, R. M.: «Carbon dioxide and climate: the uncontrolled experiment», *American Scientist,* 1977, 65, 310-320.

BALL, D. J.: «Environmental implications of increasing particulate emissions resulting from diesel engline penetration of the European automobile market», *Science of the Total Environ.,* 1984, 33, 15-30.

BALL, D. J., y ARMORGIE, C. J.: «Implications for London of European air quality standards for sulphur dioxide and suspended particulates», *Environ. Pollution (Series B),* 1983, 207-232.

BALL, D. J., y BERNARD, R. E.: «An analysis of photochemical incidents in the Greater London area with particular reference to the summer of 1976», *Atmospheric Environ.,* 1978a, 12, 1391-1401.

BALL, D. J., y BERNARD, R. E.: «Evidence of photochemical haze in the atmosphere of Greater London», *Nature,* 1978b, 271, 733-734.

BALL, D. J., y CASWELL, R.: «Smoke from diesel-engined road vehicles: and investigation into the basis of British and European emission standards», *Atmospheric Environ.,* 1983, 17, 169-181.

BALL, D. J., y HUME, R.: «The relative importance of vehicular and domestic emissions of dark smoke in Greater London in the mid-1970s, the significance of smoke shade measurements, and an explanation of the relationships of smoke shade to gravimetric measurements of particulate», *Atmospheric Environ.,* 11, 1977, 1065-1073.

BALL, D. J., y LAXEN, D. P. H.: *Ambient Ozone Concentrations in Greater London 1975 to 1985.* Londres, London Scientific Services, 1986.

BARNES, R. A.: «The long range transport of air pollution: a review of European experience», *J. Air Pollut. Control Ass.,* 1979, 29, 1219-1235.

BARNES, R. A.: «Acid rain: media myth or environmental apocalypse?», *Catalyst,* 2, 55-70.

BARNES, R. A., y LEE, D. O.: «Visibility in London and the long distance transport of atmospheric sulphur», *Atmospheric Environ.,* 1978, 12, 791-794.

BARRIE, L. A.: «Arctic air pollution: an overview of current knowledge», *Atmospheric Environ.,* 1986, 20, 643-663.

BARRIE, L. A.; HOFF, R. M., y DAGGUPATY, S. M.: «The influence of midlatitudinal pollution sources on haze in the Canadian arctic», *Atmospheric Environ.,* 1981, 15, 1407-1419.

BARRIE, L. A.; WHELPDALE, D. M., y MUNN, R. E.: «Effects of anthropogenic emissions on climate: a review of selected topics», *Ambio,* 5, 1976, 209-212.

BATES, D. V.; BELL, G. M.; BURNHAM, C. D.; HAZUCHA, M.; MANTHA, J.; PENGELLY, L. D., y SILVERMAN, F.: «Short-term effects of ozone on the lung», *J. Applied Physiology,* 1972, 32, 176-181.

BEHR, P.: «EPA's "bubble" strategy», *Environment,* 1979, 21, 2-4.

BELL, J. N. B., y COX, R. A.: «Atmospheric ozone and plant damage in the United Kingdom», *Environ. Pollution,* 8, 1975, 167-170.

BENNETT, B. G.; KRETZSCHMAR, J. G.; AKLAND, G. G., y de KONING, H. W.: «Urban air pollution worldwide», *Environ. Sci. Technology,* 1985, 19, 298-304.

BERANEK, L. L.: *Noise and Vibration Control,* Englewood Cliffs, Nueva Jersey, McGraw-Hill, 1971.

BERNSTEIN, H. T.: «The mysterious disappearance of Edwardian London fog», *London Journal,* 1975, 1, 198-206.

BETTS, P. R.; ASTLEY, R., y RAINE, D. N.: «Lead intoxication in children in Birmingham», *Brit. Med. J.,* 1, 1973, 402-406.

BEUCHLEY, R. W.; BRUGGEN, J. V., y TRUPPI, L. E.: «Heat island = death island?», *Environ. Research,* 1972, 5, 85-92.

BHUMRALKAR, C. M., y ALICH, J. A.: «Meteorological effects of waste heat rejection from large electric power centres», *Power Engineering,* 1976, 80, 54-57.

BINDER, R. E.; MITCHELL, C. A.; HOSEIN, H. R., y BOUHUYS, A.: «Importance of the indoor environment in air pollution exposure», *Arch. Environ. Health,* 1976, 31, 277-279.

BJORSETH, A.: *Handbook of Polycyclic Aromatic, Hydrocarbons,* Basilea, Marcel Dekker, 1983.

Blacker, S. M.; Ott, W. R., y Stanley, T. W.: «Measurement and the law: monitoring for compliance with the Clean Air Amendments of 1970», *Intern. J. Environ. Studies,* 1977, 11, 169-185.

Blowers, A.: *Something in the Air: corporate power and the environment,* Londres, Harper & Row, 1984.

Bodkin, L. D.: «Carbon monoxide and smog», *Environment,* 1974, 16, 34-41.

Boeck, W. I.: «Meteorological consequences of atmospheric Krypton-85», *Science,* 1976, 193, 195-198.

Bond, A. R.: «Air pollution in Noril'sk: a Soviet worst case?», *Soviet* Geography, 1984, 25, 665-680.

Bowman, J. S.: «The Ecology Movement: a viewpoint», *Intern. J. Environ. Studies,* 1975, 8, 91-97.

Bowman, J. S., y Fuchs, T.: «Environmental coverage in the mass media: a longitudinal study», *Intern. J. Environ. Studies,* 1981, 18, 11-22.

Brady, G. L.: «Emissions trading in the United States: an overview and the technical requirements», *J. Environ. Management,* 1983, 17, 63-79.

Brazell, J. H.: «Meteorology and the Clean Air Act», *Nature,* 1970, 226, 694-696.

Brennan, R. P.: «A soft approach to chlorofluorocarbon regulation», *Environment,* 1979, 21, 41-42.

Brice, K. A.; Derwent, R. G.; Eggleton, A. E. J., y Penkett, S. A.: «Measurements of CCL3F and CCL4 at Harwell over the period January 1975-June 1981 and the atmospheric lifetime of CCL3F», *Atmospheric Environ.,* 1982, 16, 2543-2554.

Bridgman, H. A.: «Seasonal differences in the shortwave radiation budget at Newcastle, NSW», *Australian Geographer,* 1981, 15, 89-98.

Briggs, D. J., y France, J.: «Mapping noise pollution from road traffic for regional environmental planning», *J. Environ. Management,* 1982, 14, 173-179.

Brimblecombe, P.: «London air pollution 1500-1900», *Atmospheric Environment,* 1977, 11, 1157-1162.

Brimblecombe, P.: «London air pollution 1500-1900», *Atmospheric Environ.,* 1978, 12, 2522-2523.

Brimblecombe, P.: «Long term trends in London fog», *Science of the Total Environ.,* 1982, 22, 19-29.

Brodine, V.: «Episode 104», *Environment,* 1971, 13, 2-28.

Broecker, W. S.: «Climatic change: are we on the brink of a pronounced global warming?», *Science,* 1975, 189, 460-463.

Burde, B. de la, y Choate, M. S.: «Does asymptomatic lead exposure in children have latent sequelae?», *Pediar.,* 81, 1972, 1088-1091.

Burton, I.; Billingsley, D.; Blacksell, M.; Chapman, V.; Kirkby, A. V.; Foster, L., y Wall, G.: «Public response to a successful air pollution control programme», en J. A. Taylor (ed.), *Climatic Resources and Economic Activity,* Newton Abbot, David and Charles, 1974.

Butzer, K. W.: «Adaptation to global environmental change», *Prof. Geog.,* 1980, 32, 269-278.

Campbell, W. A., y Heath, M. S.: «Air pollution legislation and regulations», en A. C. Stern (ed.), *Air Pollution. Vol. 5,* Air Quality Management, 1977, 374-377.

CARTER, F. W.: «Pollution problems in post-war Czechoslovakia», *Trans. Inst. Brit. Geogr. New Series,* 1985, 10, 17-44.

CASS, G. R.: «On the relationship between sulphate air quality and visibility with examples in Los Angeles», *Atmospheric Environ.,* 1979, 13, 1069-1084.

CHAMBERLAIN, A. C.: «Deposition of iodine-131 in northern England in October 1957», *Quat. J. Royal Met. Soc.,* 1959, 85, 350-361.

CHANDLER, T. J.: «Surface breeze effects of Leicester's heat-island», *East Midland Geographer,* 1961, 2, 32-38.

CHANDLER, T. J.: *The Climate of London,* Londres, Hutchinson, 1965.

CHANDLER, T. J.: «Urban climatology and its relevance to urban design», *WMO Technical Note,* 149, Ginebra, World Meteorological Organization, 1976.

CHANG, S. D.: «Urban environmental quality in China: a luxury or a necessity?», *China Geographer,* 1985, 12, 81-99.

CHANGNON, S. A.: «The La Porte anomaly - fact or fiction?», *Bull. Amer. Met. Soc.,* 1968, 49, 4-11.

CHANGNON, S. A.: «Recent studies of urban effects on precipitation in the United States», *WMO Technical Note,* 108, Ginebra, World Meteorological Organization, 1970, 327-343.

CHANGNON, S. A.: «Urban effects on severe local storms at St Louis», *J. App. Meteor.,* 1978, 578-586.

CHANGNON, S. A.: «More on the La Porte anomaly: a review», *Bull. Amer. Met. Soc.,* 61, 1980, 702-711.

CHANGNON, S. A.; HUFF, F. A.; SCHICKEDANZ, P. T., y VOGEL, J. L.: *Summary of METROMEX, Volume 1: Weather Anomalies and Impacts,* Urbana, Illinois State Water Survey Division, Bulletin No. 62, 1977.

CHASE, D. J.: «Eco-journalism and the failure of crisis reporting», *J. Environ. Education,* 1973, 5, 4-7.

CHERFAS, J.: «US acts to clean up is act», *New Scientist,* 1980, 85, 164-166.

CHOCK, D. P.; KUMAR, S., y HERRMANN, R. W.: «An analysis of trends in oxidant air quality in the South Coast Air Basin of California», *Atmospheric Environ.,* 1982, 16, 2615-2624.

CLARK, W. C.; COOK, K. H.; MARLAND, G.; WEINBERG, A. M.; ROTTY, R. M.; BELL, P. R.; ALLISON, L. J., y COOPER, C. L.: «The carbon dioxide question: perspectives for 1982», en W. C. Clark (ed.), *Carbon Dioxide Review 1982,* Oxford, Oxford University Press, 1982, 3-44.

CLARKE, R., y TIMBERLAKE, L.: *Stockholm Plus Ten. Promises, Promises? The Decade Since the 1972 UN Environment Conference,* Londres, Earthscan, 1982.

COGBILL, C. V., y LIKENS, G. E.: «Acid precipitation in the NE USA», *Water Resources Res.,* 1974, 10, 1133-1137.

COGGLE, J. E.: *Biological Effects of Radiation,* 2.ª edición, Londres, Taylor & Francis, 1983.

COMITÉ DE LA CÁMARA DE LOS COMUNES EN LAS COMUNIDADES EUROPEAS: *Air Pollution,* 22nd Report, período 1983-84, Londres, HMSO, 1984.

COMMINS, B. T., y WALLER, R. E.: «Observations from a ten year study of pollution at a site in the city of London», *Atmospheric Environ.,* 1967, 1, 49-68.

COMMISSION OF THE EUROPEAN COMMUNITIES, JOINT RESEARCH CENTRE: «Isotopic lead experiment status report», *Commission of the European Communities Report,* No. EUR 8352 EN, Luxemburgo, 1982.

CONSEJO DE GRAN BRETAÑA PARA EL GRAN LONDRES: *Public Services and Safety Committee Report, 15 February 1979,* Londres, GLC, 1979. COMITÉ PARA EL MEDIO AMBIENTE DE LA CÁMARA DE LOS COMUNES DE GRAN BRETAÑA: *Acid Rain,* período 1983-84, Londres, HMSO, 1984.

COOPER, C. F.: «Food and fiber», en W. C. Clark (ed.), *Carbon Dioxide Review 1982,* Oxford, Oxford University Press, 1982, 299-320.

COPLEY INTERNATIONAL CORPORATION: *National Survey of the Odor Problem,* Springfield, Virginia, US Dept. of Commerce, National Technical Information Service, Publ. No. PB-194 376, 1970.

COPLEY INTERNACIONAL CORPORATION: *A Study of the Social and Economic Impact of Odors, Phase II,* Springfield, Virginia, US Dept. of Commerce, National Technical Information Service, Publ. No. PB-205 936, 1971.

COSTLE, D. M.: «Dollars and sense: putting a price tag on pollution», *Environment,* 1979, 21, 25-27.

COVEY, C.; SCHNEIDER, S. H., y THOMPSON, S. L.: «Global atmospheric effects of massive smoke injections from a nuclear war: results from general circulation model simulations», *Nature,* 1984, 308, 21-25.

COX, R. A.; EGGLETON, A. E. J.; DERWENT, R. G.; LOVELOCK, J. E., y PACK, D. H.: «Long-range transport of photochemical ozone in north-western Europe», *Nature,* 1975, 255, 118-121.

CREECH Jr. J. L., y JOHNSON, M. N.: «Angiosarcoma of liver in the manufacture of polvinyl chloride», *J. Occup. Med.,* 1974, 16, 150-151.

CRICK, M. J., y LINSLEY, G. S.: «An assessment of the radiological impact of the Windscale Reactor fire 1957», *National Radiological Protection Board Report,* 135, Londres, HMSO, 1983.

CROSSLAND, J.: «Reporting pollution», *Environment,* 1978, 20, 29-31.

CRUTZEN, P. J.: «SSTs - a threat to the Earth's ozone shield», *Ambio,* 1, 1972, 41-51.

CRUTZEN, P. J.: «Estimates of possible future ozone reductions from continued use of fluoro-chloro-methanes (CF2CL2, CFCL3)», *Geophys. Res. Letters,* 1, 1974, 205-208.

CRUTZEN, P. J.: «Upper limits on atmospheric ozone reductions following increased applications of fixed nitrogen to the soil», *Geophys. Res. Letters,* 3, 1976, 169-172.

CRUTZEN, P. J., y ARNOLD, F.: «Nitric acid cloud formation in the cold Antarctic stratosphere: a major cause for the springtime "ozone-hole"», *Nature,* 1986, 324, 651-655.

CRUTZEN, P. J., y BIRKS, J. W.: «The atmosphere after a nuclear war: twilight at noon», *Ambio,* 1982, 11, 114-125.

DAISEY, J. M.; KNEIP, T. J.: WANG, M-x.; REN, L-x., y LU, W-x.: «Organic and elemental composition of airborne particulate matter in Beijing, Spring 1981», *Aerosol Science and Technology,* 1983, 2, 407-415.

DAVID, O. J.; HOFFMAN, S. P.; CLARK, J.; GRAD, G., y SVERD, J.: «The relationship of hyperactivity to moderately elevated lead levels», *Arch. Environ. Health,* 1983, 38, 341-346.

DAVIDSON, A.: «Comment on "ten-year ozone trends in California and Texas"», *J. Air Pollut. Control Ass.,* 1986, 36, 597-598.

DAVIES, T. D.; ABRAHAMS, P. W.; TRANTER, M.; BLACKWOOD, I.; BRIMBLECOMBE, P., y VINCENT, C. E.: «Black acidic snow in the remote Scottish Highlands», *Nature,* 1984, 312, 58-61.

DE LUCIA, J. A., y ADAMS, W. C.: «Effects of ozone inhalation during exercise on pulmonary function and blood biochemistry», *J. Applied Physiology,* 1977, 43, 75-81.

DEPARTAMENTO PARA EL MEDIO AMBIENTE DE GRAN BRETAÑA: «Chlorofluorocarbons and their effect on stratospheric ozone (second report)», *Pollution Paper, Central Directorate on Environ. Pollution,* Londres, HMSO, 1979a, 15.

DEPARTAMENTO PARA EL MEDIO AMBIENTE DE GRAN BRETAÑA: «The United Kingdom environment 1979: progress of pollution control», *Pollution Paper, Central Directorate on Environ. Pollution,* Londres, HMSO, 16, 1979b.

DEPARTAMENTO PARA EL MEDIO AMBIENTE DE GRAN BRETAÑA: «Lead in the environment: the government response to the ninth report of the Royal Commission on Environmental Pollution», *Pollution Paper, Central Directorate on Environ. Pollution,* Londres, HMSO, 19, 1983.

DEPARTAMENTO PARA EL MEDIO AMBIENTE DE GRAN BRETAÑA: «Controlling pollution: principles and prospect. The Government's response to the Tenth Report of the Royal Commission on Environmental Pollution», *Pollution Paper, Central Directorate on Environ. Pollution,* Londres, HMSO, 1984a, 22.

DEPARTAMENTO PARA EL MEDIO AMBIENTE DE GRAN BRETAÑA: *Digest of Environmental Pollution and Water Statistics No. 6 (1983),* Londres, HMSO, 1984b.

DEPARTAMENTO PARA EL MEDIO AMBIENTE DE GRAN BRETAÑA: *Digest of Environmental Protection and Water Statistics, No. 7 (1984),* Londres, HMSO, 1985.

DEPARTAMENTO PARA EL MEDIO AMBIENTE DE GRAN BRETAÑA: *Digest of Environmental Protection and Water Statistics, No. 8 (1985),* Londres, HMSO, 1986.

DEPARTAMENTO DE SALUD Y SEGURIDAD SOCIAL DE GRAN BRETAÑA: *Lead and Health: the Report of a DHSS Working Party on lead in the environment,* Londres, HMSO, 1980.

DEPARTAMENTO DE COMERCIO E INDUSTRIA DE GRAN BRETAÑA: «Air Pollution», *Technology and the Environ,* 1983, 12(3), 51-56.

DEPARTAMENTO DE COMERCIO E INDUSTRIA DE GRAN BRETAÑA: «Air Pollution», *Technology and the Environ.,* 1984, 12(4), 35-45.

DERWENT, R. G.: «Two-dimensional model studies of the impact of aircraft exhaust emissions on tropospheric ozone», *Atmospheric Environ.,* 1982, 16, 1997-2007.

DERWENT, R. G., y STEWART, H. N. M.: «Air pollution from the oxides of nitrogen in the UK», *Atmospheric Environ.,* 1973, 7, 385-401.

DERWENT, R. G.; MCINNES, G.; STEWART, H. N. M., y WILLIAMS, M. L.: *The Occurrence and Significance of Air Pollution by Photochemically Produced Oxidant in the British Isles 1972-75,* Stevenage, Warren Spring Laboratory, Report LR 227 (AP), 1976.

DIENES, L.: «Environmental disruption in Eastern Europe», en I. Volgyes (ed.), *Environmental Deterioration in the Soviet Union and Eastern Europe,* Nueva York, Praga, 1974, 141-158.

DOWNS, A.: «Up and down with ecology - the "issue attention cycle"», *Public Interest,* 1972, 28, 38-51.

DWORKIN, J. M., y PIJAWKA, K. D.: «Air quality and perception: explaining change in Toronto, Ontario», *Working Paper, Inst. of Environ. Studies, University of Toronto,* EPR-9, 1981.

EAGLEMANN, R. J.: «Focus on the ozone layer», *Environ. Conservation,* 1981, 8, 147-149.

ECONOMIC COMMISSION FOR EUROPE: *Air Pollution Across Boundaries,* Nueva York, United Nations, Air Pollution Studies 2, 1985.

EGGLETON, A. E. J.: «The chemical composition of atmospheric aerosols on Tee-side and its relation to visibility», *Atmospheric Environ.,* 1969, 3, 355-372.

EHRLICH, P., y 19 más: «Long-term bilogical consequences of nuclear war», *Science,* 1983, 222, 1293-1300.

EINBENDER, G.; BAKALIAN, A.; WALL, T.; HOAGLAND, P., y KAMLET, K. S.: «The case for immediate controls on acid rain», *Materials and Society,* 1982, 6, 251-282.

EISENBUD, M.: *Envionmental Radioactivity,* 2.ª edición, Londres y Nueva York, Academic Press, 1973.

EL-HINNAWI, E. E.: *Nuclear Energy and the Environment,* Oxford, Pergamon Press, United Nations Program, Nairobi, Kenya, 1980.

ELIASSEN, A., y SALTBONES, J.: «Modelling of long-range transport of sulphur over Europe: a two-year model run and some model experiments», *Atmospheric Environ,* 1983, 17, 1457-1473.

ELSOM, D. M.: «The changing nature of a meteorological hazard», *Meteorology, UK,* 1978a, 3, 297-299.

ELSOM, D. M.: «Meteorological aspects of air pollution episodes in urban areas», *Discussion Paper in Geography, Oxford Polytechnic,* 1978b, 5.

ELSOM, D. M.: «Air pollution episode in Greater Manchester», *Weather,* 1979, 34, 277-286.

ELSOM, D. M.: «Drastic reduction in the United Kingdom Air Pollution Monitoring Network», *Geography,* 1982, 67, 134-137.

ELSOM, D. M.: «Pollution», en M. Pacione (ed.), *Progress in Urban Geography,* Beckenham, Croom Helm, 1983, 251-277.

ELSOM, D. M.: «Los Angeles smog threatens 1984 Olympic Games», *Weather,* 1984a, 39, 200-207.

ELSOM, D. M.: «The Olympics under a cloud», *Geographical Mag.,* 1984b, 56, 338-340.

ELSOM, D. M. c: «Climatic change induced by a large-scale nuclear exchange», *Weather,* 1984, 39, 268-271.

ELSOM, D. M.: «Climatological effects of a nuclear exchange: a review», en D. M. Pepper y A. Jenkins (eds.), *The Geography of Peace and War,* Oxford, Basil Blackwell, 1985.

ELSOM, D. M., y MEADEN, G. T.: «Suppression and dissipation of weak tornadoes in metropolitan areas: a case-study of Greater London», *Mon. Weath. Rev.,* 1982, 110, 745-756.

«EMEP. The Co-operative Programme for Monitoring and Evaluation of Long. Range Transmission of Air Pollution in Europe», *Economic Bulletin for Europe,* 1982, 34, 29-40.

FINDLATER, J.: «The low-level cross-equatorial air current of the western Indian Ocean during the northern summer», *Weather,* 1974, 29, 411-416.

FINDLAY, B. F., y HIRT, M. S.: «An urban-induced meso-circulation», *Atmospheric Environ.,* 1969, 3, 537-542.

FISHMAN, J.; RAMANATHAN, V.; CRUTZEN, P. J., y LIU, S. C.: «Tropospheric ozone and climate», *Nature,* 1979, 282, 818-820.

FLESH, R. D.; BURNS, J. C., y TURK, A.: «An evaluation of community problems caused by industrial odors», en A. Turk, J. W. Johnson Jr, y D. G. Moulton (ed.), *Human Responses to Environmental Odors,* Nueva York, Academic Press, 1974, 33-44.

FLOHN, H.: «Climate and energy: a scenario to a 21st century problem», *Climatic Change,,* 1977, 1, 5-20.

FLOWER, R. J., y BATTARBEE, R. W.: «Diatom evidence for recent acidification of two Scottish lochs», *Nature,* 1983, 305, 130-133.

FOLINSBEE, L. J.; SILVERMAN, F., y SHEPHARD, R. J.: «Exercise responses following ozone exposure», *J. Applied Physiology,* 1975, 38, 996-1001.

FOLINSBEE, L. J.: *Environmental Stress: Individual Human Adaptations,* Nueva York, Academic Press, 1978.

FOWLER, D.; CAPE, J. N.; LEITH, I. D.; PATERSON, I. S.; KINNAIRD, J. W., y NICHOLSON, I. A.: «Rainfall acidity in northern Britain», *Nature,* 1982, 297, 383-386.

FUJITA, T. T.: «Tornadoes around the world», *Watherwise,* 1973, 26, 56-62, 78-83.

FULLER, J. G.: *The Poison that Fell From the Sky,* Nueva York, Random House, 1977.

GALLOWAY, J. N.; LIKENS, G. E., y EDGERTON, E. S.: «Acid precipitation in the Northeastern US: pH and acidity», *Science,* 1976, 194, 722-724.

GEMS (GLOBAL ENVIRONMENT MONITORING SYSTEM): *Urban Air Pollution 1973-1980,* Ginebra, World Health Organization, 1984.

GILBERT, O. L.: «An air pollution survey by school children», *Environ. Pollution,* 1974, 6, 170-180.

GILES, J. W.: «The Canadian acid rain program», en T. C. Elliott y R. G. Schwieger (eds.), *The Acid Rain Sourcebook,* Nueva York, McGraw-Hill, 1984, 56-63.

GILLILAND, R. L.: «Solar, volcanic, and carbon dioxide forcing of recent climatic changes», *Climatic Change,* 1982, 4, 111-131.

GILLILAND, R. L., y SCHNEIDER, S. H.: «Volcanic, carbon dioxide and solar forcing of Northern and Southern Hemisphere surface air temperature», *Nature,* 1984, 310, 38-41.

GLASS, R. I.: «A perspective on environmental health in the USRR», *Arch. Environ. Health,* 1975, 30, 391-395.

GOLD, E.: «Smog. The rate of influx of surrounding cleaner air», *Weather,* 1956, 11, 230-232.

GOLDMAN, M. I.: «The convergence of environmental disruption», *Science,* 1970, 170, 37-42.

GOLDSMITH, J. R.: *Environmental Epidemiology. Epidemiological Investigations of Community Environmental Health Problems,* Boca Ratón, Florida, CRC Press, 1986.

GOLDSMITH, J. R.; TUCK, A. F.; FOOT, J. S.; SIMMONS, E. L., y NEWSON, R. L.: «Nitrogen oxides, nucelar weapon testing, Concorde and stratospheric ozone», *Nature,* 1973, 244, 545-551.

GOODENOUGH, R.: «Recent developments in California's environmental review process - an evaluation of the use of environmental impact reports», *Intern. J. Environ. Studies,* 1983, 20, 181-189.

GORHAM, E.: «What to do about acid rain», *Tech. Review,* 1982, 85, 59-70.

GREEN, L. Jr.: «Coal cleaning: the first step», en T. C. Elliott y R. G. Schwieger (eds.), *The Acid Rain Sourcebook,* Nueva York, McGraw-Hill, 1984, 112-122.

GREENBURG, L.; FIELD, F.; REED, J. I., y ERHARD, C. L.: «Air pollution and morbidity in New Yor City», *J. American Medical Society,* 1962, 182, 161-164.

GREGORY, R.: «Conservation, planning and politics: some aspects of the contemporary British scene», *Intern. J. Environ. Studies,* 1972, 4, 33-39.

GRENNFELT, P., y SCHJOLDAGER, J.: «Photochemical oxidants in the troposphere: a mounting menace», *Ambio,* 1984, 13, 61-67.

GROSS, M.: «Computer simulation in urban planning and air pollution control», *J. Environ. Systems,* 1982, 11, 257-269.

GROVES, K. S., y TUCK, A. F.: «Simultaneous effects of carbon dioxide and chlorofluromethanes on stratospherie ozone», *Nature,* 1979, 280, 127-129.

GUNNINGHAM, M.: *Pollution, Social Interest and the Law,* Londres, Martin Robertson, 1974.

GUO, H.: «Environmental protection in China», *Beijing Review,* 1981, 26, 12-15.

HACKNEY, J. D.; LINN, W. S.; MOHLER, J. G., y COLIER, C.: «Adaptation to short-term respiratory effects of ozone in men exposed repeatedly», *J. Applied Physiology,* 1977a, 43, 82-85.

HACKNEY, J. D.; LINN, W. S.; LAW, D. C.; KARUZA, S. K.; GREENBURG, H.; BUCKLEY, R. D., y PEDERSEN, E. E.: «Experimental studies on human health effects of air pollutants III. Two-hour exposure to ozone alone and in combination with other pollutant gases», *Arch. Environ. Health,* 1975, 30, 385-390.

HACKNEY, J. D.; LINN, W. S.; KARUZA, S. K.; BUCKLEY, R. D.; LAW, D. C.; BATES, D. V.; HAZUCHA, M.; PENGELY, L. D., y SILVERMAN, F. b: «Effects of ozone exposure in Canadians and southern Californian's», *Arch. Environ. Health,* 1977, 32, 110-116.

HAIGH, N.: *EC Environmental Policy and Britain,* Londres, Environmental Data Services, 1984.

HALL, L. W.: «Environmental management in China: a two-part perspective. Part II: the costs and benefits of mobilising the masses against waste», *China Geographer,* 1977, 8, 37-56.

HAMMER, D. I.; HASSELBLAD, V.; PORTNOY, B., y WEHRLE, P. F.: «Los Angeles student nurse study: daily sympton reporting and photochemical oxidants», *Arch. Environ. Health,* 1974, 28, 255-260.

HANDSCOMBE, C., y ELSOM, D. M.: «Rationalisation of the National Survey of Air Pollution Monitoring Network of the United Kingdom using spatial correlation analysis: a case-study of the Greater London area», *Atmospheric Environ.,* 1982, 16, 1061-1070.

HANNA, S. R., y GIFFORD, F. A.: «Meteorological effects of energy dissipation at large power parks», *Bull. Amer. Met. Soc.,* 1975, 56, 1069-1076.

HANSEN, J.; JOHNSON, D.; LACIS, A.; LEBEDEFF, S.; LEE, P.; RIND, D., y RUSSELL, G.: «Climate impact of increasing atmospheric carbon dioxide», *Science,* 1981, 213, 957-966.

HANSEN, J.; JOHNSON, D.; LACIS, A.; LEBEDEFF, S.; LEE, P.; RIND, D., y RUSSELL, G.: «Climate effects of atmospheric carbon dioxide», *Science,* 1983, 220, 873-875.

HARE, F. K.: «The carbon dioxide question - threat or opportunity?», *Environ. Conservation,* 1982, 9, 343-344.

HARRIS, B. D., y SMITH, K.: «Cleaner air improves visibility in Glasgow», *Geography,* 1982, 67, 137-139.

HARRIS, G. R.: «Positive impacts of environmental policy on business in the United States», *Intern. J. Environ. Studies,* 1981, 16, 75-83.

HARRISON, H.: «Stratospheric ozone with added water vapour: influence of high-altitude aircraft», *Science,* 1970, 170, 734-736.

HARRISON, R., y MCGOLDRICK, B.: «Mapping artificial heat release in Great Britain», *Atmospheric Environ.,* 1981, 15, 667-674.

HART, G.: «Clean air: time for responsible reform», *J. Air Pollut. Control Ass.,* 1982, 32, 14-18.

HARTE, J.: «An investigation of acid precipitation in Qinghai Province, China», *Atmospheric Environ.,* 1983, 17, 403-408.

HAWKES, N.; LEAN, G.; LEIGH, D.; MCKIE, R.; PRINGLE, P., y WILSON, A.: *The Worst Accident in the World,* Londres, Pan Books/Heinemann, 1986.

HAWKSWORTH, D. L., y ROSE, F.: «Qualitative scale for the estimating sulphur dioxide air pollution in England and Wales using epiphytic lichens», *Nature,* 1970, 227, 145-148.

HAWKSWORTH, D. L., y ROSE, F.: *Lichens as Pollution Monitors,* Londres, Edward Arnold, Inst. of Biology, Studies in Biology No. 66, 1976.

HAZUCHA, M.; SILVERMAN, F.; PARENT, C.; FIELD, S., y BATES, D. V.: «Pulmonary function in man after short-term exposure to ozone», *Arch. Environ. Health,* 1973, 27, 183-188.

HAZUCHA, M.; GINSBERG, J. F.; MCDONNELL, W. F.; HAAK, Jr. E. D.; PIMMEL, R. L.; SALAAM, S. A.; HOUSE, D. E., y BROMBERG, P. A.: «Effects of 0.1 ppm nitrogen dioxide on airways of normal and asthmatic subjects», *J. Applied Physiology,* 1983, 54, 730-739.

HECK, W. W.; TAYLOR, O. C.; ADAMS, R.; BINGHAM, G.; MILLER, J.; PRES-

TON, E., y WEINSTEIN, L.: «Assessment of crop loss from ozone», *J. Air Pollut. Control Assoc.,* 1982, 32, 353-358.
HECK, W. W.; ADAMS, R. M.; CURE, W. W.; HEAGLE, A. S.; HEGGERSTAD, H. E.; KOHUT, R. J.; KRESS, L. W.; RAWLINGS, J. O., y TAYLOR, O. C.: «A reassessment of crop loss from ozone», *Environ. Sci. Technology,* 1983, 17, 572-581.
HEICKLIN, J.: «Control of photochemical smog by diethylhydroxilamine», *Atmospheric Environ.,* 1981, 15, 229-241.
HENDREY, G. R.; BAALSRUD, K.; TRAAEN, T. S.; LAAKE, M., y RADDUM, G.: Some hydrological changes», *Ambio,* 1976, 5, 224-227.
HIBBARD, W. R.: «Acid precipitation: a critique of present knowledge and proposed action», *Materials and Society,* 1982, 6, 357-383.
HIDY, G. M.; MUELLER, P. K., y TONG, E. Y.: «Spatial and temporal distributions of airborne sulfate in parts of the US», *Atmospheric Environ.,* 12, 1978, 735-752.
HIDY, G. M.; HANSEN, D. A.; HENRY, R. C.; GANESAN, K., y COLLINS, J.: «Trends in historical acid precursor emissions and their airborne and precipitation products», *J. Air Pollut. Control Ass.,* 1984, 31, 333-354.
HINRICHSEN, D.: «Multiple pollutants and forest decline», *Ambio,* 1986, 15, 258-262.
HOGSTROM, U.: «Meteorology of cities as related to air pollution dispersion. WMO Symposium on Boundary Layer Physics applied to specific problems of air pollution», *WMO Technical Note,* 510, Ginebra, World Meteorological Organization, 1978, 53-61.
HOHENEMSER, C.; DEICHER, M.; ERNST, A.; HOFSASS, H.; LINDNER, G., y RECKNAGEL, E.: «Chernobyl: an early report», *Environment,* 1986, 6-13, 30-43.
HOLDGATE, M. W.; KASSAS, M., y WHITE, G. H.: *The World Environment 1972-1982.* Dublín, Tycooly International, 1982a.
HOLDGATE, M. W.; KASSAS, M., y WHITE, G. H.: «World environmental trends between 1972 and 1982», *Environ. Conservation,* 1982b, 9, 11-29.
HOSLER, C. L., y LANDSBERG, H.: «The effect of localised man-made heat and moisture sources in mesoscale weather modification», en National Academy of Sciences, *Energy and Climate,* Washington, DC, Studies in Geophysics, Geophysics Study Committee, 1977, 96-105.
HOV, O.: «Ozone in the troposphere: high level pollution», *Ambio,* 1984, 13, 73-79.
HUFF, F. A., y CHANGNON, S. A.: «Precipitation modification by major urban areas», *Bull. Amer. Met. Soc.,* 1973, 54, 1220-1232.
HULM, P.: «WMO reiterates risk of ozone depletion», *Ambio,* 1982, 11, 70.
HUNTZICKER, J. J.; FRIEDLANDER, S. K., y DAVIDSON, C.: «Material balance for automobile-emitted lead in Los Angeles basin», *Environ. Sci. Technology,* 1982, 9, 448-457.
ICPR-26 (INTERNATIONAL COMMISSION ON RADIOLOGICAL PROTECTION): «Recommendations of the International Committee on Radiological Protection», *Annals of the ICRP,* 1977, 1, 1-53.
ICPR-29 (INTERNATIONAL COMMISSION ON RADIOLOGICAL PROTECTION): «Radio-

nuclide release into the environment: assessment of doses to man», *Annals of the ICPR,* 1979, 2, 1-76.
IDSO, S. B.: «The climatological significance of a doubling of Earth's atmospheric carbon dioxide concentration», *Science,* 1980, 207, 1462-1463.
IDSO, S. B.: «A review of reports dealing with the greenhouse effect of atmospheric carbon dioxide», *J. Air Pollut. Control Ass.,* 1984, 34, 553-555.
INTERNATIONAL ATOMIC ENERGY AGENCY: *Nuclear Power Reactors in the World,* Viena, International Atomic Energy Agency, 1986.
IZMEROV, N. F.: «Control of air pollution in the USSR», *Public Health Paper, World Health Organization,* Ginebra, 54, 1973.
JACOBSON, H. K., y KAY, D. A.: «A framework for analysis», en D. A. Kay y H. K. Jacobson (eds.), *Environmental Protection,* Allanheld, Osmun Publishers, 1-21, 1983.
JERNELOV, A.: «Acid rain and sulphur dioxide emissions in China», *Ambio,* 12, 1983, 362.
JOHNSON, A. H., y SICCAMA, T. G.: «Acid deposition and forest decline», *Environ. Sci. Technology,* 17, 249A-305A, 1983.
JOHNSON, S. P.: *The Pollution Control Policy of the European Communities,* Londres, Graham y Trotman, 1979.
JOHNSTON, H.: «Reduction of stratospheric ozone by nitrogen oxide catalysts from supersonic transport exhaust», *Science,* 173, 1971, 517-522.
JONES, C. O.: «Air pollution and contemporary environmental politics», *Growth and Change,* 4, 1973, 22-27.
KAGAWA, J., y TOYAMA, T.: «Photochemical air pollution; its effects on respiratory functions of elementary school children», *Arch. Environ. Health,* 30, 1975, 117-122.
KALLEND, A. S.; MARSH, A. R. W.; PICKLES, J. H, y PROCTOR, M. V.: «Acidity of rain in Europe», *Atmospheric Environ.,* 1983, 17, 127-137.
KATES, R. W.: «Risk assessment of environmental hazard», *Scope Report,* 8, Chichester, Wiley, 1977.
KAZIS, R., y GROSSMAN, R. L.: «Job-taker or job-maker?», *Environment,* 24, 1982, 13-20, 43.
KEATING, G. M.: «Relation between monthly variations of global ozone and solar activity», *Nature,* 274, 1978, 873-874.
KEITH, R. W.: *A Climatological-Air Quality Profile: California South Coast Air Basin,* El Monte, California, South Coast Air Quality Management District, Air Programs Division Report, 1980.
KELLEY, D. R.: «East-West environmental cooperation», *Environment,* 22, 1980, 29-37.
KELLEY, D. R.; STUNKEL, K. R., y WESTCOTT, R. R.: *The Economic Superpowers and the Environment,* San Francisco, Freeman, 1976, 64-70.
KELLOGG, W. W.: «Global influences of mankind on the climate», en J. Gribbin (ed.), *Climatic Change, Cambridge, Cambridge University Press, 1978,* 205-227.
KELLOGG, W. W., y SCHWARE, R.: *Climatic Change and Society: consequences of increasing atmosphere carbon dioxide,* Boulder, Westview Press, 1981.

KELLY, J. J.: «Innovations in air pollution abatement technology», en *Proc. of Seminar: Air Pollution - Impacts and Control,* Dublín, National Board for Science and Technology, 1979, 70-86.

KEMF, E.: «Air pollution in the Arctic», *Ambio,* 13, 122-123, 1984.

KERR, H. D.; KULLE, T. J.; McILHANY, M. L., y SWIDERSKY, P.: «Effects of ozone on pulmonary function in normal subjects», An environmental-chamber study, *Amer. Rev. Resp. Dis.,* 111, 763-773, 1975.

KERR, H. D.; KULLE, T. J.; McILHANY, M. L., y SWIDERSKY, P.: «Effects of nitrogen dioxide on pulmonary function in human subjects: an environmental chamber study», *US Environmental Protection Agency, Washington, DC, Report,* EPA-600/1-78-025, 1978.

KHALIL, M. A. K., y RASMUSSEN, R. A.: «Carbon monoxide in the Earth's atmosphere: increasing trend», *Science,* 224, 54-56, 1984.

KIMBALL, B. A.: *Report 11,* Fénix, Arizona, US Water Conservation Laboratory, 1982.

KINZELBACH, W. K. H.: «Energy and environment in China», *Environ. Policy and Law,* 8, 78-82, 1982.

KINZELBACH, W. K. H.: «China: energy and environment», *Environ. Management,* 7(4), 303-310, 1983.

KNEESE, A. V.: *Measuring the Benefits of Clean Air and Water,* Washington, DC, Resources for the Future, 1984.

KO, N. W. M.: «Traffic noise in a high rise city», *Applied Acoustics,* 11, 225-239, 1978.

KOENIG, J. Q.; PIERSON, W. E., y FRANK, R.: «Actue effects of inhaled sulphur dioxide plus sodium chloride aerosol on pulmonary function in asthmatic adolescents», *Enviton. Res.,* 22, 145, 1980.

KOENIG, J. Q.; PIERSON, W. E., y FRANK, R.: «Acute effects of inhaled sulphur dioxide and exercise on pulmonary function in asthmatic adolescents», *J. Allergy and Clinical Immunology,* 63, 154, 1979.

KOMAROV, B.: *The Destruction of Nature in the Soviet Union,* Nottingham, Pluto Press, 1980a.

KOMAROV, B.: «Soviet conservation: a bear with no claws», *New Scientist,* 88, 514-515, 1980b.

KOMHYR, W. D.; BARRETT, E. W.; SLOCUM, G., y WEICKMANN, H. K.: «Atmospheric total ozone increase during the 1960s», *Nature,* 232, 390-391, 1971.

KONDRATYEV, K. Ya., y NIKOLSKY, G. A.: «The stratospheric mechanism of solar and anthropogenic influences on climate», en B. M. McCormac y T. A. Seliga (eds.), *Solar-Terrestrial Influences on Weather and Climate,* Dordrecht, Reidel, 317-322, 1979.

KORMONDY, E. J.: «Environmental protection in Hungary and Poland», *Environment,* 22, 31-37, 1980.

KRIER, J. E., y URSIN, E.: *Pollution and Policy: a case essay on Californian and federal experience with motor vehicle air pollution 1940-75,* Berkeley y Los Angeles, University of California Press, 1977.

LAL, M.; DUBE, S. K.; SINHA, P. C., y JAIN, A. K.: «Potential climatic consequences of incresing anthropogenic constituents in the atmosphere», *Atmospheric Environ.,* 20, 639-642, 1986.

LANDSBERG, H. E.: *The Urban Climate,* Nueva York, Academic Press, 1981.
LANSDOWN, R.; YULE, W.; URBANOWICZ, M.-A., y MILLER, I. B.: «Blood lead, intelligence, attainment and behaviour in school children: overview of a pilot study», en M. Rutter y R. Russell Jones (eds.), *Lead Versus Health: sources and effects of low level lead exposure,* Chichester, Wiley, 1983.
LAST, J. A.; GREENBURG, D. B., y CASTLEMAN, W. L.: «Ozone-induced alterations in collagen metabolism of rat lungs», *Toxicology and Applied Pharmacology,* 51, 247-258, 1979.
LASZLO, E.: «The state of the environment in Hungary», *Ambio,* 13, 93-108, 1984.
LAVE, L. B., y OMENN, G. S.: *Clearing the Air: reforming the Clean Air Act,* Washington, DC, Brookings Institution, 1981.
LAVE, L. B., y SESKIN, E.: *Air Pollution and Human Health,* Baltimore, Johns Hopkins University Press, 1977.
LAWTHER, P. J.; MACFARLANE, A. J.; WALLER, R. W., y BROOKS, A. G. F.: «Pulmonary function and sulphur dioxide: some preliminary findings», *Environ. Res.,* 10, 355-369, 1975.
LAXEN, D.: «Nitrogen dioxide: an air quality problem in London?», *London Environ. Bulletin,* 3, 10-12, 1985.
LEE, D. O.: «Trends in summer visibility in London and southern England 1962-1979», *Atmospheric Environ.,* 17, 151-159, 1983a.
LEE, D. O.: «Pollutions over London», *Geographical Mag.,* 55, 278-279, 1983b.
LEE, D. O.: «Britain's imported air pollution», *Geography,* 70, 257-258, 1985.
LEE, R. E. Jr.; CALDWELL, J. S., y MORGAN, G. B.: «The evaluation of methods for measuring suspended particulates in air», *Atmospheric Environ.,* 6, 593-622, 1972.
LEE, S. D.: *Nitrogen Oxides and Their Effects on Health,* Ann Arbor, Ann Arbor Science, 1980.
LEONARDOS, G.: «A critical review of regulations for the control of odors», *J. Air Pollut. Control Ass.,* 24, 456-468, 1974.
LEVITT, R.: *Implementing Public Policy,* Londres, Croom Helm, 1980.
LEWIS, D., y DAVIS, W.: *Joint Report of the Special Envoys on Acid Rain,* Ontario, Environment Canada, 1980.
LEWIS, W. M., y GRANT, M. C.: «Acid precipitation in the western United States», *Science,* 207, 176-177, 1980.
LI, W.: «Trees that help to reduce pollution», *Clean Air,* 9(1), 6-7, 1979.
LIE, S. C.; CICERONE, R. J.; DONAHUE, T. M., y CHAMEIDES, W. L.: «Limitation of fertiliser induced ozone reduction by the long lifetime of the reservoir of fixed nitrogen», *Geophys. Res. Letters.,* 3, 157-160, 1976.
LIKENS, G. E., y BORMANN, F. H.: «Acid rain; a serious regional environmental problem», *Science,* 184, 1176-1179, 1974.
LIKENS, G. E., y BUTLER, T. J.: «Recent acidification of precipitation in North America», *Atmospheric Environ.,* 15, 1103-1109, 1981.
LIKENS, G. E.; BORMANN, F. H., y JOHNSON, N. M.: «Acid rain», *Environment,* 14, 33-40, 1972.
LIKENS, G. E.; WRIGHT, R. F.; GALLOWAY, J. N., y BUTLER, T. J.: «Acid rain», *Scientific American,* 241, 39-47, 1979.

LIN, G.-Y.: «Simple Markov chain model of smog probabilities in the South Coast Air Basin of California», *Prof. Geog.*, 33, 228-236, 1981.

LIN, G.-Y., y BLAND, W. R.: «Spatio-temporal variations in photochemical smog concentrations in Los Angeles County», *California Geographer*, 20, 28-52, 1980.

LINN, W. S.; JONES, M. P.; BACHMAYER, E. A.; SPIER, C. E.; MAZUR, S. F.; AVOL, E. L., y HACKNEY, J. D.: «Short-term respiratory effects of polluted ambient air: a laboratory study of volunteers in a high-oxidant community», *Amer. Review of Resp. Dis.*, 121, 243-249, 1980.

LIROFF, R. A.: *Air Pollution Offsets: trading, selling, and banking,* Washington, DC, Conservation Foundation, 1980.

LISS, P. S., y CRANE, A.: *Man-made Carbon Dioxide and Climatic Change,* Norwich, Geo Books, 1983.

LOVINS, A. B., y LOVINS, L. H.: «Energy, economics and climate - an editorial», *Climatic Change,* 4, 217-220, 1982.

LUBINSKA, A.: «Towards lead-free auto fuel», *Nature,* 311, 401, 1984.

LUNDQVIST, L. J.: *The Hare and the Tortoise: Clean Air Policies in the United States and Sweden,* Ann Arbor, University of Michigan Press, 1980.

LYONS, W. A., y DOOLEY, Jr. J. C.: «Satellite detection of long-range pollution transport and sulphate aerosol hazes», *Atmospheric Environ.*, 12, 621-631, 1978.

McAFEE, J.: «Clean air, energy, and jobs: can we have them all?», *J. Air Pollut. Control Ass.*, 32, 8-18, 1982.

McCAFFERTY, W. B.: *Air Pollution and Athletic Perfomance,* Springfield, Illinois, Charles C. Thomas, 1981.

McCORMICK, J.: *Acid Earth: The Global Threat of Acid Precipitation,* Londres, International Institute for Environment and Development (Earthscan), 1985.

McDONALD, G. J.: *The Long-term Impacts of Increasing Atmospheric Carbon Dioxide Levels,* Cambridge, Mass., Ballinger, 1982.

McDONALD, P. I.: «New policies for control of environmental pollution in China», *Solid Wastes,* 65(11), 543-545, 1975.

McELROY, M. B.; ELKINS, J. W.; WOFSY, S. C., y YUNG, Y. L.: «Soucers and sinks for atmospheric nitrous oxide», *Rev. Geophys. Space Phys.*, 14, 143-150, 1976.

MACFARLANE, A.: «Daily mortality and environment in English conurbations. II. Deaths during summer hot spells in Greater London», *Environ. Res.*, 15, 322-341, 1978.

McGINTY, L.: «Air pollution underestimated in London», *New Scientist,* 75, 141, 1977.

McGOLDRICK, B.: «Artificial heat release from Greater London, 1971», *Physics Division Energy Workshop Report, Dept., of Physical Sciences, Sunderland Polytechnic,* 20, 1980.

MAGAT, W. A.: *Reform of Environmental Regulation,* Cambridge, Mass., Ballinger, 1982.

MARCHETTI, C.: «On geoengineering and the carbon dioxide problem», *Climatic Change,* 1, 59-68, 1977.

MARACEK, J.; SHAPIRO, I. M.; BURKE, A.; KATZ, S. H., y HEDIGER, M. L.:

«Low-level lead exposure in childhood influences neuropsychological performance», *Arch. Environ. Health,* 38, 355-359, 1983.

MARSHALL, E.: «EPA smog standard attacked by industry, science advisers», *Science,* 202, 949-950, 1978.

MARSHALL, E.: «Smog's not so bad, EPA decides», *Science,* 1979, 203, 529.

MARTIN, A. E.: «Mortality and morbidity statistics in air pollution», *Proc. Roy. Soc. Med.,* 1964, 57, 969-975.

MARTIN, A. E., y BRADLEY, W. H.: «Mortality, fog and atmospheric pollution - an investigation during the winter of 1958-59», *Mon. Bull. Min. Health, Public Health Lab. Serv.,* 1960, 19, 56-72.

MARTIN, W.: «Legislative air pollution strategies in various countries», *Clear Air,* 1975, 9, 28-32.

MASTERS, B. R.: «The City of London and clean air 1273 AD to 1973 AD», *Clean Air,* 1974, 4, 22-28.

MATTHEWS, W. H.; KELLOGG, W. W., y ROBINSON, G. D.: *Inadvertent Climate Modification, Study of Man's Impact on Climate (SMIC),* Cambridge, Mass., MIT Press, 1971.

MAUGH, T. H.: «What is the risk from chlorofluorocarbons?», *Science,* 1984, 223, 1051-1052.

MAZUMBAR, S., y SUSSMAN, N.: «Relationships of air pollution to health: results from the Pittsburgh study», *Arch. Environ. Health.,* 1983, 38, 17-24.

MAZUMBAR, S.; SCHIMMEL, H., y HIGGINS, I. T. T.: «Relation of daily mortality to air pollution: an analysis of 14 London winters, 1958/59-1971/72», *Arch. Environ. Health,* 1982, 37, 213-220.

MEDVEDEV, Z.: *Nuclear Disaster in the Urals,* Nueva York, 1979, Norton.

MEETHAM, A. R.; BOTTOM, D. W.; CAYTON, S.; HENDERSON-SELLERS, A., y CHAMBERS, D.: *Atmospheric Pollution: its history, origins and prevention,* Oxford, Pergamon, 1981.

MELIA, R. J. W.; FLOREY, C. du V.; ALTMAN, D. S., y SWAN, A. V.: «Association between gas cooking and respiratory disease in children», *Brit. Med. J.,* 1977, 2, 149-152.

MELIA, R. J. W.; FLOREY, C. du V.; DARBY, S. C.; PALMS, E. D., y GOLDSTEIN, B. D.: «Differences in nitrogen dioxide levels in kitchens with gas or electric cookers», *Atmospheric Environ.,* 1978, 12, 1379-1381.

MIKAMI, R., y KUDO, A.: «Air pollution - especially in terms of oxidants and respiratory organs», *Intern. Med.,* Japón, 1973, 32, 837-844.

MILLAR, I. B., y COONEY, P. A.: «Urban lead - a study of environmental lead and its significance to school children in the vicinity of a major trunk road», Atmospheric Environ., 1982, 16, 615-620.

MILLER, J. M.: «Acid rain», *Weatherwise,* 1984, 37, 222-251.

MILLER, P. R.; PARMETER, J. R.; FLICK, B. H., y MARTÍNEZ, C. W.: «Ozone damage response of ponderosa pine seedlings», *J. Air Pollut. Control Ass.,* 1969, 19, 435-438.

MILLS, E. S., y WHITE, L.: «Government policies toward automotive emissions control», en A. F. Friedlaender (ed.), *Approaches to Controlling Air Pollution,* Cambridge, Mass., MIT Press, 1978, 348-421.

MILNE, A.: *Noise Pollution: impact and countermeasures,* Newton Abbot, David & Charles, 1979.

MINISTERIO DE AGRICULTURA SUECO: *Acidification Today and Tomorrow* (Informe preparado para la Conferencia de Estocolmo de 1982 sobre la Acidificación del Medio Ambiente por el Comité del Medio Ambiente de 1982), Ministerio de Agricultura Sueco, 1982.

MOLINA, M. J., y ROWLAND, F. S.: «Stratospheric sink for chlorofluoromethanes: chlorine atom catalysed destruction of ozone», *Nature,* 1974, 249, 810-812.

MONCRIEFF, J. B.: *The Identification and Assessment of Areas in Scotland which are «At Risk» of Breaching EC Directive Limit Values for Smoke and Sulphur Dioxide,* Stevenage, Warrent Spring Laboratory, Report LR 531 (AP)M, 1985.

MORGAN-HUWS, D. I., y HAYNES, F. N.: «Distribution of some epiphytic lichens around and oil refinery at Fawley, Hampshire», en B. W. Ferry, M. S. Baddeley y D. L. Hawksworth (eds.), *Air Pollution and Lichens,* Londres, Athlone Press, 1973, 89-108.

MOTE, V. L.: «Air pollution in the USSR», en I. Volgyes (ed.), *Environmental Deterioration in the Soviet Union and Eastern Europe,* Nueva York, Praga, 1974, 37-54.

MULHOLLAND, K. A., y ATTENBOROUGH, K.: *Noise Abatement and Control,* Londres, Construction Press, 1981.

MUNN, R. E.: *The Design of Air Quality Monitoring Networks,* Londres, Macmillan, 1981.

MUROZUMI, M.; CHOW, T. J., y PATTERSON, C. C.: «Chemical concentration of pollutant lead aerosols, terrestrial dusts and sea salts in Greenland and Antarctic snow strata», *Geochem. Cosmochin. Acta,* 1969, 33, 1247-1294.

MUSK, L. F.: «The local fog hazard as a factor in planning new roads and motorways», *Environ. Education and Information,* 1982, 2, 119-129.

NAUMANN, P. J.: «Smoking and air pollution standards», *Science,* 1973, 182, 334-336.

NEEDLEMAN, H. L., y SHAPIRO, J. M.: «Dentine lead levels in asymptomatic Philadelphian school children: subclinical exposure in high and low risk groups», *Environ. Health Perspet.,* 1974, Exp. Issue No. 7, 27-33.

NEEDLEMAN, H. L.; GUNNOE, C. E.; LEVITON, A.; REED, R.; PERESIE, H.; MAHER, C., y BARRETT, P.: «Deficits in psychologic and classroom performance of children with elevated lead levels», Nueva Inglaterra, 1979, *Med.,* 300, 689-695.

NEVERS, N. H. de: «Measuring and managing pollutants», *Environment,* 1981, 23, 25-35.

NEVERS, N. H. de; NELIGAN, R. E., y SLATER, H. H.: «Air quality management, pollution control strategies, modeling, and evaluation», en A. C. Stern (ed.), *Air Pollution, Vol. 5,* Air Quality Management, 1977, 3-40.

NEWELL, R. E.: «Water vapour pollution in the stratosphere by the Supersonic Transporter», *Nature,* 1970, 226, 70-71.

NIELDING, von G., y WAGNER, H. M.: «Effects of nitrogen dioxide on chronic bronchitis», *Environ. Health Perspect.,* 1979, 29, 137-142.

NIELDING, von G.; WAGNER, H. M.; LOLLGEN, H., y KREKELER, H.: «Acute effects of ozone function in man (in German)», *VDI-Beriche,* 1970, 270, 123-129.

NIKOLAOU, K.; MASCLET, P., y MOUVIER, G.: «Sources and chemical reactivity of polynuclear aromatic hydrocarbons in the atmosphere - a critical review», *Science of the Total Environ,* 1984, 32, 103-132.

NOBLE, A. G.: «Noise pollution in selected Chinese and American cities», *Geojournal,* 1980, 4, 573-575.

NOBLE, A. G., y HARNAPP, V. R.: «Towards a model for monitoring community noise», en L. J. C. Ma y A. G. Noice (eds.), *The Environment: Chinese and American views,* Nueva York, 1981, Methuen, 275-285.

ODÉN, S.: «The acidification of air and precipitation and its consequences on the natural environment (in Swedish)», *Swedish Nat. Sci. Res. Council, Encology Committee, Bull.,* 1968, 1, 1-86.

ODÉN, S.: «Nederbordens forsurning-ett generellt hot mot ekosystemem», en I. Mysterud (ed.), *Forurensning og Biologisk Miljovern,* Universitetsforlaget, Oslo, 1971, 63-98.

OECD (ORGANIZATION FOR ECONOMIC CO-OPERATION AND DEVELOPMENT): *The OECD Programme on Long Range Transport of Air Pollutants: measurements and finding,* París, OECD, 1977.

OECD: *Environment Policies for the 1980s,* París, OECD, 1980a.

OECD: *Noise Abatement Policies,* París, OECD, 1980b.

OECD: *Pollution Charges in Practice,* París, OECD, 1980c.

O'HARE, G. P.: «Lichens as techniques of pollution assessment», *Area,* 1973, 5, 223-229.

OHMORI, K.: «The effect of photochemical smog on humans, especially biological effects by low concentrations of ozone (in Japanese)», *Environ. Pollut. Control,* 1974, 10, 1042-1046.

OKE, T. R.: «City size and the urban heat island», *Atmospheric Environ.,* 1973, 7, 769-779.

OMS: *Health Hazards of the Human Environment,* Ginebra, World Health Organization, 1972.

OMS: «Selected methods of measuring air pollutants», *Offset Publ. World Health Organization,* Ginebra, 1976a, 24.

OMS: «WMO Statement on modification of the ozone layer due to human activities», *Environ. Conservation,* 1976b, 3, 68-70.

OMS: *Environmental Healt Criteria 4: Oxides of Nitrogen,* Ginebra, World Health Organization, 1977a.

OMS: *Environmental Health Criteria 3: Lead,* Ginebra, World Health Organization, 1977b.

OMS: *Environmental Health Criteria 8: Sulfur Oxides and Suspended Particulate Matter,* Ginebra, World Health Organization, 1979a.

OMS: *Environmental Health Criteria 7: Photochemical Oxidants,* Ginebra, World Health Organization, 1979b.

OMS: *Environmental Health Criteria 13: Carbon Monoxide,* Ginebra, World Health Organization, 1979c.

OMS: «Air Quality in selected urban areas 1977-78», *Offset Publ., World Health Organization,* Ginebra, 1980a, 57.

OMS: *Environmental Health Criteria 12: Noise,* Ginebra, World Health Organization, 1980b.

OREHEK, J.; MASSARI, J. P.; GAYARD, P.; GRIMAUD, C., y CHARPIN, J.: «Effect of short-term, low-level nitrogen dioxide exposure on bronchial sensitivity of asthmatic patients», *J. Clin. Invest.,* 1976, 57, 301-307.

O'RIORDAN, T.: *Environmentalism,* Londres, Pion, 1976.

OTT, W. R.: «Development of criteria for siting air monitoring stations», *J. Air Pollut. Control Ass.,* 1977, 27, 543-547.

OTTAR, B.: «The transfer of airborne pollutants to the Arctic region», *Atmospheric Environ.,* 1984, 15, 1439-1445.

OVERREIN, L. N.: SEIP, H. M., y TOLLAND, A.: *Acid Precipitation - Effects on Forest and Fish. Final Report of the SNSF Project 1972-1980,* Oslo, Noruega.

PADGETT, J., y RICHMOND, H.: «The process of establishing and revising National Ambient Air Quality Standards», *J. Air Pollut. Control Ass.,* 1983, 33, 13-16.

PADMANABHAMURTY, B., y HIRT, M. S.: «The Toronto Heat island and pollution distribution», *Water, Air and Soil Pollut.,* 1974, 3, 81-89.

PANOFSKY, H. A.: «Earth's endangered ozone», *Environment,* 1978, 20, 16-20, 40.

PARKINSON, C. L., y KELLOGG, W. W.: «Arctic sea ice decay simulated for a carbon dioxide-induced temperature rise», *Climatic Change,* 1979, 2, 149-162.

PARLOUR, J. W.: «The mass media and environmental issues: a theoretical anaylsis», *Intern. J. Environ. Studies,* 1980, 15, 109-121.

PARLOUR, J. W., y SCHATZOW, S.: «The mass media and public concern for environmental problems in Canada 1960-72», *Intern. J. Environ. Studies,* 1978, 13, 9-17.

PASHEL, G. E., y EGNER, D. R.: «A comparison of ambient suspended particulate matter concentrations as measured by the British Smoke Sampler and the High Volume Sampler at 16 sites in the United States», *Atmospheric Environ.,* 1981, 15, 919-927.

PATRICK, R.; BINETTI, V. P., y HALTERMAN, S. G.: «Acid lakes from natural and anthropogenic causes», *Science,* 1981, 211, 446-448.

PENGELLY, L. D.; KERIGAN, A. T.; GOLDSMITH, C. H., e INMAN, E. M.: «The Hamilton Study: distribution of factors compounding the relationship between air quality and respiratory health», *J. Air Pollut. Control Ass.,* 1984, 34, 1039-1043.

PENTREATH, R. J.: *Nuclear Power, Man and The Environment»,* Wykeham London, Taylor & Francis, Wykeham Science Series No. 51, 1980.

PEPPER, D. M.: *The Roots of Modern Environmentalism,* Londres, Croom Helm, 1984.

PERRY, A. H., y WALKER, J. M.: *The Ocean-Atmosphere System,* Londres, Longman, 1977.

PERSSON, G.: «Organization and operation of national air pollution control programs», en A. C. Stern (ed.), *Air Pollution, Vol. 5,* Air Quality Management, 1977, 381-413.

PEUSCHEL, S. M.; KOPITO, L., y SCHWACHMAN, H.: «A screening and follow up study of children with an increased lead burden», *J. Amer. Med. Assoc.,* 1972, 333, 462-466.

POLLACK, R. I.: *Studies of Pollutant Concentration Frequency Distributions,*

Washington, DC, US Environmental Protection Agency, EPA-650/4-7-004, 1975.

PRYDE, P. R.: *Conservation in the Soviet Union,* Cambridge, Cambridge University Press, 1972.

PRYDE, P. R.: «The "decade of the environment" in the USSR», *Science,* 1983, 220, 274-279.

PURDOM, P. W.: *Environmental Health,* 2.ª edición, Nueva York, Academic Press, 1980.

QU, G.: «Environmental protection in China», *Environ. Conservation,* 1982, 9, 31-33.

QU, G., y LI, J.: «Environmental management», en Qu Geping y Woyen Lee (eds.), *Managing the Environmental in China,* Dublín, Tycooly International, 1984, 1-29.

RABINOWITZ, M., y NEEDLEMAN, H. L.: «Petrol lead sales and umbilical cord blood lead levels in Boston, Massachusetts», *Lancet,* 1983, 1, 63.

RAHN, K. A.: «Relative importances of North America and Eurasia as sources of arctic aerosol», *Atmospheric Environ.,* 1981, 15, 1447-1455.

RAMANATHAN, V.: «Greenhouse effect due to chlorofluorocarbons: climatic implications», *Science,* 1975, 190, 50-52.

RATCLIFFE, R. A. S.: «Recent work on sea-surface temperature anomalies related to long-range forecasting», *Weather,* 1973, 28, 106-117.

RATCLIFFE, R. A. S., y MURRAY, R.: «New lag associations between North Atlantic sea temperatures and European pressure applied to long-range weather forecasting», *Quart. J. Royal Met. Soc.,* 1970, 96, 226-246.

RECK, R. A.: «Stratospheric ozone effects on temperature», *Science,* 1976, 192, 557-559.

RECORD, F. A.; BUBENICK, D. V., y KINDYA, R. J.: *Acid Rain Information Book,* Nueva Jersey, Noyes Data Corporation, 1982.

REINSEL, G. C.: «Analysis of total ozone data for the detection of recent trends and the effects of nuclear testing during the 1960s», *Geophys. Res. Letters,* 1981, 8, 1227-1230.

REINSEL, G. C.; TIAO, G. C.; WANG, M. N.; LEWIS, R., y NYCHKA, D.: «Statistical analysis of stratospheric ozone date for the detection of trends», *Atmospheric Environ.,* 1981, 15, 1569-1577.

RENBERG, I., y HELLBERG, T.: «The pH history of lakes in SW Sweden, as calculated from the subfossil diatom flora of the sediments», *Ambio,* 1982, 11, 30-33.

REVELLE, R.: «Carbon dioxide and world climate», *Scientific American,* 1982, 247, 33-41.

REVELLE, R. R., y SHAPIRO, D.: «Energy and climate», *Environ. Conservation,* 1978, 5, 81-89.

ROMBOUT, P. J. A.; LIOY, P. J., y GOLDSTEIN, B. D.: «Rationale for an eight-hour ozone standard», *J. Air Pollut. Control Ass.,* 1986, 36, 913-917.

ROSENBERG, N. J.: «The increasing carbon dioxide concentration in the atmosphere and its implication on agricultural productivity. I. Effects on photosynthesis, transpiration and water use efficiency», *Climatic Change,* 1981, 3, 265-279.

ROSENBERG, N. J.: «The increasing carbon dioxide concentration in the atmosphere and its implication on agricultural productivity. II. Effects through carbon dioxide-induced climatic change», *Climatic Change,* 1982, 4, 239-254.

ROSENCRANZ, A.: «Economic approaches to air pollution control», *Environment,* 1981, 23, 25-30.

ROSENCRANZ, A.: «EEC moves to control sulphur dioxide pollution... at a snail's pace», *Ambio,* 1982, 11, 371-373.

ROSENCRANZ, A.: «The acid rain controversy in Europe and North America: a political analysis», *Ambio,* 1986, 15, 47-51.

SAMBERG, A., y ELSTON, J.: «The proposed revision to the NAAQS for carbon monoxide and its effect on state designation», *J. Air Pollut. Control Ass.,* 1982, 32, 1228-1230.

SAND, P. H.: «The Vienna Convention is adopted», *Environment,* 1985, 27, 18-20.

SANDBACH, F.: *Environment, Ideology and Policy,* Oxford, Basil Balckwell, 1980.

SANDBACH, F.: *Principles of Pollution Control,* Londres, Longman, 1982.

SAWYER, R. F., y PITZ, W. J.: *Assessment of the Impact of Light Duty Diesel Vehicles on Soiling in California. Report to the California Air Resources Board, 25 January 1983,* 1983.

SCARROW, H. A.: «The impact of British domestic air pollution legislation», *Brit. J. Polit. Science,* 1972, 2, 261-282.

SCHIMMEL, H.: «Evidence for possible health effects of ambient air pollution from time series analysis: methodological questions and some new results based on New York City daily mortality, 1963-76», en *Proc. Sympos. Environ. Effects of Sulphur Oxides & Related Particulates, Vol. 54,* Nueva York, Academy of Medicine, 1978, 1052-1108.

SCHIMMEL, H., y MURAWSKI, T. J.: «The relation of air pollution to mortality», *J. Occup. Med.,* 1976, 18, 316-333.

SCHOFIELD, C. L.: «Acid precipitation: effects on fish», *Ambio,* 1976, 5, 228-230.

SCHRENK, H. H.; HEINMANN, H.; CLAYTON, G. D.; GAFAFER, W. M., y WEXLER, H.: «Air pollution in Donora, Pa. Epidemiology of the unusual smog episode of October 1948», *Public Health Bulletin,* 306, Washington, DC, Public Health Service, 1949.

SCHWEITZER, G. E.: «Toxic chemicals: steps towards their evaluation and control», en D. A. Kay y H. K. Jacobson (eds.), *Environmental Protection: the international dimension,* Allanheld, Osmun, 1983, 22-44.

SCOPE (SCIENTIFIC COMMITTEE ON PROBLEMS OF THE ENVIRONMENT): *Environmental Consequences of Nuclear War,* Chichester y Nueva York, John Wiley & Sons, SCOPE 28, 2 vols., 1985.

SELLERS, L., y JONES, D. W.: «Environment and the mass media», *J. Environ. Education,* 1973, 5, 51-57.

SHAIKH, R. A., y NICHOLS, J. K.: «The international management of chemicals», *Ambio,* 1984, 13, 88-91.

SHAVER, C. L.; CASS, G. R., y DRUZIK, J. R.: «Ozone and the deterioration of works of art», *Environ. Sci. Technology,* 1983, 17, 748-752.

SHAW, G. E.: «Evidence for a central Eurasian source area of Arctic haze in Alaska», *Nature,* 1982, 299, 815-818.

SHEN, T. T.: «Environmental management in mainland China», *Environmentalist,* 1984, 4, 317-321.

SHREFFLER, J. H.: «Heat island convergence in St Louis during calm periods», *J. App. Meteor.,* 1979, 18, 1512-1520.

SHY, C. M., y FINKLEA, J. F.: «Air pollution affects community health», *Environ. Sci. Technology,* 1973, 7, 204-208.

SHY, C. M., y LOVE, G. J.: «Recent evidence on the human health effects of nitrogen dioxide», en S. D. Lee (ed.), *Nitrogen Oxides and Their Effects on Health,* Ann Arbor, Ann Arbor Science, 1980, 291-305.

SIDDIQI, T. A., y ZHANG, C-X.: «Ambient air quality standards in China», *Environ. Management,* 1984, 8, 473-479.

SIDEBOTTOM, H.: «Impact of pollutants on the ozone layer», en *Proc. of Seminar on Air Pollution: impacts and control,* Dublín, National Board for Science & Technololy, 1979, 52-60.

SIONIT, N.; STRAIN, B. R.; HELLMERS, H., y KRAMER, P. J.: «Effects of atmospheric carbon dioxide concentration and water stress on water relations of wheat», *Botanical Gazette,* 1981, 142, 191-196.

SKARBY, L., y SELLDEN, G.: «The effects of ozone on crops and forests», *Ambio,* 1984, 13, 68-72.

SMIL, V.: «China's environment», *Current History,* 1980a, 79, 14-18.

SMIL, V.: «Environmental degradation in China», *Asia Survey,* 1980b, 20, 777-778.

SMIL, V.: *The Bad Earth: environmental degradation in China,* Nueva York, Sharpe; y Londres, Zed Press, 1984.

SMITH, F. B., y HUNT, R. D.: «Meteorological aspects of the transport of pollution over long distances», *Atmospheric Environ.,* 1978, 12, 461-477.

SMITH, R. J.: «EPA and industry pursue regulatory options», *Science,* 1981a, 211, 796-798.

SMITH, R. J.: «The fight over clean air begins», *Science,* 1981b, 211, 1328-1330.

SPEIZER, F. E.; FERRIS, Jr. B.; BISHOP, Y. M. M., y SPENGLER, J.: «Health effects of indoor nitrogen dioxide exposure: preliminary results», en S. D. Lee (ed.), *Nitrogen Oxides and Their Effects on Health,* Ann Arbor, Ann Arbor Science, 1980, 343-359.

STAFFORD, H. A.: «Environmental regulations and the location of US manufacturing: speculations», *Geoforum,* 1977, 8, 243-248.

STARKIE, D. N. M.: «The spatial dimensions of pollution policy», en J. T. Coppock y W. R. D. Sewell (eds.), *Spatial Dimensions of Public Policy,* Oxford, Pergamon, 1976, 148-163.

STENSLAND, G. J., y SEMONIN, R. G.: «Another interpretation of the pH trend in the United States», *Bull. Amer. Met. Soc.,* 1982, 63, 1277-1284.

STERN, A. C.: «Prevention of Significant Deterioration: a critical review», *J. Air Pollut. Control Ass.,* 1977, 27, 440-453.

STERN, A. C.: «History of air pollution legislation in the United States», *J. Air Pollut. Control Ass.,* 1982, 32, 44-61.

STOEL, T. B. Jr.: «Fluorocarbons: mobilizing concern and action», en D. A. Kay y H. K. Jacobson (eds.), *Environmental Protection. The international dimension,* Allanheld, Osmun, 1983, 45-74.

SVENSSON, B. H., y SODERLUND, R.: *Nitrogen, Phosphorus and Sulphur - Global Cycles,* Orsundsbro, Royal Swedish Academy of Sciences, SCOPE Report 7, 1975.
SWANNACK-NUNN, S.; BOWMAN, K., y HEFFERNAN, P.: *Environmental Protection in the People's Republic of China,* Washington, DC, Consejo Nacional para el Comercio entre EE.UU. y China, 1979.
TABERSHAW, I. R., y GAFFEY, W. R.: «Mortality study of workers in the manufacture of vinyl chloride and its polymers», *J. Occup. Med.,* 1974, 16, 509-518.
TEMPLE, P. J., y TAYLOR, O. C.: «World-wide ambient measurements of peroxyacetyl nitrate (PAN) and implications for plant injury», *Atmospheric Environ.,* 1983, 17, 1583-1587.
THOMAS, A. J., y MARTIN, J. M.: «First assessment of Chernobyl radioactive plume over Paris», *Nature,* 1986, 321, 817-819.
THOMPSON, G.: *The Museum Environment,* Londres, Butterworths, 1978.
THOMPSON, S. L.; ALEXANDROV, V. V.; STENCHIKOV, G. L.; SCHNEIDER, S. H.; COVEY, C., y CHERVIN, R. M.: «Global climatic consequences of nuclear war: simulations with three-dimensional models», *Ambio,* 1984, 13, 236-243.
THORNES, J. E.: «Ozone comes London», *Progress in Physical Geography,* 1977, 1, 506-517.
TIMBERLAKE, L.: «Poland - the most polluted country in the world?», *New Scientist,* 1981, 92, 248-250.
TOMLINSON, G. H., y SILVERSIDES, C. R.: *Acid Depositions and Forest Damage - The European Linkage,* Montreal, Domtar, Inc., 1982.
TOUT, D. G.: «Mortality in the June-July 1976 hot spell», *Weather,* 1978, 33, 221-226.
TOUT, D. G.: «The improvement in winter sunshine totals in city centres», *Weather,* 1979, 34, 67-71.
TRIJONIS, J.: «Visibility in the Southwest - an exploration of the historical data base», *Atmosphere Environ.,* 1979, 13, 833-843.
TROFIMENKO, S.: «The Soviet Union tightens up its safety requirements for nuclear power plants», *Ambio,* 1983, 12, 360.
TURCO, R. P.; TOON, O. B.; ACKERMAN, T. P.; POLLACK, J. B., y SAGAN, C.: «Nuclear winter: global consequences of multiple nuclear explosions», *Science,* 1983, 222, 1283-1292.
UK HMSO (HER MAJESTY'S STATIONARY OFFICE): *Coal and the Environment,* Londres, HMSO, 1981.
UK ROYAL COMMISSION ON ENVIRONMENTAL POLLUTION: *First Report,* Londres, HMSO, 1971.
UK ROYAL COMMISSION ON ENVIRONMENTAL POLLUTION: *Fourth Report: Pollution Control: progress and problems,* Londres, HMSO, 1974.
UK ROYAL COMMISSION ON ENVIRONMENTAL POLLUTION: *Fifth Report: Air Pollution Control - an integrated approach,* Londres, HMSO, 1976.
UK ROYAL COMMISSION ON ENVIRONMENTAL POLLUTION: *Ninth Report: Lead in the Environment,* Londres, HMSO, 1983.
UK ROYAL COMMISSION ON ENVIRONMENTAL POLLUTION: *Tenth Report: Tackling Pollution - Experience and Prospects,* Londres, HMSO, 1984.

ULRICH, B., y PANKRATH, J.: *Effects of Accumulation of Air Pollutants in Forest Ecosystems, Boston, Reidel, 1983.*

ULRICH, B.; MAYER, R., y KHANNA, P. K.: *«Chemical changes due to acid precipitation in a loss derived soil in central Europe», Soil Science,* 1980, 130, 193-199.

UNITED NATIONS ECONOMIC COMMISSION FOR EUROPE: *Air Pollution Across National Boundaries,* Nueva York, Naciones Unidas, Air Pollution Studies 2, 1985.

UNIVERSIDAD ABIERTA DE GRAN BRETAÑA: *Air Pollution Control,* Milton Keynes, Open University, Environmental Control and Public Health Unit 15, 1975.

UNSCEAR (UNITED NATIONS COMMITTEE ON THE EFFECTS OF ATOMIC RADIATION): *Sources and Effects of Ionising Radiation,* Nueva York, UNSCEAR, 1977.

UNSCEAR (UNITED NATIONS COMMITTEE ON THE EFFECTS OF ATOMIC RADIATION): *Ionising Radiation: Sources and Biological Effects,* Nueva York, UNSCEAR, 1982.

UNSWORTH, M. H.; SHAKESPEARE, N. W.; MILNER, A. E., y GANENDRA, T. S.: «The frequency of fog in the Midlands of England», *Weather,* 1979, 34, 72-77.

URQUHART, J.: «Polonium: Windscale's most lethal legacy», *New Science,* 1983, 97, 873-875.

US BOARD ON TOXICOLOGY AND ENVRIONMENTAL HAZARDS: *Odors from Satationary and Mobile Sources,* Washington, DC, National Academy of Sciences, 1979.

US BOARD ON TOXICOLOGY AND ENVRIONMENTAL HAZARDS: «Odors from stationary and mobile sources», *J. Air Pollut. Control Ass.,* 1980, 30, 13-16.

US EPA (ENVIRONMENTAL PROTECTION AGENCY): *Can We Delay a Greenhouse Warming?,* Washington, DC, US Environmental Protection Agency, US Government Printing Office, 1983a.

US EPA: *National Air Quality and Emissions Trends Report, 1981,* Research Triangle, Carolina del Norte, US Environmental Protection Agency, 1983b, EPA-450/4-83-011.

US EPA: *National Air Quality and Emissions Trends Report, 1984,* Research Triangle Park, Carolina del Norte, UK Environmental Protection Agency, 1986, EPA-450/4-86-001.

US GENERAL ACCOUNTING OFFICE: *Air Quality: do we really know what it is?,* Washington, DC, General Accounting Office, 1979, Report CED 79-84.

US NATIONAL CLEAR AIR COALITION: «Cleaning up the Clean Air Act», *Environment,* 1981, 23, 16, 20, 42-44.

US NATIONAL COMMISSION ON AIR QUALITY: *To Breathe Clean Air,* Washington, DC, 1981.

US NATIONAL ENVIRONMENTAL DEVELOPMENT ASSOCIATION: «Cleaning up the Clean Air Act», *Environment,* 1981, 23, 17-20.

US NATIONAL RESEARCH COUNCIL: *Environmental Impact of Stratospheric Flight: biological and climatic effects of aircraft emissions in the stratosphere,* Washington, DC, National Academy Press, 1975a.

US National Research Council: *Long-term Worldwide Effects of Multiple-Nuclear Weapon Detonations,* Washington, DC, National Academy Press, 1975b.

US National Research Council: *Carbon Monoxide,* Washington, DC, National Academy Press, 1977a.

US National Research Council: *Energy and Climate,* Washington, DC, National Academy Press, Studies in Geophysics, Geophysics Study Committee, 1977b.

US National Research Council: *Carbon Dioxide and Climate: a scientific assessment,* Washington, DC, National Academy Press, Ad Hoc Study Group, 1979.

US National Research Council: *Causes and Effects of Stratospheric Ozone Reduction: an update,* Washington, DC, National Academy Press, 1982a.

US National Research Council: *Carbon Dioxide and Climate: a second assessment,* Washington, DC, National Academy Press, Carbon Dioxide/Climate Review Panel, 1982b.

US National Research Council: *Acid Deposition. Atmospheric Processes in Eastern North America,* Washington, DC, National Academy Press, 1983a.

US National Research Council: *Changing Climate,* Washington, DC, National Academy Press, Carbon Dioxide Assessment Committee, 1983b.

US National Research Council: *Causes and Effects of Changes in Stratospheric Ozone: update 1983,* Washington, DC, National Academy Press, 1984.

US NUREG-0558 (Nuclear Regulatory Commission): *Population Dose and Health Impact of the Accident at Three Mile Island Nuclear Station,* Washington, DC, US Nuclear Regulatory Commission, 1979.

US NUREG-0600: *Investigation into the March 28, 1979 Three Mile Island Accident,* Washington, DC, US Nuclear Regulatory Commission, 1979.

US SCAQMD (South Coast Air Quality Management District): *Air Quality Trends in the South Coast Air Basin 1975-1984,* El Monte, California, SCAQMD, 1985.

US SCAQMD: *Air Quality Data 1985,* El Monte, California, SCAQMD, 1986.

Waggoner, P. E.: «Agriculture and carbon dioxide», *Amer. Scientist,* 1984, 72, 179-184.

Walker, C.: *Environmental Pollution by Chemicals,* 2.ba edición, Londres, Hutchinson, 1975.

Walker, H. M.: «Ten-year ozone trends in California and Texas», *J. Air Pollut. Control Ass.,* 1985, 35, 903-912.

Wall, G.: «Public response to air pollution in South Yoirkshire, England», *Environment and Bahaviour,* 1973, 5, 219-248.

Wall, G.: «Complaints concerning air pollution in Sheffield», *Area,* 1974a, 6, 3-8.

Wall, G.: «Public response to air pollution in Sheffield, England», *Intern. J. Environ. Studies,* 1974b, 5, 259-270.

Wall, G.: «Air pollution», *Progress in Geography,* 1976a, 8, 96-131.

Wall, G.: «National coping styles: policies to combat environmental problems», *Intern. J. Environ. Studies,* 1976b, 9, 239-245.

WALLACE, L. A., y ZIEGENFUS, R.: «Comparison of carboxyhemoglobin concentrations in adult non-smokers with ambient carbon monoxide levels», *J. Air Pollut. Control Ass.,* 1985, 35, 944-949.

WALSH, P. J.; DUDNEY, C. S., y COPENHAVER, E. M.: *Indoor Air Quality,* Boca Ratón, Florida, CRC Press, Inc., 1983.

WARD, M. A.: «The Clean Air Act controversy: Congress confronts the issues», *Environment,* 1981, 23, 6-15.

WARK, K., y WARNER, C. F.: *Air Pollution: its origins and control,* 2.ª edición, Nueva York, Harper & Row, 1981.

WARMBT, W.: «Ergebnisse langjähriger messungen des bodennahen ozons in der DDR», *Zeitschift für Meteorologie,* 1979, 29, 24-31.

WARNER, Sir F.: «Sources and extent of pollution», *Proc. Roy. Soc.,* Londres, 1979, *B,* 205, 5-15.

WEBER, E.: *Air Pollution: assessment methodology and modeling, Vol. 2,* Nueva York, Plenum Pres, 1982.

WEIL, M.: «Cleaning up China's environment», *China Business Review,* 1981, 8, 50-54.

WETSTONE, G. S., y FOSTER, S. A.: «Acid precipitation: what is it doing to our forests?», *Environment,* 1983, 25, 10-12, 38-40.

WETSTONE, G. S., y ROSENCRANZ, A.: *Acid Rain in Europe and North America: national responses to an international problem,* Washington, DC, Environmental Law Institute, 1983.

WHITE, W. H.; ANDERSON, J. A.; BLUMENTHAL, D. L.; HUSAR, D. L.; GILLANI, R. B.; HUSAR, J. D., y WILSON, W. E. Jr.: «Formation and transport of secondary air pollutants: ozone and aerosols in the St Louis urban plume», *Science,* 1976, 194, 187-189.

WHITTEN, R. C.; BORUCKI, W. J., y TURCO, R. P.: «Possible ozone depletions following nuclear explosions», *Nature,* 1975, 257, 38-39.

WIGLEY, T. M. L.; JONES, P. D., y KELLY, P. M.: «Scenario for a warm, high-carbon dioxide world», *Nature,* 1980, 283, 17-21.

WILDE, P. J.: «EEC approach to air pollution control - the government viewpoint», *Clean Air,* 1978, 8, 14-22.

WILLIAMS, J.: «The effects of climate on energy policy», *Electronics and Power,* 1978, 24, 261-268.

WILSON, A. T.: «Pioneer agriculture explosion and carbon dioxide levels in the atmosphere», *Nature,* 1978, 273, 40-41.

WILSON, D.: *The Lead Scandal,* Londres, Heinemann, 1983.

WILSON, R.: «What really went wrong?», *Nature,* 1986, 323, 29-30.

WILSON, R.; COLOME, S. D.; SPENGLER, J. D., y WILSON, D. G.: *Health Effects of Fossil Fuel Burning,* Cambridge, Mass., Ballinger, 1980.

WINNEKE, G.: «Neurobehavioural and neuropsychological effects of lead», en M. Rutter y R. Russell Jones (eds.), *Lead Versus Health: sources and effects of low level lead exposure,* Chichester, Wiley, 1983.

WOODWELL, G. M.; WHITTAKER, R. H.; REINERS, W. A.; LIKENS, G. E.; DELWICHE, C. C., y BOTKIN, D. B.: «The biota and the world carbon budget», *Science,* 1978, 199, 141-146.

WORLD METEOROLOGICAL ORGANIZATION: *On the Assessment of the Role of Carbon Dioxide on Climate Variations and Their Impact,* Ginebra, World

Health Organization, Joint Meeting of WMO/ICSU/UNEP/, Villach, Austria, noviembre de 1980, 1981.

WRIGHT, G. R.; JEWCZYK, S.; ONROT, J.; TOMLINSON, P., y SHEPHARD, R. J.: «Carbon monoxide and the urban atmosphere», *Arch. Environ. Health,* 1975, 30, 123-129.

YAO, Z-Q.: «Evaluation and management of ambient air quality with special reference to China», *Environ. Conservation,* 1980, 7, 223-228.

YUNG, Y. L.; WANG, W. C., y LACIS, A. A.: «Greenhouse effect due to atmospheric nitrous oxide», *Geophys. Res. Letters,* 1976, 3, 619-621.

ZHAO, D., y SUN, B.: «Air pollution and acid rain in China», *Ambio,* 1986a, 15, 2-5.

ZHAO, D., y SUN, B.: «Atmospheric pollution from coal combustion in China», *J. Air Pollut. Control Ass.,* 1986b, 36, 371-374.

Índice